U0303702

兰州大学“双一流”建设重点项目
中央高校基本科研业务费资助项目

本卷主编　关楠楠

# 帜树杏坛

## 辛树帜文集

辛树帜　著

2019年·北京

**图书在版编目（CIP）数据**

帜树杏坛：辛树帜文集 / 辛树帜著；关楠楠主编 . — 北京：商务印书馆，2019

（兰大百年萃英文库）

ISBN 978-7-100-17838-9

Ⅰ.①帜… Ⅱ.①辛…②关… Ⅲ.①农业教育 — 中国 — 文集②生物学 — 文集③农业史 — 中国 — 文集 Ⅳ.① S-4 ② Q-53 ③ F329-53

中国版本图书馆 CIP 数据核字（2019）第 198361 号



ZHISHU XINGTAN

**帜树杏坛**

辛树帜文集

辛树帜　著

关楠楠　主编

---

商　务　印　书　馆　出　版

（北京王府井大街 36 号　邮政编码 100710）

商　务　印　书　馆　发　行

天津旭丰源印刷有限公司印刷

ISBN 978 - 7 - 100 - 17838 - 9

---

2019 年 11 月第 1 版　　　开本 787×1092　1/16

2019 年 11 月第 1 次印刷　　印张 31½

定价：102.00 元

# 出版说明

兰州大学有着悠久的办学传统和厚重的学术积淀，是我国西部地区人才培养和学术研究的重镇。百十年来兰州大学集中了一大批海内外一流学者。他们在兰州大学执教讲台，调查研究，著书立说，留下了大量作品，铸就了兰大一个辉煌的时代。

商务印书馆以“昌明教育、开启民智”为己任，秉持“引领学术、担当文化”的精神，百廿年来始终重视文献的整理与研究。

适逢兰州大学百十年华诞之际，借校方策划《兰大百年萃英文库》之机，商务印书馆编辑出版兰大先贤的著述，集中再现国内早期西部学术研究的丰硕成果。其中不少作品曾由商务印书馆出版，此次有幸接续前缘，实属难得。

百余年栉风沐雨，百余年砥砺前行。愿兰州大学与商务印书馆这两所百年文教机构，能够继续携手并进，为繁荣中华优秀学术文化贡献力量。

商务印书馆编辑部

2019 年 10 月

# 前　言

西北有高楼，上与浮云齐。

1909 年，金城兰州，白塔山下，甘肃法政学堂在清末新政中应运而生。历经百十年，校名几易，文脉薪传及至兰州大学。萃英门内，芝兰竞秀；积石堂前，群贤云集；白虎山下，灼灼华光。陇原撷萃英，西北育兰大，吾校虽瘦，必肥华夏！

1928 年，时逢并校更名为兰州中山大学之际，校址之南的古城西门亦改题为萃英门，寄寓群英荟萃，培育英才之厚望。值辛树帜校长掌国立兰州大学之时，文、理、法、医，学者咸集，农、林、草、牧，皆有所长。学人各有风骨，唯“自强不息，独树一帜”之精神品格，已奉为吾校诸辈笃志厉行之本。先贤甘于清贫，坚守奋斗，成就百年兰大盛名。其巨椽之著作，蔚成菁菁兰大学术宝库；其思想之厚积，筑实莘莘学子精神根基。筚路蓝缕，以启山林，唯有珍视先贤的学术遗产，萃英文脉的独特品格方得垂之久远。

顾颉刚先生在《积石堂记》中曾以“导河积石”喻学术反哺之理，有言“兰州大学居大河之滨，关门于墙北，不数武即闻之声，师生所饮无一滴非取诸河者，饮水思源，讵可以忘积石”。兰大得高原厚土之育，常怀学术报国之心，回馈乡梓之愿。《兰州大学校讯·发刊词》曾题：吾校在西北，实为高等教育之极边，为文化国防最前线。因肩负建设西北之重责，以故中国西部的学术研究，多由此发轫策源。及至当代，庠序厚藏，亦得以再续辉煌。

《兰大百年萃英文库》，意在把兰州大学的学术遗产，经后学之手，掸去尘埃，还原其本真和历史的温度。文库涵盖哲学、历史、语言、文学、文献、考古、政治、经济、法律、民族、社会、教育、边疆等学科，彰显兰大人文社会科学的特色和气派。寄望文库的出版，能为传承百年萃英学术传统，繁荣中华优秀学术文化，铸牢中华民族共同体意识，构建中国特色哲学社会科学有所贡献。

《兰大百年萃英文库》编委会

2019 年 10 月 17 日

# 编辑说明

《兰大百年萃英文库》，主要选取兰州大学早期人文社科领域知名学者之代表性著述，辑录而成。由于作者各异，作品发表和出版时间先后不同，收录的文献体例存在较大差异。搜集、整理、校勘和编辑的体例，陈列如次：

一、本文库遴选之作者与著述，在相关学术领域具有一定的代表性，在学术研究方向、方法上独具特色。编委会与相关领域专家共同选取最优之底本，予以录文、校勘、注释。

二、以人物列卷，收录其著述、演讲、诗词、信函、回忆等，大体按发表时间先后为顺序，局部按主题编排。每卷主编撰写“导言”，介绍本卷作者和作品，说明整理的情况。编者所加注释缀以“——编者”，与原注相区别。

三、总体遵循“存原复真”的原则，尊重所据版本。因时代局限，个别地方，或做注释，或略做删节。字迹漫漶无法识别者，以“□”代之。对图、表，修复、核对后收录，原稿缺者、无法修复和有误的，不再补入，但加编者注说明。

四、人名、地名、民族名称等，基本保持原貌，未做统一处理。与现今通用名差别较大者，或在脚注中予以注明，或径改为现行通用写法。

五、本文库使用简化字和现行规范标点。异体字、通假字等以规范字为准，个别有歧义的，加脚注予以标注说明。纪年、度量衡单位等，一仍其旧。数字、数值，局部统一，个别段落略有调整，得体即可。

# 目录

# 导言

## 一

辛树帜，教育家、生物学家、农史专家。1894年辛树帜出生于湖南省临澧县东乡辛家嘴一农民家庭，幼时生活清苦，6岁起就已深惧饥饿。他求学经历曲折艰难，9岁入私塾，12岁考入安福县高等小学，16岁进入常德师范学校学习，21岁考入武昌高等师范学校博物科。武昌高等师范学校毕业后，他为筹措留学资金，先后在长沙明德中学、湖南第一师范、长郡中学任教。1924年辛树帜先生赴欧留学，先后在英国伦敦大学、德国柏林大学学习生物学，结识对他影响至深的导师笛尔斯。

1927年，中山大学正副校长戴传贤、朱家骅催促辛树帜先生回国，邀请其担任黄埔军官学校政治部主任。他再三表明自己志愿投身于我国科学教育事业的决心，遂于当年7月起改聘国立中山大学教授，1929年7月兼中山大学生物系主任。1931年8月辛先生任国民政府教育部编审处处长，编审处后扩为国立编译馆，从而出任国立编译馆馆长。同年，辛先生赴陕西考察旱情，萌发“开发大西北”及筹建西北农林高等院校的想法。1936年他接替于右任，任国立西北农林专科学校校长。1938年6月国立西北联合大学农学院、河南大学农学院畜牧系与国立西北农林专科学校合组为国立西北农学院，他随后出任西北农学院第一任院长。1939 年受国民党派系斗争影响，辛先生被迫离开西农，先后担任国民党经济部农本局顾问、中央大学生物系教授兼主任导师、川西考察团团长、湖南省参议院、湘鄂赣 3 省特派员等。[①]1946 年 7 月受国民政府行政院委派，任国立兰州大学校长。新中国成立后，辛先生重返西北农学院，任西北农学院院长，直至 1977 年辞世。

## 二

辛树帜先生在动植物分类学、古农史、水土保持等领域均有建树。他的学术生涯可分为三个阶段。

第一个阶段从 1915 年进入武汉高等师范学校至 1927 年留学归国，是其学术生涯的预备期。在武汉高等师范学校学习生物学期间，辛树帜先生师从薛良叔、张镜澄诸先生，专攻动植物地理分布及分类，确定了影响其一生的研究方向。他撰写的《中国产蝶类报告》一文，正式开启了从事动植物研究的学术生涯。辛先生毕业前随竺可桢先生赴日参观学习，决意欧洲留学。赴欧留学途中，他观察所经海域动植物情况，详加记录，作《南洋生物调查记》《红海舟中》《印度洋舟中》等文，刊登于武昌高师的学术刊物《生物学杂志》。他在文中建议武昌高师建立南洋生物研究室，极力倡导学校组织学生赴香港、西贡、新加坡、爪哇、槟榔屿等地做考察采集，科学考察思想已初露端倪。辛先生在留学时跟随国际著名生物学家笛尔斯学习，为其知识体系的建立打下坚实的基础。他广泛参考各国学者对西藏动物的研究成果，完成《西藏鸟兽谈》，并将其翻译的乌拉斯顿（A. F. R.

① 牛宏泰：《辛辛苦苦独树一帜》，载《一代宗师——辛树帜先生百年诞辰纪念文集》，西北农业大学出版社，1997 年，第 47 页。

Wollaston)《西藏西南部之生物记》及汉斯顿（R. W. G. Hingston)《西藏高原动物生存情形》两篇著述附于文后，为国内了解国际生物学研究现状提供了极大的方便。

第二个阶段从1927年回国后至1950年，是辛树帜先生学术生涯的成长期与成熟期。留学期间，导师笛尔斯告诉他，中国广西瑶山地区在动植物分类学上具有极高的价值，尚是“未开垦的处女地”。1927年，辛先生回国后任教中山大学，便多次组织力量赴瑶山地区考察。1928年5月，他带队的考察团首次进入广西大瑶山、大明山地区，历时3月。1928年11月，考察团第二次进入大瑶山，历时4月。这两次考察收获丰富，调查范围远远超出瑶山地区，涉及贵州、湖南、广东、海南等地区，发现诸多动植物新物种，推动了我国动植物分类学的学科发展，填补了世界动植物分类学上的空白，扩大了中国学界在世界生物学界的影响。作为生物学—民族学联合考察，考察团也特别注意收集了民歌民谣、服装饰物等民族民俗资料。瑶山考察是中国人首次独立开展的生物学研究实践，开启了我国大规模科学考察和生物采集之先河。对于辛先生个人来说，考察中新发现的动植物以“辛氏”命名的就有20余种，奠定了他在我国动植物分类学上的地位。《国立中山大学语言历史研究所周刊》于1928年出版发行“广西瑶山调查专号”，专门发布此次调查的丰富成果，本文集收录的《瑶山调查》《广西植物采集纪略》均是这次采集活动的记录。在国立兰州大学期间，辛先生成立西北农林调查与采集团，赴太白山、贺兰山、祁连山地区进行考察[①]，为兰州大学生物系积累21余万号珍贵动植物标本，可以说是瑶山科学考察工作的延续与拓展。

第三阶段从1950年重返西北农学院至1977年辞世，是辛树帜先生学

① 刘宗鹤：《辛树帜先生创办国立兰州大学事迹》，载《一代宗师——辛树帜先生百年诞辰纪念文集》，西北农业大学出版社，1997年，第248页。

术生涯的拓展期与繁荣期。新中国成立以后，辛先生重返西北农学院，将学术重心转移至古代农业科学遗产和农业史领域。他在参加农业部召开的整理农业遗产座谈会之后，在西北农学院成立古农学研究室，开展古代农史著作及古代农书的校注整理工作，先后整理出版20多种古农学著作，包括《〈齐民要术〉今释》《〈农政全书〉校注》等。他还通过政协工作积极推动古农史遗产的整理工作，本文集中收录的《致政协会刊》是辛先生就古农书出版事宜与政协会刊的通信，《纪念徐光启》是辛老在中国人民政治协商会议第三次全国委员会第三次会议上的发言，他呼吁重新整理明代徐光启的各类科学著作。

与此同时，辛树帜先生完成《我国果树历史的研究》《〈禹贡〉新解》《易传的分析》《我国水土保持的历史研究》等农史专著的撰写。他以其深厚的国学功底，从现代农业科学的角度探讨我国古代果树栽培、水土保持等农业技术的成就。收入本文集的《〈禹贡〉新解》就是其中极具代表性的著作之一。《〈禹贡〉新解》之新体现在他从现代农业科学角度，发掘古人在土壤、田赋、草木、农业地理、农业技术等历史问题，并结合水土流失问题，研究历史上我国水土保持的经验教训，为日后水土保持考察工作的进行、农业综合治理技术的研究、水土保持学的建立奠定了基础。《〈禹贡〉新解》中收录辛先生《水土保持的历史研究》一文，系统论述了新中国成立后我国水土保持的发展与黄河治理中的问题。1974年，辛先生倡议编写《中国水土保持学》，并亲自带队前往四川、云南、广西、湖南等地考察水土流失情况，促成《中国水土保持概论》的出版。

## 三

辛树帜先生的另一大成就是为我国高等教育事业创建了两所特色鲜明的高等院校，一是西北农林科技大学（前身即西北农林专科学校，西北农学院），一是兰州大学。在执掌西北农林专科学校及西北农学院期间，辛先生重视改善办学条件，购置图书仪器及教学设备，发展特色学科，延揽人才，奖掖后学。本文集收录的《西北之最近建设概况与将来》一文是他在西北农林专科学校农学院的演讲稿，讲述了西北农林专科学校创立的背景及学科设置情况，处处可见他立足“开发西北”的战略高度以及立足民生民本的远见卓识。

1946年3月，辛树帜先生受国民党行政院委派，出掌国立兰州大学，几年间殚精竭虑，为兰州大学的发展奠定了坚实的基础。

辛树帜先生办学一是立足国家战略，侧重发展有助于西北开发的学科。他在《上教育部签呈——主办兰州大学计划大纲》中说：“西北诸省，为我国古文化发祥之地，亦今后新国运发扬之所。承前启后，继往开来，国防价值于今尤重。复兴文物、开发资源，实目前数年最重要之工作。中枢此时，特设兰州大学，意义盖极深远。”国立兰州大学的办学立意立现。国立兰州大学设置的法、医、文、理及兽医学院无一不以开发西北、服务西北为宗旨。兽医学院的设立旨在为发展西北畜牧业和防治牲畜疾病、改良禽畜品种提供保障。1947年于文学院下设边疆语文学系，开设藏文、蒙古文、维吾尔文三组，以期培养“通语文、娴风俗”的边疆建设人才。收录于文集中的《西北之高等教育》《主办兰州大学计划大纲》《辛校长上朱部长书》《医教中心之一部令设在兰州》等处处透露出辛先生的高远站位。二是注重基础设施的建设。辛先生掌校以来，陆续修建教学楼天山堂、祁连堂、贺兰堂，图书馆积石堂，大礼堂昆仑堂。文集中收录的《中山堂记》《三山堂记》即辛先生为这些具有代表性的校内建筑作的纪念文，他对发展西北教育的拳拳之心溢于言表。三是重视购置图书仪器，尤其注重特色文献的搜购。《就搜求藏文典籍事致黄正清、黄明信函》是他为搜集拉卜楞寺藏文典籍写给拉卜楞保安司令黄正清与藏学专家黄明信的信函。此外，他还致函青海塔尔寺，西康德格印经院，北京雍和宫、崇祝寺以及新疆迪化等相关机构，征集相关图书。辛先生在就职国立兰州大学校长之前，就利用驻汉特派员的身份，为学校搜求德国波德楼德文书籍。文集中收录的《就德国波德楼德文书籍事致同济大学董洗凡校长函》是反映这一历史事实的珍贵档案。四是延聘专家学者，充实师资力量，受辛先生感召来兰的专家学者有盛彤笙、董爽秋、顾颉刚、段子美、水天同、乔树民、史念海、张舜徽等，均是兰州大学各学科奠基人。辛老还采取短期讲学、客座讲授等方法礼聘名教授，以应对学校师资短缺的窘况。他与国学大师顾颉刚先生的友谊成为校园中广为流传的佳话。辛先生任国立兰州大学校长之初便邀请顾颉刚先生任历史系教授和系主任，并预先支付30万元薪资。顾先生因故未能及时履职，派弟子史念海先生到兰州大学历史系代理系主任。1948年6月1日发生甘肃籍学生与外省籍学生冲突事件。坊间流传，辛先生将辞职。顾先生克服重重困难，于1948年6月17日只身赴兰，帮助辛先生处理学生冲突事件，并投入教学工作。顾先生在兰工作一百七十余天，辛先生时时陪伴，为其科研提供良好的环境，为其生活提供全面的便利。顾先生离兰之前，在为兰州大学图书馆积石堂撰写的《积石堂记》中说："颉刚自抗战以来，流离播迁，虽备员大学，曾未能一日安居，书本之荒久矣，年日长而学日疏，思之常悚歉。今夏来此讲学，得览藏书，左右逢源，重度十余年前之铿研生活，目眙心开，恍若渴骥之奔泉，力不可抑而止，是以家人屡促其归而迟迟其行也。使采储八十万册者，吾忍不终老于此耶？"[①] 可见他对辛先生感念之心与对兰州大学的不舍之情。

## 四

除上文已经提到的著述，本文集还收录了辛树帜先生担任国立编译馆

① 顾颉刚：《兰大积石堂记》，《西北世纪》半月刊第4卷，1949年。

期间的演讲稿《编审中小学教科图书的经过》以及他与挚友顾颉刚、董爽秋、妻子康成一、姻兄康辛元等的通信及辛老子女辛毓南、辛仲毅的纪念文，呈现了他生活中的另一面。

辛树帜先生的早年著述除部分曾经收录于西北农林科技大学档案馆汇编的《故人手泽——辛树帜先生往来书信选》及《一代宗师——辛树帜先生百年诞辰纪念文集》以外，大部分散见于民国各类期刊、甘肃省档案馆、兰州大学档案馆。新中国成立以后辛先生的代表性专著《〈禹贡〉新解》等亦未有整理、再版。这就限制了我们从整体上了解辛树帜先生在学术以及教育事业上的成就，他的光辉人生亦难以呈现。本文集收录辛先生各个时期具有代表性的专著、文论、演讲稿、公函、信件等，旨在较为全面地呈现他的学术面貌与教育成就。

辛树帜先生在湖南第一师范学校任教期间与毛主席结识。1957年，他应邀参加最高国务会议。毛主席称赞他“辛辛苦苦，独树一帜”，非常精确地概括了辛先生一生为教育孜孜不倦的奉献精神及别具一格的学术成就。兰州大学的校训“自强不息，独树一帜”，即本于此。本文集借取“独树一帜”的内涵，以“帜树杏坛”为名，意在彰显辛先生在农业科学与高等教育两方面的特别贡献。值此百十年校庆之际，兰州大学重新整理、出版先生的文集，以表达兰大师生对这位功勋校长深深的敬佩与怀念之情！

# 《禹贡》新解

原书收录于《中国农史研究丛书》中，由农业出版社于1964年出版。此次收录，以农业出版社1964年版为底本，依照现行汉字、标点使用规范对全文进行了繁转简、标点标准化的处理。原附录于《〈禹贡〉新解》之后，由农业出版社整理的《〈禹贡〉注释辑要》未予收录。《〈禹贡〉新解》系辛树帜先生于新中国成立重返西北农学院之后，整理古农学遗产的重要成果之一。先生从现代农业科学角度对《禹贡》进行了研究，提出许多创见，特别是对《禹贡》制作时代的研究，在学界产生了很大影响。《〈禹贡〉新解》收录辛先生《水土保持的历史研究》一文，系我国水土保持学领域极早期的作品，系统论述了新中国成立后我国水土保持的发展与黄河治理中的问题，为先生日后创立水土保持学奠定了基础。——编者

# 前　言

《禹贡》一篇，司马迁列为《夏书》。清王国维氏疑其文字为西周人手笔，但未加以考证。[①] 迄五四时代，学术思潮澎湃，史学家顾颉刚氏提出战国，作为禹贡学派研究《禹贡》时代的初步目标。个人学习了马克思列宁主义和毛主席著作以后，在前人研究的基础上，初步分析认为是西周政治经济的产物（详见第一、二编）。

《禹贡》全文共1,194字，可概括为三个中心内容。第一，反映了西周时代，实际上也就是禹至西周时代劳动人民向大自然做斗争的功绩；他们在九州疆域内平治了水土，能够“我疆我理”，从事农作。而且开辟九条山脉中的山路，以利交通。第二，反映了九州内的地理环境，因农业的实践，土壤、田赋发生的差异以及植物分布的不同；并记载了九州的特产，如矿产、畜产、农业、手工业品等以供周王朝的享用（贡品）。第三，反映了周王朝在当时劳动人民辛勤劳动下经济发展了，使伟大的祖国“九州同，四隩宅”，周王朝有了这样的物质基础，便形成了“庶土交正……成赋中邦”的大一统规模，并大搞其封建五服制度。所以《禹贡》不仅是三千年前的一部地理规划书，而实际上也是古代政治制度最完整的一本书，从这里也可以看到祖国伟大的劳动人民劳动创造世界的精神。

① 余草《〈禹贡〉制作时代的推测》时，未知王氏有此说。得消息于王成组教授后，在顾颉刚先生处，始读王氏原文，系清华讲义未发表者。

本书《禹贡》正文，采用吴汝纶氏的写定本（因他做了许多详细的校正工作）。至《新解》方面，则不循前轨，注重以下几点：

一、历代解《禹贡》者，以时代未明，意见分歧，陈案重重，难于爬梳，非采综合性的解释不易说明。所以我解漆沮即兼释灉沮；解土壤与田赋即兼及农业；解沱、潜即兼及梁、荆二州；解黑水即兼释四至等。至九州及贡品等，在论时代方面已有分析。《新解》中即不重复。

二、对每一问题的研究，多引用前人代表作（尤以引王夫之、胡渭著作为多），即在前人研究的基础上，加以分析批判，并提出个人的看法。

三、历史上研究《禹贡》者，多注重三江、九江、九河等问题的争持，而对《禹贡》平治水土（即水土保持）的重要部分则多忽略而且错误颇多。我在这方面略有偏重，首先对《禹贡》平治水土用字的涵义做了一些解释（如土、丘陵、原、野、山、岳、原、隰等皆为地貌代表名称），并列出《平治水土表》。

四、我既认为《禹贡》是西周时代作品，所以引用材料多取《诗·大小雅》及《周书》各篇，下迄《国语》《左传》述西周事较翔实者，以资比较。

五、尊重农业出版社同志所提出意见，希望我多涉及农业方面。所以我把《新解》分为甲、乙二篇:《甲篇》多从农业角度研究，《乙篇》讨论一些《禹贡》方面的基本问题。

本书共分三编，总名曰《〈禹贡〉新解》。第一编初稿发表于1957年；第二、三编是在学习了八届八中全会决议后，在新的跃进形势的鼓舞下和我院党委第一书记陈吾愚同志的支持和鼓励下完成的。因为写作时间前后相差较远，文体组织极不严密。加之个人政治水平和业务水平有限，对于文字技巧又素无修养，承老友顾颉刚先生为我修饰文字改正错误，学术界的同志提了许多宝贵的意见，对我多所启发，我的爱人康成一为我整理了杂乱的稿件，我谨向他们致以衷心的感谢。

# 禹　贡

禹敷（荀子、大戴、史记并作“傅”）土，随山刊木，奠高山、大川。

冀州：既载壶口，治梁及岐。既修太原，至于岳（史、汉并作“嶽”）阳。
覃怀厎绩，至于衡漳（汉书作“章”）。
厥土：惟白壤。厥赋：惟上上错。厥田：惟中中。
恒、卫既从，大陆既作（史记作“爲”）。
鸟（依史、汉改）夷皮服。
夹右碣石，入于河（史记作“海”）。

济（说文、汉书并作“泲”）、河惟兖（史记作“沇”）州：九河既道；雷夏既泽；雍、沮会同。桑土既蚕，是（风俗通作“民乃”二字）降丘宅（风俗通作“度”）土。
厥土：黑坟。厥草（说文作“艸”，汉书作“屮”）：惟繇。
厥木：惟条。
厥田：惟中下。厥赋：贞，作十有三载（史记、汉书、马、郑本并作“年”）乃（汉书作“迺”）同。
厥贡：漆、丝。厥篚（说文作“匪”，汉书作“棐”）：织文。浮于济、漯（五经文字作“濕”），达（史记作“通”）于河。

海、岱惟青州：嵎夷既略。潍（史记作“維”，汉书作“惟”）、淄（汉书作“甾”）其（史记作“既”）道。
厥土：白坟，海滨（汉书作“瀕”）广斥（史、汉并作“潟”）。
厥田：惟上下。厥赋：中上。

厥贡：盐、絺、海物惟错，岱畎丝、枲、铅、松、怪石，莱夷作牧。厥篚：檿（史记作“畬”）丝。

浮于汶，达于济。

海、岱及淮惟徐州：淮、沂其乂；蒙、羽其蓺（依汉书改）；大野（汉书作“壄”）既猪（史记作“都”）；东原厎平。

厥土：赤埴（郑本作“戠”）坟。草木渐（说文作“蔪”）包（说文作“苞”）。

厥田：惟上中。厥赋：中中。

厥贡：惟土五色，羽畎（孔颖达作“甽”）夏翟（汉书作“狄”），峄阳孤桐，泗滨（汉书作“濒”）浮磬，淮夷蠙（释文又作“玭”）珠暨（史、汉并作“臮”，诗疏引作“洎”）鱼。厥篚：玄纤缟。浮于淮、泗，达于菏（依说文、水经注定正）。

淮、海惟杨（唐石经作“揚”）州：彭蠡既猪（史记作“都”）；阳鸟攸（汉书作“逌”）居。三江既入；震（史记作“振”）泽厎定。篠（说文作“筱”）、簜（释文或作“簜”）既敷。

厥草：惟夭。厥木：惟乔。厥土：惟涂泥。厥田：惟下下。厥赋：下上上错。

厥贡：惟金三品，瑶、琨（汉书作“瑻”，马本同）、筱、簜，齿、革、羽、旄（依史、汉改），惟木（史、汉并无此二字）。鸟夷卉服。厥篚：织贝。厥包（说文作“苞”，郑同）：橘、柚锡贡。沿（史、汉并作“均”，马同，郑作“松”）于江、海，达于淮、泗。

荆及衡阳惟荆州：江、汉朝宗于海。九江孔殷。沱、潜（史记作“涔”，汉书作“灊”）既（史记作“已”）道。雲土夢（蜀石经作“雲夢土”，宋太宗诏从“土夢”）作乂。

厥土：惟涂泥。厥田：惟下中。厥赋：上下。

厥贡：羽、旄、齿、革，惟金三品，杶（释文又作“櫄”）、干、栝、柏，砺（汉书作“厲”，众经音义作“砅”）、砥、砮、丹，惟箘、簵（说文作“簬”）、楛（说文作“枯”，史记“菌簵楛”一作“箭足杆”），三邦厎贡。

厥名：包匭菁茅。厥篚：玄纁、玑组。

九江纳锡大龟。浮于江沱，潜于（依释文本校增）汉，逾于雒，至于南河。

荆、河惟豫州：伊、雒、瀍（淮南作“廛”）、涧既入于河。荥（唐石经作“荣”，左传释文云：或作“荣”，非）播（依马本解）既猪（郑引作“都”）。道菏（史、汉并作“荷”）泽，被孟猪（大传作“孟諸”，史记作“明都”，汉书作“盟豬”）。

厥土：惟壤，下土坟垆。厥田：惟中上。厥赋：错上中。

厥贡：漆、枲（史记作“絲”）、絺、纻。厥篚：纤纩，锡贡磬错。

浮于雒，达（汉书作“入”）于河。

华阳、黑水惟梁州：岷（说文作“㟭”，史记作“汶”，汉书作“崏”）、嶓既蓺，沱、潜（史作“涔”，汉作“灊”）既道。蔡、蒙旅平。和（郑读“桓”）夷厎绩。

厥土：青黎（史记作“驪”）。厥田：惟下上。厥赋：下中三错。

厥贡：璆（释文作“璆”，史记同）、铁、银、镂、砮、磬、熊、罴、狐、狸。织皮：西倾（汉书作“頃”）因桓是来。浮于潜，逾于沔，入于渭，乱于河。

黑水、西河惟雍州：弱水既西；泾属渭汭（释文又作“内”）。漆、沮既从；

沣（汉书作“酆”，水经作“豐”）水攸同。荆、岐既（史记作“已”）旅，终南、惇（史、汉并作“敦”）物，至于鸟鼠。原隰厎绩，至于猪（史记作“都”）野（汉书作“壄”）。三危既宅（史记作“度”），三苗丕叙（史、汉并作“序”）。

厥土：惟黄壤。厥田：惟上上。厥赋：中下。

厥贡：惟璆、琳（释文又作“玲”）、琅玕。浮于积石，至于龙门西河，会于渭汭。织皮：昆（依汉书改）仑（史记作“侖”）、析（大戴作“鲜”，后汉书作“賜”）支、渠搜（史作“廋”，汉作“叟”），西戎即叙。

道（史记有“九山”二字）岍（释文又作“汧”，马本作“開”）及岐，至于荆山，逾于河。

壶口、雷首，至于太岳（史、汉并作“嶽”）。

厎（史记作“砥”）柱、析城，至于王屋。

大行、恒山，至于碣石，入于海。

西倾（汉书作“頃”）、朱圉（汉志作“圄”）、鸟鼠，至于大华。

熊耳、外方、桐柏，至于陪（汉书作“倍”，史记作“負”）尾。

道嶓冢，至于荆山。

内方，至于大别。

岷（史作“汶”，汉作“峪”）山之阳，至于衡山，过九江，至于敷（汉志作“傅”）浅（史记一作“滅”）原。

道（史记有“九川”二字）弱（释文或作“溺”，说文同）水，至于合黎（汉书作“藜”，水经作“離”）；余波，入于流沙。

道黑水：至于三危，入于南海。

道河：积石至于龙门；南至于华阴；东至于厎柱；又东，至于孟（史记及李善作“盟”）津；东过雒汭（汉志作“内”），至于大伾（释文又作

“岖”，或作“𠪚”，史记、水经作“邳”）；北过降（郑云：或作“绛”非，蔡作“洚”）水，至于大陆；又北，播为九河，同为逆（汉志作“迎”）河，入于海。嶓冢道漾（史记作“瀁”，汉志作“養”）：东流为汉；又东为沧（史记作“蒼”）浪之水，过三澨，至于大别；南入于江；东汇泽为彭蠡；东为北江，入于海。

岷（史记作“汶”，王逸作“岐”）山道江：东别为沱；又东，至于醴（依史、汉改）；过九江，至于东陵；东迤北会于汇；东为中江，入于海。

道沇水：东流为济（汉志作“泲”），入于河；泆（依史记改，汉书作“軼”）为荥，东出于陶丘北（说文“出”作“至”）；又东至于菏；又东北会于汶；又北东（史记作“东北”）入于海。

道淮：自桐柏，东会于泗、沂，东入于海。

道渭：自鸟鼠同穴，东会于沣；又东会于泾（史记作“又东北至于泾”）；又东过漆沮；入于河。

道雒：自熊耳，东北会于涧、瀍；又东会于伊；又东北入于河。

九州攸同，四奥（依正义本，史记同。唐石经作“隩”，广韵作“墺”）既宅。九山刊（汉碑作“甄”）旅，九川涤原（史、汉并作“既疏”），九泽既陂（河渠书作“灑”），四海会同。六府孔修，庶土交正，厎慎财赋，咸则三壤，成赋中邦。锡土、姓，祗台德先，不距朕行。

五百里甸服：

百里赋纳总；二百里纳铚（诗疏作“秷”）；三百里纳秸（汉书作“戛”，郑本作“秸”，释文或作“稭”），服；四百里粟；五百里米（诗疏引“粟”“米”上并有“纳”字）。

五百里侯服：

百里采；二百里男邦（史记作“任国”）；三百里诸侯。

五百里绥服：

三百里揆文教；二百里奋武卫。

五百里要服：

三百里夷；二百里蔡。

五百里荒服：

三百里蛮；二百里流。

东渐于海，西被于流沙，朔、南暨，声教讫于四海。禹锡玄圭（纬作“珪”），告厥成功。

# 第一编

## 《禹贡》制作时代的推测

## 一　小序

《禹贡》制作的时代，三十年来有两种说法：一说，它是春秋时代的作品，甚至有说它是孔子写成的。[①]另一说，它是战国时代的作品，史学家顾颉刚氏最早提出这样主张。后一说的重要论点，以为《禹贡》的梁州，包括了今天四川的大部分，认为张仪未通蜀以前，这些地方的情形，人家还不知道。

近年来，我常劝顾颉刚先生，将他多年研究《尚书》的成绩公布，他似乎觉得《禹贡》一篇有些麻烦，因为牵涉的问题太多，不是他一个人的力量所能解决。因此，我不自量，试将《禹贡》成书时代，做一次初步的探讨，就正颉刚先生，希望我的不成熟的看法，对他的著作有少许帮助，这是我研究的动机。

祖国现正从事伟大的社会主义建设，区域规划列为重点。《禹贡》固然是我国的第一篇地理书，同时也是第一篇讲区域规划的书。他把当时王朝的疆土划为九区（州），从山脉（导山）、河流（导水）、土壤、田赋、交通一直到草木、阳鸟[②]，凡可特别注意和作为农业上物候用的，通通载上。又把各地特产（贡、篚、包等），为当时国家需要的，也通通载上。最后，因分封诸侯，把中央和地方按远近划分“五服”，使他们合理地负担着任务，并把整个区域的“四至”和九区外的民族学习了中国文化的情形（声教）

---

① 西北大学王成组教授，近来从地理学的角度来研究《禹贡》，对《禹贡》有极公允的评价，我在研究《禹贡》后两月，由郁士元教授帮助，得读王先生的大作，对我有很多启发。他说《禹贡》是春秋时代的产品，这与日本学者的看法是一致的（见日本学者对《山海经》的研究）。王先生又说它是周游列国博学多才的孔子所作，这是和清末我国大思想家康有为同一见解，我希望他由这些方面做进一步的探讨，使《禹贡》制作时代由多方面的研究，得到解决。

② 扬州“阳鸟攸居”的阳鸟，俞樾疑为地名，这是错误的。阳鸟是表示农业物候的，周以农业开基，当注意这种阳鸟。

也指出来了。全书虽不过一千多字，历代学者因它的内容丰富，都很重视它，研究它的不下数十百家。这一部书，不但可看作祖国研究规划的一页光辉历史，它的精细周到之处也还值得我们制定规划时参考。

我来西北前后十余年，足迹几遍《禹贡》中的雍、梁两州。因此我研究这一篇书的制成年代，就先从这两州的历史着手，再从各种经典著作中找出可供研究的材料。

依我个人的推测，《禹贡》成书时代，应在西周的文、武、周公、成、康全盛时代，下至穆王为止。它是当时太史所录，决不是周游列国足迹"不到秦"的孔子，也不是战国时"百家争鸣"时的学者们所著。我现在从以下几个方面加以分析。

## 二　从疆域和周初分封历史分析

前面说过，《禹贡》是祖国最早的区域规划书，我们研究它，应当首先看它的九个大区，合乎哪个时代的疆域？

为省笔墨起见，把我国研究古代地理学的杰出人物杨守敬氏所制历代沿革图中的《春秋列国图》《七国形势图》和他的《禹贡图》比一比，就可以看出《春秋列国图》中雍州窄，梁州已与当时中国不通。所以宋洪迈的《容斋随笔》说："成周之世，中国之地最狭。"

再与《七国形势图》比，梁州一部分虽有些像《禹贡》规划地区，但是雍州仍觉得太狭，其余东方各州，有的向南北推远了。就是拿杨氏制的所谓《尔雅殷制图》和《周礼职方图》来对照，有的添了幽州，有的添了并州，其他也不符合。

其他如《秦始皇统一疆域图》，南已到了北户是不合的。汉代的疆土，一直到汉武帝始恢复了《禹贡》的雍州弱水、黑水区域等地方。但武帝时的疆域，东面已向南向北大推广了。司马迁为武帝时人，他是第一个转录

《禹贡》的人物；假若这一篇《禹贡》是汉代人的作品，他难道不知道？

这些时代的区域，既然都与《禹贡》规划的九区不合，我们就应当考虑到西周疆域是否合乎《禹贡》的规划。

我们既决定从西周来研究《禹贡》成书时代，首先就应当研究西周历史和雍、梁二州的关系。顾亭林说："文王以百里……至于武王，西及梁、益。"依《古本竹书纪年》，王季兴起之后，曾与西北部（雍州）戎、狄五战四胜；武王伐纣，牧野誓师，西方远人（雍州）和西南方（梁州）的庸、蜀、羌、髳、微、卢、彭、濮人，已是他兵力中的重要组成成分。《立政篇》中，周公和成王，又把梁州夷、微、卢的君长称作他们的基本干部。这些，可以证明周初对雍、梁的关系是紧密的。在这些地区的民族，或是为周人征服，或是奉周朝为主。这和张仪通蜀，仅夺取他们的货财，以及春秋时"秦、晋和戎"所达到的地方不远，一经比较，就可以看出有所不同了。《穆天子传》上说："赤乌氏（石声汉教授以为'赤乌'是图腾）先出自周宗（郭璞注：与周同始祖。），大王亶父之始作西土……封丌璧臣长季绰于春山之虱。妻以元女，诏以玉石之刑（郭璞注：昆仑山，出美玉石处……）以为周室主。"由此可以知道当时雍州的弱水、黑水区域（现在的河西）各民族中，有周室的同宗人为他们的首长了。梁州方面，到夷王时，还有"蜀人吕人来献琼玉"的记载（见《竹书纪年》）。《华阳国志》有"武王既克殷，以其宗姬封于巴，爵之以子"。又云："古者远国虽大，爵不过子，故吴、楚及巴皆曰子。"《史记·燕召公世家》载："自陕以西，召公主之；自陕以东，周公主之。"[①] 我们试分析《周南》《召南》的诗章，《召南》的"南涧""南山""江有汜"（郑玄说：岷山道江，东别为沱。）等，都可以说是梁州的地方；《周南》的"汉广""汝坟"是荆、豫二州的地方。周初把勋戚子弟封到兖、青、徐三个重要的区域中去，在所谓燕、卫、齐、鲁等国家

---

①《公羊传》也这样说。

做诸侯的长。《穆天子传》称："大王亶父封其元子吴太伯于东吴，诏以金刃之刑（郭璞注云：南金精利，故语其刑法也），贿用周室之璧。"这当然是扬州的长。《吴越春秋》上说："凡从太伯至寿梦之世，与中国时通朝会，而国斯霸焉。"这个霸是指后来夫差要管理他州的事，也可作证。《史记·楚世家》："熊绎当周成王之时，举文、武勤劳之后嗣，而封熊绎于楚蛮；封以子、男之田……居丹阳。"（《史记》考证，今湖北宜昌府归州有古丹阳城。楚始封此。）据《左传》"周之宗盟，异姓为后"，可能在当时楚不能为荆州的长①，然总有镇蛮的力量。且据《周南》所载，周的文化已及于江、汉了。《史记·晋世家》："周公诛灭唐……于是遂封叔虞于唐。"这就是冀州的长了。

雍、梁二州，地方最大，经过王季、文王、武王三代的经营，已成为周朝统一天下的基础地。到殷朝末期，文王已得了天下三分之二，孔子说的"三分天下有其二"这句话是可靠的。武王时，周、召分治，是以陕西弘农分界的，崔述等不考周初发展史和雍、梁两州的广阔，还以为召公所治太小，分得不均，说"陕"为"郏"的误，这是不正确的。经过春秋、战国几百年的战争，其他七州，内部有了变化；外部已向南北扩展，添出了东方、北方的幽、并、营三个新区域，②我们要把《尔雅·释地》《周官·职方》和《吕氏春秋·有始览》的九州（均无梁州）来和《禹贡》九州（周初的疆域）比，自然不能符合了。

## 三　从政治与九州关系分析

分九州既为区域规划，与政治关系应是紧密结合的。研究《禹贡》制

---

① 顾颉刚先生指出荆州的长是随（可参看附录，顾颉刚先生的信）。我深感谢顾先生这一指正。从春秋初年随楚争战的记载中，就知道这确是符合当时事实的。

② 这一说法是我对幽、并、营三州未深加研究的原故，承顾先生指出，见后附录。

作时代，从政治与九州关系上着手，该是最可靠的方法。我希望有人多从这方面研究以解决《禹贡》制作时代。我在这里仅仅提出一个大纲。

我们现在就《吕览》《周官·职方》与《尔雅·释地》中的九州来看它们和政治的关系如何？

《吕览》的《有始览》：何谓九州？

> 河汉之间为豫州，周也；
> 两河之间为冀州，晋也；
> 河、济之间为兖州，卫也；
> 东方为青州，齐也；
> 泗上为徐州，鲁也；
> 东南为扬州，越也；
> 南方为荆州，楚也；
> 西方为雍州，秦也；
> 北方为幽州，燕也。

这一望而知为战国时代的政治关系。它有幽州，无梁州，不合乎《禹贡》的规划（即不合乎西周政治）。

《周官·职方》："东南曰扬州。正东曰青州。东北曰幽州。正南曰荆州。河东曰兖州。河内曰冀州。河南曰豫州。正西曰雍州。正北曰并州。"这又一望而知其非周初的产品，少徐州，即不合乎周初的政治。周初践奄是一件大事，奄即在徐州。这里分明是人造的九州区划，专从方位上着手，不合于实际政治，应为《伪周官》的一节，后人又从《周官》割入《逸周书》中。

《尔雅·释地》："两河间曰冀州。河西曰雍州。济东曰徐州。河南曰豫州。江南曰扬州。燕曰幽州。汉南曰荆州。济南曰兖州。齐曰营州。"

这是杂凑的，就是在《禹贡》基础上去了青、梁二州，而换为幽、营二州（其实营州即青州）。就从这一点上看，也可知其为后出的，不合乎周初，也不合乎任何时代的政治。我们可以说，这是讲纯粹地理的作品。

现在我们看西周政治与《禹贡》区划的关系：

（一）雍州为周家基地，召公主之，兼顾西南的梁州，《诗·召南》的“江有沱”“南山”“南涧”等可证。

（二）豫州为东都政治重地，周公主之，兼顾南面的荆州，《诗·周南》的“汝坟”“汉广”等可证。（楚封于荆为异姓，不应长诸侯。）

（三）兖州是政治的重点地方，《禹贡》“厥赋贞，作十有三载（《史记》作年）乃同”。历代禹贡学者以为是治水的关系，我以为这是政治关系；因为这区的人民，受殷代文化太久，很难同化于周朝，所以定赋不易。

（四）冀州，唐叔封于西面，卫、燕在东北面。后来到宣王时，还赐命韩侯，使他在这一面加强统治能力。

附《诗·韩奕篇》：

> 奕奕梁山，维禹甸之。

这个梁山是在燕地，自郑玄把它搞错，由王肃到王夫之、顾炎武、朱右曾才把它弄得大明白。

> 有倬其道，韩侯受命。
>
> 郑玄说：“宣王平大乱，命诸侯，有倬然之道者，受命为侯伯。”
>
> 溥彼韩城，燕师所完。……
>
> 王锡韩侯，其追其貊。
>
> 奄受北国，因以其伯。

（五）扬州当时政治方面，变动不大，青州为齐地，初封时，或仅镇服莱夷，使他们以牧产品作贡。齐后来的强大，长诸侯，如周公尚在，当是不愿意的。我们看齐、鲁二国“报政”，周公叹息可知。这是因为不合乎“周之宗盟，异姓为后”的原则。

最后只有徐州了。这一州与鲁的初封，是我们最能看出《禹贡》九州的政治关系的。

徐州为淮夷、徐夷的地方，淮上风俗，或者在历史上就是很强悍的。某一甲骨文学者尝与我谈纣王讨伐东夷（即徐州地）的英武故事。我们从《大雅》《鲁颂》等所载，也可以看出徐州的难治。所以成王于周公伐奄后（据记载是用去三年的时间，恐是真的），把伯禽封到这里。据《鲁颂·閟宫篇》说：

> 王曰叔父，建尔元子，俾侯于鲁。大启尔宇，为周室辅。
>
> 郑玄说：“谓封以七百里，欲其强于众国。”
>
> 乃命鲁公，俾侯于东，锡之山川，土田附庸。
>
> 郑玄说：“……既告周公以封伯禽之意，乃策命伯禽，使为君于东，加锡之以山川，土田及附庸，令专统之。”

这就可以看出徐州的重要性和封鲁公到这里的意义了。《周官·职方》九州将徐州去掉。昔人不察它是《伪周官》的一节，还把《职方》的九州列为周的疆域，这是不对的。

我对《閟宫》这一篇诗，还有新的看法[①]，这当然还不成熟，现在提出

① 我初写徐州与《禹贡》关系时，客居西安，将赴京，取材《閟宫诗》，疑郑玄注解有误，但以当时手中没有清人经解，不敢自信。后来阅焦循《孟子正义》，始知郑玄注解的错误，清代经师翟灏氏已先我指出了。

来请同志们指正。

我认为这篇诗，是祭神求福的。应和《楚辞》的《九歌》比较研究，虽然两下时代隔得太远，也可以看出诗人作诗的精神和方法，古今是一致的。

《九歌》中神和巫谁主谁宾？因我国代名词少又不甚固定，常常弄不明白，《閟宫》也是这样，“公”与“侯”属谁？也易混淆。但只要我们明白祀神的典礼与历史，就不难找出其中是谁主谁宾。《閟宫》前几章，郑玄解释是对的，唯最后二节，主宾弄错了。如：

> 公车千乘，朱英绿縢，二矛重弓。公徒三万，贝胄朱綅，烝徒增增。戎、狄是膺，荆、舒是惩，则莫我敢承。
>
> 郑玄说：“僖公与齐桓举义兵，北当戎与狄，南艾荆及群舒。”

这是错误的。鲁国当时甚弱，僖公又是毫无价值的人物，据《左传》，他曾为齐侯所执，得他的夫人（是齐女）的力量才释放，哪有车千乘、徒三万那样的军容，来北膺戎、狄，南惩荆、舒。我认为这一段是奚斯颂周公当年南征北伐的盛时事，所以有“莫我敢承”的说法。不然，就是齐桓公称霸时也没有能使楚服从，何论僖公？所以这一段接着就是：

> 俾尔昌而炽，俾尔寿而富。黄发台背，寿胥与试。
>
> 俾尔昌而大，俾尔耆而艾。万有千岁，眉寿无有害。

这是祭神后祈神降福的祷辞。假使鲁的军容甚盛，南征北伐，天下莫敢当的公是僖公，那么，降的福由谁承受？这件事，孟子久已说过是周公的事迹。因为周公有此勋业，所以孟子才会提出来把他与禹的事业并比。

接着颂周公一节后，就是：

泰山岩岩，鲁邦所詹。（鲁邦有作鲁侯的。）奄有龟、蒙，遂荒大东，至于海邦，淮夷来同。莫不率从，鲁侯之功。

保有凫、绎，遂荒徐宅，至于海邦，淮夷、蛮、貊，及彼南夷，莫不率从。莫敢不诺，鲁侯是若。

《毛传》："龟，山也。蒙，山也。凫，山也。绎，山也。荒，有也。宅，居也。"

郑玄说鲁侯谓僖公是错误的（证明见后）。这一节是承上节颂周公后祭鲁侯伯禽的，乃是颂伯禽经营徐州的事迹。那时鲁国是东方重镇，伯禽为诸侯长，所以有"及彼南夷，莫不率从"的话。到春秋时的鲁国，已衰弱得很了，南夷已受楚国指挥了（参看齐、楚争霸两阵容可知）。我们再把这些事实和《禹贡》徐州的记载对照看看。

《禹贡》徐州是海、岱和淮区域。

淮、沂其乂，蒙、羽其艺。大野既猪，东原厎平。

以上是述平治水土。

羽畎夏翟，峄阳孤桐。淮夷玭蛛暨鱼。

以上是贡物。

由这些记载，按之《閟宫诗》的地名，可见淮、蒙、羽、峄（《閟宫》作"绎"）皆是徐州地名。我认为"荒"字作"治"解为好（见朱熹《解天作篇》），遂荒大东、徐宅，皆是治理这些方面的意思。大东我们固不必穿凿指定是大野、东原二地名的首一字。徐州的大野，据王夫之说，就是宋的梁山泊。既得出大野所在，东原当是今徐州的大平原可知。伯禽时代，鲁国是经营这一带地方的，看《书经》中的《费誓篇》可知。

昔人怀疑过这一篇诗的分章和《泮水诗》的作泮宫和服淮夷事不见《春秋》和三传。这种怀疑是对的。我认为《泮水》也是颂伯禽的诗。郑玄把它说成是颂僖公的，就解不通了。《泮水》中的作泮宫、服淮夷等皆指伯禽经营徐州的事。我们拿这两篇诗对照来读，《禹贡》中徐州的记载自易了解。

## 四　从导九山、导九水分析

从文王起，周就经营丰、镐。此后，武王克殷有天下，周公又以全力经营雒邑，因雒邑形胜势便，可以用来统治新定的疆土（东方）。这样，用两个政治重心来统治东西，也就是新旧两个区域，是值得注意的。因此，我们应当看看导九山、导九水和这两个政治中心地方有何关系。

王夫之氏解导山最有识见。他说："……夫'导'者，有事之词。水流而禹行之，云导可也。山峙而不行，奚云'导'哉？然则'导'者，为之道也。……刊木治道，以通行旅，刊、旅之云，正'导'之谓矣。"《禹贡》九山的第一条，由岍和岐，到荆山过河。第五条，由朱圉、鸟鼠到太华，一绕丰、镐的西北（夫之叫作"渭北之道"），一绕它们的西南（夫之叫作"关西渭南之道"）。第三条，厎柱析城到王屋（夫之将太行加入这一条）。第六条，熊耳、外方、桐柏到陪尾，一绕雒邑的北面，向东北展开（夫之叫作"河北之道"），一绕雒邑的南面通向东南（夫之叫作"雒南楚塞之道"）。我以为道（治）这四条山脉和两京的四周交通是有密切关系的。

其余，第二条，壶口、雷首到太岳（夫之叫作"河东之道"）。第四条，太行、恒山到碣石入海（夫之叫作"幽燕之道"）。第七条，嶓冢到荆山（夫之叫作"汉南蜀北之道"）。第九条，岷山到衡山，过九江到敷浅原（夫之叫作"川、湖之道"）。若将西周所开的这九条国道的作用，用当时历史事实一一证明，当然有文献不足之感；不过我们若了解古人行路多喜在山岭这一事实，就可知道王夫之这一发现的伟大了。我暂且举两件事，以证明当时“道山”的重要意义。

《穆天子传》，东西学者多喜研究，日本学者小川琢治称：“此书与《山海经》均未被秦以后儒家所润色，尚能保存其真面目于今日，比《尚书》《春秋》，根本史料之价值尤高。因此书是纪录周室开国百年后之王者，与围绕此王者之生活状态，颇能忠实。至欲知周室古代文化达于如何程度，除此数千言之一书，尚未有可信凭之文献……其为研究三代文化之重要书，固不待言。”[①] 这一估计是相当正确的。我们就《穆天子传》中西征日程来和《禹贡》第四条太行、恒山到碣石入海（王夫之将太行属上读，叫这条作“幽燕之道”，实际，太行应属这一条。）这一国道的关系来谈谈。

> 饮天子蠲（郭璞注：音涓）山之上。（日本学者小川琢治注：由宗周洛阳、渡黄河，越太行，蠲山即太行之隐。）
>
> 戊寅，天子北征，乃绝漳水。
>
> 庚辰，至于钘山之下。（郭璞注：即钘山，今在常山石邑县。钘，音邢。）
>
> 癸未，雨雪，天子猎于钘山之西阿（郭璞注：阿，山陂也），于是得绝钘山之队。（郭璞注：队，谓谷中险阻道也，音遂。）
>
> 甲午，天子西征，乃绝隃之关隥（郭璞注：隥，阪也……隃，雁门山也，音俞）。

王夫之叫作“幽燕之道”的一部分，完全与《穆天子传》西征路线符合：穆王是走太行、恒山（常山）再折向西，过雁门去的，因为这是当时的国道。

《大雅·崧高篇》是尹吉甫的杰作。郑玄说：“吉甫为此颂也，言其诗

---

① 依江侠庵编译《先秦经籍考》译文。

之意甚美大，风切申伯……”这诗中两句是：

申伯信迈，王饯于郿。

郿在镐京的西边，为什么宣王到西边的郿，为申伯东去饯行？郑玄解释是“时王盖省岐周，故于郿云”。朱子也说：“郿在今凤翔府，郿县在镐京之西，岐周之东，而申在镐京之东南。时王在岐周，故饯于郿也。”还是承袭郑玄的说法。

依郑、朱的解释，我们要问“时王在岐周的事，见何记载？”陈奂知道这说不通，他疏了这二句：“《江汉篇》云：‘于周受命’，笺：‘岐周，周之所起，为其先祖之灵，故就之。’是宣王命召公必于岐周，则其命申伯亦犹然也。”

但是，这篇诗中又没有王命申伯的事，况且郿在渭南，岐周在渭北，何必要到郿去饯？陈奂又说：“郿地在岐周之南，相去不过五六十里，古者饯必在近郊。”这一解释，认为路近的缘故。实际近郊的地方不止一郿，何不可以“在渭之涘”更是近郊呢？这些都令人怀疑。

我以为要得到确切的解释，还要从“道山”说起。前面我们叙述过王夫之氏叫作“关西渭南之道”的是从西倾、朱圉、鸟鼠一直到太华。申伯回谢，谢固在成周东南，但是去谢的路线，还是要走“关西渭南之道”为便。西周时的终南山，是指郿县的太乙山等。班固作《汉书 · 地理志》，对于《禹贡》“终南、惇物”说：“右扶风武功：太壹山，古文以为终南；垂山，古文以为敦物。”我认为申伯回谢，是越过今太白顶（古太乙山），经过现在的跑马梁向东南走的。[①] 据走山路的人共有的经验，越过一主峰后，就

① 我曾登太白山仅到跑马梁，循汉水东南行的路我未走过。在京开植物学会时，问走过这条路的植物学者钟补求先生，他说是坦道。

觉得各峰皆平平了。鄠为越过太壹山（古名终南山）所必经的据点，所以周王到这里来饯行。申伯越山后，就循汉水傍山到他的谢邑，可说是坦途了。（太白从前为岳山，现在山南山北的人来这里敬神的还是很多。）东方学者以为这座山“巍然高耸”，又有“武功太白，去天三百”的谣，以为不可越过的，哪知道这里是向东西南北的捷径。唐朝李太白还说：“西当太白有鸟道，可（一作何）以横绝峨眉巅；地崩山摧壮士死，然后天梯石栈方钩连。”秦岭是“山海”，其中向东南西北的山道有多处，李白的说法，也可以证明鄠的太乙可能是古代山道的重要起点。[①]至蓝田到武关的大道，或许是战国时战争频繁时才开辟的，所以申伯不向东而走这一道。

现在我们正做秦岭山区规划的调查，我希望有人专做秦岭山道的历史研究，其收获不仅止纠正汉、宋经师对《崧高诗》“饯于鄠”一事的错误看法了。

我们看《禹贡》时代（西周）的九条大道，西北路线网：从导岍起到陪尾止，远的路线起点在西倾。西南路线网：从嶓冢到敷浅原止，远的路线起点在岷山。这也可以证明《禹贡》是西周的官书。西周盛时，雍、梁二州民族是有频繁的来往的；“西倾因桓是来”，就是梁、雍二州民族的交通线。在水道上，梁州民族“入于渭”后，还要“乱于河”，以通东北方。岷山到敷浅原，就是梁州民族从南方通到荆、扬的大路了。我希望有人在这些交通线网上好好地做研究。

《禹贡》“刊木”和“导九山”，千古无确论，明末王夫之氏才做出正当解释。清代的考据学盛时，高邮王氏父子未睹船山遗著，但在他们的杰作《经义述闻》“蔡、蒙旅平”“荆、岐既旅”“九山刊旅”一节中，也得出“旅非祭名……旅者道也……蔡、蒙旅平者，言二山道已平治也。荆、岐既旅者，亦言二山已成道也。九山刊旅者，刊，除也，言九州名山皆已刊除成

① 顾颉刚先生告我，徐中舒先生解释“王饯于鄠”也是说走山路，惜我尚未见徐先生原文。

道也。”这与王夫之氏的说法是不谋而合的。又说：“曰‘蒙、羽其艺’，曰‘蔡、蒙旅平’，曰‘荆、岐既旅’，或纪其种艺之始，或纪其道路之通，皆以表治功之成，与祀事无涉。”这些都是千古不磨之论，对研究禹贡学有大帮助的。我国禹贡派学者也曾注意到古代山道，如研究春秋时代吴、楚战争走大别山脉行军，即其一例。我希望他们对《禹贡》山道做更深刻的研究。

再从“道九川”各州内河流规划和西周的两京关系来看。雍州一条小小的丰水，两次提出来（一次在导水中，一次在雍州规划内）。假定不是丰、镐两都城在它的两旁，我看也不会这样。始春秋，终战国，周室东迁，丰水也就不为人所注意了。涧、瀍两水也不算大，《禹贡》作者又是把它两次提出来（一次在导水中，一次在“豫州规划”内）。这是因周初经营雒邑时，卜“在涧水东，瀍水西”，两水就有注意的价值了。

## 五　从五服分析

再从规划中的“五服”分析：《禹贡》五服和《国语·周语》祭公谋父所谈的完全相同，仅把“绥”字换成“宾”字，这一服以文教、武卫为重点，所谓“绥之斯来”，用“宾”字和“绥”字来换，意义是没有区别的。祭公谋父说他所说的是“先王之制”，当然是周的“先王”[①]。在《洛诰》《康诰》等篇中，“侯甸”与“甸侯”二字颠倒，后出的伪书《周官》，就从这里造出了所谓“九服”，使人迷惑。要研究《禹贡》五服，不应从《周官》等后出的书来对照，因为那是解释不通的。[②]

① 韦孟讽谏诗“五服崩离，宗周以坠”，汉代人也是以周制为五服的。

②《荀子·正论》也仅有五服，可证《周官》晚出。

## 六　从四至分析

用“四至”来研究《禹贡》制作年代，这方法是好的，顾颉刚先生就曾用《尧典》中所述的“四至”来推测《尧典》，断定其成书时代甚晚。这个方法，对《尚书》的研究，开辟了新的境界。日本学者内藤虎次郎[①]也用“四至”来推测《禹贡》制作时代，但无何结果，这是他取材未加审择的缘故。他用《吕览·求人篇》所述禹的“四至”，不知道《求人篇》是受了稷下派所作《山海经》的影响（《山海经》为稷下派学者的产品，可参考《燕京学报》何观洲的论文），把禹神化了的。其他如引《管子·小匡篇》《尔雅》等，皆是后起的东边各州人的著作。这些东部学者，足不履雍、梁二州极西的境域，谈东南事固然比较确切，谈到大西北事就全凭想象了。根据这些晚起材料来推测，自然也和禹贡学派有相似的结论，把《禹贡》制作时代放到战国或更后了。

我认为要研究《禹贡》四至，还是要用西周时的材料。西周材料中最可靠的，如《穆天子传》里穆天子所行路程，正是《禹贡》中雍州、冀州的边界线，是西北方的标志。《周书·立政篇》中的夷、微、卢君治理的区域，和《召南》中的“江有沱”（这就是郑玄所谓“岷山导江，东别为沱”的沱），若把岷、沱和夷、微、卢等地方划成一线，又是《禹贡》梁州的西南边界线了。我们求得了西北和西南边界线，再与《禹贡》上所称的“东渐于海”（是周室的齐、鲁封地），西被于流沙（是周的同宗赤乌氏所在地）对照，则东西南北的“四至”就相符合了。

我们既认为《禹贡》区域是西周穆王以前的区域，再从春秋时代的材料看，西周疆域四至是否合于《禹贡》?《左传》中谈周初四至的，莫详于

① 内藤虎次郎著《〈禹贡〉制作时代考》，见江侠庵编译《先秦经籍考·尚书类》。

昭公时周大夫詹桓伯的话。(他这次说话的原因，是为当时周朝东迁已久，雍、梁二州，周室早不能管制，大部分已弃与所谓戎狄蛮夷之邦了。)据《左传》记载，有一次周王朝的甘人，据说是甘大夫襄和晋国阎县大夫叫阎嘉的，争阎地的田。晋国的梁丙、张趯二人领导阴戎（是有名的在周朝附近的“陆浑之戎”）去取周王朝的颍邑，这是暗地帮助阎嘉。周桓王觉得他们把周朝这一点点土地，还要来争夺，是不对的，便派詹桓伯去责备晋国。桓伯抚今思昔，就这样说：“我自夏以后稷，魏、骀、芮、岐、毕，吾西土也；及武王克商，蒲姑、商奄，吾东土也；巴、濮、楚、邓，吾南土也；肃慎、燕、亳，吾北土也；吾何迩封之有！”(杜注：迩，近也。林注：我周封疆，外薄四海，何近之有！)

这一段话，辞令很巧妙。西边疆界，自己失去了，对不起文、武、成、康，却把老祖宗后稷的故事拿出来。梁州失去了大半（据《华阳国志》，蜀这时已称王)。所以仅叙巴、濮、楚、邓。东土、北土，还存武王克商的旧封；所以可以堂堂地说出来。这种辞令，一方面，掩饰了弱点（指雍、梁二州失地)；一方面，又要说出周朝历来的疆宇广大，应有较多的土地，不然，“吾何迩封之有”，就会来反唇相讥。桓伯又接着说：“先王居梼杌于四裔，以御螭魅，故允姓之奸居于瓜州。(杜注：允姓，阴戎之祖，与三苗俱放三危者。瓜州，今敦煌。)伯父惠公归自秦，而诱以来。(杜注：僖十五年，晋惠公自秦归。二十二年，秦、晋迁陆浑之戎于伊川。)使逼我诸姬，入我郊甸……戎有中国，谁之咎也？后稷封殖天下，今戎制之，不亦难乎！”(杜注：后稷修封疆，殖五谷，今戎得之，唯以畜牧。)这是周室衰微后，搪塞诸侯来争夺土地、“外强中干”的话。真如《大雅・召旻篇》“昔先王受命，有如召公，日辟国百里；今也日蹙国百里”之叹了。

但就这一篇美妙的辞令来研究，西周的“四至”，从东周王朝人所述的，南北两至（朔南暨）大致还是与《禹贡》所记载的疆域一样。至于北土三个地方，亳自是商的旧地；燕是召公的封域；肃慎[①]这一个民族，近人考证[②]，当时在勃海边，应属冀州范围内的，我怀疑肃慎就是《禹贡》中冀州贡皮服的岛夷（岛字当作“鸟”）。据《鲁语》：“武王克商……肃慎氏，贡楛矢、石砮。”这个民族长于弓矢，自然善于射猎鸟兽，皮服自然是他的特产了。《禹贡》导山的第四条山，王夫之叫作“幽燕之道”，是由太行、恒山，一直到碣石入于海的。这正是在冀州极北的地方，也正是詹桓伯所说的周武王克殷后极北的疆界了。《禹贡》又说：“岛夷皮服，夹右碣石入于河。”就是岛夷的贡道。

## 七　从任土作贡分析

至于“任土作贡”方面，这当然是《禹贡》一篇的重点，俟将来把所有材料搜集后，再做比较分析。现仅就贡物种类方面，提出初步看法。《禹贡》各州所出的贡物，我认为还是“货贝、宝龟”时代所需的。我们读《小雅》“锡我百朋”“我龟既厌”“不我告猷”，《大雅》“爰契我龟”，《尚书》“宁王遗我大宝龟”，就可略见周初的社会情形。《禹贡》荆州“九江纳锡大龟”，扬州“厥篚织贝”[③]，龟、贝都是当时王朝的急需品。这些情形，与春秋、战国时代经济情形不合。郑玄注《周官》第一句“唯王建国”说：“建，立也。周公居摄，而作六典之职，谓之周礼，营邑于土中，七年致政成王，以此礼授之。”他是认《周礼》为周初官书的，但是解释《周礼》九贡，所列贡物，几乎完全是从《禹贡》上抄录下来。

---

① 日本八木奘三郎说：“湾之西北，古肃慎居之。”（见《〈禹贡〉半月刊》第四卷第二期《环居渤海湾之古代民族》）

② 陈梦家《佳夷考》为我们提供了这方面极多宝贵材料。（见《〈禹贡〉半月刊》第五卷第十期）

③ 我为《伪孔传》所惑，将“织”与“贝”分开。承颉刚先生为我指正（见附缄）。

《周礼》："以九贡致邦国之用：一曰祀贡，二曰嫔贡，三曰器贡，四曰币贡，五曰材贡，六曰货贡，七曰服贡，八曰斿贡，九曰物贡。"

郑玄谓：

嫔贡：丝、枲。

器贡：银、铁、石磬、丹漆也。

币贡：玉、马、皮、帛也。

材贡：櫄干、栝、柏、筱、簜也。

货贡：金、玉、龟、贝也。

服贡：絺、纻也。

斿贡：燕斿、珠玑、琅玕也。（斿，读如囿游之斿。）

物贡：杂物、鱼、盐、橘、柚。

只要将这些贡物和《禹贡》九州中贡物种类一比较，我们说它几乎完全是从《禹贡》上抄录下来的，并不犯大错误。其中只有币贡，《禹贡》上是没有的[①]。只要读过《孟子》，便不会忘掉太王的故事。《孟子》说："昔者太王居邠、狄人侵之，事之以皮、币，不得免焉；事之以犬、马，不得免焉；事之以珠、玉，不得免焉。"这可以证明玉、马、皮、帛，是雍州的产物。周都丰、镐，不会向他州征求本地已有的货物。至于雍州所贡"球、琳、琅玕"，这些玉类是从当时弱水、黑水区域得来（今之河西祁连，即古代的昆仑，多出玉类），周人以玉为宝，他们认为玉象征人类崇高的品德，所以要征求。

至于"祀贡"，郑玄未加解释，据郑众说，是"牺牲、包茅之属"，包茅就是《禹贡》荆州的贡物了。郑众和郑玄把《禹贡》上贡物种类，移到

① 这里是我的疏忽处，颉刚先生已为我指正（见附缄）。

西周时代。他们的观点，犯了错乱时代的错误；我们认为《禹贡》是周初的官书，出发点虽不同而结论是一致的。《国语》："武王克商，通道于九夷、八蛮，各以其方贿来贡。"我们就不难了解《禹贡》这一篇官书，在当时是有实用价值的。它将贡物种类（指贡、包、篚等）记载得详细，贡道又规定得明白，无论来贡和受贡的哪方面都会觉得方便。

## 八 从贡道分析

再从九州的贡道看，是这样的：

冀州入于河；
兖州达于河；
青州达于河；
徐州达于河；
扬州达于淮、泗；
荆州至于南河；
豫州达于河，
梁州乱于河；
雍州会于渭汭。

我们从这里，也可看出九州贡道和西周的关系，西周的政权重心，一在渭水之旁（西都丰、镐距渭至近）；一在大河（黄河）之旁（雒邑近孟津，孟津在大河旁边，武王伐纣就是从这里用舟渡过河）。所有贡物多运入大河，然后再送到雒邑或丰、镐。唯扬州远，故仅达于淮、泗，这是鲁国政权所达到的地方。雍州是丰、镐的所在地；贡物会于渭汭，直入京都。周初有这样复杂的水道网，我们试看周初的"舟楫之利"的情况如何？

《大雅·棫朴篇》："淠彼泾舟，烝徒楫之。"

《毛传》："淠，舟行貌。楫，棹也。"

郑玄说："烝，众也。淠淠然泾水中之舟顺流而行者，乃众徒船人以楫棹之也。"

我们知道周朝的兴起，是在泾、渭二水流域。泾流是急的，能在这里行舟，这种创造性的行舟方法是难得的。

又《大雅·大明篇》，述亲迎于渭事，有：

造舟为梁，不显其光。

《毛传》："天子造舟，诸侯维舟，大夫方舟，士特舟。"

陈奂疏："梁，水桥也。……天子造舟为梁者，谓以比次其舟如水桥制也。……文王当殷时，造舟迎大姒，以显礼之光辉，后世遂为周天子乘舟之法度。至春秋，秦用造舟，乃周礼之未失也。"

渭水行舟，也是难的，能在这里用舟架桥而渡，可见当时航行和制造舟楫的技术已达高点，所以伐殷时能在大河舟渡，而且还有"白鱼入于王舟"[①]的故事。

## 九　从治水分析

汉人把《禹贡》作为治水的书用，可是《禹贡》中并不曾谈到实际的治水。所谓"导九川"，不过从源到流，观察一番；又篇中到处用一"既"字，表明治水是过去的事了。徐州的"淮、沂其乂"；豫州的"导菏泽，

① 见《伪今文尚书·太誓》。

被孟猪”，似有治水的痕迹，但也难确定是实施工程。就这点看，也可知道《禹贡》不是春秋、战国产品；尤其战国时代，我国大水利工程已兴起，“凿”“排”“决”“瀹”等方法已大行于世，假定是战国人执笔，决不致全篇都是些“播”“道”“入”“流”“过”“汇”“溢”等[①]，只是水流的自然趋势，所谓“行其所无事”。王夫之氏《决九川》一文，似乎也看到了这一点。他说：“《禹贡》所纪，定田赋，六府孔修，庶土交正，不复以民免昏垫为言。……”就是说，《禹贡》一篇中，重点不是在治水而是“遍履九州，画其疆埸”。这是因为周初尚无河患（王横称周定王时，河始迁徙），且当时工具尚不好，不能如战国时已有铁器（《孟子》已说用铁耕田），既无“凿”“决”“排”“瀹”等事实，依“存在决定意识”的真理，就不能“形之于文”了。

附：

宋人毛晃著《〈禹贡〉指南》和日本学者内藤虎次郎的论点

毛晃说：“右凡九州之水，曰‘浮’、曰‘达’、曰‘入’、曰‘沿’、曰‘逾’、曰‘至’、曰‘乱’、曰‘汇’、曰‘迤’、曰‘流’、曰‘别’、曰‘道’、曰‘被’、曰‘会’、曰‘过’、曰‘同’者：以舟而渡，则曰‘浮’；自此通彼，则曰‘达’；水自上之下，自小之大则曰‘入’；顺流而下则曰‘沿’。‘逾’，言所越也；‘至’，言所到也；‘乱’，言横流而济也。水势不可尽泄，则‘汇’以泽之，‘东汇泽为彭蠡’是也；水势不可径行，则‘迤’而流之，‘东迤北会于汇’是也；水势有所赴而不能容，则纵其‘溢’而舒之，‘溢为荥’是也；水由地中顺理而行谓之‘流’，‘东流为汉为济’是也；同出而枝分谓之‘别’，‘东别为沱’是也；横流之初，失其故道，今

① 依江侠庵译文。

皆复焉，而称曰‘道’，‘九河既道’是也；流溢旁覆，覃及下流，而称曰‘被’，‘导菏泽，被孟猪’是也；水出异源，自彼合此为‘会’，‘东会于泗、沂’‘会于沣、于泾’之类是已；小水合大水，大水衡流而行为‘过’，‘东过洛汭’‘东过漆沮’之类是已；枝分派别复合其所归为‘同’，‘灉沮会同’‘同为逆河’之类是已。‘九州之泽’曰‘猪’曰‘泽’者，昔焉泛滥，于是乎停滀而不溢，故彭蠡、荥波皆曰‘既猪’。昔焉漂流，于是乎钟聚而不散，故雷夏曰‘既泽’。九州之土，昔焉沦没不可种殖，水患既平，其地复治，则‘淮、沂其乂’‘云土梦作乂’……”

以上毛晃的这些解释，虽不见其精确，但是颇合乎《孟子》所说的“禹之行水，行其所无事也”的精神。

日本学者内藤虎次郎说：“就山脉而观察之，《禹贡》之外，莫如《山海经》之详细。然二书详略相去悬殊，难于比较。至关于水脉，自古颇多研究家，殊关于三江，《禹贡》合于后世之地理。然北魏之郦道元，彼所注《水经》，号称精核，而对于东南诸水距离太远者，记载便有不能确实。假使《禹贡》是作于一千数百年前，其所记之水脉，与千数百年后之地理却能一一符合，岂非怪事乎?《孟子·滕文公篇》所说之水脉与《墨子·兼爱篇》所记之水脉，便不能一一与《禹贡》水脉相符。《墨子》及《孟子》之编者，就其书中引用，彼得见《尚书》明矣；然《墨》《孟》两书，未见有援引《禹贡》之痕迹，实有疑问。且关于禹之治水，《墨子》及《孟子》之编者与《禹贡》各有其传闻之说，彼此不同。由此观之：《墨子》及《孟子》之编者，未得见《禹贡》之书明矣。而《禹贡》之记载，尤与《汉书·地理志》相近。由此观察，则《禹贡》实战国末年利用极发达之地理学知识而行编纂，亦未可知。”

日本学者内藤虎次郎著《〈禹贡〉制作时代考》一文，将《禹贡》做各方面的分析，提出了很多的问题，虽然他的论点完全与我不同，但是邻邦学者这一篇雄文是值得我们注意的。我曾草《九州的起源》，是我对他的九州说和四至说的不同看法。又曾草《贡品的分析》，是我对他的贡、包、筐、匭等研究不同的看法。这两篇小文，均在本文附录中，希望禹贡学者们多提意见。

我现将内藤虎次郎关于《禹贡》山脉、水脉与《山海经》《汉书·地理志》《水经注》的关系问题，和他怀疑《墨》《孟》二书编者未见《禹贡》的问题，提出我的看法。但是欲求深入，便非做专题考证不可，只能待之异日。现仅将我的意见简述于次：

（1）我既认定《禹贡》是西周的官书[①]，对《山海经》在《禹贡》之前我当然不同意。《山海经》中的神话传说固然有极早的材料；但《山海经》毕竟是战国私人著作时代的产物。

（2）我认为《汉书·地理志》和《水经注》的著者，是推尊《禹贡》而取材《禹贡》，决不是《禹贡》抄袭两书，这是我国一般学者所公认的。

（3）至内藤虎次郎谈："关于禹之治水，《墨子》及《孟子》之编者与《禹贡》各有其传闻之说，彼此不同。"因是他认定"《墨子》及《孟子》之编者未得见《禹贡》之书"。这是不正确和不全面的看法。司马迁作《河渠书》说："禹厮二渠。"这一件事，《禹贡》上是没有的，我们难道说司马迁没有看到《禹贡》？贾让治河三策，千古推尊，他说："昔大禹治水，山陵当路者毁之，故凿龙门，辟伊阙、析底柱、破碣石……"这几件事，《禹贡》上也是没有的，我们难道说贾让不曾见到《禹贡》？即以注解《禹贡》著名的宋代学者苏轼，他的《晁错论》还说："昔禹之治水，凿龙门，决大河，而放之海。"《禹贡》上也没有这样的记载。

---

① 参看罗根泽先生的杰作《战国前无私家著作说》(《古史辨》第四期)。

再谈《孟子》一书，《滕文公》上、下篇说禹治水有疏、瀹、决、排、掘等方法，这些方法固然是《禹贡》上没有的，但是在《离娄篇》他却说“禹之治水也，行其所无事也”，并且又反对“凿”。这一“凿”字，乃是历史上所传禹治水成功的一个方法。这里他反对“凿”和赞美“行其所无事”，是深深符合《禹贡》上谈治水精神的。我们能说《孟子》的编者不曾看见过《禹贡》？我们能说《离娄篇》的说法无《禹贡》上的痕迹？

要说明这些事实，便一定要将历史上传说的禹和《禹贡》上的禹分开来看。[①] 历史传说中禹的治水是随时代发展的。《论语》中孔子仅说禹“尽力乎沟洫”。《皋陶谟》(顾颉刚先生考证《尧典》《皋陶谟》为晚出的书)就有“决九川”的话(这一“决”字，也可以证明《皋陶谟》成书后于《禹贡》)，到战国时代《墨子·兼爱篇》的编者说的禹的治水“凿为龙门”。《孟子》的编者更扩大为疏、掘[②]等。这些决、凿、疏、掘当然是随我国农田水利工程的发展而有的意识形态(我已在前面说过)。至于《禹贡》一篇官书，它是周初国家的区域规划，材料确实，文字谨严，统一性极强。新材料的加入是不容易的。由上面的事实，我们就不难理解《孟子》上的矛盾原因：他一方面赞颂禹治水的功绩，是从历史传说中推论的，所以有疏、掘等方法。他一方面述禹治水的精神，是从《禹贡》中体会得来的，所以有“行其所无事”的名言。

(4)《墨》《孟》上所谈的水脉与《禹贡》不合，是因为这二位学者生长在战国时代，战国时雍、梁二州的情况已不为东方学者所深知。所以《墨子》谈水脉，西面仅达所谓“西为西河……”《孟子》则仅谈江、淮、河、汉的下流部分。这也可以证明《禹贡》为早出的书。假定它是由后人执笔，

---

① 三十年来，我国历史地理学者们创办《古史辨》和《禹贡》两种期刊，便是要解决这一个问题，所以将历史传说中的禹和《禹贡》官书上禹的治水分开来研究。

②《国语》记周灵王时，王子晋述禹治水有“决”“疏”字样，但这已快到春秋末年了。

它必同于《墨》《孟》编者的说法。

墨、孟两人的说话又各有所不同，这是当然的，彼等在东部各有所见，又互不师承，就有所谓“所见异辞”了。

## 十 从九州得名分析

三十多年来，我国禹贡派学者想考出《禹贡》九州如何得名，来推测它的制作时代，也有许多收获。他日如有时间，我也想试探一番。现在我仅将《禹贡》梁州的得名提出一些不成熟的看法。

顾颉刚先生主持禹贡学会时，曾遍游雍、梁二州，也曾到过卓尼，这是东南部学者从未履及的地方。他在四川重庆大梁子区居住时，忽悟得梁州得名的原因，在他的《浪口村随笔》里说：

> 予比年北游秦、陇，南历蜀、滇，徘徊于梁境者久矣，深以为此州名义一经揭破，实极简单。盖梁有兀然高出之义：水际以堤与桥为最高，故称堤与桥曰梁；屋宇以脊为最高，故名称承脊之木曰梁；山以巅为最高，故山巅亦曰梁，梁声转而为岭，今言岭古言梁也。九州之中，以梁州为最多山，有山即有巅，山多则群峰乱目，言梁州者犹之言“山州”耳。

由颉刚先生的这些启发，使我对梁州得有进一步的体会。

谈九州的如《释地》《职方》，都无梁州，就是《吕览》的著者，身曾居蜀（《吕览》的著作人员中，当也有东部学者，代这位商人写作）。可是《有始览》中，谈九州时也无梁州，反把幽州列入。这是因为战国时燕已强大，燕的区域不能无代表性的幽州。由《吕览》无梁州的一回事，便知梁州得名是很早的。

我认为梁州得名，是周人将他们的发祥地的梁山引申过去的。因为梁山“其形似梁”，他们到西南后，见“其形似梁”的山很多，便命名梁州。人类喜用自己乡土的名称加在新开的土宇上，古今中外是一致的：如有汴京附近的珠玑村，就有岭外始兴的珠玑村；有英伦三岛的约克，就有美洲的新约克；有雍州的梁山，东部就有冀州的梁山（《禹贡》治梁及岐）；又有周宣王时更东近燕的韩侯国中的“奕奕梁山”。据《诗谱》，周、召二公之德教自岐而行于南国，在南国这许多条形势像梁的山峰也都与他们发祥地梁山相似，他们为纪念故土梁山，把扩张的土宇冠以梁州的名号，是很可能的。

研究《禹贡》和《大雅》的，将冀州、雍州两梁山，和韩侯国中的“奕奕梁山”的所在地争论了许多时候。假若知道人类喜欢用本乡本土的名称加在新辟疆宇上这一普遍心理时，争论自易解决。不过岐周的梁山究竟在何处？仍是从前学者不了解的问题。我现在用《周颂·天作篇》七句颂来证明这事。

天作高山，大王荒之。

《毛传》：“荒，大也。”这是根据《国语》的解释。朱熹说：“荒，治也。”似较“大”明了。郑玄说：“高山，谓岐山也。”（朱子也是这样说）《书》曰：“道岍及岐，至于荆山。天生此高山，使兴云雨，以利万物，大王自豳迁焉，则能尊大，广其德泽，居之一年成邑；二年成都；三年五倍其初。”

彼作矣，文王康之。

彼岨矣（三家诗作“者”）岐[①]，有夷之行。子孙保之。

① “彼岨矣岐”：《三家诗拾遗》谓：“岨矣，韩作岨者，岐字属下句。”我二十年前，常往来岐山下，见道旁有“彼岨矣岐”一石碑，不知还存否。于省吾先生从文字角度解释“彼岨矣岐”，提出新的见解，可参看。于先生文见《〈禹贡〉半月刊》。

朱子说："康，安也。岨，险僻之意也。夷，平也。行，路也。"又说："此祭太王之诗，言天作岐山而太王始治之；太王既作，而文王又安之。于是彼险僻之岐山，人归者众，而有平易之道路，子孙当世世保守而不失也。"

无论毛、郑和朱熹，都有些错误的见解，以高山为岐山就是一例。若说"荒"为"治"，相当于《禹贡》的"蔡、蒙旅平""治梁及岐"的意义，那么，岐山已荒了，何以又提出"彼岨矣岐，有夷之行"的话来，岂不是重复？我国古典文精练简洁，决无是例。

我认为"高山"是指梁山。梁山是一条屋脊形的山脉，从西到东，横亘近千里，是泾、渭分水岭，不能实指何地为梁山。（不但这条山如此，顾颉刚先生在《浪口村随笔》中所说的武陵梁山也是如此，它是沅、澧的分水岭。由澧赴武陵的人有一种说法："常德（原武陵）不必问，要把梁山来走尽。"）太王去邠时，正路过这山的一部分。至于岐山，因为在梁山山脉中是突出的，又其下面有邑，是可指实的。这条梁山脉，我们现在称它为"北山"，是一个黄土高原，上面可以开垦种植。据现代农学家的经验，只要保墒搞好，小麦是可以丰产的。这条山脉，无论从渭水流域上望，或从泾河流域上望，都觉得是一条高山，但没有像这山脉中突出的一部分叫"岐山"的那样险阻，需要人民开辟平道来，才可走人。

"大王荒之"，是指开垦这高山，因为它太长，不能实指，所以用"高山"一名词代之。但这山脉上有突出而险阻之处，叫岐山的是可实指，故曰："彼岨矣岐，有夷之行"。我现在要谈到本题了，我认为《禹贡》是周书，就因梁州是周朝所取的名。这也是证据之一。

附：

## 九州得名节要[①]

（一）雍州：由雍水得名。

《周颂》："振鹭于飞，于彼西雝。"

《毛传》："雝，泽也。"

郑玄说："白鸟集于西雝之泽。"

朱右曾说："雝，水也。水出凤翔府西北三十里雍山……今谓之沣水。川雍为泽，盖雍水停潴之处，在岐周西南也。"

《大雅》："于乐辟痈。"

《毛传》："水旋丘壁曰辟痈，以节观者。"

这一条水，我们现又称他作后河（是从黄土高原流出来的，形极奇特，有一次竺可桢先生见了，也很惊异），弯弯曲曲极美观地流行着，可壅成"泽"，也可旋成"辟痈"。周人把他们发祥地这一条美丽的雍水用来称雍州，是与用兖水来称兖州有同样的意义。

（二）冀州：或由冀国得名[②]。

《左传》："晋荀息曰：……冀为不道，入自颠軨。……"

杜注："冀，国名。"

（三）兖州：因兖水得名。

（四）徐州：或因徐国得名。

（五）荆州：或因荆山得名。荆州荆山的名，当由雍州荆山移去。楚之郢都，汪中考出是从雍州"毕程"的"程"移去的。

（六）扬州：扬，粤、越同。穆王南伐越，至于九江（见《古本竹书纪

---

① 他日有暇另做考证。

② 冀州起源甚早，可参看唐兰先生《辨冀州之冀》，一精悍短文，载《〈禹贡〉半月刊》第一卷第六期。

年》)，周夷王时，楚子伐扬越（见《史记》)，皆西周时事。

（七）梁州：解见前。

（八）青州：在东方，或日照木上色青。杜甫诗："岱宗夫如何？齐、鲁青未了。"石声汉教授以为青色不易使人了解，或因青州"海滨广斥"，海水所反映的天的颜色，当代人呼为"青"色的缘故。若认定这一州名"青"是"东方之色"，则应是五行学说兴起后才有的；那么，其他各州何以又全无"五行"的痕迹？

（九）豫州：因谢地得名，这是丁山先生发现的，见他著的《九州通考》(《齐鲁学报》第一期)。大小《雅》："宣王为申伯营谢。"

从九州的得名来看，几无一后起的，我们说《禹贡》为西周的作品，在这一方面也是不矛盾的。尤其《吕览》无梁州，更可证明《禹贡》非战国时候的作品（说明已见前)。

## 十一　从九等定田定赋分析

日本学者认为《禹贡》一篇规模宏大，称它为"雄篇大作"，同时也和我国禹贡学派一样，主张它是春秋或战国时代作品，且说"田字之意义，在《诗》的时代，尚存狩猎之意义"，因此我们应该谈谈西周时代对土田经营的方法和规模，以改正日本学者对我国古代文化遗产估计的过迟。

《小雅·黍苗篇》：

芃芃黍苗，阴雨膏之！

郑玄说："喻天下之民如黍苗然，宣王能以恩泽育养之，亦如天之有阴雨之润。"

悠悠南行，召伯劳之。

郑玄说："宣王之时，使召伯营谢邑，以定申伯之国，将徒役南行，众多悠悠然。召伯则能劳来劝说以先之。”

我任我辇，我车我牛。

郑玄说：“营谢转饵之役，有负任者，有挽车者，有将车者，有牵傍牛者。”

我徒我御，我师我旅。

郑玄说：“召伯营谢邑，以兵众行，其士卒有步行者，有御兵车者。五百人为旅，五旅为师。”

肃肃谢功，召伯营之！烈烈征师，召伯成之！

郑玄说：“美召伯治谢邑，则使之严正；将师旅行，则使之有威。”

原隰既平，泉流既清，召伯有成，王心则宁！

《毛传》：“土治曰平，水治曰清。”

郑玄说：“召伯营谢邑，相其原隰之宜，通其山泉之利，此功既成，宣王之心则安也。”

西周时代的整理土田，已达到“原隰平，泉流清”。就是今日盛倡的水土保持工作，也无非要做到“原平水清”的境界。像这样优良的经营方法，还不能将九州高高下下的土田分为九级而耕种吗？

再看《大雅·公刘篇》：

笃公刘，于胥斯原！

《毛传》：“胥，相。”

郑玄说：“厚乎公刘之相此原也。”

陟则在巘，复降在原。

《毛传》：“巘、小山别于大山也。”

郑玄说：“陟，升；降，下也。公刘之相此原地也；由原而升巘，复下在原，言反复之重居民也。”

逝彼百泉，瞻彼溥原。

郑玄说：“往之彼百泉之间，视其广原可居之处。”

既景乃冈，相其阴阳，观其流泉。

郑玄说：“既以日景定其经界于山之脊，观相其阴阳、寒暖所宜，流泉浸隰所及，皆为利民富国。”

度其隰原，彻田为粮。

郑玄说：“度其隰与原田之多少，彻之，使出税，以为国用。”

涉渭为乱，取厉取锻。

郑玄说：“乃使人渡渭水，为舟绝流，而南取锻厉斧斤之石，可以利器用，伐取材木。”

止基乃理，爰众爰有，夹其皇涧，遡其过涧。

郑玄说：“止基，作宫室之功止；而后疆理其田野，校其夫家人数……皆布居涧水之旁……修田事也。”

就这一章诗，也可看出周初对农业的注重，知道那时已经为统一时代“疆理九州”的工作奠下基础了。

不过《禹贡》时代（就是西周时代）把全国“高高下下”的土地，“九等定田，九等定赋”（可能就因此产生所谓“井田”），是不实际的，人口繁殖时可能就行不通。所以春秋时代整理土地的方法就更精密适用了。《左传》襄公时，楚蒍掩治赋的事，是近人常喜引用的，我也把这故事摘录于后：

甲午，蒍掩书土田。（杜注：〔后不再举出〕书土地之所宜。）

度山林。（度量山林之材，以供国用。）

鸠薮泽。（鸠，聚也。聚成薮泽，使民不得焚燎壤之，欲以备田猎之处。）

辨京、陵。（辨，别也。绝高曰京。大阜曰陵。别之以为冢墓之地。）

表淳卤。（淳卤，埆薄之地。表，异轻其赋税。）

数疆潦。（疆界有流潦者，计数减其租入。）

町原、防。（广平曰原；防，堤也。堤防闲地，不得方正，如井田，别为小顷町。）

牧隰皋皋。（隰皋皋，水厓下湿，为刍牧之地。）

井衍沃。（衍沃，平美之地，则如周礼制以为井田。）

量入修赋。

以上是"因地制宜"的好办法，是在《禹贡》时代的分田制赋的基础上有所提高。到了战国，开阡陌，尽地力，大兴水利（白圭自信他的治水过于禹）。这一切的一切，都非《禹贡》制作时代的人所能梦想的。

## 十二　从土壤分类上分析

再从《禹贡》的土壤分类看，《禹贡》中土壤的分类是我国系统地谈土壤分类最早的。友人陈恩凤先生近来对《禹贡》土壤曾做极详细的分析研究。前在南京，我劝他再做进一步的时代考证，他说："近正从事中国土壤肥力研究，无暇做此。"近万国鼎先生著《中国古代对土壤种类及其分布的知识》一文，谈《禹贡》土壤即根据陈先生的说法。这些都是考证《禹贡》时代的良好参考材料。①

我认为《禹贡篇》的土壤记载，从时代看是最早的。我们试把它和《管子·地员篇》比较，就知道《地员篇》复杂得多了。（《地员篇》是战国时

① 闻邓植仪先生曾用极长的时间研究《禹贡》土壤，惜我未见到他的论文。

的产物，为一般人所公认。这一篇颇难读，近得夏纬瑛先生的解释，已大明白。）这是时代前进的结果。

《禹贡》谈土壤，如荆州、扬州中，都用“涂泥”二字，这是何等原始的看法。九州中谈土壤，雍州用“黄壤”两个字，这是很适当的，现在还有时用它。由这些也不难理解，因周室兴起在雍州黄土高原，由观察习惯，所用词语自然恰当。从这一点上，也可证明《禹贡》是西周时代的产物。

## 十三　从文字结构上分析

《禹贡》文字，字面、结构多与大小《雅》相同。举例于后：

| | |
|---|---|
| 《禹贡》：沣水攸同。九州攸同。 | 《大雅》：四方攸同。 |
| 《禹贡》：阳鸟攸居。 | 《小雅》：君子攸芋。 |
| 《禹贡》：入于渭，乱于河。 | 《小雅》：涉渭为乱。 |
| 《禹贡》：漆沮既从。 | 《小雅》：漆沮之从。 |
| 《禹贡》：江、汉朝宗于海。 | 《小雅》：沔彼流水，朝宗于海。 |
| 《禹贡》：既修太原，至于岳阳。覃怀厎绩，至于衡漳。 | 《小雅》：薄伐猃狁，至于太原。<br>《大雅》：于疆于理，至于南海。 |
| 《禹贡》：九江孔殷。 | 《小雅》：四牡孔阜。 |
| 《禹贡》：鸟鼠同穴。 | 《小雅》：鸟鼠攸去。 |
| 《禹贡》：雍沮会同。 | 《小雅》：会同有绎。 |
| 《禹贡》：既载壶口，治梁及岐。既修太原，至于岳阳。 | 《小雅》：既见君子，锡我百朋。 |

《禹贡》文字很朴实，就上面这些例，可以看出是和西周大小《雅》时代文字相近。在西周这时候正是中国“四言诗”兴起的时代，所以《禹贡》一篇多四字句。我们根据这一点，也可以解决历史上《禹贡》句读上的一些争执：如作《禹贡》的人心中本无冀州是帝都的观念，所以提出冀州后就写：“既载壶口，治梁及岐。”若上句是“冀州既载”而把“壶口”孤立，

就无法解通了。又如荆州“惟箘、簵、楛，三邦厎贡”，“厥名”应属下读（可参考俞樾说），也可用四字句读例解决。我希望有人从《禹贡》文字结构方面，做深入的探讨。

## 十四　从大一统思想的发生时代分析

将全国划为九州，自然只在统一过程中才能这样做。秦并六国后，始分天下为三十六郡，就是一个例证。但是没有统一的思想，也不会有统一的事实，禹贡派学者曾用统一思想发生在什么时代来考证《禹贡》制作年代，方法是对的。但他们当时正和“信而好古”的人士做斗争，又是疑古风气极盛时期，自然说春秋、战国时才有统一思想。实际上自武王克殷后，大封子弟勋戚，已具大一统的规模。王国维的《殷周制度论》对这些已做了较详细的推论。我现仅引《周书》二则来证明周代统一的事实。

> 《多方》：“周公曰：王若曰：猷，告尔四国多方。……有夏诞厥逸，不肯感言于民。……天惟时求民主，乃大降显休命于成汤。……乃惟成汤，克以尔多方，简代夏作民主。”
>
> “乃惟尔商后王逸厥逸……天惟降时丧，……惟我周王灵承于旅……天惟式教我用休，简畀殷命，尹尔多方。”
>
> 《立政》：“呜呼！予旦已受人之徽言，咸告孺子王矣。……其克诘尔戎兵，以陟禹之迹，方行天下，至于海表，罔有不服，以觐文王之耿光，以扬武王之大烈。”

第一则是说，继承夏、殷，统一全国。第二则是说威服群侯，保有四海。我们哪能说周初没有统一思想和统一事实？

总之，我国文化，开发最早，近来地下发掘的成绩可证。西周的统一划分九州，和秦之统一分天下为三十六郡，同为行政的便利。这两次的统一，对中国文化是有大影响的。

## 十五　解释《禹贡》冠以禹的名称的原故

《禹贡》一篇，从各方面来看，时代都与西周相合，为什么这一篇周书要以“禹”的大名冠在上面呢？

我认为要从周人与夏代的历史关系上来看。周家的祖宗曾和夏代有密切的关系，做过夏代的稷官，这是一般的说法。《国语·周语》祭公谋父对穆王说：“昔我先王世后稷，以服事虞、夏；及夏之衰也，弃稷弗务（韦注：弃，废也。谓启子太康废稷之官，不复务农也）。我先王不窋用失其官……不敢怠业。”可见周的祖宗原是夏代的忠实干部，据季札观周乐的故事：“为之歌秦”，曰：“此之谓夏声……其周之旧乎？”似乎周、秦的音乐也是夏朝的。再我们从可信的文献《诗》三百篇和《尚书》二十九篇上看，周人似以继承夏代文化为光荣的。《大雅》载周室营邑于丰时，基地旁边一条小小的丰水，很自然地向东流去，周家诗人颂之曰：“丰水东注，维禹之绩。”郑玄对这两句诗是这样解释的：“昔尧时洪水，而丰水亦泛滥为害，禹治之，使入渭，东注于河，禹之功也。文王、武王，今得作邑于其旁地，为天下所同心，而归太王为之君乃由禹之功，故引美之。丰邑在丰水之西。镐京在丰水之东。”又如《鲁颂·閟宫篇》：“赫赫姜嫄……是生后稷……奄有下国，俾民稼穑……奄有下土，缵禹之绪。”郑玄解释是：“尧时洪水为灾，民不粒食，天神多与后稷以五谷，禹平水土，乃教民播种之，于是天下大有，故云缵禹之事也；美之，故申说以明之。”

由以上这些，便知道周人以农业起家，农业与水的关系是密切的，《吕刑》说：“禹平水土，主名山川；稷降播种，农殖嘉谷。”由于这种关系，《论语》上就说“禹、稷躬稼而有天下”了。这都表明稷与禹是“一而二”。

《商颂》也有“洪水芒芒，禹敷下土方”。但他们的祖宗似乎并不是以继承禹的功业为事的，而是这样说：“古帝命武汤，正域彼四方，方命厥后，奄有九有。”《毛传》：“正，长；域，有也。九有，九州也。”郑玄说：“古帝，天也。天帝命有威武之德者成汤，使之长有邦域，为政于天下。方命其君，谓遍告诸侯也。汤有是德，故复有九州之王也。”这是一个很好的对照。

又如《小雅·信南山》：“信彼南山，维禹甸之。畇畇原隰，曾孙田之。”《毛传》：“甸，治也。畇畇，垦辟貌。曾孙，成王也。”郑玄说：“信乎彼南山之野，禹治而丘甸之，今原隰垦辟，则又成王之所佃，言成王方远修禹之功。”“我疆我理”，《毛传》：“疆，划经界也。理，分地理也。”“南东其亩”，《毛传》：“或南或东。”

我们看了这一小段诗，就可明了《禹贡》九州用许多“既”字的意思，也可以说明这许多“既”字多放在第一段的意思；就是凡有“既”字的多是颂禹昔日平治水土的功德的（如“九河既道”“三江既入”等）。有如“信彼南山，维禹甸之”，是指历史上的事。下面接着谈耕治、土壤、田赋、草木、贡道等，乃是周朝当时君王实际规划当代的事。

上面我们从《诗经》上取证，似乎还嫌不足，我们再从《尚书》本身上研究。

《尚书》中有三篇的体例，是不同于其他各篇的，就是所谓：“《禹贡》可以观事，《洪范》可以观度，《吕刑》可以观诫。”《洪范》一篇[①]，相传是

---

① 时贤以为《洪范》是战国时代的作品，我认为所提出的论点还值得考虑。

1.《左传》《荀子》《吕览》三书，共引《洪范》多则，有称“《书》曰”，有称“《商书》曰”，有直称“《洪范》曰”，我们对这些征引，怎能做出很好的解释？

2.“五行”，《洪范》列首，怎么那样朴质，似仅从“六府”之说稍加修改？若是战国人执笔，春秋末和战国时对五行多种配合和新的五行相胜学说，为什么不引用，又不驳斥？这是不合乎“存在决定意识”的真理的。

3.春秋时已有怀疑卜筮价值的，如《襄公七年》卜郊，孟献子谈话的微意，《荀子》中有“善易者不占”之句，当时七国的人君皆信纵横家之说，《洪范》的“稽疑”怎

箕子的作品，当然是商代文化的结晶，但箕子对武王偏不说是商家的文化遗产，而说这是天锡禹的九畴。我揣度，这或是箕子知道周人尊禹，所以这样说的。《洪范》的九畴与《禹贡》的九州：一谈政治思想制度，一谈区域规划；一为禹从天接收的九畴，一为禹自己敷分的九州；归功于禹，实际是一样的。由这些事实，我也赞成《史记》叙述《禹贡》末段的“帝乃锡禹玄圭”的“帝”，是今文学家所称“天帝”的说法。

《逸周书》可信的程度何如，今尚不易断定。《商誓解》也说：“昔在后稷，惟上帝之言，克播百谷，登禹之绩。”这也可作为旁证。

《吕刑》一篇，本是周人的创作，是谈刑法原理的。《左传》说“夏有乱政而作禹刑；……周有乱政而作九刑”，都是用刑法治乱的。但是《吕刑篇》序上，却这样说：“吕命穆王训夏赎刑。”据清人考证，“命”是“告”的意思。段玉裁说：这八字应为一句。这是吕侯告穆王训夏的赎刑。夏的赎刑或就是《左传》上所说的禹刑了。夏是否有这“九刑”不得而知，但这篇《吕刑》明明是周人的思想，偏说是训夏的赎刑。篇中对苗刑严加批评，并称伯夷、禹、稷为三后。这也可以看出《禹贡》一篇冠以“禹”的意义了。

《禹贡》冠以大禹名称的原因，已说明于上。周初是否有划分九州和平

---

能与战国政治情况符合？

4.《墨子》引周诗中，有“王道荡荡”“王道平平”，怎能证明这一首完美的周诗不是引用《洪范》？荀卿学生韩非所称“先王之法”，正足以证明《洪范》在古代政治应用上已起的作用。《小雅》系后出，《小旻》当是引用《洪范》，而由五发展到六。

5.朱熹《皇极辨》纠正《伪孔》“皇”训“大”之失，我们应当承认。但“思皇多祜”“思皇多士”，为什么要依崔述的武断说法，而不能说这两“皇”字可以作名词用，是君王，是天帝？

6.东阳、耕真之叶韵，石声汉教授说：“遵段玉裁等的研究，韵部是有分别的；不过箕子是东方人，说话何必用西周的韵？”

我暂提出这些粗浅的怀疑，希望《洪范》著作时代问题得到正确的解决。

治水土的事？从《诗谱》和《列女传》的话，可以得到一些线索。

《诗谱》一书，研究西周和东周列国四诗（《风》、大小《雅》、《颂》）的本事，就是研究《诗》中的历史事实的。把《诗》的发生的地方也写出来，体例是很好的。

《齐谱》有这样的几句话：

> 周公致太平，敷定九畿（当然就是九州），复夏禹之旧制[①]。

这就是暗示着周初划分九个区域，用禹名冠于篇首的所谓《禹贡》了。《汝坟》为周公所主的地方的诗，刘向《列女传》解释说："周南大夫平治水土，过时不来，其妻恐其懈于王事，盖与其邻人陈素所与大夫言；国家多难，唯勉强之，无有谴怒，遗父母忧。生于乱世，迫于暴虐，然而仕者，为父母在也。乃作诗云。"这就是周初平治水土的记载。同时从这一首诗中还可看出两件事：一方面当周公时，东方有事，危及王室，需要戡乱；一方面又不忘建设，平治水土，无怪在兖州有"厥赋贞，作十有三载乃同"的事。这是言这州定赋更较他各州困难。

附：

## 顾亭林氏与崔述氏对这方面的论点

顾亭林说："古来田赋之制，实始于禹，水土既平，咸则三壤。后之王者，不过因其成绩而已。故《诗》曰：'信彼南山……南东其亩。'然则周之疆理犹禹之遗法也。"

崔述说："《尚书·禹贡》，篇名以贡，纪贡制也。贡冠以禹，志禹功

① 郑玄注《王制》，也称"周公斥大州之界"。

也。水土既平，经制既定，天下诸侯怀帝之德，感禹之勤，已各择其土宜之贵重者以荐于帝畿，以致其爱戴之诚。文臣因而纪之于册，以表禹之功，以见禹德之盛。是故九州之文皆主言贡。……有赋而后有贡。赋者，庶人之所以奉国君；贡者，国君之所以奉天子也；故以赋先之。有田而后有赋，有土而后有田；故又以土与田先之。然使九山未刊，九川未涤，九泽未陂，何以辨土之色与性，而况于田赋贡乎？故又以平水土之事先之。水土之平，往日事也，故其文曰：'既载、既修、既作'；于山则曰：'既艺、既旅'；于水则曰：'既导、既入'；于泽则曰：'既泽、既潴'。皆以明其为前日之事，而因原贡所由致，故追溯之也。每州为一章；章各分三节。第一节，平水土之事；第二节，土、田、赋之别；第三节，贡、篚、包之制。而从冀州域始之，以识贡道终之。此九州之章法次第也。"

这两位大学者的话都是有道理的，不过他们还没有体会到《禹贡》是周书，所以说起来还不免有些"隔靴搔痒"。

## 十六　总结

这一篇不成熟的论文，是在禹贡学派研究的基础上写成的，虽然在时代上和他们的看法不一致，但仍可认为是他们工作的继续。

中国科学院出版部同志曾经遍函各方面征询出版物缓急、先后的意见。我提议历史地理方面，应有一部极精确的历史地理图，但这一工作恐非集全国学者的力量不易成功的。我希望禹贡学派学者，联合全国学者，重新组织专门学会，在"百家争鸣"的号召下，在科联的领导下，仍继续开展他们未完成的工作。

本篇匆促完成，因我对白话文写作尚不习惯。我的爱人康成一除与姜义安君为我抄正草稿外，并时代做文字上的修改。

承顾颉刚、石声汉二先生为我润色文字和改正标点，颉刚先生又为我指正了多处错误，补充了数条有力证据，夏纬瑛先生也为我阅读了初稿，特向他们致谢。

## 十七　附录

### （一）九州的起源

九州的起源，从顾亭林以来（可参看《日知录》“九州”条）似尚未得到明确的解释，依我个人不成熟的意见，似应从三方面着手，来阐发这一古史上的重要问题。

1. 应从九州和统一过程的关系着手，已举例说明在前了。

2. 应从“九州”与“四海”的关系上着手。《尔雅》说：“九夷、八狄、七戎、六蛮，谓之四海。”这样解释古代的四海是对的。因为我国古代人民所处的地方，很不容易知道西、北、南三海，所以《禹贡》上仅说“东渐于海”。至于黑水的“入于南海”，那是指入于南荒夷狄的领域，并非真正的海。顾亭林说“五经无西海、北海之文”，也可以看出古人对四海观念与后人不同。

3. 应依汪中《释三九》的伟大发现，来了解“九”的意义。汪中说：“三者，数之成也；九者，数之终也。三、九有实数，有虚数；实数可稽，虚数不可执也。”汪中这一个发现，不仅九州一名词可根据了它来做讨论，就是《禹贡》上历来争执不决的“九河”“九江”“三江”等名词，也可以得到解决。更进一步，就是“九山”“九泽”“金三品”，“三国厎贡”的“三”和“九”，也还值得重新考虑它们的含义，即是它们中有实数与虚数，应根据实指情况去解决。

顾亭林说："九州之名，始见于《禹贡》。"这是对的[①]。《祭法》有"共工氏之霸九州也，其子曰后土，能平九州"之文，似乎大禹之前，还有后土这样一位不平凡的人物。这或者是好古的人以大禹为起点制造出来的。是否如此，只有让疑古的人士来评定。

我们既已证明《禹贡》的九州为西周的疆域，就应当探讨夏、殷两代的九州范围如何？

《诗·商颂·玄鸟》："方命厥后，奄有九有。"（后来的《华阳国志》把"有"改作"囿"，这是合乎四川坝子的地势的。）

《毛传》："九有，九州。"

长发："帝命式于九围。""九有有截。"

《毛传》："九围，九州也。"

郑玄解"九围"说："汤之生也……惟上帝是敬，故帝命之，使为法于九州也。"

郑玄解释"九有有截"说："故天下归汤，齐一截然。"

从上面几条，我们可以看出殷代的九州是汤伐夏后，领导诸侯时规划的。

殷是东方民族，或从东北沿海而下，近三十年来有人从"玄鸟生商"的故事做过考证。这个民族，始终居于东方，而不是从现在陕西的商洛去的，已为一般人承认。根据王国维氏《说自契至于成汤八迁》《说商》《说亳》《说耿》《说殷》一系列的精确考证文章，殷的地望似乎可以确定在东方。我认为就《史记·殷本纪》所述的《汤诰》，也可推出《商颂》上"邦畿千里"和"九有"或"九围"的大概。

① 见《国语·鲁语（上）》，唯"九州"作"九有"。

这一篇《汤诰》，据太史公所述，是：

> 古禹、皋陶久劳于外，其有功乎民，民乃有安；东为江，北为济，西为河，南为淮，四渎已修，万民乃有居。后稷降播，农殖百谷。三公咸有功于民，故后有立。

寥寥数语，可以说明下列诸事：

1. 这里的三公，与《吕刑》上所说的三后，仅皋陶改为伯夷，这个相传为典礼的姜姓祖先，与相传为执法的嬴姓祖先，是一是二？无从得知。

2. 殷代对禹的治水，是说在“四渎”，这件事最可注意。（可与《商颂》“天命多辟，设都于禹之绩”和“洪水芒芒禹敷下土方”同看。）

3. 依近来甲骨文字的研究，殷代农业已相当发达，这里“农殖百谷”的话是可靠的。

4.《禹贡》九州是西周的规划，所谓兖州（是商的王畿）的赋“作有十三载乃同于他州”，是政治的问题，不完全是治水平土的困难。

上面所谈的，都不是本题正文，我现就“四渎”（江、淮、济、河）的区域来谈谈殷代的疆域。

殷的疆域，似乎是以淮水流域作“南至”的。《商颂》有“维女荆楚，居国南乡”的话，扬粤、荆楚是在淮水南长江流域。殷的西北方似与《禹贡》九州的冀州相接壤，“高宗伐鬼方，三年克之”，根据王国维的说法，鬼方的东北已到达太行恒山。假定不是两民族地域相近，也不会有这般长久的战事。殷的东北和东南方，当以济和淮的一部分为界。据甲文学某学者谈纣伐东夷和《商颂》“相土烈烈，海外有截”，亦可作证。所以《逸汤诰》有“东为江，北为济”的说法。假若古时淮是入江，江更向东行，当然是“东为江”了。殷的南境仅达淮水，南边是荆楚，当然是“南为淮”了（陈仁锡疑是“东为淮，南为江”，这是不知当时情况的推测）。

我们从这些事实看，成汤时的“九有”“九围”或即在四渎的区域；至于远西的氐羌“来享来王”，他们的领域是在四海之内，商代不封同姓来领导诸侯，当然不能“有”其土的。

《左传》王孙满对楚子问鼎说：“昔夏之方有德也，贡金九牧。”服虔注：“使九州之牧贡金。”这是说夏时已有九州，所以“九州”的牧都贡金来制造这个鼎。

又晋魏绛说：“周辛甲之为太史也，命百官，官箴王阙。于虞人之箴曰：

‘茫茫禹迹，画为九州，经启九道。

民有寝庙，兽有茂草。

各有攸处，德用不扰。’”

这是周初的人对禹的崇敬，说禹是区划九州的人。我曾推想过《逸周书·崇禹》的乐章，就是这篇虞人的箴。

夏代的疆域，因为文献太少，要解决它的四至是困难的。将来或有地史的发现来确定，现在我仅就一般人所知的资料来谈谈。

汤伐桀，据陈奂说，是开始剪灭夏的“与国”，所以《商颂》有“韦、顾既伐，昆吾、夏桀”的说法。这就可以看出：夏的疆域的东至与殷接境。《史记·周本纪》所录《逸周书·度邑篇》，武王所说的“有夏之居”，是现在考夏代疆土的好资料，我把它摘引如下：

自洛汭延于伊汭……其有夏之居。我南望三涂，北望岳鄙，顾瞻有河，粤瞻雒、伊，毋远天室。

可见伊、洛二水流域是夏的基本地方，所以《郑语》有“谢西之九州如何”的发问。这是史伯不想郑国迁到谢西有夏之居的谈话。后人用后起的《周礼》所说的“二千五百家为州”来解释这“九州”的“州”字是不对的。《左传》昭公二十二年传：“冬、十月，丁巳，晋籍谈、荀跞帅九州之戎……以纳王。”若用“二千五百家为州”来解释这个陆浑之戎的居地，如何能解释得通？他们是以畜牧为生的，如何能拘守这个后起的周制呢？

我怀疑这个九州，就是古代相传的有夏的九州。《左传》上所记载的“四岳、三涂、阳城、太室、荆山、中南、九州之险也，是不一姓……”根据顾颉刚先生的《浪口村随笔》所解释的四岳、荆山等地望，有夏盛时的九州西至可能远到现在的陕西秦岭的西部汧水。这样，周与夏的关系就更密切了。《左传》记季札观周乐，为之歌秦，曰：“此之谓夏声……其周之旧乎？”是表明夏、周、秦皆曾居于同一地方。换句话说，秦之地即周之旧都，也即是从前夏之故地。古代音乐采集地方民曲，所以有同一的音调。又据《左传》祝佗所说周初封鲁、卫、唐的故事，有分“唐叔以大路……怀姓九宗……命以《唐诰》而封于夏墟，启以夏政，疆以戎索”，可知夏的王居或是原来在《禹贡》上的冀州，后来移入伊、洛二水流域的。假定夏墟在夏的全盛时代还有其地，我们也可假设夏的“北至”已达到今山西中部了。总之，夏的疆域似在今所谓黄河中游的一段。

在这一地域，夏的大事有下列文献可资参考：

1. 伐有扈。这是夏代的一个大战事。《吕氏春秋·先己篇》说：“夏后相与有扈战于甘，济而不胜。”扈在今陕西长安西南南山附近。夏都在伊、洛二水流域，他们出兵西来是容易的。

2.《左传》僖公三十二年，蹇叔说：“晋人御师必于殽，殽有二陵焉：其南陵，夏后皋之墓也。”杜注：“皋，夏桀之祖父。”

3.《左传》昭公元年：“夏有观、扈。”杜注：“观，国，今顿丘卫县。”这是有夏在东面的战事。

4.《左传》昭公元年：“刘定公劳赵孟于颍，馆于雒汭。刘子曰：‘美哉禹功，明德远矣。微禹，吾其鱼乎？’”是因在夏的故地方这样说的。

5.《国语》："昔伊、洛竭而夏亡。"

吴起说："昔夏桀之居，左河、济，右太华，伊阙在其南，羊肠在其北。"

这是战国人的说法，"左河、济"，或是汤微时，夏的势力曾达到东方。《商颂》说："外大国是疆。"《毛传》："诸夏为外。"陈奂疏："诸夏为外者，禹有天下为夏，故畿内为夏，畿外为诸夏。"就是说诸夏的势力曾包围东方小小的汤邑外面。"右太华"到今之华山区域。"北为羊肠"，当是指现在中条、太行二山脉。这也和西周、春秋两时代的说法相近。

我们在上面已寻到夏、殷疆域的大概，这两代疆域是狭小的，但是两代的势力可能俱已及于当时的所谓四海，这是从禹会诸侯的传说和《王会篇》"伊尹朝献"的记载可以看出一些痕迹来。我们只要把四海与九州的关系弄明白，就可以了解当时的真相了。

《左传》富辰说："周公吊二叔之不咸，故封建亲戚以蕃屏周。"宋林尧叟解说："周公伤夏、殷二叔世，疏其亲戚，不能同心，以至灭亡，故广封兄弟，建为诸侯，为周室之藩翰屏蔽。"由此可以知道西周疆域的广大，是其善于利用亲亲政策，大封子弟勋戚领导诸侯的结果。又可以知道，《禹贡》的九州，如果不是西周建国规模的宏远与疆域的广大，是不能与它适合的。也可知道殷的"九有"不大。孙炎、郭璞说《尔雅》九州是殷制是不正确的。

《逸周书》所载文王时事有"三州""六州""九州"。

维周王宅程三年，遭天之大荒，作大匡以诏牧其方，三州之侯咸率。(《大匡解第十一》)

维三月既生魄，文王合六州之侯，奉勤于商。(《程典第

十二》)

维二十三祀，庚子朔，九州之侯咸格于周。(《酆保第二十一》)

假定这些材料可靠，这里的“三州”“六州”“九州”，当然是西土的区划（所以三州有“其方”二字），决不是伐殷后大封诸侯经营东方有大成功时所规划的九州或六州。

《逸周书·小开》载：“一维天九星，二维地九州。”这是可以用汪中所说“九者，数之终也”来解释。天上决不会只有九颗星，可知地上的九州也只是虚数。后来齐人根据了古人九州的说法，创为“大九州”，《尧典》中还有“十二州”。例以古人用“九”的意义，更可以证明《尧典》是晚出的（可参考顾颉刚先生对《尧典》的年代考订）。

**（二）贡品的分析**

崔述说：“九州之文皆主言贡，篚亦贡也，包亦贡也，贡之盛于篚、包者也。……贡者，国君所以奉天子也。”

《禹贡》九州所贡的物品约近六十种。（确数以各家见解不同难确定，如“箘簵”为二种或一种？“玄纤缟”为一种或二种……？）我现在把它们分为三大类型，至于那些为原料为制品，可参看各家的注解。

1. 植物类型：漆（兖州）。絺、枲、松（青州）。桐（徐州）。筱簜（《史记》作竹箭）、卉服、橘、柚（扬州）。杶、干、栝、柏、菁茅（荆州）。漆、枲（《史记》作丝，果尔，为动物类型）。

2. 动物类型：皮服（冀州）。丝（兖州）。海物（郑玄说：海物，鱼也）。牧（产）、檿丝（青州）。夏翟、玭珠、鱼（徐州）。齿、革、羽、毛（扬州）。羽、毛、齿、革、大龟（荆州）。熊、罴、狐、狸、织皮（梁州）。织皮（雍州）。

3. 矿物类型：铅、怪石、土五色、浮磬（徐州）。金三品、瑶、琨（扬州）。金三品、砺、砥、砮、丹（荆州）。磬错（豫州）。璆（郑玄说：黄金之美者，谓之镠）、铁、银、镂、砮、磬（梁州）。球、琳、琅玕（雍州）。

植物类型不易判定为丝制物或麻、葛制物的：有兖州的织文（据《伪孔传》“织绮之属”，似属丝制品）；徐州的玄纤缟；荆州的玄纁玑（依王氏考订为连词）组；豫州的纤纩等。

由此可以知道，不是西周的大一统，决不能责九州贡这样多的物品。

西周的纤维，在植物方面，大多取于葛和麻类，《周南·葛覃篇》：

> 葛之覃兮……是刈是濩，
>
> 为絺为绤，服之无斁。
>
> 《毛传》：“濩，煮之也。精曰絺；粗曰绤。古者王后织玄紞，公侯夫人纮綖，卿之内子大带，大夫命妇成祭服，士妻朝服，庶士以下各衣其夫。”
>
> 《小雅·大东篇》：“纠纠葛屦，可以履霜。”

这种豆科植物的葛，现在资本主义国家从我们东方把它移去栽培，作为水土保持和饲养牲畜的好材料。谁知它远在三千多年前，就被我们祖宗利用来做服履纤维的原料（为当时女子重要手工业产品原料）。所以青州、豫州都以精制物品作贡，即所谓“絺”。它的地下球根可食，制造后称为葛粉；自藕粉盛行，才少用它。由葛制成的床帐，既通气又避蚊，可惜的是现在南方也少见了。我希望我们农学界的人士，共同来研究这一种经济价值极高的植物。

扬州岛夷贡卉服，据《伪孔传》的解释，是草服葛越。《正义》：“葛越，南方布名，用葛为之。”可见葛在周初应用的广和南、北方对此物的重视。

《大雅》“麻、麦幪幪”，是颂周的祖先后稷务农时（在现在武功）把麻、麦同时种下，都长得茂盛的情况。由这一句话中，也可以推想周人是衣、食并重，所以把麻与麦平列起来。青州所贡的枲，豫州所贡的纻，皆是麻类作物。

《大雅》：“妇无公事，休其蚕织。”《国风》中的《豳风》叙蚕事最详。近人还有谓《豳风》为西周作品的（见近出版的山东大学《文史哲》），确否虽不可知，但周人注重蚕桑，当无问题。兖州即为重要蚕桑地，所以有“桑土既蚕”的说法，它的主要贡品就是丝，而盛之筐篚作贡的又有所谓“织文”，当是经过女工加工的制品。其他各州如徐州的玄纤缟，扬州的织贝，荆州的玄纁玑（和）组，豫州的纤纩，固然也可用葛与麻类做原料，但主要可能还是蚕丝。若是这一假定可靠，周初的蚕桑事业已遍于徐、荆、扬、青、豫、兖六州了。

梁、冀二州当时只贡皮毛兽，似未重蚕事。(《豳风》为鲁风，经近人徐中舒先生考订，似可为定论。)《大雅·皇矣篇》：“攘之剔之，其檿其柘。”青州人用檿来饲蚕而贡檿丝，可见蚕事是大行在东方的。

《小雅·大东篇》：“舟人之子，熊罴是裘。”《都人士篇》：“彼都人士，狐裘皇皇。”可见西周人民的衣着使用皮毛之多。当时雍州的西戎，有昆仑、析支、渠搜三国贡织皮。梁州多山，除贡熊、罴、狐、狸外，也贡织皮。冀州的岛夷贡皮服，青州的莱夷作牧，或也是贡皮服的民族。

周人民既善利用葛的纤维制成絺和绤，又重视艺麻、养蚕，四夷又以织皮和卉服来贡，三千年前衣裳冠带之盛于此可以想见。

《鲁颂》的《閟宫》和《泮水》二诗，最能看出周初的事物，自《毛传》《郑笺》，把它们解释作“颂鲁僖公”，就埋没了许多史料。《閟宫》，根据《孟子》的说法和翟灏的正确推测，已可读通。“泮水”，昔人亦疑僖公无作《泮宫》之事是对的，所谓鲁侯当指伯禽，因他是周朝初期经营徐土和征伐淮夷的人。《泮水诗》最后一节是：

憬彼淮夷，来献其琛，元龟、象齿，大赂南金。

《毛传》："元龟，长尺二寸。南，谓荆、扬也。"

郑玄说："大，犹广也。广赂者，赂君及卿大夫也。"

琛、龟、象齿、南金都是南方的出产。鲁是诸侯，也可以得到这些珍贵的物品，足见鲁国在当时诸侯中的地位的重要。

琛，我怀疑就是徐州贡周天子的玭蛛。

《书》"宁王遗我大宝龟"，"九江纳锡大龟"，《诗·大雅》"爰契我龟"，当也是这元龟一类的东西。不过九江是指多数的江，可用汪中《释三九》的例推知，因为这种大龟，南方各水中都有的。

《小雅·吉日篇》："殪此大兕。"《周颂·丝衣篇》："兕觥其觩。"《孟子》说："周公驱虎、豹、犀、象而远之，天下大悦。"西周初年，南方还未大开辟（《禹贡》上，荆州仅记载到澧水），犀、象这一类动物，在荆、扬二州当不稀罕。荆、扬同贡齿、革、羽、毛，所谓革当是犀革。南方鸟兽羽毛美丽，所以荆、扬以此二物为贡；直到春秋前期，晋公子重耳还对楚王说："羽、毛、齿、革，则君地生焉；其波及晋国者，君之余也。"由此也可见荆、扬二州所产这四物，为当时北方人所贵重和羡慕。

《禹贡》金属贡品皆取于东南或西南，这是因为周人居于黄土高原，金属的露头不易发现，所以"南金"就有名而广为征取了。徐州的铅，扬、荆二州的金三品，梁州的璆（应作镠）、铁、银、镂皆是。

《大雅·韩奕篇》："钩膺镂钖。"《毛传》："镂钖，有金镂其锡也。"郑玄说："眉上曰锡，刻金布之。"这是把"镂"字作动词用的。《说文》："刚铁可以刻镂。"郭璞说："镂者，可以刻镂，故为刚铁。"这是把"镂"字作名词用的。镂是不是刚铁虽难确定，总是与铁有关，希望有人考订。

我国战国时已用铁来耕种，从《孟子》的"铁耕"说可以确定。我认为铁的露头不难发现，古人知道铁当必甚早，只以当时把铁叫作"恶金"（见《左传》与《管子》），不把它与铜、锡、金、银同等看待。又铁制为器物容易氧化消失，更不能如铜器可以镂字，容易保留至今，可以做证。近人遂以《禹贡》中有这一“铁”字而疑《禹贡》为战国时代作品，这是未深加考证的缘故。我以为我们不但不应怀疑《禹贡》上这一“铁”字为后人添入，而还应进一步借这第一次见于经典的字来研究我国用铁的历史。

我们从《秦风·驷驖篇》见到第二个“铁”字（“驷驖孔阜，六辔在手”）。这是用铁的颜色来形容马的颜色的。这篇是颂秦襄公的诗，离西周很近。这时已用“铁”字作形容词，便知当时的人对“铁”已有深刻的认识。又《穆天子传》有鐵山（“鐵”字是“鐵”的六朝人俗写），由此也可证西周人对铁早已注意。不过西周人虽知道铁，可能对铁的使用范围不广，《周颂》“其镈斯赵”“庤乃钱镈”的“镈”和“钱”，是否戴铁才可“以薅荼蓼”，以无物证，不敢下断语。

《小雅》：“如竹苞矣，如松茂矣。”这是西周诗人对这两种植物的歌颂。九州的贡物中，如青州贡的松，荆州贡的栝、柏，都是现在所称的松柏科植物。（我国古人知道把相似的植物放在一类，并有深刻的观察，夏纬英先生研究很详。）扬州、荆州的筱簜（依《史记》作竹箭），荆州贡的箘簵，都是竹类，这些竹类和荆州的杶、干、楛（三种植物不同科），似乎都是为制造弓矢用的。肃慎弓的楛矢，藏入陈国的府（楛是壳斗科植物，这类植物从辽东以达当时的荆州）。《顾命》有“垂之竹矢”。

《小雅》：“象弭鱼服。”《毛传》：“鱼服，鱼皮也。”郑玄说：“服，矢服也。”青州所贡的海物，郑玄说：“海物，海鱼也。”这是因为海鱼皮坚硬可以作矢服的缘故。徐州亦贡鱼。历来学者对淮夷贡鱼的用途有争论，我怀疑淮夷去海近，或所贡的也是作矢服用的海鱼。不然，“猗与漆沮，潜有多鱼”，何必远征于他州？不过鱼类的味道是各有不同，青、徐两州均以鱼类作贡，或是如后来习礼的儒生所谈的“礼，王者大飨，有四海、九州之美味”，因此征贡；果尔，则青州贡盐也可以作如是解，海盐与西北池盐，因所含杂质有差异，用之于烹调，味当不同。

周人取用青、徐、扬、荆四州的动植物，有作矢服的，有作美箭的，有作矢干的。梁州、荆州又同贡砮石，真是所谓“弧矢之利，以威天下”了。

《大雅·公刘篇》：“何以舟之？维玉及瑶。”舟，带也。一人之身，尚且佩带这么多的玉。《尚书·顾命》，帝王宫室的布置陈设，用玉的多也是惊人。周人为西方民族，好玉出自天性，穆王西征，在春山（这个春山就是昆山，即今之祁连山）采玉的多也可为证。所以雍州贡物是球、琳、琅玕。此外扬州贡瑶、琨，徐州又贡怪石，或也是玉类。

现在将昆山产玉的文献，摘录于后：

1. 匈牙利罗智氏，于1877—1878年间，踏查南山之地质极详细。据说为南山之骨格者实为岩层，其中有砂岩（石英砂岩）、板岩、石灰岩等，而喷出花岗岩、斑岩以贯之，所以成为有名之昆仑玉，又名曰软玉（Nephrite），与辽东之岫岩不同，盖由石灰岩中与花岗石之接触变性而成者也。此岩层延于其西，又有和田之产玉地。

2. 据俄人阿布达夫踏查，在隔于甘肃大路北山之侧，露出所谓龙山山脉者，如昆仑玉之产地，处处发现。（这两条采用江侠庵所译日文）

《大雅·公刘篇》：“涉渭为乱，取厉取锻。”《小雅·鹤鸣篇》“他山之石，可以为错”“他山之石，可以攻玉”。西周已大统一，需用磨金、攻玉之物当多，所以荆州贡砺砥，豫州贡错。

《小雅·鼓钟篇》：“笙、磬同声。”《周颂·有瞽篇》：“鞉、磬、柷、圉。”磬当是周人重要乐器，所以九州中有徐、豫、梁三州同贡磬，徐州贡的特称“浮磬”，或是击起来声音特别清越。

《大雅·卷阿篇》：“梧桐生矣，于彼朝阳。”桐是作琴、瑟用的。徐州峄山产的特称"孤桐"，或是作乐器的美好材料。兖州、豫州俱贡漆，例以后来《鄘风·定之方中篇》所树六木（榛、栗、椅、桐、梓、漆）的使用，或也是作琴、瑟用的，不过《左传》有"纵其有皮，丹漆若何"的文句，近来楚国出土的漆器的精妙令人惊奇，春秋和战国时漆器制作既已如此发达，由此上溯，西周已知道用漆，故《尚书·顾命》有"漆仍几"的话。

周初大封诸侯，屏藩王室，《逸周书·作洛解》："将建诸侯，凿取其一方面之土，苞以黄土，苴以白茅，以为社之封，故曰受列土于周室。"《禹贡》徐州贡"土五色"，当是封诸侯用的。荆州"厥名包匦菁茅"，或亦与封建有关。茅为禾本科植物，在南方（汉水流域即当时荆州的一部分）茅的种类甚繁，秋季抽穗，洁白美丽。"苴以白茅"，据《正义》是"用茅裹土与之"。春秋时管仲责楚不贡包茅，说茅是用来缩酒，似为大封建时"茅"的另一种用途。

《穆天子传》："天子赐赤乌之人黄金四十镒、贝带五十、朱三百裹。"黄金当是南金的一品，贝带似即扬州所贡的织贝的成品。《小雅·巷伯篇》："萋兮斐兮，成是贝锦。"《毛传》："贝锦，锦文也。"郑玄说："锦文者，文如余泉、余蚳之贝文也。"

《鲁颂·闷宫篇》："贝胄、朱綅"，所谓贝胄，似亦用织贝所制成。荆州贡"丹"，《伪孔传》谓"丹，朱类"，或是作染色用的。

《周南》："桃之夭夭，有蕡其实。"《小雅》："侯栗侯梅。"桃、栗、梅等为北方佳果。南方佳果当推橘、柚，所以扬州把它们来入贡。

我们从这近六十种贡物做初步分析后，可以看出下列几方面的情况：

1. 周人重农，不但"多黍多稌""荏菽旆旆""瓜瓞唪唪"，而且对葛、麻、蚕的利用、栽培、饲养已极重视。

2. 采玉西北，征金东南，鱼、盐之利，琴、瑟之好，无不应有尽有，可以想见西周初期之盛。希望历史经济学者从这些方面而多做分析。

3. 九州贡品，扬州最多，可从近来丹徒新出土的"宜侯夨簋"材料来做说明。

日本学者研究《禹贡》制作时代，关于贡品所下结论是“盖原始之《禹贡》，特举各地特有之贡物而已，而今本《禹贡》，多含有非汉代则不能得之材料，故在大体上是从战国至汉初，关于地理一种产物之传说，渐次发展，乃有此种之记事甚明”。这是未将《禹贡》的贡物与我国经典著作《诗经》等做比较分析的片面看法，把《禹贡》分为原始与今本，这完全是主观臆测的。

附录的这两篇小文，是我今春在北京开政协会时百忙中草成的，补充正文的不足，今附录于后。

树帜志 1957.6.10

## （三）顾颉刚先生函

### 函一

树帜先生：

别来忽忽两月。读报，知到广州视察农学院，近日想已回武功矣。……

大作体大思精，不胜钦佩。原拟遵嘱细细推敲，以病未能如愿，为怅。日前得舍甥义安来书，知此文急须印出，因竭三日之力读了两遍，除改正标点及略为润色文字外，因此间无书，无法对勘，只得即行寄上。有负雅望，至为歉仄！

兹有数事奉商，请考虑使用：

1. 州本是小地方之名，如《论语》“虽州里行乎哉”。不知何时成为大地名？其见于《国语》者，“如谢西之九州”（《郑语》），此尚不太大。其见于《左传》者，则吕相《绝秦书》中之“白狄及君同州”。其时秦都于雍，白狄在延安一带，相去甚远；而称为“同州”，则此州至少如今陕西一省，与《禹贡》州制相类。然《绝秦书》，前人已疑其颇有战国作风。

2. 尊意以季绰为雍州之长，吴太伯为扬州之长，而疑熊绎不足为荆州之长。按《左传》云：“汉阳诸姬，楚实尽之。”然实未尽，随为姬姓，终春秋世尚存。《左传》又说：“汉东之国，随为大。”此似可补入。

3. 大作谓历春秋、战国几百年战争，疆域扩展，故《周官》《尔雅》添出东方、北方的幽、并、营三州。按幽为燕境，并为赵境，固是添出，但营州，则《尔雅》云：“齐曰营州。”实以齐地为限，其名得之于齐都营丘，与青州名虽异而地则同。说为扩展，不合事实。

4.《禹贡》之篚皆为贡帛。“厥篚织贝”，乃是织有贝纹之帛。大作中以之与龟并列，应改。

5.《周礼》币贡，郑注：“玉、马、皮、帛也。”大作中谓《禹贡》无此，按雍州“球、琳、琅玕”即玉；冀州“岛夷皮服”即皮；雍州“织皮、昆仑、析支、渠搜”亦皮；各州之篚即帛；特无马耳。似以修改为宜。

6. 以本土地名名新名，中外皆同。美国有新约克，其旧约克所在，文字不明，应修正。

7.《穆天子传》固有好材料，然此书实出战国，观“盛姬”一名可知。鲁昭公娶于吴，尚且名之曰吴孟子而不言吴姬，宁有西周时王妃而称姬者?《山海经》后稷，似在《海内西经》中，可为当时雍州及于弱、黑二水之证，请一览。……

弟顾颉刚上，1957.5.18，汤山

函二

树帜先生：

上月十八日曾寄一函，并寄还尊稿，想已检收。弟昨日整理稿件，又得尊《论贡品》一章，当时未能放好，遂致参差，至歉！兹略加点改寄奉，乞审阅。此所论《禹贡》“贡品”与当时实用，惬心餍理，至为钦服。……

弟顾颉刚上，6月1日

函三

树帜先生：

前日寄上一片，并尊文《九州贡物》一篇，想已先到。此文刊出，必能激发讨论，达到昔日“禹贡派”预期之境界。弟函太草率，能不发表否？

本年暑期，科学院地理研究所组织人力，到青岛编辑“古地理文献选读”一书，供大学生及研究实习员之用。弟亦被邀，主《禹贡》及《山海经》二书。彼时如有暇作文，当可写出一篇，与尊文作埙篪之和也。……

徐中舒先生文为《殷、周之际史迹之检讨》，登《中研院史语所集刊》，期数已忘却。……

弟顾颉刚上，1957.6.3

**（四）《禹贡》制作时代考**[①]

研究中国古代经济事情者，《尚书·禹贡》为其重要之史料，固不待言，故近来致力于此之学者日多，而《禹贡》作成于何时代则为先决之问

---

① 作者：内藤虎次郎。（此文为江侠庵氏译，见《先秦经籍考（上）》）

题也。然关于其内容之研究，往往与筑台于沙上相同。盖《禹贡》在《尚书》中是入于夏书之部，普通想象，以为成于夏时史官之手，此为历来所主张之说。或更微细区别，以为篇首三句与篇末二句是史官之辞。其中详细情形，如治水之本末、山川、草木、贡赋、土色、山脉、水脉、五服、四至等事项，史官所不能知者，乃就禹奏于天子之文书，史官藏之而加以润色焉，此宋儒所唱之说也。此等结论决不能令吾人首肯，固不待言。今试问所谓禹者，实在果有其人乎？安知非神话中之英雄乎？即使实有其人，而当时已有文字乎？即有文字，能有此雄篇大作乎？以上种种，关于文化进程上为不能不先决之问题，然此乃亘于中国上古史全体之问题。若单就禹而决之，甚感不便。今姑舍去此等问题，专就《禹贡》之内容，就其中所有之材料，仅提出其得判断而堪信用者，以供研究此问题之参考而已，其余各问题则俟诸异日。

《禹贡》所含之材料，其分类：一，九州及治水之本末；二，山川、草木；三，土色；四，贡、赋、篚、包；五，山脉；六，水脉；七，五服；八，四至。然若就其全体而搜集可供研究之资料，颇有困难。今只就已搜得之部分而研究之。

第一为九州说：《禹贡》之九州，曰冀州、兖州、青州、徐州、扬州、荆州、豫州、梁州、雍州。古书之记载九州者，除《禹贡》外，则有《尔雅》及《周礼·职方氏》。《尔雅》之九州，曰冀州、豫州、雍州、荆州、扬州、兖州、徐州、幽州、营州，比于《禹贡》，无青州、梁州，而多幽州、营州。《周礼·职方氏》之九州，曰扬州、荆州、豫州、青州、兖州、雍州、幽州、冀州、并州，比于《禹贡》，无徐州、梁州，而多并州、幽州。向来学者之解释，以《禹贡》之九州是夏代之制度；《尔雅》之九州为殷代之制度；《职方》之九州为周代之制度。此外《尚书·尧典》有十二州，《尚书》既不明举十二州之名，后人解者以为于《禹贡》九州之外加以幽、并、营三州，谓此为虞舜时之制度。《禹贡》与《职方氏》之文，已显为夏、周之两时代；独《尔雅》九州未明为何时代之制度，只据《诗》之《商颂》，有“九有”“九围”之文，定为殷代九州之制而已。就中所起之疑问，为《尔雅》及《职方氏》均无梁州，惟《禹贡》有之。梁州乃今之四川、云南地方，殷代及周代尚未有此州名，而比殷、周更古之《禹贡》居然有之，岂非一大疑问乎？又从其他古书而考之，四川区域之地名，其最初见于经典者为《尚书·牧誓》。楚在春秋、战国时始领有巴、濮。秦襄王时，始通蜀道。自此以前，四川与其他地区之交通未有何等之记载，而流于其西南境暹罗地方之川名（按：此指黑水，即今澜沧江）[①]，《禹贡》反能前知，殆不可解。所以吾人不能不疑此是战国以后之作品。试观《尔雅》《论语》《孟子》等书，常常有夏、殷、周三代之制并举者。九州之说，乃由战国以后地理思想骤然发达，以其当时之地理观念系之古代，由是以某为夏代之九州，某为商代之九州，某为周代之九州，初不计其是否与某时代相当也。如十二州说，数之思想比之更为发达，则十二州说恐比九州说更为迟出。从而《尧典》《舜典》之文比之《禹贡》，其作成时代更后甚明。

其次为四至说。《禹贡》曰：“东渐于海，西被于流沙，朔、南暨，声教讫于四海。”此四至说，议论甚多。其关于禹者，《吕氏春秋·求人篇》云：“禹东至榑木之地……南至交趾、孙仆、续满之国……西至三危之国……北至人正之国。”其非关于禹者，如《淮南子·主术训》云：“南至交趾，北至幽都，东至旸谷，西至三危。”此神农之时代也。《史记·五帝本纪》云：黄帝之时，“东至于海……西至于空桐……南至于江……北合符釜山”。《史记》及《大戴礼记》颛顼时代云：“北至于幽陵，南至于交趾，西至于流沙，东至于蟠木。”《管子·小匡篇》记齐桓公者曰：“北至于孤竹、山戎、秽貉、拘秦夏，西至流沙、西虞，南至吴、越、巴、牂牁、瓟不庾、雕题、黑齿、荆夷之国。”缺东者，齐滨于东海之国也。《国语·齐

① 按语为顾颉刚先生所加。

语》所载略似之。《尔雅》出于何时代未明，其所载四极说云：“东至于泰远，西至于邠国，南至于濮铅，北至于祝栗。”又曰：“岠齐州以南，戴日为丹穴，北戴斗极为空桐，东至日所出为太平，西至日所入为太蒙。”此等关于四至，虽有种种异说，在大体上，东至于海，西至于流沙，多能一致。其中因时代之早晚而有多少之异说，固不俟言。各种之四至说皆无置疑之余地，不过或说为禹，或为颛顼，或为黄帝、神农而已。要之此等不过中国之地理学家想象世界之界限，若欲认定为某时代之版图而加以说明者，在学术上是无意味。

就山脉而观察之，《禹贡》之外莫如《山海经》之详细，然二书详略相去悬殊，难于比较。至关于水脉，自古颇多研究家，殊关于三江，《禹贡》合于后世之地理（按：此文疑有脱误）[①]。然北魏之郦道元，彼所注《水经》号称精核，而对于东南诸水距离太远者，记载便有不能确实。假使《禹贡》是作于一千数百年前，其所记之水脉与千数百年后之地理却能一一符合，岂非怪事乎？《孟子·滕文公篇》所记之水脉与《墨子·兼爱篇》所记之水脉，便不能一一与《禹贡》之水脉相符。《墨子》及《孟子》之编者，就其书中引用，彼得见《尚书》明矣。然《墨》《孟》两书未见有援引《禹贡》之痕迹，实有疑问。且关于禹之治水，《墨子》及《孟子》之编者与《禹贡》各有其传闻之说，彼此不同。由此观之，《墨子》及《孟子》之编者未得见《禹贡》之书明矣。而《禹贡》之记载尤与《汉书》之《地理志》相近。由此观察，则《禹贡》实战国末年利用极发达之地理学知识而行编纂，亦未可知。

《禹贡》关于贡赋类之记载甚详。分之为田、赋、贡、篚、包、匦。其中关于田、赋，由九州而分等级。总之因耕种之土地而定租税之意，与《周礼》所言之赋异其意义。《周礼》之赋，可谓之人头税，而分之为九种。《孟子》谓夏时名其田赋曰贡，又与《禹贡》之所云贡者异。然《禹贡》所谓

---

① 按语为顾颉刚先生所加。

贡之意义却与《周礼》之所谓九贡者一致。如斯关于贡、赋之说，古书实无一致之点，与九州之说相同。由三代各异其贡、赋之名，无术可以融通其各说之龃龉。如《孟子》本多根据于《尚书》，而与《禹贡》相龃龉，实不可解。从“赋”字之本义言，宁以《禹贡》及《周礼》为正。《说文》云：“贡，献功也。”《周礼》九贡出于《天官》之《太宰篇》，其他出于《夏官・职方氏》者，贡之意义亦同样，即抽取人之加工产物之意义。若田赋则全然不同。《孟子》之所云贡，决非表示原来之意味。唯就此问题，禹之时代有田赋，且其田赋，照《禹贡》所记载，显然分有等级，则大有可疑。若考于其他之古书，其疑益深。《诗》以农业之祖属于后稷者，见于《大雅・绵篇》及《鲁颂・闷宫篇》。《闷宫篇》谓后稷“缵禹之绪”，即开农业之事也。《小雅・信南山篇》：“信彼南山，维禹甸之。”亦谓禹开农业也。然见于世本者，历举夏时之制作人，不举禹为农事之制作家，而举为家屋、车、武器之制作家而已。殷之先祖，在夏后时有相土，制作乘马，而王亥制作服牛。由是联想至于有服牛之制作，始有农事（侠庵按：耕作不必一定用牛犁，亦有以人力代耕者，论语所谓“耦而耕”是也。此风俗后世犹有之）。周之祖先，称后稷、公刘笃于农事，然《诗》之《大雅》却有打消其传说之材料者，如其子孙有皇仆、高圉、亚圉及与牧畜有关之人名是也。要之多数古书，联想于禹之时代，农业已发达者甚少。故在《禹贡》中，贡赋之事实及程度不能遽信。且“田”字之意义，在《诗》之时代，尚存狩猎之意义，由“田”字之原义想象之，不过从田出赋之意味而已。其渐为发达之时代，遂有《禹贡》之编成，然其所编纂之内容，据吾人想象，亦仅记载田赋之事。迨后以田赋以外之事项渐次窜入，遂成今日《禹贡》之状态。试从以《禹贡》名篇之一点，可能推出也。

关于贡、篚、包、匭之记载，与其他之草木、土产等之记事，同在《禹贡》中，尚属古质之文辞。而贡、篚是加手工产物；包匭是天产物，两有差异，在大体是含射猎时代之产物及各地土产物为多。若夫其他部分，有牧畜之记事、有农业之记事，吾人对于此等，推想其由后所附加者也。至《禹贡》之根本组成，或从古所传，亦未可知。而现组成《禹贡》之体裁，实在农业发达以后之状况，非其原有之形。研究此等记事，当参考其他之书。如《周礼·职方氏》云九州各有“其利”“其畜”“其谷”，而举地方之产物，“其利”多属天产物，亦代表其为狩猎时代；“其畜”，表明其为畜牧时代；“其谷”，表明其为农业时代。在此点，比之《禹贡》，盖为规则极正之书，从而其编成亦当在《禹贡》之后矣。要之，《禹贡》原来之体裁大概与《逸周书》之《王会解》附属有“汤四方献令”者甚相类似（侠庵按：今补如下方）。

伊尹朝献（此篇目也，伊尹制诸侯朝献之赞也）。汤问伊尹曰：“诸侯来献，或无马、牛之所生，而献远方之物，事实相反不利。今欲因其地势所有献之，必易得而不贵，其为四方献令。”伊尹受命，于是为四方令曰：“臣请正东符娄……以鱼皮之鞞、鲗鲗之酱、鲛瞂、利剑为献；正南瓯、邓……以珠玑……短狗为献；正西昆仑……以丹青……神龟为献；正北空同……以橐驰等为献。”汤曰：“善。”

盖原始之《禹贡》特举各地特有之贡物而已，而今本《禹贡》多含非汉代则不能得之材料。故在大体上，是从战国至汉初关于地理学一种产物之传说，渐次发展，乃有此种之记事甚明。

关于土色者，从战国至汉初间所作成之《管子》，其中含有此类之记事，可见当时地理记载之一部分（侠庵按：见《管子·地员篇》）。

研究《禹贡》者，先要充分知此等事情，置于相当之时代，然后乃有古代经济正确之史料也（《研几小录》）。

# 第二编

# 《禹贡》制作时代的讨论

## 一 小序

在伟大的中国共产党的“百家争鸣，百花齐放”的方针政策之下，个人曾于1957年秋发表了我的不成熟的论文《〈禹贡〉制作时代的推测》。承中国科学院郭沫若院长、竺可桢、陶孟和两副院长以及史学家陈垣、顾颉刚氏等的倡导讨论，得到了学术界各方面同志的许多启发，并提出了一系列宝贵的意见和问题。个人经过一年多的酝酿和研究，在党的具有伟大历史意义的“八届八中全会的决议”的学习中，在伟大的中华人民共和国成立十周年庆典降临的前夕，我以激动的心情，鼓足干劲，完成了这篇《答辩》，并公开了学术界各方面同志们的来函，让我们共同携手向伟大的国庆献礼！向伟大的中国共产党献礼！

## 二 学术界同志的来函

（这些来函，都是我请求同志们为我解决问题，指正错误，修饰文字，予我的宝贵指教和启发，兹特公布，一以志同志们对我的高谊深情；一以表达个人对同志们的衷心感谢。）

**（一）夏纬瑛先生来函**

……弟于《禹贡》未曾探究，对大著不能提出具体意见……《禹贡》出于西周，甚有可能，大著取说亦颇周密。

关于梁州贡铁，是值得注意的问题。但迄今尚不知用铁究竟起自何时及其最早作何用途？可俟以后考古上的证明。

漆，本当作桼（漆是水名），从木从汆，即木汁之桼，今假漆字。植物为漆树，产物为漆。《禹贡》，兖州贡漆、丝，豫州贡漆、枲、絺纻，都是产品，可见其所贡之漆，不一定是作琴瑟之木材。“桼”字字形甚古，我国用漆髹物恐怕很早，不见得晚出，问考古者即知。

《禹贡》上的植物名称大都是普通的东西，在植物分布上未有与贡区不合者，多无必要写其学名。如：

兖州："桑土既蚕"。桑就植物说，当然是普通养蚕的桑树。贡漆，当然是普通漆树（Rhus verniciflua stokes）的产品。

青州：贡枲。枲是大麻（Cannabis sativa L.）纤维。贡松，松出于青州，该是今北方普通之油松（Pinus tabulaeformis Carr.）。

徐州：贡"峄阳孤桐"。桐木古作琴、瑟之用，是今泡桐属（Paulownia）之木材。峄山，当在今江苏北部，是可以产桐树的地带，惟泡桐属植物非只一种，不好定其种名。

扬州："瑶、琨、筱、簜"。篠即筱。《说文》："筱，箭属，小竹也。""簜，大竹也。《夏书》曰：'瑶琨筱簜'，簜可为干（弓干），筱可为矢。"是筱、簜皆竹类。但不能定其为何种。"厥包橘、柚锡贡。"橘、柚是橘属（Citrus）之果实。橘属植物栽培至今，变化颇大，未可以今之种名相拟。

荆州："杶、干、栝、柏"，杶即椿，今之香椿（Cedrela sinensis A. Juss）；干是弓干，古多以柘为之，干或即柘（Cudrania tricuspidata Bur.）？栝，当即桧（Juniperus chinensis L.）；柏，该是南方的柏树（Cupressus sp.）。菁茅，不知其为何种。

豫州："厥贡漆、枲、絺纻。"漆、枲，与兖州同；絺纻是一物或二物？不能定，或是葛（Pueraria hirsute Schneid.）与苧麻（Boehmeria nivea Gaud.）的纤维？

以上，漏去荆州的箘、簵、楛三种，补于此。箘、簵，都是竹类，与楛并言，恐亦是做箭矢的竹子；楛，古肃慎用楛做矢，不知楛确为何种植物？此楛产于荆州，可能是苦竹，故与箘、簵并言。

**（二）石声淮先生来函（共二通）**

1. 关于《禹贡》的制作时代，许多人根据文中一个"铁"字而说它出于战国。我同意你的看法，应该提早。说《禹贡》有“铁”，而又根据古籍说“铁”之一字始见于《孟子》“以铁耕”，从而武断《禹贡》不会出于战国之前，是错误的。下面征引我舅钱子泉先生遗著的材料：“1931 年出土的小屯铜器，经英国哈罗教授（Royal College of Science）化验，其中含铁达 2‰—4‰；日本山内淑人化验，含铁千分之六（铜制明器，多至 0.89%—1.23%），加少量的铁，可以增加铜器的硬度，使不易腐，因此，梅原末治《支那青铜时代考》第九章说：可以想象殷人已知道用铁了。”

据此，我认为《禹贡》有“铁”字，不能说明《禹贡》出于战国之时，那时铁还是比较稀有的金属（只用于铜器之合金）。而《禹贡》中的“铁”，是梁州的贡品，唯其少，所以才贡。至于《孟子》所说，用铁作生产工具，则是大量使用铁的时代，铁当然不会作为包茅之类的贡品了。这样，可以作为你的说话的佐证。《禹贡》必定是战国以前（即广泛使用铁以前）的作品。

2. ……商、周玉器，镂刻极精，不知以何物为削；《禹贡》“镂”云，“或以制削也”。姑献所疑，以待指教。

**（三）夏鼐先生来函（共四通）**

1. ……《禹贡》制作时代，为数千年来未定之案。……因前日旧病复发，遵医嘱卧床休息。大作仅匆匆阅过一遍，未能细加推敲；就大体而言，尊说自亦可成一说。惟鄙意就考古资料而言，《禹贡》中之铁及漆皆在战国始盛行。近年所掘西周墓葬，未见铁、漆痕迹。《禹贡》若为托古改制之作，则其取材亦必利用较古之材料，竭力将其装成为古籍。所以先生指出有许多情况非春秋、战国者，而较合乎西周初年，或由此故欤？病中不耐久思，不能提出什么意见，尚希原宥。

2. 关于战国时代在考古方面所发现的铁器情形，最近《考古学报》（1957 年第 3 期）有黄展岳同志的《近年出土的战国、两汉的铁器》一文，请加参考。战国时的铁器，并不限于楚国。

关于文献方面材料，所谓“恶金铸兵”之语，虽托之管仲，然实出于《国语》(卷六，《齐语》)，似为春秋、战国之际所撰。《管子·轻重篇》及《海王篇》，亦为战国时后人附益之作，非出管子之手。

吴、越宝剑虽有名，然春秋时乃青铜所制，传世者有攻敔王(即勾吴王)剑，越王剑等，皆为铜剑，并非铁制。战国长沙楚墓所出之剑，亦绝大部分为铜剑(见《长沙发掘报告》，1957年出版)，铁剑极少。《吴越春秋》及《越绝书》虽皆记载以铁铸剑，但此二书皆为汉人著作，汉人铸剑以铁，故以为春秋时吴、越亦以铁铸剑，不足为凭也。……

3. 天野一文中所提到的二书，我所图书室中似都有之。过几天当设法借出一读，但我所图书室规程不能外寄，恐遭遗失。恐只能待先生来京之便时，再行借阅。

我和徐旭生先生的意见，以为春秋时已有铁，《左传》可以为证；但西周是否有铁，并不是可能与否的问题，而是有确实证据与否。依现下的材料，尚未有确证也。……

4. 前由徐旭生转来尊示，谓石君曾由钱子泉遗稿中获知殷代铜器有含铁1%左右者，因之推定殷代已知炼铁。所称钱子泉先生是否即华中大学之钱基博先生？犹忆前年钱基博先生尚有一文寄至我所，不知何时去世？抑系同名之人？

关于炼铁一事，决不能以铜器中含有少量铁为证。铜矿中如辉铜矿(Chalcocite)、孔雀石(Malachite)等皆含有少量之铁。至于黄铜矿(Chalcopyrite)其化学成分为$Cu_2Fe_2S_4$，含铁与铜等量(Krous and Hunt，Miveralogy，1920年版 pp. 214，215，252)。古人炼铁之术不精，其含有少量之铁乃当然之事。埃及上古时代(即史前及第一、第二期，公元前二千年左右)所出之红铜器(Coppe Objects)亦有含铁至0.2%—0.6%，最多者至2.5%(见 Lucas，Ancient Egyptian Materials and Industries，1948年第三版 pp. 542–543)；从来无人以为埃及此时已知炼铁。

日本人山内博士以为中国铜器中夹杂有铁，乃有意添入，但梅原末治以为此种解释尚有可商，因为含铁之分量不过1%左右，在海外亦有相近之成分者，或将此立论取消较为稳妥（胡厚宣译本，《中国青铜器时代考》，第49—50页）。殷和西周是否有铁器，自当尚待证明，但决不能以殷商铜器中含有少量之铁（1%以下）即以为可证明已有铁器也。未悉尊意如何?

**（四）郑晓沧先生来函**

蒙寄示尊作《禹贡》考证……浙师同人中有嘉善张天方（凤）先生，博闻多识，弟曾以转示，阅后弟曾询其见解。渠谓如果为周初作品，何以《左传》中未见一引？又文体亦不类，而却与《夏小正》之文相似。张先生亦甚谦逊，未敢自是，弟只据以奉闻，聊备参考。

文中末段涉及纽约命名，此则弟尚略有所知。纽约在十世纪初期（1609年）原为法属，旋又为荷属。现在之纽约市，当时称为新阿姆斯丹，至1664年为英人所夺，因改称新约克（New York），英文纽约。至于今日，哥伦比亚附近尚有阿姆斯丹街（Amsterdam st.），犹见当时荷人遗迹之一斑。

**（五）施畸先生来函（共二通）**

1.……窃考订之业最要者是方法。晚近从事考古者，莫不推崇复原法，其成就亦确斐然列于世人面前，惜从事文献考订者多未及利用之，此实今考订古文献者之一失也。尊著中之释"旅"、释"王饯于郿"、释"梁山"等处，皆暗与复原法条例相合，故确属胜义。惟全文似未用此法，以故种种问题皆有待讨论之必要。略如汪中《释三九》，在昔固属创见，若自今日各民族进位法之调查观之，则有阙然待补者也。《禹贡》是以五行定方位者也，五行之义固未盛于商、周之间，若然，《禹贡》安能作于西周初年。且西周之胜戎商，虽有大一统之意，然形势固未许也。当时之形格势禁，未及如周人之愿，吉金及《左传》中颇有记录，若然则分州作贡，恐未必可能。总之先生若能用复原法一按全文，则必然有所改作矣。特不知尊意以为如何?

2.……五行之义，大约成于春秋末季，诸巫、卜、史、祝之流，若蔡墨、史墨等，即是后世所谓之阴阳家。荀卿以此罪子思、孟轲，今尚属悬案，然秦博士承驺衍之学，别作儒家阴阳五行之义，则佐证分明，无可疑惑。而《禹贡》九州之说总在驺衍之前，亦无可疑。且其五行之义分著于各州土壤间，义虽不若后世所说方位之分明，而大要固已明揭之矣。以是考之《禹贡》之成书，其在春秋末季欤？其人或子思或其弟子欤？此则尚无资料可证，他日有得，当驰书奉告也。依《左传》所记诸侯之封疆，按之西周初年疆域，南似未逾长江，北仅及于燕易，东虽至淮奄而未之服，西则未出泾、渭两河流域。宝鸡以西，似非其权力所及；巴、蜀等只是盟国，并非其所统属。吉金铭中所记之出征地理，亦未出上述四至之外。此事至为繁博，容他日另文请教。

**（六）王成组先生来函（附文摘）**

……尊意定在西周，从《诗经》等各种资料引证，分析很细致。不过基本的一个问题，是您假定九州在西周确定成为行政区划，西周王朝的太史就根据各州呈报的材料写成《禹贡》，对于这样的假定恐怕还须要研究。你好像一方面批判《周官》是伪书，一方面仍然还承认它所讲的制度曾经成为事实。我以为九州只是一种自发的地理区划观念，可能在各时代有不同的看法；在各家也有各家的看法。同时以西周的情况来配合《禹贡》，不免过早。非但梁州铁、赋制等各方面，就是吴、楚，文、武、成、康之世也还是开发不久。春秋晚期，似乎各种条件都比较成熟，铁也可能在通用。石先生所提到的铜器中的铁，也许还是杂质，很可能釜类器皿早于兵器。杨守敬图三代，按传统观念，以至认为春秋最狭，实际上由夏、商到春秋、战国，中国之地是一直在扩大，少数民族只是残余穿插而已。关于孔子，当然只是一种假定，可能还有旧本作为根据；但是游历范围是重要条件，因为作者显然采用诗、书中各项旧资料。下月《西北大学学报》出版，再把拙稿寄呈教正。……

附：

## 摘王成组先生《从比较研究重新估定〈禹贡〉形成的年代》一文[①]

关于周初之说，王国维曾认为“《虞夏书》中如《尧典》《皋陶谟》《禹贡》《甘誓》，《商书》中如《汤誓》，文字稍平易简洁，或系后世重编；然至少亦必为周初人所作”。这个假定只从文体上判断。1957年秋天辛树帜院长在《西北农学院学报》上发表《〈禹贡〉制作时代的推测》，主张“《禹贡》成书时代，应在西周的文、武、成、康全盛时代，下至穆王为止。它是当时太史所录……”这一篇论文运用许多《诗经》的资料，以表明当时地理资料的发展，很有价值，不过在主题的结论上还有一些须慎重考虑的问题。

主要的关键，不单纯是在年代的迟早上，更重要的是在对待资料的观点上。这篇论文在《鲁颂》等诗篇有关年代的考订上，很有创见。但是在对待《周穆王传》，周代政治制度和历史地图上，未免不够审慎。《周穆王传》来历可疑，叙事诡奇，无论如何，难以完全认为信史，尤其不能认为穆王时代可靠的游记。对于周代的制度，虽则作者也批判了《周官》是“伪书”，仍然把《周官》所叙述的典章制度认为西周确已实施，以致把九州当作周王朝的行政区划。有关九州观念的起源，确有根据。然而这一种发展，只能认为一种并非在政治上实际应用的分区，而只是为着在政治上列国疆土的分合变化无定，于是自发地通行一种自然区划的观念，名称和界限都缺乏一定的标准，以致各说不一。这就等于我们的“西南”“西北”“沿江”“沿海”等各种说法，或是比较更科学的地理分区范围可能有很大的伸缩。如果西周时代分为九州，真是像汉代划分十三州一样，为什么并不见周书各篇等文献中通用？在假定九州曾经发展成为行政区的组织，而且对于周王

① 见《西北大学学报》。

朝提供系统资料的基础之上，认为《禹贡》是太史所著录，恐怕很成问题。

讲到《禹贡》九州反映哪一个时代的疆域，辛先生采用杨守敬的《历代沿革图》中在周、秦间的几幅比照，认为西周最是适合。关于梁州的关系，提出《尚书·牧誓》表明随从武王在牧野誓师的军队中，除去指明“西土之人”早已有“庸、蜀、羌、髳、微、卢、彭、濮人”，足见周和川北各地早已有联系。可见梁州方面，至少东北边缘一带，对于内地的接触，由来已久。然而杨守敬在七十多年前，对于先秦史地还墨守传统的旧观点，从他的《〈禹贡〉九州图》《尔雅殷制图》《职方周制图》的图名就可以看出。辛先生转引杨氏注在《春秋列国图》上的《容斋随笔》：“春秋之世，中国之地最狭……”原来杨氏是根据《禹贡》《尔雅》《职方》的内容以绘制三代的图，才使得春秋以前中国之地会显得更广，其实所根据的资料并不能代表春秋以前的实际情况。参看顾颉刚先生新编的历史图比较，就可以了解，在上古时代华夏文化和政治经济影响都是在逐步扩大范围，春秋时代并不是缩小。至于《容斋随笔》所惋惜的春秋时代许多地区还有少数民族插在中间，实在是零星分散，和华夏民族相比较，早已成为少数民族。

西周的盛世，从公元前1122到952年，在周初只经过160年。当时长江一带的吴、楚诸国，都还在初开发的阶段。虽则关于地理情况的知识也已经有传播的可能，恐怕还不够成熟。即使不考虑九州观念的发展，各地之间的交通比较困难，恐怕也还难以产生《禹贡》这样系统比较完整的文献。然而对于周代的转变，我们须要注意所谓中衰只是王朝的势力削弱，由于列国的吞并和少数强国的向外开拓，以华夏民族的势力来讲，虽则中间也偶尔受到犬戎等少数民族侵入的打击，一般还是在不断地壮大。春秋、战国时代，只有周王朝是在趋向没落。

……以前卫聚贤在他的《禹贡》研究里面，除去主张《禹贡》是战国末年的作品之外，曾经断定它是秦人的作品。他的理由是“导山共二十八，而雍州占八……导水九，而雍州占四”。同时认为一定是秦人，所以对于梁、豫二州也更有了解。殊不知雍州山川比重较大，并不表示知道得详细，而是由于所跨的范围特别广大，因而资料显得丰富。东方的兖、青、徐三州区划特别复杂，每一州在比较小的范围之内，资料比较少，实际上是更详细。这样的差别正足以表示作者可能是这一带的人。同时他又以为“不明济水，则非齐、鲁人作”。我以为相反地正因为是齐、鲁人作，硬要把济水讲得足以比拟河、淮和江，以致造成伏流重出的谬论。

对于《禹贡》的时代既可以做不同时代的假定，就不宜忽视春秋时代的可能性。如果假定在战国时代，可以提出秦人的推测；如果假定在春秋末期，进一步似乎也可以推测当时的作者就是孔子。上文所提到的康有为、王国维两氏都认为在文体上《禹贡》和《尧典》等《虞夏书》有一致性，不过王氏认为周初人而康氏推定为孔子。从思想上看，上文也已经有所说明。再以治学的方法和范围而论，他也可能具有相当充足的条件。在孔子所编订的《诗》《书》和《春秋》的里面，在他所采用的各国史记里面，都包括着地理资料。以他的博闻强记，不耻下问，在他相当广泛的游历中，也可以就见闻所及，得到不少的地理资料。春秋时代，各国间商旅往来，正在发达起来，在各地方所能采集到的资料并不限于当地的资料。辛先生认为孔子足迹不到秦，没有条件来编写《禹贡》，其实任何一个作者也不可能把所叙述的地方都到过，况且《禹贡》并不是游记的性质。

这一个假定同时是从《尚书》的一般发展过程来推断。孔子在这一方面既可以做收集、整理和改订的工作，也就不一定须要排斥创作的可能。传统观念认定孔子“述而不作”，其实对于《论语》里面的这一句话也可以适用《孟子》的“尽信书则不如无书”。在这一点上一般已经承认他的《春秋》是“作”而不限于“述”。其实纪年的史料当然是述而兼作。《禹贡》在资料方面还是脱不开像《春秋》一样的述，但是在思想内容和行文条理方面具有“作”的成分。这里提出这一点，并不像康氏的以“改制论”抬高孔子的地位，也不是借孔子来抬高《禹贡》的地位。不过从它成为儒家的《尚书》的一篇来看，如果是孔子自己所编写，插在其他各篇之中，不至于被认为来历不明。按照《史记·孔子世家》的材料来推测，有可能是在公元前510年之后“退而修诗、书、礼、乐”的八年之间，但是孔子到公元前479年才去世，《春秋》绝笔已经是公元前481年，所以也可能更在晚年。

### （七）翁文灏先生来函

承你寄示关于《〈禹贡〉制作时代的推测》的大著，并见询我的看法。……但我用社会发展史观点来看这个问题，觉得“《禹贡》是西周盛时太史所录”的学说是有许多困难的。姑且略述所见如下：

1. 禹的传说是有几分神话化的。殷代卜辞没有提到禹。周人始盛称禹的功绩。我的感想是：周人重农，所以始祖名稷。因重农因而看重治水，归功于禹。禹和稷都是周人理想中的人物，其实际存在不是没有问题的。

2. 周人原是渭河中流的一个民族。那时存有许多文化不同的民族，不相统一，一般是部落酋长制。各部落之间互争雄长，其中最强盛的部落，在一定地理范围内成为首脑，接受其他民族的贡献。

3. 周人向东发展，击败东方（华北平原）首脑的殷纣，突然得到统治许多其他民族的机会。他们的统治方法是把姬、姜两姓（有姻亲联属关系）分封立国（例如鲁、齐、晋、卫等），叫他们带领一部分周人去创造经营。对于盘踞一方、力量较强的民族（例如楚、吴等，就是宋也像因殷人旧址应付事实的）也封以爵位，以示联络。真正分封，只是姬、姜两姓，其目的是在淮河以北，派亲信的姬、姜二头目去占住几个中心地点。从事实上来推广周人势力。周天子同“诸侯”的关系实是很松散的，并不像秦、汉以后的制度。

4. 西周极盛时盛况，大半是后来儒生所粉饰的，其实还在草昧时代。在那个时代既不会有“分天下为九州”像《禹贡》所叙那样有条理、有系统的观念，也不会有由周天子严格规定每州分等贡品的可能。如果是西周盛时分州定贡的官书，何必拉牵到很远的禹，名为《禹贡》？

5. 儒生托古定制的风气，在东周以至秦、汉是很通行的。就是所谓“五服”，一定也是后人赶托的。孟子因有人问他周的爵位，便答说：“其详不可得闻也。”（这是事实，是真话。）但接着又说：“轲也尝闻其略也：天子一位，公一位，侯一位，伯一位，子、男同一位，凡五等也。”（这是孟子的“托古定制”。）对于古代发展程序，郭沫若著作叙述详明（如同《中国古代社会研究》《青铜时代》《十批判书》等），富有启发思想的价值，考究中国古史的人应该阅看。既然如此，我们就不能因《禹贡》提到五服，便信为西周作品了。

6. 东周时代，尤其是春秋晚期和战国时代，生产方法得到重大跃进，列国土地扩大，制度加强，思想和著作也取得异常重要的发展，和西周相比，天然是到达于远较前进的时代。中外学者考究《禹贡》内容，认为战国作品，这在社会发展的程序看来，我想是很适合，而可以接受的。

7. 中国用铁的历史，已有文字和实物上许多证据，可以知道殷、周还是青铜器的时代，秦及西汉才成为铁器时代。但东周是从青铜器到铁器过渡时代，过渡的程序是先用铁做农具和一部分手工业用具，大约春秋时已相当使用（《孟子》“以铁耕”）。继此而起是战国时，南方（楚、吴）用铁制出少数兵器，逐步进入北方。实际上大多数兵器还是用青铜制的，所以秦始皇统一六国后，收天下兵器，制为铜人十二。照此看来，《禹贡》有铁，正可证明《禹贡》为战国作品。

8. 石声淮先生举出小屯铜器经人化验，由含铁千分之几而结论殷已用铁，因而指明西周定也用铁。这个结论是不正确的。青铜的主要成分是铜及锡，此外杂质是由冶炼时所用原料附带加入，并不是当时存心使用的。当时冶炼技术决没有像现代那样的精密。因此，不可以用这种事实来提前中国用铁器的时代。

以上意见，为目前多数学者所共信，在我没有什么创获，惠承见询，即以奉闻。

**（八）童书业先生来函**

关于《禹贡》的著作时代，我还是相信战国说，而且认为是战国后期的作品。这个看法是和我的老师顾颉刚先生大致相同的。顾先生和他的学生们过去曾经提出许多证据来证明他们的结论，现在看来，有许多证据还是对的。但是顾先生们所提的证据还不足证明他们自己的结论。因为像这样的大问题，旧考证的方法是不能迅速解决的。现在许多史学家所以对这个问题比较倾向顾先生结论的原因，并不是完全相信他所提出的证据，只是因为用马列主义理论去衡量这个问题，不能不得出《禹贡》是战国作品的结论。

我们知道：按照马列主义经济基础与上层建筑的理论，建筑是由基础决定的，但它又反转来对基础起影响的作用。用马列主义基础与建筑的理论来衡量《禹贡》著作的时代，我们就感觉到《禹贡》这个上层建筑是战国时代基础的反映。所以我们还相信《禹贡》是战国时代的作品。

直到春秋时期，中国的社会经济制度还是领主封建制的生产关系。在生产力上，铁器和牛耕还未普遍应用，手工业主要还是工官制度下的手工业；商人也多是原始“塔木卡尔”式的贵族代理商人；自由的手工、商业还不曾发展起来，主要的经济现象是一种很严格的农业与家庭手工业密切结合的自给自足的自然经济。氏族制（宗法）和公社制（井田）还相当巩固地存在着，每一个经济细胞差不多都是一个独立的单位，彼此之间很少经济的联系。像这样的领主宗法封建制度的经济关系和其他经济现象，决定了当时的国家不能不是分散的。每一宗法制贵族的家室和每一个自给自足的公社性农村，都是分散的经济力量，到处都是小王国、小天地，没有真正的统一机构。一个国家内都有许多小国家，当时整个的中国只是许多小国家一层一层的联合体。周王国在名义上统治诸侯，诸侯在名义上统治大夫；天子并不能真正完全控制诸侯，诸侯并不能真正完全控制大夫。这样的政治制度，正是当时经济基础的反映。

春秋时代如此，西周时代除了周王的力量强些，能够暂时用武力压制各小邦，使他们纳贡、从征以外，大致说来，其分散性比春秋时代还厉害。春秋时代已经联合各小国成为一个中等国家，若干中等国家服从一个大国，在这一点上说，春秋时的政治制度比西周时代还较为集中些。固然，西周时代远征力量是可惊的，西到秦陇，东到海隅，北到燕蓟，南达长江以南，但这一殖民性的帝国，其结合力比两河流域“萨尔恭帝国”还要薄弱，不过是“乌尔第一王朝”之类罢了。这个帝国是一个宗法封建制度的帝国，分散性是其特征。从西周时代的经济基础观察其上层建筑，决不可能产生像《禹贡》那样大一统的政治制度和大一统的思想；殷代以前当然更不可能了。

只有到了战国时代，宗法领主制解体，封建社会进一步发展，铁器、牛耕和手工业的生产力提高了，自由的工商业发展起来了，特别是古代性的商品经济的出现，使得氏族制和公社制残余瓦解，地主经济和一部分新的奴隶制经济逐渐形成，工商业的发展要求有统一的政治机构和统一的国家，这才使得当时上层建筑中出现专制主义及官僚制度中央集权的和郡县制度的政治形态，以及统一的思想。《禹贡》正是这种上层建筑的代表物之一。特别是从战国后期的经济基础，一定要出现《禹贡》那样的上层建筑。所以我现在还相信《禹贡》是战国时代的作品，主要的理由在此。

我本是个研究经学和西周、春秋史的人，此外在一个时期内曾专门研究过中国绘画史。从抗战后期起，由于教学职业的关系，逐渐转向通史。胜利后干博物馆工作，一度专门研究中国瓷器史。解放后，由于教学上的需要，又改行搞古代世界史和中国手工业商业史，搞了六七年，把中国古代史几乎全部都荒疏了，故对大著提不出很多的意见，现在再略谈几点：

1.《牧誓》中的“庸、蜀、羌、髳、微、卢、彭、濮人”都不是西南的部族，他们的地点大概在现在的河南省西南部和湖北省西北部一带。春秋时代的巴国也不在现在的重庆。我过去曾在顾颉刚先生主编的《文史杂志》上发表过一篇《古巴国辨》，证明春秋时代的巴国在汉水上游和大巴山脉附近一带地方。吕思勉先生也同意这个看法，在他的《先秦史》中就是这样主张的。如果不这样的解释，那么，《左传》中所载关于巴国的故事，许多就不可解了。

2. 大作说鲁僖公时鲁国很弱，这个说法是有毛病的。鲁国在春秋初期实在是一个一等强国，直到鲁僖公时势力还不弱，只是在齐桓公称霸以后，齐国才逐渐打服了鲁国，鲁僖公服从于齐桓公，此后才一步步地衰弱下去。所谓“鲁为齐弱久矣”，是春秋后期的情形。关于这个问题，请参看徐连城同志的《春秋初年“盟”的性质探讨》，发表于《文史哲》1957 年第 11 期。

3. 大作对于贡品的分析很好，这是本文精彩的地方，像这样的研究现在很需要。

4.《穆天子传》的原本是战国时代的作品，现在《穆天子传》还有后人加入的材料。例如作为天子配偶的“皇后”的名称自然是后起的，还有“盛姬”一名也很可疑。

5. 西周时已有“九州”的划分是很可能的，但一定是空洞的区域划分，主要是按方位划分的。这种区域划分与西周的远征可能有些关系，但具体的州名一定是后起的。如秦国建国以前是不会以“雍”为州名的；越国强盛以前是不会有“扬州”州名的（在西周时，大概后来“扬州”的地方包括在所谓“荆蛮”或“南夷”之中）；在燕国迁到河北前是不会有“幽州”的州名的。

以上杂举鄙见，尚乞教正！总之，大作是一篇新考证，新考证初出来时不可能一点没有疏误。大作的结论也许可以成立，但还需要进一步地分析研究，提出最有力的强证。如果《禹贡》是西周时的作品，那么我们过去对于西周、春秋时代社会经济制度等的认识一定是有问题的，这甚至会影响到西周、春秋时代社会性质的讨论。这个问题太大，在这里很难讨论。

此后仍望时常赐教为幸！

**（九）李亚农先生来函**

根据殷墟出土的物质文化看来，中国古代的西北与西南，与殷人早已发生贸易关系，而殷人的发祥之地又在东北，因此殷人关于东北的地理固然有详细的知识，即关于西北与西南的地理似亦具有相当的知识。及至西周，周人承继了殷人的文化，又曾与西北、西南的诸氏族结为同盟，正如大作所证明，他们是很可能具有制作《禹贡》的知识的。

《尚书》各篇，即疑古学者疑其晚出者，我都相信其制作时代是比较早的。其中的传说，只要合乎社会发展的规律，当非后人所能捏造，不过经过后来无数的人的改窜和润色而已！

《康诰》和金文《矢令彝铭》中，都只谈到“侯甸、男邦、采卫”三级制，《左传》所记录的史实中亦只有“侯甸、男服（邦）、采卫”三级，而《禹贡》中却谈到五服。在我看来，不单《周礼》九畿之说是后起的，即五服之说似乎亦是后起的。依照五服的说法，戎狄应属于数千里之外的荒服，而我们在《左传》《国语》中都看到戎狄就生活在周天子王城脚下，亦足证《禹贡》有后人窜入的文字。

周族起家的时候，不过是方百里的小国；即进入中原之后，在短期内，其势力似不足以据有《禹贡》所载的广大的版图。周人恐怕是依照他们的知识而不是依照他们所统治的疆域来写《禹贡》的。

楚本是殷人的盟国，终西周之世，一直与周人为敌。随国虽后灭，然而“汉阳诸姬”，正如《左传》所云“楚实尽之”。这的确是事实。由先生疑熊绎不足为荆州之长，我很同意，我甚且更进一步，疑在西周时代，荆州是不是可以算在周人的疆域之内。

**（十）于省吾先生来函**

承赐大著《〈禹贡〉制作时代的推测》一文，但是就梁州贡铁而言，据多年来发掘所得，周初从未见过任何铁制器物。铁之记载，虽见于《左氏传》，可是用铁制作工具或其他器物，则在春秋、战国之交。再就文章结构形式来说，规划整齐，层次分明，也无盘、诰浑噩之气。

**（十一）邹树文先生来函**

手示奉悉。……关于九州贡赋及导山、导水各节均未加研究，不能有所讨论。惟鄙见船山所创九条大道之说，山道崎岖，颇难用常理推断，而认为类似于嬴政的天下驰道。《禹贡》篇幅虽不长，似宜分段讨论其时代，若就全篇结构而言，很不能看作西周人手笔。《禹贡》开头说："禹敷土，随山刊木，奠高山、大川。"已经是将全篇各段概括地说完了。导山、导水两段纯粹是"奠高山、大川"五个字的说明。其最前七个字，则是阐明此两段以前的全文。自"九州攸同"至"二百里"一段，乃是上文的推演。自"东渐于海"至"告厥成功"是一个结语。如此紧密的文字结构，乃是桐城派古文义法所由仿，不能认为西周文字。

**（十二）岑仲勉先生来函**

《禹贡》问题浩瀚，非平日研究有素，难以置喙，所可言者，汪中之说，人所服膺，如认"三""九"虚数，则"九州"是否例外，此点最要交代清楚，否，便略嫌矛盾矣。

足下信用《穆天子传》，比之颉刚兄实胜一筹，此事终久有水落石出之日。……

**（十三）徐中舒先生来函**

大著《〈禹贡〉制作时代的推测》……此种经典经过二千余年学者钻研，而据现有资料，遂欲得出结论，弟意尚以为早了一些，如《禹贡》梁州贡铁诚然是一个重要问题，但最近《考古学报》有1959年第三期黄展岳写的《近年出土的战国、两汉铁器》一文，就是根据出土的遗物做了一个有力的答复。据弟所知，四川出土战国时代铜器，尚有铁杆、铁镞的箭头，与宝鸡出土秦器相同，这说明四川铁器不能比关中早。《诗·公刘篇》说："取厉取锻。"这个"锻"字虽然加了一个金字边，也不能认为就是锻铁。春秋时代郑公孙段字子石，“段”与“石”相联系。《诗》的异文甚多，都是后人根据口谈写的。锻原应作碫，它是石砧，置物于石砧上可捶令平，故段有平滑光润之意（锻、缎，即此义引申）。公刘居豳在黄土地带，那里没有石料，他必须渡渭至终南取石器材料，砺和碫正是两种制石器必需的工具。因此弟对石声淮先生的说法，还不能接受。又大著关于《閟宫》的说法，也有一点不同的意见，《閟宫》“颂僖公能复周公之宇”，见于《诗·序》，因为《诗》有“新庙奕奕，奚斯所作”之语，奚斯即鲁大夫公子鱼，见于闵公二年《左传》，《诗》当作于新庙落成之后，或即《左传》称“跻僖公”之事。而“公车千乘，公徒三万”，也只在春秋时才有可能。《齐语》称管仲治齐，制国二十一乡，士乡十五，共为三军，三万人，这时的霸主才只三万人，而千乘之国也只是春秋时代称诸侯之词，周初诸侯实无此可能。鄙见如此，不知有当否？关于大著所引顾先生说的《殷、周之际史迹之检讨》一文，近在川大讲先秦史，曾经油印给学生参考，关于五服说，弟所讲专题中有《殷代侯、甸、男、卫四服的指定服役制与周初的建侯制》，又旧作《〈豳风〉说》，兹一并寄请教正。

**（十四）罗根泽先生来函（共二通）**

1. 尊意《禹贡》非私家著作，诚然。私家著作率说出一种道理，此乃提出一种规划，确如郑康成所谓“乃先王之政典”，非离事言理之书也。准此而言，尊考定为西周地理规划书，不诬矣。

2.……陈行素先生在前几天才送下大著。他说他无意见，只谓大著极精博，颇现代化，似可不必再沾沾于禹贡派。这是他的意见，不能不转达供参考。……

仔细重读后，益佩精审，且有许多发现，如对《閟宫诗》的新解。我觉得只有一个问题似可加以补充，即铁的时代。大著说“周初……工具当不好，不能如战国时已有铁器”。但《禹贡》载梁州的贡品，却有“璆、铁、银、镂、砮、磬”。恍记解放后报纸载各地发现古物，曾有周初铁器，以自己不治古代学术，未抄出。此条是否须提出并加考证，似值得考虑。

《洪范》年代亦须重加考订，我也颇有同感。如尊著所提出当时疑古派以和信古派斗争，有时不免过火……这也是矫枉必须过正。时至今日，我们学习了马列主义，对许多问题都觉有重新估定必要。私意经、子之分即公、私之分，古人编书亦有一定根据，决非如胡适所说，乃随便编排。因而诸经书（《传》不算）中有后人修改、曲解部分则可，专指某篇出战国或战国以后，如无极强证佐，似不宜轻下断语也。

**（十五）钟凤年先生来函**

一月初间奉读大作，谨将愚见所及的两点写在下面求教。

（1）《诗·韩奕篇》，篇中“韩城”，多数人主张在今河北固安县，但梁山就古地说，实在燕境，并不在今固安；而《诗》却云在韩境。就水说，此山在㶟水流域，原在其右方，并不在圣水流域，与《诗》所言地势不合。若目韩城在今陕西韩城县，则其山确在县境而与《诗》说相合。

其次就《诗》“麀鹿噳噳，有熊有罴，有猫有虎”之文说，今固安乃平原，古代不当有猛兽。而《韩城县志》云：“山多虎、有豹、有麝鹿。……今熊罴靡睹，则耕者众而山童，熊罴用是他徙尔。”亦可见古韩城应在韩城县。

据清《一统志》（六），固安县东及北俱与宛平县接界，西与涿州接界，南与雄县接界。则固安四围古昔俱是燕地，倘韩确在此，而参以《诗》“其追其貊，奄受北国”之文，岂不貊应为燕人而北国应为燕地？似乎不可。若视韩国在今韩城县，则此“北”至春秋，尚为白翟所居地，西周时当为异族所盘据，《诗》说便易解了。

视韩在今韩城县，《诗》文所难理解者，只一“燕师所完”之“燕”字。燕通晏，晏，晚也。春秋经文，凡遇冬季筑城者，《左传》必曰：“书时也。”古人于年终曰“岁晏”，今疑韩城乃筑于冬季为得其时，故诗人褒之曰：“燕师所完。”如此，则“有熊有罴，有猫有虎”“其追其貊，奄受北国”，便无一不合实际。倘视“燕”为国名，不但其他诗句不合实际，试想燕人既助韩代为筑城，而韩人反恩将仇报而贱视之为“貊”，且逐之而奄受其国，诗人尚何为颂扬之，况亦无此事实，窃以为此诗之地望是不可从王肃等片面孤立看问题的。

（2）关于禹治水的记载：如《周语（下）·灵王章》《山海经·海内经》之末，《大荒北经》《管子·形势》《庄子·天下》，汪辑《尸子（下）》，《荀子·成相》《吕览·古乐》《爱类》《新语·道基》《新书·修解政语（上）》，《淮南·地形》《原道》《本经》《人间》《修务》《泰族》《要略》《盐铁论·论邹》《潜夫论·五德志》《古微书》《尚书璇玑钤》，全或多或少的有些。……

**（十六）徐旭生先生来函（附夹条）**

拜读大作，非常钦佩。细读后，计有七点意见如后夹条所录；此外还有两点，不能完全同意：第一，关于禹治水事，您似乎受疑古派的影响，专强调“行其所无事”方面，不相信他的“疏”“瀹”“决”“排”。我从前作有《洪水解》一文，大意是说禹治的洪水仅为黄河下游；疏九河事非虚，不过九河的九，仍是汪中《释三九》中的九，不应泥指；治水仅在兖州，《禹贡》中把总序治水的“桑土既蚕”“是降丘宅土”及“作十有三载乃同”（《史记·河渠书》及《汉书·沟洫志》均解为禹治水十三年，当属古义）的文字，特记于兖州下（别州绝无相类的文字）即可证明。我这篇东西，收于《中国古史的传说时代》中。此书抗战中曾出版，全国解放后因书店关门，书也不复见于市土。现已改写付印，不久当可出版，即当呈上求教。初写时，未见船山先生的说法，乃与暗合，使我非常兴奋。故友梁思永疑此工程仍太大，非当日所可能。可是埃及在纪元前第二千年中即曾开凿数百里的人工大湖；两河流域在纪元前三千年顷已有颇发达的运河系统。后者还在鲧、禹治水前约千年。说西方人在千年前就可以兴这样巨大的工程，中国人在千年后还必不能“疏川导滞，钟水丰物”，也是无法说通的议论。只有龙门的凿，古书中仅见于《墨子》，为不可能的事。治水仅限于兖州，此问题即不发生，无容过虑。第二，我觉得《尚书》头三篇：《尧典》《皋陶谟》《禹贡》为同类的文字。《左传》文公十八年列“慎徽五典”诸语，足证当日已有《尧典》书。但书中所举的不是二十二人，而是八元、八凯，所诛的虽也有四凶，而名字又与今本不相同，足证当日所写还与今本不同。《孟子》中所说的四凶及尧殂落文，皆与今本同。足证屡次修订后，已经成了今本的模样。太史公《五帝本纪》内全录《尚书》前三篇并无改动，可是《皋陶谟》中“无教逸欲有邦”下七十余字，《本纪》中仅有十余字，文字也完全不同，足证太史公所见的《皋陶谟》还与今本不同，又经太史公以后人的修订，才成今本。所以我相信这几篇文字，开始编写可能相当的早，后逐渐修订，才成今本。《禹贡》在这一点上虽不太清楚，可是从数十年地下发掘的结果来看，断定西周时期未见铁的痕迹，当无错误。对于《秦风》“驖”字，也未尝不可以说：先有代表黑色的“戴”，而后有代表黑马的“驖”，代表黑色金属的“鐵”，专就字面看也不能证明此说的错误。所以这一字实不足以证明春秋前有铁，且此诗也当在春秋初期，并非西周。《管子》书中的“恶金”为铁，固无疑问，但此书绝非管仲自著，实属战国人所作，想属不易之论。所以如果说西周时有铁，这一点就几乎成了不可解决的困难。反过来说，春秋时人根据些西周的（如您的说法）和当日的材料，写成此篇，所以也留一点春秋时不可磨灭的痕迹，不是比较更容易说通么？顾颉刚说它写于《山海经》后，我却不赞成。我有《读〈山海经〉札记》，曾谈及此点，也在拙著《中国古史的传说时代》附录里面，等到印出呈正时，希望能听到您的教言与指正。私见如上，提出以备参考。要之，大著价值很高，应当发表以便史学界的讨论。

附夹条：

1. 春秋时，除晋、楚、齐、秦、吴、越之外，鲁实为大国。“公车千乘”并非夸张。《左传》昭公八年“大搜于红”条下即有“革车千乘”之文，孔子也常说“千乘之国”，鲁具千乘实近情理。不过您说“戎、狄是膺，荆、舒是惩”，为周公、伯禽时事，非僖公事，实至当不易。陈奂《诗毛氏传疏》亦如此说。

2. 如此讲丰水、伊、洛、瀍、涧，甚精。

3.《尚书》中的“宁王”，即“文王”的讹误，孙诒让的《名原》中有说，甚确。似应指出。

4. 船山对于禹平水土的解释，独具特识。他分平水、平土为二，以平水为只限于兖、冀。我个人觉得治水主要在兖州。您用他平土的解释，删去平水一方面，我不能同意。先秦诸子互相驳斥，而对于禹曾治水一说未尝有异议。疑古派夸张先秦诸子的异，抹杀其同，态度实不科学。我觉得您也受他们影响，您以为如何？

5. 周与夏关系深，殷与它关系浅，我相信您说的正确。但您对于“锡禹九畴”说：“这或是箕子知道周人尊禹，所以这样说。”我觉得未必然。《国语》内谈到禹，说他“比类百则”，这似乎是与九畴为不同源的说法，可是意思仍是相通。我因此疑惑此说相传很古。殷与夏关系虽较浅，却不是无关系。《商颂》也谈“禹敷下土方”就是证明。箕子因古人所传而称之，实无足异。

6.《吕刑》的三后之一是伯夷，不是伯益。伯夷为姜姓祖先，伯益却与皋陶同为嬴姓，且有为皋陶子的说法。

7. 对于《洪范》为战国作品说，我也不赞成，曾写过一点东西作讲义，但稿子恐怕难找出了。

**（十七）谭戒甫先生来函**

您说《禹贡》是西周全盛时期太史所录，这是一个大胆的、开辟的、精当的提出，为这部书立下良好的基础，这是值得庆幸的。不过我当贡献您一点意见，就材料看，似乎还要上推一步，因为西周是有所继承的，所谓“周因于殷，殷因于夏”，或者更前一点也难说，当然到周已具体些了；其次，就“编撰”看，决不是一朝一时的事，必是随着社会发展陆续进行，可能到了西汉，因为西汉时全部《尚书》就错杂无绪，《禹贡》算是整齐的，到刘向校定时或少变动，这一点要大大注意，有些问题才能解决。

这个主要意见，您已知道的，不过您没有强调坚持罢了。文中分析都好，稍有缺点，文字间也有欠精莹处，这些是容易改正的，我今无暇细举。

附条是后作的，将来可以加入前面。所有分析的次序，是否还待排列过，我不能掌握；但总结应当长点，才能使前面振起来。……

承以上同志提出的宝贵意见和问题，我谨于下文《答辩》中说明。此外尚承陈叔通、陈垣、陶孟和、陈寅恪、尹赞勋、薛培元、胡先骕、陈嵘、周建侯、任美锷、叶汇、王恭睦、史念海、杨浪明、古直、董爽秋、周谷城、郑鹤声、乐天宇、魏应麒、尹世积、熊伯蘅、薛良叔老师、齐坚如、王毓瑚、梁家勉、游修龄、何观州、王树民、陈恩凤、郁士元、傅角今、胡厚宣、吴印禅、李平心、杨钟健、容肇祖、谷苞、章熊、张作人、朱洗、路葆清、黄季庄、陈恒力、杜竹铭诸先生关怀或赐书鼓励，谨此致谢。

## 三　个人的答辩

（我特用大学生考试用的“答辩”两字，来表达我对待严师益友帮助我的盛情。）

### （一）关于漆和铁的问题

1. 关于漆

我很感谢夏鼐先生把“漆”在考古学方面的情形告诉我；也很感谢夏纬瑛先生在植物方面把“漆”字做了正确的说明。我以为在地史中曾见到的漆器，是漆器手工业发达的时代。春秋时既有“丹漆若何”的记载，我们就不能说西周人不知道漆，只西周时漆的手工业未发达，在地史中不易发现。这一问题，从《顾命》中可以得到解答。

《顾命》是《尚书》中可靠的一篇，直到现在尚无人怀疑它为战国时人伪作，内中有“漆仍几”之句。孙星衍疏：“漆，《说文》作桼，云木汁，可以髹物。象形，桼如水滴而下，此借用水名漆字也。”现试从全文看这一“漆”字。

牖间南向：敷重篾席，黼纯，华玉仍几。

西序东向：敷重底席，缀纯，文贝仍几。

东序西向：敷重丰席，画纯，雕玉仍几。

西夹南向：敷重笋席，玄纷纯，漆仍几。

这四种不同地方布置各有区别，席与几之装饰也各不同；有用华玉、文贝、雕玉饰仍几的。唯西夹南向：用笋席，用玄纷纯，而仍几以漆髹之。据经师的解释：“此系亲属私宴之坐，故席、几质饰。”可见漆在当时还不如玉与贝之为人重视，可能不拿这种漆器去殉葬。《顾命》一篇既有“漆”字，且有漆的用途，《禹贡》中贡漆之说当属可信。这对我国研究漆手工业的发展历史是有很大帮助的。

2. 关于铁

这一问题的难于解决，诚如夏纬瑛先生所谈，在于不知道我们最早把铁作何用途？石声淮先生从一“贡”字来做推论是有道理的。但考古学者实事求是的精神，我们应当尊重。因此我国现在研究铁史问题，唯有从炼冶技术发展上和可靠的古籍记载中来做推测。周世德先生在 1958 年 2 月 22 日人民日报发表《我国冶炼钢铁的历史》，他说：“在世界冶金史上，中国的钢铁冶炼技术成就最早，而且极其出色。近几年来，我国考古工作者已发现最早的铁器，是公元前五世纪的，但数量不多。同时又发现了公元前三、四世纪的铁器，不仅数量较多，而且已经有了相当的技术水平。从世界冶铁技术发展的历史来看，这种水平决不是刚发明冶铁时就能达到的。因此可以推断中国冶铁技术的发明，可能在西周时代，或西周和东周之间。

到战国时代，冶铁技术就更有了长足的发展。1950 年河南辉县发掘魏国墓葬，发现铁制生产工具十几种九十多件，兵器八十件。1953 年在热河发现战国时大铁范六种八十六件。从历史文献上也可看到，战国时代各国富豪很多是冶铁致富的。那时的铁器不仅种类多，而且制造业的规模也相当大，并发明了生铁烧炼和炼钢的技术，出现了长达一百四十厘米的铁剑……”杨宽先生在他的《中国古代冶铁技术的发明和发展》中论中国冶铁技术的发明和时代，也做了一些有启发性的说明。这两位先生的推论，是从章鸿钊氏的研究铁史基础上有了发展。

我现把日本学者研究我国用铁的时代资料附录，以供国内同志研究这一问题时的参考。

天野元之助教授近以他的《中国犁发达史》论文寄我院古农学研究室主任石声汉（载《东京学报》第 26 册），内谈铁器的发现有这样一段：“《左传》昭公二十九年（公元前 513 年），‘晋赵鞅……赋晋国一鼓（480 斤）铁以铸刑鼎，著范宣子所为刑书焉’。这是铁器之初见于文献者（虽然《书经》第三篇，《禹贡》梁州贡璆、铁、银、镂〔铁，柔铁。镂，刚铁。宋之蔡沈注〕。不过《禹贡》是战国时代之伪作）。可是今日杉村勇造氏说：芮公钮钟，附着有铁片，此钟之制作时代，至少可放在《左传》桓公四年（公元前 708 年），是比《左传》所记又推上二百多年了（《芮公钮钟考》，《中国古史之诸问题》，1954 年）。还有梅原末治博士发表在《京都大学人文科学研究所纪要》第十四册（1954 年 20—21）的《就中国出土的一群铜利器》，是从美国美术馆所藏河南省卫辉府出土一群遗物（利器）中发现嵌有铁刃的钺，铁援之戈。因此推论铁器之使用，周之初期，至少有一部铁的利器已经流行。铁在中国的使用，可以追溯到公元前 1000 年的初期。”以后承他借给这两种资料，由鄞裕垣、黄志尚两先生代为译出。

附：

## 芮公钮钟考（摘录）[①]

（一）钟全面被有铜的绿锈；上部的环钮的下脚和顶面（叫作“舞”）接合处，涌现铁锈。作为环钮下脚的部分，其内部里面，露出二个铁制角形管（直径 0.5 厘米）的切断面，将细铁管的泥土除去后，其中深 1.3 厘米。由此可以断定环钮插入空洞的深度，是和它等深，或者更深一些，此殆为了吊起振舌的铁环的痕迹是也。

（二）这钮钟，其形酷似叫作“牛马铎”的青铜有舌的小铎。这种小铎，其上在殷代文字的“亞”字下，有无人形文字的小马铎，有“中”字的小马驿等，尚往往在出土时代不明的小马铎中发现附铁舌的遗品。……

（四）芮国的疆域，据吕大临的《考古图》记载，系在同州，即今陕西朝邑县。……

（六）芮为周初的封国，和周同姓。……芮公钟的制作年代，似系芮尚未遭受秦、晋大国压迫以前，即最少是在《左传》桓公四年（公元前 708 年）以前的时期中。

（七）中国有关铁的文献，最古有《尚书·禹贡》和《管子》，这两书均非当时的记载而系后世的编纂，诸家已有说明，比较可信的数据是《春秋左传》昭公二十九年（公元前 513 年）有“遂赋晋国一鼓铁，以铸刑鼎”的记载；其后《春秋左传》哀公二年（公元前 493 年）经传中均有“铁”的地名。《孟子·滕文公篇》有“许子奚为不自织？曰：害于耕。曰：许子以釜甑爨，以铁耕乎’曰：然。自为之与？曰：否，以粟易之。”孟子莅滕，约在公元前 324 年。从此以后，则有关铁的文献更多了，可以证明铁已为一般通用。

---

① 杉村勇造著。

中国对古代铁的研究，有地质学者章鸿钊氏的《中国铜器铁器时代沿革考》……章氏曾注意到铁制品的遗物，曾就古遗物函询罗振玉，其回信中有云“吾家所藏有古铜刀，观其形制，乃三代遗物，柄中虽空虚，中实以铁。尚藏有古矢镞，其锋刃以铜为之，挺则用铁”。其后翁文灏、齐思和等都有论述，在日本则以滨田、原田两博士为最早。其后论述大陆的初期铁器遗物的人不少，但却没有能提供决定其时代的数据。

据郭沫若先生的意见：钟之起源乃承殷的铎（铙），成为甬钟，并附加囊形的搏的影，而成钮钟。

如此则殷代已有“舌马铎”，而周之中叶，有像芮公钟那样的有舌钟了。若都写成是钟，似不若把两者混合订正成为春秋末或战国时代的“有钮编钟”为好。

## 就中国出土的一群铜利器（摘录）[①]

……然而此器没有相当于前者嵌玉援的部分，铜部顶端向一方弯折，此处残留铁分之外，铁锈达到两侧面，致呈虺龙文的一部分为赤锈所掩被的特殊外观。“美术馆图录”的解说，称之为铜利器的心，然而细察实物，现存的顶端与主轴成一直线，其扁平菱形断面仅缘部为铜，中间残留有铁，铁锈越过边缘铜部达到两侧面，可以推测它原来做成中间凹进之处有铁的部分。原来本利器断失的援的部分，不是铁心铜制而是铁，可以看作是嵌在所谓铜柄的部分内的东西。这样是把现存的部分与作为它的玉援的部分说成是表里关系。

大概铁心之器，现在认为是战国时代的玉的带钩可视为一例，可是这些东西，由于铁心随时间的经过而氧化膨胀，将器物胀破，铁锈便达到外部。可是在上述场合，若把它作为铁心，当然器物的全部非一样的不可，而

① 梅原末治博士著。《京都大学人文科学研究所纪要》第十四册，1954年。

铁锈却只有破断面才有，其他扁平的部分却完全看不到。盖这种利器的扁平的部分，做到这样的技巧是不容易的。因此作为铁心的解释，不能看作是很实在的。况在这一样利器之中，还有下面所举的实际嵌有铁的刃部的遗物存在。

一群利器中的其他三个，为一个现长不满三寸的小东西。它是在为插入柄的有甬的銎的一面作有援部，在銎的中央有所有钉眼，援部中央作有镐，现在的短的锋尖的形状，与后世的鸢口相似。一看就是一种利器的形状，颇为奇特。可见这类援部的长度，在其他的地方也曾见到。广义地说，这也是戈的系统中的兵器的一个分派。还有这个遗品，仔细看来，援部非常顺手，可以想象原来比现在长些，锋尖部分因为使用等关系而渐渐变短了。现在在第十图内把福利亚美术馆早先藏的援部长大得多的一例，一并载在上面以供参考。其2为细长的斧头基部内为着插入与刃并行的柲而作的长袋，与刃相反的一面作有小的“内”突起。是显示斧头安装原形很好的遗物。作为器的装饰，在穿銎接近的部分铸有重圈文，注目的銎的上下绕有各种突带。这种利器中国有一部分学者称之为“戚”，这是很少的实例用不着再说了。

其他一器更大，虽属于斧的部类，但与前者比较更具有所谓“钺”的特征。刃部为铁制，作为中国古代利器而完存的，在别的地方还没有听到过，实在是珍贵的。

即此器与第九图之2所示的扁平的斧形比较，大而且广的“内”作得稍稍靠近上边的部位，它的顶端作有沈凸文对着正面的兽面装饰——一般泛称作饕餮文中的一种，身部接近基部的中央有大圆孔，上下恰如在相向吞噬的怪兽的侧面以浮雕铸成的。这与所传殷墟殷墓出土的钺的形状，完全同一规格，仅比后者的铸文稍为简单化而已。如此，这利器上铸铜部分仅限于正身的图文，由此向先端主要的刃部分，系由铁做成，插入铜部分凹陷中，其榫头和挂有玉制之援，和殷代的器完全异曲同工。现在右侧嵌入铁的部分已经破损分离，但为了插入所造成的柄形状物，却仍和铜的凹处密着，还成功地保存原来的样子。铁制的部分，不如多数铜钺那样长，又刃部亦没有上下延长，但安装成为弧形的两刃，却明显地装着，可以看出利器的锋锐形象。现一侧面木片虽已上锈，但氧化并不显著，其中似仍留存有原来的铁质料。

不待说，这钺的可注意之点，在于刃的部分系由铁制成，这和近代发现的殷代后半期的利器形状，即装有玉刃的东西，同一形式装成，殊堪重视。据“馆之图录”，这钺包含上书有周成王时代的铭的器具，合成一组遗物，可以推知为中国现存铁利器的最古的东西，从右记的点亦可以证明。这与前纪的古式戈相同，都可说明中国已使用铁利器。但按鄙见，以为还必须远远向前追索，这是实物的确证，我对此深感兴趣，将于后节论述之。

译者按：“馆之图录”的“馆”，似系指美国 Freer Gallery of Art Smithsonian Institution.（本文各页插图因故未附入，特此说明。）

……戈类中完整的有四个，大小并不尽同。另有破损的二器中，有一个为古式戈且能看出铁援，另一个则为戟的标本形。

……值得注意的是：这一群利器中包含有二个铁利器。最早“馆之图录”已指出为中国最古的铁利器，古代的戈和钺在形状上保存了古调，认为当然是周初期遗物，并且保存完整的钺，其主要部分嵌有铁刃，和殷代后半期盛行的玉刃的风格完全相同。和失踪的古式戈异曲同工，而两器铸铜部分的装饰也是承袭了殷后半期的风格，特别是钺的装饰更是若合符节，虽在现在仍然是一特独例子，在中国考古学发达的现阶段也必然会承认（由此两器）周初期最少已一部分使用铁利器了。

在 20 世纪 30 年代年代的前半期，由于河南省殷墟墓的学术发掘检出许多遗物，已确知作为当时的彝器的尊、彝已很发达。铜利器的盛行和器的特点都已被通晓，故在考古学上最初认为殷代为低文化阶段，并非事实，一般已渐认为青铜器之上为古文化圈也已有相当发达了。由于详细观察铜利器和一部铜利器的分析，可以推测为在当时对铁已有一部分知识了。笔者曾对此有所论列（推测），但此种推测虽在多数的殷墓的出土品中，偶尔看到上有铁锈的，而实例尚付缺如，故尚属疑问。对于铁的使用，仍然维持原来旧说，是从周代后半期开始的。现根据上面的事实，从考古学上看，已更新了中国文化观，也就是这二个利器，实为划时代的标志，非过言也。

作为中国古利器铁部分的例子，尚有由美西根大学马克斯·列尔（Max Loehr）教授所说的另一个东西，该教授长期住在中国的末期，注意了北京的Jannings的收藏中，在铜制的斧头的头部插入的柲是铁制的，斧的背部有铭，可以推测决不后于周的中期。该教授曾凭自己记忆，画了一个草图……虽未见到实物，亦附带介绍于此。尚有不是利器，如古尊、彝之类，在铸造时，有时亦用铁做模型，这也可以作为更早使用的铁的证明，这点尚未引起任何人的注意。经详细观察了的支加哥、普兰得吉（Avery Brundage）收藏品中，具有方座的簋和双环壶等，即其实例。前者在1940年德托洛伊托（Detroit）的《中国古铜器展观目录》(*An Exhibition of Ancient Chinese Ritual Bronzes*.the Detroit Institute of Art, Plate XXIII）记载为周中期初的器。这样在中国铁的使用，可以上溯到公元前千年代的初期，渐渐成为公认。这个时期，恰当西方古文化圈，大约是同一时期，就更广泛地提高了新学者的关心。

这些记载，应如何评论，是我国考古学者的工作。我们只痛恨，这一批贵重的祖国利器为帝国主义者所掠夺，暂不能供我国考古学者的验证。我们相信在不太长远的将来一定能物还故主。

**（二）关于五服、九州与大一统问题**

在谈这一大问题之前，我感谢郑晓沧先生，转告张天方先生的意见，谓：“果为周初作品，何以《左传》中未见一引？又文体亦不类，而却与《夏小正》之文相类。”张先生的这一提示，对我是有极大的启发性。若这一问题不能解决，说《禹贡》是西周产物，根本上就成了问题，所谓“皮之不存，毛将焉附”？

我在驳日本学者怀疑《孟子》未见《禹贡》时，曾有这样几句话：“《禹贡》是一篇官书，它是周初国家的区域规划。材料确实，文字严谨，统一性极强，新材料加入是不容易的。”我现仍坚持这个论点，既是完整的规划书，就如有机体有头、耳、眼、鼻、四肢、骨干、齿牙等。我现假定五服是它的头脑，九州是它的躯干，山脉、河流是它的四肢……地质学者研究古生物，只要在地层中获得一鳞一爪，鉴定确实，就可以塑出恐龙面貌来。我现从《左传》及战国诸子中试找寻它的鳞爪。

我以为要解决张先生所提出的这个问题，先牵涉到《国语》《左传》是否原为一书？我个人是相信司马迁说“左丘失明，厥有国语”的。今存国语》第一篇《周语》即引《禹贡》五服制度，我已述于前文《从五服分析》中了。但《禹贡》中的五服制度与九州区划，既如有机体紧密联系的，五服制度已见于《国语》，它的九州制度是否也可以在《国语》中觅得？

《左传》：

> 鲁僖公四年春，齐侯以诸侯之师侵蔡，蔡溃，遂伐楚。楚子使与师言曰：“君处北海，寡人处南海，惟是风马牛不相及也，不虞君之涉吾地也，何故？”管仲对曰：“昔召康公，命我先君大公（杜注：召康公，周大保召公奭也。）曰：‘五侯、九伯，女实征之，以夹辅周室。’……尔贡包茅不入，王祭不共，无以缩酒，寡人是征！”

据杜预注，五侯是五等诸侯，九伯是九州之伯。所说的当然是指周初的分封，因是召康公之命。但这个“九州”二字还似一个空名词，我们要证实《禹贡》中的九州，只有进一步寻找证据。

《国语》中《齐语》，述桓公伐楚之事：

> 南征伐楚，济汝，逾方城，望汶山，使贡丝[①]而反，荆州诸侯

① “丝”“包茅”“菁茅”“茅蕝”与《汉书·叔孙通传》的“绵蕞”，如淳注之“茅剪”，应是一物。茅蕝之名，湘西方言中尚保存，又称“丝茅草”。此处所称“贡丝”，即是

莫敢不来服。

这里桓公所经过的地方已大概可以看出《禹贡》九州中荆州的地望来了。

《国语》中《晋语》：

> 令尹子玉曰："请杀晋公子……"王曰："楚不可祚，冀州之土其无令君乎？"

在此仿佛提醒我们，《左传》所记周初封唐叔之事（所谓封于"夏后氏之墟"，因一般人不知《禹贡》是周制，就把这里说成是夏之帝都，使二千年来解《禹贡》者造出许多纠纷，"壶口治梁及岐"就解释不清）。

《左传》：

> 成公十三年，夏四月，戊午，晋侯使吕相绝秦："……白狄及君同州。"（杜注：及，与也。林注：白狄与秦同居西方雍州。）

我们虽在《国语》中未觅到其他六州的记载，不过若按古生物学者治学的方法，即使是一鳞一爪，只要鉴定真实，就可以塑出动物的固有轮廓来，有了这荆、冀、雍三州，其他六州也就可以类推了。但是这九州区划与五服制度关系如何？它们对当时政治的作用如何？如不能得到确证，殊难令人相信，现举《国语》宋之盟来做说明。

《国语》(〔韦注、下同〕：弭兵之盟)：

> 宋之盟，楚人固请先歃（楚人，子木。歃，歃血也）。叔向谓赵文子曰："夫霸王之势，在德不在先歃，子若能以忠信赞君而裨

---

贡包茅（《左传》可证），丝字或是"茅蕝""丝茅"的误写或脱写。"置茅蕝"，王引之本贾逵表位立说可参看。

诸侯之阙，歃虽在后，诸侯将载之，何争于先？若违于德而以贿成事，今虽先歃，诸侯将弃之！何欲于先？昔成王盟诸侯于岐阳（岐山之阳），楚为荆蛮（荆州之蛮），置茅蕝，设望表，与鲜卑守燎，故不与盟（置，立也。蕝，谓束茅而立之，所以缩酒。望表，谓望祭山川，立木以为表，表其位也。鲜卑、东夷国。燎，庭燎也）。今将与狎诸侯之盟唯有德也，子务德无争先。务德所以服楚也。”乃先楚人。

“仲尼曰：叔向古之遗直也。”他这一段话当不诬。周初成王时，“楚为荆蛮”，五服制度规定“夷、蛮要服，要服者贡”。所以《禹贡》荆州有“厥名包匭菁茅”，而楚在周初会盟仅能置茅蕝与鲜卑守燎等。把这些事实联系来看，西周盛时五服、九州制度确已付诸实施。迄于春秋，楚国强大，歃血之盟且先楚人了。韦孟说：“五服崩离，宗周以坠。”盖记实也。

我们从《左传》《国语》中既已觅到《禹贡》中五服、九州的鳞爪，又在“宋之盟”中概见了五服、九州制度在周初政治上的实施。现再进一步研究战国时诸子中有无论及《禹贡》？

《史记·孟子荀卿列传》：驺衍睹有国者益淫侈，不能尚德，……乃深观察阴阳消息而作怪迂之变，《终始》《大圣》之篇，十余万言……先序今以上至黄帝学者所共术，……推而远之，……以为儒者所谓中国者乃十分居其一分耳。中国名曰赤县神州，赤县神州内自有九州[①]，禹之序九州者是也，不得为州数。中国外如赤县神州者九，乃所谓九州也。于是有裨海环之。

《荀子·正论篇》第十八（依王先谦《荀子集解》）：世俗之为说者曰：

① 邹衍初为儒家，见《盐铁论》，他本《禹贡》九州创造大九州说是可能的。

“汤、武不能禁令。”是何也（杨注〔下同〕：言不能施禁令，故有所不至者）？曰：“楚、越不受制。”是不然，汤、武者：天下之善禁令者也（先谦按：至，犹极）。汤居亳，武王居鄗，皆百里之地也，天下为一，诸侯为臣，通达之属，莫不振动从服以化顺之，曷为楚、越不受制也？彼王者之制也，视形势而制械用，称远迩而等贡献，岂必齐哉（等，差也）！故鲁人以榶；卫人用柯；齐人用一革。土地刑制不同者，械用备饰不可不异也。故诸夏之国，同服同仪；蛮、夷、戎、狄之国，同服不同制。封内甸服；封外侯服；侯卫宾服；蛮夷要服；戎狄荒服。甸服者祭；侯服者祀；宾服者享；要服者贡；荒服者终王。（顾千里曰：“‘终’字疑不当有。观上文四句，祭、祀、享、贡，不言日、月、时、岁，知此句不言‘终’明甚。涉下‘终王之属也’及杨注而衍。”）日祭，月祀，时享，岁贡，夫是之谓形势而制械用，称远迩而等贡献，是王者之至也。（王念孙曰：“‘至’当为‘制’。上文云：‘彼王者之制也，视形势而制械用，称远迩而等贡献。’下文曰：‘则未足与及王者之制也。’皆其证。”）彼楚、越者，且时享、岁贡、终王之属也，必齐之日祭、月祀之属，然后曰受制邪？是规磨之说也！沟中之瘠也！则未足与及王者之制也。（俞樾曰：“此文当在‘东海之乐’下。《荀子》原文，盖云‘语曰：浅不足与测深，愚不足以谋知，坎井之蛙不可与语东海之乐，沟中之瘠未足与及王者之制，此之谓也’，‘坎井之蛙’二句所谓‘浅不足与测深’也。‘沟中之瘠’二句所谓‘愚不足以谋知’也。传写误倒在上，又衍两‘也’字，一‘则’字。”）语曰：“浅不足与测深，愚不足与谋知，坎井之蛙不可与语东海之乐，此之谓也。”

上面两段资料，我现略加说明：邹衍、荀卿皆战国时代创学派的大人物。他们著书立说，所用材料应当精确。邹氏之书虽失传，但从《史记》间接资料中，述其治学“先序今以上至黄帝学者所共术”，可知他以禹之九州作其大九州之标尺，决不会用伪造的材料，也不可能用伪造的材料，所叙“禹之序九州者是也”，当即今存二十八篇中《禹贡篇》之九州。至于荀卿，他是法后王的，自己著有《王制》，决不会托古改制，况且《荀子》并举汤、武，由此我们更体会到《孔子》所云“殷因于夏，周因于殷”之说，知周代的这个五服制度是因袭殷制而扩大了的。《孔子》曰“周监于二代，郁郁乎文哉，吾从周”，或指此也。也进一步体会到《国语》“夫先王之制”一语的含义了（周人尊禹，把这个制度冠以禹名，详见前文）。同时我们在这里，可以看出一个问题，在荀子时代，经过了春秋、战国时代五霸、七雄割据纷扰数百年，即有人怀疑西周的五服、九州制度与大一统的关系，何况二千年后的今天！

战国时邹衍书引用了“禹之序九州者是也”一句，我们得到了《禹贡》埋藏在地下的一鳞；《荀子·成相篇》有“禹溥土”[①]（杨注：溥，读为敷）三字，更得到《禹贡》埋藏在地下一个完整的爪；而《正论篇》辩当时世俗疑汤、武制度之非，又无异得到《禹贡》埋藏在地下的躯干。这是在战国诸子中初步塑成恐龙的轮廓，若大家鉴定，不是土龙，就不难在这一塑像中解决一些重大问题。

自司马迁氏著《史记》，把《禹贡》列入夏书（或因上有一“禹”字而造成失误；或别有用心欲借以说明三代典章制度相因袭之所由始，便成了他的一家之言），这一篇与其他周书十七篇分家达二千年，汉以后的经生因之发生了许多误解。据顾颉刚先生告我，统计历史上研究《禹贡》者，存在问题不下五百余。幸我们在伟大的共产党领导下，学习了“放之四海而皆准”的马克思列宁主义和毛泽东的思想，在党的百家争鸣的号召下，大家努力，对这个问题的解决办法分三路进军（战国说、春秋说、西周说），

① “禹溥土”：《商颂》“洪水茫茫，禹敷下土方”，我们如证实了《禹贡》是周初之书，也可借此推测《商颂》的时代（忆王国维氏曾考《商颂》，惜手中无书可对证）。《商颂》，就文体看，似较《周颂》进步，或制成在西周末或春秋初，（按：《左传》鲁隐公三年宋穆公疾节引《商颂·玄鸟诗》中句“殷受命咸宜，百禄是何”。）亦可用以推测《禹贡》成书时代之早。我们也可以说“禹敷（下）土（方）”五字，是《禹贡》埋存在《商颂》中一爪之不完整者。我还怀疑这两句，在《商颂》中最特别，商人尊禹（徐旭生先生已指出），或经周人手笔增删过。这是个人主观推测。

搜索龙宫。我个人仍强调从贡品[①]的分析中，认为与西周的经济相合；从五服制度、九州区划……等比较分析，认为与西周初年政治相合。因此得出《禹贡》即西周初年经济政治的产物，是被隐蔽了的周书。

**（三）关于文体问题**

1. 答于省吾先生

于省吾先生要我注意文体“浑噩”问题，我现在试做说明。清末吴挚甫《写定今文尚书二十八篇叙》道：

> ……古帝王之事与后世同，其所为传载万世……不敝坏者，非独道胜，亦其文崇奥，有以久大之也。扬子云最四代之书，以为浑浑尔，噩噩尔、灏灏尔，彼有通其故矣。由晋、宋以来，士汩于晚出之伪篇，莫复知子云之所谓。独韩退之氏，称《虞夏书》亦曰浑浑，于商于周独取其诘屈聱牙者。……圣人者，道与文故并至；下此则偏胜焉，少衰焉，要皆有孤诣独到，非可放效而袭似之者，知言者可望而决耳。吾尤惜近儒考辨伪篇，论稍稍定矣，至问所谓浑浑者、噩噩者、灏灏者、诘屈而聱牙者，其蘉然而莫辨犹若也。……

吴氏之说确是代表了二千年来从文体方面研究《尚书》真伪者的共同

① 孙星衍《召诰注》：“史迁说周公行政七年，成王长，周公反政成王，北面就群臣之位。成王在丰，使召公复营洛邑，如武王之意。周公复卜申视，卒营筑，居九鼎焉，曰：‘此天下之中，四方入贡，道里均。’作《召诰》《洛诰》。”又《洛诰》：“公曰：‘享多仪，仪多不及物，惟曰不享，惟不役志于享’……”（孙星衍注：“郑康成曰：朝聘之礼至大，其礼之仪不及物，谓所贡篚者多而威仪简也。威仪既简，亦是不享也。”）顾命：成王既弥留，训曰：“今天降疾，殆，弗兴弗悟，尔尚明时朕言，用敬保元子钊，弘济于艰难。柔远能迩，安劝小大庶邦，思夫人自乱于威仪，尔无以钊冒贡于非几。”（孙星衍疏：“冒者：《春秋左氏》文十八年传云：‘冒于货贿。’注：‘冒，亦贪也。’贡者，《广雅释言》云：‘献也。’”）由这些记载中，我们可以体会到《禹贡》中“厥贡、厥篚”的意义。

看法。扬子云曰："虞、夏之书浑浑尔。"但子云所谓《虞夏书》,《禹贡》就是其中之一。他又说："周书噩噩尔。"我们既认为《禹贡》是周书，且拿周书中的《顾命》与《禹贡》做比较（因为这两篇，清末桐城派古文大家黎庶昌把它们同放在典志类）：

《顾命》：

> 赤刀、大训、弘璧、琬琰在西序；大玉、夷玉、天球、河图在东序；胤之舞衣、大贝、鼖鼓在西房；兑之戈、和之弓、垂之竹矢在东房。大辂在宾阶面；缀辂在阼阶面；先辂在左塾之前；次辂在右塾之前。……
>
> 一人冕执刘，立于东堂；一人冕执钺，立于西堂；一人冕执戣，立于东垂；一人冕执瞿，立于西垂；一人冕执锐，立于侧阶。……
>
> 王麻冕黼裳，由宾阶隮；……太保承介圭，上宗奉同瑁，由阼阶隮；太史秉书，由宾阶隮，御王册命曰：……
>
> 诸侯出庙门俟；王出在应门之内；太保率西方诸侯，入应门左；毕公率东方诸侯，入应门右。……

此等叙述文体似亦与《禹贡》相同。

2. 答邹树文先生

邹树文先生用桐城派古文义法来衡量《禹贡》文体，说："就全篇结构而言，很不能看作是西周人手笔。"西周人手笔到底如何？成、康时代产生的《顾命》结构紧密，何逊于《禹贡》？桐城派殿军黎庶昌氏《续古文辞类纂》，将《禹贡》和《顾命》一并选入典志类。黎氏桐城古文义法是："博观慎取，盖亦有年。凡神理、气味、格律、声色有一不备者，文虽佳，不入。"《顾命》既可在成、康时代产生，如说《禹贡》非西周人手笔，"毋乃不可乎"？

余草前文时，从“文字结构上分析”，仅在字面上和大小《雅》做了一些比较，未涉及结构，承树文兄的启示，试补前文结构一段。

《大雅·皇矣》[①]《韩奕》与《禹贡》文体比较表

| 《皇　矣》 | 《韩　奕》 | 《禹　贡》 |
| --- | --- | --- |
| 皇矣上帝，临下有赫，<br>监观四方，求民之莫。<br>维此二国，其政不获。<br>维彼四国，爰究爰度。<br>上帝耆之，憎其式廓，<br>乃眷西顾，此维与宅。 | 奕奕梁山，维禹甸之。 | 禹敷土，随山刊木，奠高山、大川。 |

①《皇矣诗》中有“帝谓文王，予怀明德，不大声以色，不长夏以革，不识不知，顺帝之则。”《毛传》与《郑笺》迥然不同。朱熹说：“夏革，未详。”是他不能定毛、郑之是非。我以为《郑笺》是也。《郑笺》：“夏，诸夏也。天之言云：‘我谓人君有光明之德，而不虚广言语，以外作容貌。不长诸夏以变更王法者，其为人不识古，不知今，顺天之法而行之者。’”我们现在把《郑笺》与《周书·君奭篇》来对看，《君奭篇》：“公曰（周公）：‘君奭，在昔上帝割申劝宁王之德，其集大命于厥躬。’（孙星衍疏：“割，言盖也。按言文王有诚信之德，天盖申劝之，集大命于其身，谓使之王天下也。割为盖者，《释言》云：‘盖、割，裂也。’二字同训。”）惟文王尚克修和我有夏。”按孙星衍疏：“有夏，谓殷都中夏。修和，谓修和于纣也。”用四友献宝之说作证，姑无论传说中献宝之人不易肯定，有夏不能指殷都中夏。且与周公说话的语气亦不相符，此处所谓“其集大命于厥躬……尚克修和我有夏”，应从《立政篇》中去寻解释。《立政篇》：“帝钦罚之，乃伻我有夏式商受命，奄甸万姓。”（孙星衍疏：“钦，与厥通，《释诂》云：‘兴也。’伻，与抨同，《释诂》云：‘使也。’夏者，《说文》云：‘中国之人也。’式者，《释言》云：‘用也。’奄者，《说文》云：‘大有余也。’甸者，《诗传》云：‘治也。’言天兴罚纣罪，乃使我有中国之人用受商之大命，大治万民）。由此我们可知所谓“修和”，乃指和睦诸夏，亦即“不长夏以革”，非指修和纣也。由上种种，则知郑玄解“夏革”两字是符合西周当时情形的。《毛传》：“不大声见于色……不以长大有所更。”乃是望文生义。不但“不大声见于色”与“王赫斯怒”矛盾，“不以长大有所更”也不合生物发展原理。我们若把这一章诗反复体会，得到正确的解释，或不难知道《洪范》《禹贡》《韩奕》等篇冠以禹名之所以然。

续表

| 作之屏之，其菑其翳；……<br>攘之剔之，其檿其柘。…… | 有倬其道，韩侯受命，<br>王亲命之……以佐戎辟。 | 冀州：既载壶口，治梁及岐…… |
|---|---|---|
| 是类是祃（因叶韵置中间）（是伐是肆） | 献其貔皮，赤豹、黄罴。（“实亩实籍”时的捕获，《毛传》：以为来自追、貊之贡，非。朱熹已知《毛传》之非，但未说明其所以然。） | 禹锡玄圭，告厥成功。 |

《皇矣》开头的“上帝”，当是指天帝，与“克配彼天”的“思文后稷”，在周人心目中可能是一而二的。《韩奕诗》中甸梁山的“禹”，当与敷土、随山刊木、奠高山大川之“禹”是二而一的。《皇矣诗》的结尾“是类是祃”是祀神；《韩奕诗》的结尾“献其貔皮，赤豹黄罴”，是否祀神，我不知道，至《禹贡》之“禹锡玄圭，告厥成功”，我想要祀神的。

由上三篇比较，开头结尾，相差无几，我们可以得出一结论，即西周初可能尚在神权颇盛时代，作者的手笔，无论散文和韵文，开端和结尾多是颂神（又如《文王诗》“文王在上，于昭于天”，《大明诗》“明明在下，赫赫在上”等皆足证明），若将冠履释去，真象自现。

船山导山之说之可信，我现举章太炎的《神权时代天子居山说》以供参考。

《尔雅·释诂》曰：“林、烝，君也。”林即山林，烝即薪蒸。是天子在山林中明甚。后代此制既绝，而古语流传，其迹尚在。故秦、汉谓天子所居为“禁中”，禁从林声，禁者林也。言禁言籞，皆山林之储胥也（原注，下同亡友陈镜泉说）。

又寻《尚书》有“纳于大麓”之文。古文家太史公说曰：“尧使舜入山林川泽。”此读麓为本字，所谓“林属于山为麓”也。今文家夏侯说曰：“昔尧试于大麓者，领录天子事，如今尚书官矣。”（刘昭注《续汉书·百官志》，引新论如此）又曰：“入于大麓，言大麓三公之位也，居一公之位，大总录二公之事。”（《论衡·正说篇》）古文于字义为得，顾于官制失之；今文得其官制，其字又不合。即实言之，则天子居山，三公居麓，麓在山外，所以卫山也。尧时君相已居栋宇，而犹当纳于大麓者，洪水方滔，去古未远，其故事尚在。礼官初拜三公当准则典礼而为之，则必入大麓，以为赴官践事之明征。《左传》曰：“山林之木，衡鹿守之。”鹿即麓也。衡麓在后世只为虞衡之官，而古代正为宰相，如伊尹官阿衡，亦名曰保衡，犹是衡麓之故名也。至汉时有光禄勋为天子门卫，勋者阍也。独光禄之义，至今未有确解。其实光禄即是衡麓，衡、横古通。又《尚书》今文“横被四表”，古文作“光被四表”，是衡、横、光三字为一也。汉时为天子主门者，又有黄门。黄门复即横门、衡门，衡、光一也。然则古天子居于山林，而卫门者名为衡鹿，亦即宰相。至汉时天子虽居宫室，然为之守卫者犹曰衡鹿，此亦因于古名。后人不解，随文作训，应劭乃曰：“光者明也，禄者爵也。”劭生汉末，去武帝财三百岁，而已不知其义矣。

章氏这一杰作是根据文字的研究推论出来的，可谓精辟绝伦，亦足以说明“随山刊木”的意义。船山氏悟出“导九山”之说，据先舅康和声先生（衡山人）曾言，“儿时闻故老相传，船山昔避清庭之害，即由其生徒背负逃避，展转于衡岳莲花、岣嵝、祝融诸峰之下”。他或由这些实践体会中悟出这一“导”字的含义。后来又得考据家王念孙父子的证明，解决了千古的疑案。现在我们研究《禹贡》“九山刊旅”还会用《论语》“季氏旅于泰山”去着想，那么，有神禹守护的周王朝制度之门就无法打开了。

西北大学王成组教授在他的《从比较研究重新估定〈禹贡〉形成的年代》一文中，也怀疑“导九山”。他的论文注2：“辛树帜《〈禹贡〉制作时代的推测》第四段，引用王夫之的解法，导山的导，就是‘刊木治道，以通行旅’，于是按九山的分法，认为代表周代的国道，甚至岷山至衡山成为‘川、湖之道’，未免把山道看得太简单，太重要，根本上是解释有问题。”他的这一说法，是还值得讨论的，假定不开山道，“随山刊木”一语便无着落。《大雅·皇矣诗》：

> 作之屏之，其菑其翳……攘之剔之，其檿其柘。……
>
> 郑笺：“岐周之地，险阻多树木；乃竞刊除而自居处。”
>
> 帝省其山，柞棫斯拔，松柏斯兑，自太伯、王季……奄有四方。
>
> 朱熹注：“此亦言其山林之间道路通也。”

这都可以做我们研究《禹贡》导山的参考。不过西周这时已都丰、镐、营洛邑，非天子居山时代可比。但是我们试看《禹贡》所记，一方面是“桑土既蚕，是降丘宅土”，“东原底平，云土梦作乂”；另一方面则是“荆、岐既旅”，“蔡、蒙旅平”等。由这些叙述看，重视山道是有它的历史传统和适合当时需要的。

**（四）关于引用文献问题**

1. 关于《穆天子传》

岑仲勉先生来函：“足下信《穆天子传》，比之颉刚兄实胜一筹。此事终久有水落石出之日。……”记得我前此将论文底稿请颉刚兄修正时，他特别赞成我在雍州方面，采用《穆天子传》赤乌氏的材料，可见他并非不信《穆天子传》；唯对盛姬事怀疑，我亦与之有同感。

关于《穆天子传》材料真实问题，我们似应重视《晋书·束皙传》的记载。

《穆天子传》五篇，言周穆王游行四海；见帝台、西王母图诗一篇，画赞之属也。又杂书十九篇：周食田法、周书、论楚事、周穆王盛姬死事。

由这个记载看，原《穆天子传》仅五篇（另有《图诗篇》）。自郭璞注《穆天子传》，将杂书十九篇中之《周穆王盛姬死事》列入，合为六篇，而《穆天子传》始有可议之处。若将杂书中之《周穆王盛姬死事》削去，以复《穆天子传》之旧（原只五篇），则这部书的价值是相当大的。所可怪的，人人读《晋书·束皙传》，可是没有人重视《穆天子传》与《周穆王盛姬死事》是各不相关的两种书。

2. 关于《閟宫诗》

《閟宫》一诗，我最初总觉得从郑康成的解释，文义上读不通，且与《孟子》之说相反。遂不自量而做了一个新解（本拟做点考证工作）。后见焦循《孟子正义》，引翟灏《考异》云：

《诗序》云："《閟宫》，颂僖公能复周公之宇也。首二章止陈姜嫄、后稷、太王、文、武之勋。三章言成王封鲁，鲁子孙率由不愆，祭则受福。'戎狄是膺，荆舒是惩'，第四章文也。上三章未暇序及周公，所云'周公之宇'者，非于此章颂之而孰颂哉？故自'公车千乘'，至'则莫我敢承'，皆周公，而不属僖公也。'俾尔昌而炽，俾尔寿而富'，周公俾之也。五章、六章，继周公而颂伯禽，所谓'淮夷来同'，'遂荒徐宅'，显系伯禽事，见诸《尚书·费誓》者也。七章、八章，方颂僖公复宇。如此说之，则《诗》《书》《春秋》《孟子》，彼此悉无疑义，而《诗笺》亦未尝有错。《孟子》两引此文，皆确指为周公，必有自圣门授受师说，不得以汉儒笺注之讹反疑《孟子》。"

除“圣门授受师说”一点我不同意外，觉翟氏之说合于文义，也合乎当时事实。但我草前文时未先做考证工作，致对鲁国在春秋初年的势力估价过低，及对“革车千乘”之事也未多做考虑，无意中犯了歪曲事实来服从自己的论点，是科学规律的大忌。得童书业、徐中舒、徐旭生三先生为我指正，谨向他们致谢。

3. 关于《韩奕诗》

承钟凤年先生提出《韩奕诗》中地望问题，我仅能从动物方面来谈谈。诗中所举的六种动物，古代人口稀少，植被未遭破坏，即令是平原薮泽之地，也可繁殖，似不能用现在的固安平原情形来推测古代。且就《韩奕》中特述这些动物，反足证明新筑城时（即新开地），植物茂盛，保持水土流失；沼泽纵横，动物乐居。所以诗中有“川泽讦讦，鲂鱮甫甫”之句。迨燕人帮助他们完成筑城的任务后，“实亩实籍”，辟草莱，斩荆棘，而栖息植被中的动物当被捕获，所以有“献其貔皮，赤豹、黄罴”。假定当时筑城是在今之陕西韩城县，这个地方邻近周都，农业定已大发达，似无这样多的动物，为诗人所称美。不知有当否，还请钟先生指教。

4. 关于《周官》

王成组同志批评我在“任土作贡”的分析中，引用《周官》材料的不慎，很感谢。熊伯蘅兄也指出了这方面的缺点；谭戒甫先生则要我把《贡品的分析》移入正文，都是对我的关怀。我还要在这里做点说明。初草前文时觉得重点应放在“任土作贡”方面，曾将此段初稿就教于颉刚先生，承他指正了缺点（见前文顾颉刚先生来函。函一 4、5 两条），以后草成了《贡品的分析》后，即考虑把“任土作贡”一段不发表，将《贡品的分析》移入正文，其所以仍保留者：一、志顾颉刚先生对我帮助与指教之盛情；二、我认为考《禹贡》时代应首先击破日本已故汉学权威家内藤虎次郎的《〈禹贡〉制作时代考》的论点，因之将它与《九州起源考》列于附录，使两者成为姊妹篇。

### （五）关于战国说与春秋说及其他

1. 战国说与春秋说

禹贡学派是主张战国说的。他们从事于战国历史的地理研究，作为解决这一问题的目标。在史学家顾颉刚先生的倡导下，搜集材料，从事分析，对九州制、五服制、山脉、河流做了许多极可宝贵的考证，我们应向他们这种辛勤劳动致敬。

卫聚贤也是主张战国说的。但是他所做的调查分析工作如何？我不知道。他从导山、导水两点的统计，得出是秦人所作而非齐、鲁之人，可谓读书得间。不过他的论点，结合实际，就困难重重。所谓“禹贡”者，可能是禹域九州之贡品也。顾名思义，应先从贡品方面着眼。卫氏说作者是秦人，且是战国时的秦人，姑无论战国时梁州名义已不存在，只就贡品中，无“西蜀之丹青”，就比主西周说过“铁”门关还困难。

王成组同志从地理角度研究《禹贡》，推测《禹贡》制作时代，是春秋时代孔子所作。我曾请其进一步深入研究，希望在地理方面共同来解决《禹贡》时代问题，他又发表了《从比较研究重新估定〈禹贡〉形成的年代》一文。这篇论文在地理方面证明《禹贡》在秦、汉时代产生的不可能性，以及对《禹贡》《山海经》产生的先后问题，做了较深入的研究，用力之勤，是堪钦佩的。

唯成组同志主张孔子作《禹贡》之说，孔子“述而不作，信而好古”是他自己说的。孟子谓孔子作《春秋》：“其文则史。……孔子曰：‘其义则丘窃取之矣。’”罗根泽先生说的“私家著作率说出一般道理，此乃提出一种规划”，也还值得提供考虑。

2. 答施畸先生

施先生谓“依《左传》所记诸侯之封疆，按之周初年疆域，南似未逾长江……”想施先生尚未见到解放后丹徒烟墩山西周墓葬出土的“宜侯夨簋”。我前此草文时也未见到，故仅据《穆天子传》所称“大王亶父之始作西土，封其元子吴太伯于东吴”之事，推测吴既在东吴，周一统后定为扬州诸侯长。一九五七年春游故宫博物院，始见“宜侯夨簋”。现将故宫陈列的说明抄录于下：

> 西周初期成、康之际（公元前十一世纪）丹徒烟墩西周墓。
>
> 此地出土的一群铜器，主要为西周初期成、康之际（公元前十一世纪末）的祭器。它们的形制和同时期中原的铜器相近似。其中“宜侯夨簋”内之铭文记载了西周初周王曾亲临于此封了宜侯，并赏赐他土田和奴隶。由此可知西周王国的疆域已到了长江以南吴的地方，也说明了西周的社会性质。

施先生又说“宝鸡以西，似非其权力所及”，我们看《小雅》：“赫赫宗周，褒姒灭之。”褒国即在今汉中之地，西南距所谓五丁关甚近，五丁关即通蜀要道（张仪开五丁关，当是传说，因为这个地方并不甚险），我们能说西周盛时封建势力未及宝鸡以西吗？

## 四　结束语

让我们重温毛主席指示的讨论中国文化问题的基本观点：“一定的文化（当作观念形态的文化）是一定社会的政治和经济的反映，又给予伟大影响和作用于一定社会的政治和经济；而经济是基础，政治则是经济的集中的表现。这是我们对于文化和政治、经济的关系及政治和经济的关系的基本观点。那么，一定形态的政治和经济是首先决定那一定形态的文化的；然后，那一定形态的文化又才给予影响和作用于一定形态的政治和经济。马克思说：‘不是人们的意识决定人们的存在，而是人们的社会存在决定人们的意识。’他又说：‘从来的哲学家只是各式各样地说明世界，但是重要的乃在于改造世界。’这是自有人类历史以来第一次正确地解决意识和存在关系问题的科学的规定，而为后来列宁所深刻地发挥了的能动的革命的反映论之基本的观点，我们讨论中国文化问题，不能忘记这个基本观点。”（《毛泽东选集》第二卷《新民主主义论》）关于中国古代封建社会，毛主席说：“中国自从脱离奴隶制度进到封建制度以后，其经济、政治、文化的发展，就长期地陷在发展迟缓的状态中。这个封建制度，自周秦以来一直延续了三千年左右。中国封建时代的经济制度和政治制度，是由以下的各个主要特点构成的：一、自给自足的自然经济占主要地位。农民不但生产自己需要的农产品，而且生产自己需要的大部分手工业品。地主和贵族对于从农民剥削来的地租，也主要地是自己享用，而不是用于交换。那时虽有交换的发展，但是在整个经济中不起决定的作用。……”（《毛泽东选集》第二卷《中国革命和中国共产党》）我从学习毛主席的这些真理原则中，始终体会到西周初年的政治、经济既反映于当时的诗歌，而《诗经》中所记的农业、手工业产品，又与《禹贡》中的贡品一一符合。在当时的经济基础上，以武王、周公的武力经营，结合宗法制度运用的威力，具有大一统的规模，因而产生了当时的五服制度和九州区划。我前此草《〈禹贡〉制作时代的推测》一文，即按照这个观点做了一系列的问题分析。发表后，承学术界同志们提了许多宝贵意见，有疑西周五服制度与九州区划未付诸实施的，我采用了治古生物学的方法，从《左传》《国语》及战国诸子中找到了周王朝五服、九州制度实施的一鳞一爪的记载。从这些记载中，知周王朝在九州区划中所实施的五服制度，而形成了“天下为一，诸侯为臣”的大一统规模，既不同于“五霸强”的春秋时代；也不同于“七雄出”的战国时代；更不同于经济发展到“铁耕”以后而产生的秦、汉专制的大一统的制度，有如荀子在《正论》中之所阐发者。因此证明《禹贡》一书，是西周初年政治、经济的产物。现在我仍然强调“《禹贡》成书时代，应在西周的文、武、周公、成、康全盛时代，下至穆王为止。它是当时太史所录，决不是周游列国足迹‘不到秦’的孔子，也不是战国时‘百家争鸣’的学者们所著”。而且进一步体会到《禹贡》不仅是祖国第一篇地理书，实际是祖国古代政治制度最完整的一篇书。

末了，我衷心感谢党的倡导讨论和鼓舞，衷心感谢同志们花了许多宝贵的时间，对我的启发和帮助，仍希望在党的“百家争鸣”政策下，再进一步地探讨。我谨以大学生考副博士的心情静待指教！

附　记

《禹贡》植物，我已请历史植物学家夏纬瑛先生做了分析，可能是《禹贡》植物的科学记载之始。《禹贡》的动物，唯“阳鸟攸居”和“鸟鼠同穴”易滋误解。“阳鸟”已说明于前文，至“鸟鼠同穴”之鸟鼠，《尔雅》称为鵌与鼵。解放后，北京与兰州的动物学界已把这两种动物的共栖生活做了详细的观察和科学的记载，登载于《生物学通报》。[①] 我在这里还要将我国

① 关于鸟鼠同穴问题，我们动物学界同志已有观察记载，现节录如次以供参考。(一)陈桢著《关于鸟鼠同穴问题》(《生物学通报》第八期，1955年)：“见过鸟鼠同穴而不曾留下姓名的人很多。甘肃省渭源县西十五里有山，名叫‘鸟鼠山’，是《禹贡》‘道渭自鸟鼠同穴’的地方。二千余年前《禹贡》成书的时候在这里见过鸟鼠同穴的人一定很多的(树帜按：陈桢先生以为《禹贡》是战国时代作品，故谓‘二千余年前’)，但是都不曾留下姓名。……最早见过鸟鼠同穴而且留下姓名的人，是后魏时代的一个取经和尚名叫‘惠生’，看见的时期是公元518年，地点是当时名叫‘赤岭’的地方。……方观承在1733年……在他经过现属蒙古人民共和国境内的科布多河以东地方时也看见了鸟鼠同穴，并且首次看见鸟立鼠背的现象。文人徐松曾经被清朝统治者判罪到新疆伊犁充军，那时是1812—1818年。在他旅行到伊犁附近的赛里木湖东岸时，他看见鸟鼠同穴，并把同穴鸟鼠的形状颜色做了描述。特别使人感到兴趣的是他看见了鸟立于往返奔驰的鼠背之上，张开翅膀发出大而烦杂的叫声；鼠虽奔驰很久而鸟不坠地。在他看见后一百余年，珴森多斯基才在蒙古又看见同样的现象。……鸦片战争后，资本主义国家的采集调查深入我国内地。在采集动物时也有人看见过鸟鼠同穴。普尔日瓦尔斯基(H. M. Пржеаапъский)在他的1887年发表的著作里记载了他在西藏、青海、甘肃见过的鸟鼠同穴。在西藏、青海，他看见的同穴鸟是两种雪雀(Montifringilla nuficollis，M. blanfordi)，同穴鼠是一种鼠兔(Ochotona Ladacensis)。

在甘肃庄浪河之北他看见的同穴鸟是一种雪雀（M. Kansuensis），同穴鼠是一种黄鼠（Citelles）。

少尔卑（A. D. C. Sowerby）在他的1914年出版的著作中记载了他在内蒙古鄂尔多斯沙漠看见过鸟鼠同穴，鸟是一种沙鹏（Saxicola isabollina），鼠是一种黄鼠。”

（二）钱燕文、张洁发表的《在新疆天山南坡小尤尔都司见到的鸟鼠同穴》（《动物学杂志》第三卷，第七期）：我们在小尤尔都司中部的巴音布鲁克所见到的是角百灵与长尾黄鼠同穴。在东部的茶哈奴大板（大板，蒙语，即山脊的意思），所见到的是穗鵰和高山旱獭有时亦同穴而居，鸟与鼠均与过去的记载不同。

“兹将鸟鼠同穴的鸟和鼠的形态，简单描述于此：

角百灵（Eromophila alpostris）：身体比麻雀稍大，背面淡红褐色。头部有一黑色横带，两侧各有数枚较长的黑色羽毛向后竖起，似角一般，故有角百灵的名称。腹面乳白色，前胸有一块黑色横斑，极易辨别。

穗鵰（Oenauthe oenauthe）：身体大小似角百灵，背面呈石板灰色，仅在前额、腰和尾上复羽白色。腹面乳白色。面颊有一黑斑。

长尾黄鼠（Citellus undulatus）：体型颇似大家鼠，而较大。雌性体长约为224毫米，尾长107毫米；雄性体长约230毫米，尾长113毫米。遍体土黄色，背部中央，在夏季往往具有显著而宽阔的黑色或灰色带浅色斑点的条纹，尾的上部色泽较暗。

高山旱獭（Marmota boibacina）：身体粗肥，体长约480毫米，尾长150毫米。背部棕色，杂以黄白色而呈沙黄，且具有黑色或棕黑色的斑点。腹面红色或红褐色。

由于我们考察的时间短促，而重点又在于研究旱獭对牧场的危害情况，没有能够对鸟鼠同穴做进一步的观察，也没有能够发掘它们的巢穴，以进一步地对它们在穴中的生活加以观察。我们没有见到如方观承、徐松所记述的鸟立鼠背现象，也没有见到像1956年《人民日报》所载在甘肃祁连山所见鸟类在鼠的周围放哨的现象。我们只见鸟和鼠在同一穴中出入。在我们考察过程中，当搜集鸟类和鼠类标本时，我们见到鸟一飞鸣，长尾黄鼠或高山旱獭立即奔至洞口；见人迫近，即匿入洞中。有时一直要等到鸟飞回来，鼠始出洞。

鸟类在地上或洞穴中营巢是荒漠地带的特征之一。一方面是由于荒漠地带寒热悬殊，生活在洞穴中，因小气候的关系，可以避免炎热和酷寒。另一方面是由于荒漠地带缺少树木和其他隐蔽的场所，鸟类也不得不在地上或洞中营巢。在我们的考察区内，完全是一片高山草原，没有树木或灌丛。同时，气候也较寒冷，8月间的早、晚，水面仍有结冰的现象。而这一广大草原又是夏季收场，草长不高，地面上缺乏鸟类筑巢的条件，而黄鼠和旱獭的洞穴却遍地都是，其中也有一些洞穴是被鼠类所废弃了的。这些洞穴，创造和丰富了鸟类筑巢繁殖的条件。因而，鸟类在鼠穴中营巢是显而易见的。

在我们的短期考察中，虽然见到鸟的飞鸣能使鼠类逃匿洞中，但没有见到鸟和鼠之间的亲密关系。鸟鼠同穴究为共栖关系还是共生关系，值得今后做进一步的研究。”

经学家对这方面研究的历史简单叙述：我国西部《禹贡》雍州之地，鸟鼠同穴之区甚多。郝懿行《尔雅义疏》引用书中，有凉州、沙州等处，甘谷岭鸟鼠同穴，且有或在山岭，或在平地之记载。以此知《禹贡》作者，一方面在雍州记“终南惇物至于鸟鼠”；在导山记“西倾、朱圉、鸟鼠至于太华”；而在导水记“导渭自鸟鼠同穴”，是根据原始真实材料，指出导水是从鸟鼠同穴之区，不一定指的是鸟鼠同穴之山，更不一定指的所谓鸟鼠山（当然鸟鼠山之得名可能也是山上有鸟鼠同穴），所以蔡沈说：“禹只自鸟鼠同穴导之耳。”《山海经》之作者，在《西山经》有：“又西二百二十里，曰：鸟鼠同穴之山，其上多白虎、白玉，渭水出焉。”有意无意地加上一个“山”字（就这一点看，也可以说是抄袭《禹贡》），造成了千古纠纷。郑康成号称渊博，西行曾到过秦，但未逾陇，且不明白鸟鼠同穴的奇特共栖生活，遂创为“鸟鼠之山，有鸟焉与鼠飞行而处之，又有止而同穴之山焉”的二山妙论，容或是受了《山海经》作者加一“山”字的影响。《伪孔》更创奇论，说什么“鸟鼠共为雌雄，同穴而处”，诚如宋儒所讥，“其说怪诞不经”。唯郦道元谓“渭水出南谷山，在鸟鼠山西北”（据蔡沈引用文，原文为“渭水出首阳县、首阳山、渭首亭，南谷山在鸟鼠山西北”），为得其实，惜乎太简。而清代考据盛时孙星衍辈尚宗郑说，真不可解。即此一点已可证《禹贡》为西周官书，所记资料富于真实性。我还怀疑《尔雅》“鵌”“鼵”命名奇特，可能未经过调查而采集之名。

徐旭生先生说我解“十有三载乃同”忘了治水之事（即忘了周初的平治水土），谨谢指教。岑仲勉先生要我把三、九的虚实矛盾统一起来，我想只要我们熟读汪中《释三九（上）》，可能九州、九河虚实矛盾就不存在。童书业先生要我注意《牧誓》中的八种民族地望和时贤的研究，我以为从西周褒国之地位和《召南》“江有沱”之记载而推测，可能西周盛时，封建势力已达今巴、蜀地方，当否还请指教。施畸先生说：“五行之义，分着于各州土壤，义虽不若后世方位之分明，而大要固已明揭之矣。以是考之，《禹贡》成书，其在春秋末季欤？……”用五行学说来推测《禹贡》成书时代，方法是好的，不过我们研究《禹贡》九州土壤之分布，准以五行学说，无一相合。《禹贡》的黄壤却在西北的雍州，不在中央的豫州（“厥土惟壤”，据宋人说土不言色者，其色杂也）；南方红壤，最好去配五行之火（赤色），《禹贡》却把荆、扬二州土壤说成“涂泥”，而把东方徐州之土壤记载为“赤埴坟”。北方冀州有“白壤”而东方青州也是“白坟”。东方青州本可附会成东方木，而土壤之“青黎”，却在西南之梁州，而“黑坟”又在兖州。大概《禹贡》土壤之分类是根据当时劳动人民耕种之经验而来，所以无五行学说之痕迹。我们亦曾将《禹贡》土壤与有五行倾向战国时代《管子·地员篇》做过比较，已述于前文《从土壤分类上分析》中了。

历史上用五行学说解《禹贡》者，有《容斋随笔》中《禹治水》一则，我现把它抄在这里：

> 《禹贡》叙治水，以冀、兖、青、徐、扬、荆、豫、梁、雍为次。考地理言之，豫居九州中，与兖、徐接境，何为自徐之扬，顾以豫为后乎？盖禹顺五行而治之耳。冀为帝都，既在所先，而地居北方，实于五行为水；水生木，木，东方也，故次之以兖、青、徐；木生火，火，南方也，故次之以扬、荆；火生土，土，中央也，故次之以豫；土生金，金，西方也，故终于梁、雍，所谓“彝伦攸叙”者此也，与鲧之“汩五行”相去远矣。此说予得之魏几道。

这种说法，极穿凿附会之能事，不必分析。

# 第三编

# 《禹贡》新解

# 甲　篇

## 第一解　九州土壤与田赋

历史上解《禹贡》土壤与田赋的，多喜用《孟子》和后起的《周礼》《王制》等来做推测，不知《禹贡》土壤与田赋之差异，是根据于西周农事的实践，时代既殊，自难符合。宋之朱、蔡说："按九州九等之赋，皆每州岁入总数，以九州多寡相较而为九等，非以是等田而责其出是等赋也。"似较合理，但未与土壤结合来谈。许道龄的《论〈禹贡〉田赋不平均之故》(《〈禹贡〉半月刊》，第一卷第一期)，用战国材料得出"无病民"之原则，亦殊难令人满意。1948年陈恩凤先生出版了《中国土壤地理》一书，对《禹贡》土壤、田赋做了科学的分析。我曾去函询其现在有无新的见解，接来函云："承问《中国土壤地理》中，关于《禹贡》所述土壤的解释一段，日昨复查一遍，觉仍符实况，其中土类名词，容有少数更改的，但新名并未肯定。因土壤普查还未完全结束，改用土名，仍有争执，一时还不及便改。"兹即将陈先生《〈禹贡〉所述之古代土壤》与《〈禹贡〉所述土壤之解释》(《中国土壤地理》第七章)附录于后，以供研究《禹贡》者的参考。

### 一、《禹贡》所述之古代土壤

《禹贡》一书……对于土壤考订尤详。……其中所载关于考订中国古代土壤之纪述，简列如下表：

| 《禹贡》州名 | 今省区 | 《禹贡》土壤 | 肥力等级 | 利用状况 |
|---|---|---|---|---|
| 冀州 | 河北、山西 | 白壤 | 厥田惟中中（第五） | 厥赋惟上上（第一） |
| 兖州 | 山东西部 | 黑坟 | 田中下（第六） | 赋贞作（第九） |
| 青州 | 山东半岛 | 白坟、海滨广斥 | 田上下（第三） | 赋中上（第四） |
| 徐州 | 苏北及皖、鲁边区 | 赤埴坟 | 田上中（第二） | 赋中中（第五） |
| 扬州 | 江、浙、皖南 | 涂泥 | 田下下（第九） | 赋下上（第七） |
| 荆州 | 湖南、湖北 | 涂泥 | 田下中（第八） | 赋上下（第三） |
| 豫州 | 河南 | 壤、下土坟垆 | 田中上（第四） | 赋上中（第二） |
| 梁州 | 四川 | 青、青黎 | 田下上（第七） | 赋下中（第八） |
| 雍州 | 陕西 | 黄壤 | 田上上（第一） | 赋中下（第六） |

表中白、黑、赤、青、黄等皆示土壤颜色，此种对于土色之辨别，迄今仍为土壤分类之一重要方法。壤、坟、埴、垆、涂泥等则示土壤之质地或地形。田之上下，略示土壤肥力之差异；赋之上下，反映当时土壤之利用状况。

## 二、《禹贡》所述土壤之解释

### （一）土壤类属

《禹贡》所载壤、坟、垆、涂泥等土壤，证以所在区域与地形以及古人对于各字之释义，可获如下之解释。

1. 壤：又分黄壤、白壤与壤，分布于雍、冀、豫各州。古人对于壤之释义有三："无块曰壤""柔土曰壤""水去土复其性"。壤无块而柔，斯指疏松而不坚硬；水去而复其性，斯指土面一干，盐分复因蒸发而聚积，足证同为砂质含盐之土壤。再考其所在，则雍为今之陕西，多为淡栗钙土，系发育于原生黄土，或即所称黄壤；冀为今之河北、山西，平原每为盐渍土壤，微呈白色，或即所称白壤；豫为今之河南，平原多为石灰性冲积土，或即所称壤：无论盐渍土或灰性冲积土，皆属由黄河冲积之次生黄土。

2. 坟：又分黑坟、白坟、赤埴坟，分布于兖、青、徐各州。古人释坟为土脉坟起，马（融）《传》称“坟有膏肥”，孔颖达称“土黏曰埴”。坟为高起之地而有膏肥，似指邱陵土壤而不尽肥沃；埴坟显指黏质邱陵土壤。考其所在，则兖为今之山东西部，邱陵地多为棕壤；惟《禹贡》称兖州“厥草惟繇，厥木惟条”，想见当时草长林茂，土壤中黑色腐殖质必多，或于古代为灰棕壤，即所称黑坟。青为今之山东半岛，邱陵地多为棕壤，惟于古代亦多森林，所积腐殖质因沿海湿润而较丰，但为酸性，成为灰壤，或即所称白壤。徐为今之苏北及皖、鲁边区，邱陵地每为发育于第四纪洪积红色黏土层之棕壤，或即所称赤埴坟。

3. 垆：分布于豫州，与前述之坟皆为壤之下土即底层。许（慎）著《说文》，释垆为黑刚土，土坚刚而色黑，或指分布于河南低地石灰性冲积土底层之深灰黏土与石灰结核；结核多者连接成层。今河南、山西、山东人民尚有称之为垆者，亦称砂姜；继为邱陵土与次生黄土所掩覆。无论就地区所在言或就土层排列言，皆属符合。

4. 涂泥：分布于荆、扬二州。傅寅著《〈禹贡〉说断》称：“土惟涂泥，谓卑湿也。”毛（奇龄）《传》称“涂，泥也”。土湿如泥，斯指黏质湿土。考其所在，则荆、扬为今之湖南、湖北、江苏、浙江、皖南，乃我国主要湿土分布所在，正相符合。

5. 梁州之青与青黎：不言其地质与地形，而惟记其色泽，是或以当时梁州即今之四川，开发未久，情况欠明之故。古所谓青黎皆指黑色。试就成都平原言，今仍为深灰色无石灰性冲积土，适相符合，即就四川盆地邱陵言，今虽为紫色土，但当时情形，如《汉书·地理志》所称“巴、蜀广漠，土地肥美，有江水沃野，山林竹木疏果之饶”。可证土壤中腐殖质必丰，色泽必黑，今则因密集耕作而腐殖质消失矣。

至于青州即今之山东半岛，“海滨广斥”当指沿海之盐渍土，不待详证。

兹将《禹贡》所述土壤与考证土类，列表如下：

| 《禹贡》土壤 | 考证土类 |
| --- | --- |
| 黄壤 | 淡栗钙土 |
| 白壤 | 盐渍土 |
| 壤，下土坟垆 | 石灰性冲积土（砂姜土） |
| 黑坟 | 灰棕壤 |
| 白坟 | 灰壤 |
| 赤埴坟 | 棕壤 |
| 涂泥 | 湿土 |
| 青黎 | 无石灰性冲积土（成都平原） |
| 斥 | 盐渍土 |

（二）土壤肥力鉴别

古人对于土壤肥力之鉴别，颇有合于近代科学观点者，其中虽舛误不免，然未可厚非。例如淋溶轻微之“黄壤”，即淡栗钙土，列为最肥沃；淋溶适度之“赤埴坟”即棕壤，含盐稍过之“海滨斥卤”即盐渍土及淋溶轻微之“壤”即石灰性冲积土，列为肥沃；含盐已过之内陆“白壤”即盐渍土，淋溶稍强之“黑坟”即灰棕壤，列为较瘠，皆大致不差。至梁、荆、扬各州即长江流域之“青黎”与“涂泥”即无石灰性冲积土与湿土，列为最瘠，或以当时灌溉与排水设施尚未发达，不能利用之故，以致视为无用。试观古代每以利用状况决定赋额，而利用又系于水利开发之难易，可为明证；将于下节详论之。

（三）土壤利用状况

《禹贡》所载田地赋额上下，并不与土壤肥力之上下相吻合，可知赋额乃代表当时之利用状况；而利用状况又似决之于水利良窳。其中“白壤”即盐渍土，“壤”即石灰性冲积土，两湖“涂泥”即湿土，及“海滨斥卤”亦盐渍土，赋额较高；凡此皆分布于地势低平，水源充足，灌溉便利之处，故种植称盛。“赤埴坟”即棕壤与“黄壤”即淡栗钙土，赋额次之；此皆分布于地势较高，水源不足，灌溉不便之处，故种植亦稀；江、浙“涂泥”即湿土，“青黎”即无石灰性冲积土，及“黑坟”即灰棕壤，赋额较低，当因所在地偏东南与西南，水利尚未开发，或因地势较高，水源不足，灌溉不便，故种植更稀。种植密赋额始高，种植稀赋额自减矣。

此外万国鼎先生的《中国古代对于土壤种类及其分布的知识》(《南京农学院学报》第 1 期，1956 年 9 月）与邓植仪先生的《有关中国上古时代（唐、虞、夏、商、周五朝代）农业生产的土壤鉴别和土地利用法则的探讨》(《土壤学报》第 5 卷第 4 期，1957 年 12 月）均可参考。

我们从陈恩凤先生的《〈禹贡〉九州土壤田赋之分析》中，知《禹贡》时代我国劳动人民对土壤已有较深刻之认识。我们现进一步试探《禹贡》时代（即西周）之农业技术发展情况如何？伟大的英明的领袖毛主席已把祖国劳动人民农业上的实践知识与现在农业上的极高成就总结为农业“八字宪法”，作为我们农业研究及农业实践的指南针。这不仅是祖国农业技术上有宪法的开端，也是指导我国农业科学研究者走向新的方向的开端。我现初步学习运用农业“八字宪法”来衡量西周时代农业发展之情况。

1. 关于土：《国语・周语》：“宣王即位，不藉千亩。虢文公谏曰：‘不可。夫民之大事在农……古者太史顺时覛土，阳瘅愤盈，土气震发（韦注〔后同〕覛，视也。瘅，厚也。愤，积也。盈，满也。震，动也。发，起也），农祥晨正（农祥，房星也。晨正，谓立春之日晨正于午也。农事之候，故曰农祥），日月底于天庙（底，至也。天庙，营室也。孟春之月，日月皆在营室也），土乃脉发（脉，理也。《农书》曰：春土长冒撅，陈根可拔，耕者急发）。先时九日（先，先立春日也），太史告稷曰：自今至于初吉（初吉，二月朔日也。《诗》云：二月初吉），阳气俱烝，土膏其动（烝，升也。膏，润也。其动，润泽欲行也）。弗震弗渝，脉其满眚，谷乃不殖（震，动也。渝，变也。眚，灾也。言阳气俱升，土膏欲动，当即发动，变写其气，不然，则脉满气结，更为灾疫，谷乃不殖也）。稷以告王曰：史帅阳官，以命我司事曰：距今九日，土其俱动（距，去也）。王其祗祓，监农不易（祗，敬也。祓，齐戒祓除也。不易，不易物土之宜也）……先时五日（先耕时也），瞽告有协风至……庶民终于千亩（终，尽耕之也）……瞽帅音官以省风土（音官，乐官。风土，以音律省土风，风气和则土气养也）……而时布之于农（布，赋也）。稷则遍诫百姓，纪农协功（纪，谓综理也。协，同也），曰阴阳分布，震雷出滞（阴阳分布，日夜同也。滞，蛰虫也。明堂月令曰：日夜分，雷乃发声。始震雷，蛰虫咸动，启户而出也）。土不备垦，辟在司寇……民用莫不震动，恪恭于农，修其疆畔，日服其镈，不解于时（疆，境也。畔，界也。镈，锄属）。财用不乏，民用和同。是时也，王事唯农是务，无有求利于其官以干农功（求利，谓变易役使，干乱农功）。三时务农而一时修武（三时，春、夏、秋，一时，冬也。讲，习也）。"

从这段宝贵的材料中，我们知三千年前的西周时代，从农业实践中，已把土壤和气候紧密联系起了。这是我国土壤学史光荣的一页。

2. 关于水：《小雅·白华诗》："滮池北流，浸彼稻田。"《毛传》："滮，流貌。"郑笺云："池水之泽，浸润稻田，使之生殖……丰、镐之间水北流。"

《国语·周语》："厉王虐，国人谤王。邵公告曰……民之有口……犹其有原隰衍沃也，衣食于是乎生。"韦注："广平曰原，下湿曰隰。下平曰衍，有溉曰沃。"

用"浸""沃"二字，是西周人已知用水灌溉农作物之原理，而不用漫灌是其特点，所以《周颂》有“丰年多黍多稌”（《毛传》：稌，稻也）的记载。

3. 关于肥：《良耜诗》：“其镈斯赵，以薅荼蓼……荼蓼朽止，黍稷茂止。获之挃挃，积之栗栗。其崇如墉，其比如栉，以开百室。”

从这一段诗中，我们可以看出一个问题，即我国劳动人民最善使用绿肥肥田，到底从什么时候开始？我们看“荼蓼朽止，黍稷茂止”，这不是借腐朽了的荼蓼来肥黍稷，使其茂盛吗？由此知西周时代即已使用绿肥，至后来的《周礼》，掌土化之法者称“草人”，使用绿肥当更进一步了。（“荼蓼朽止，黍稷茂止”的解释望参看陈旉《农书·薅耘之宜篇》第八。）

《臣工诗》：“嗟嗟保介，维莫之春，亦又何求，如何新畬？”（《毛传》：田二岁曰新，三岁曰畬）这是借休闲制来增加土壤肥力的。

4. 关于种：《周颂·思文》：“思文后稷，克配彼天。立我烝民，莫匪尔极。贻我来、牟，帝命率育。”朱熹说：“来，小麦。牟，大麦……言后稷之德，真可配天，盖使我烝民得以粒食者，莫非其德之至也。且其贻我民以来、牟之种，乃上帝之命，以此遍养下民者。”这可以说后稷是一位小麦、大麦的良种培育者。

《大雅·生民诗》第五章：“诞后稷之穑，有相之道，茀厥丰草，种之黄茂。实方实苞，实种实褎，实发实秀，实坚实好，实颖实栗。”这一章毛、郑皆做了解释，但是片面的。唯朱熹深入民间，颇知农事，他说：“相，助也，言尽人力之助也。茀，治也。种，布之也。黄茂，嘉谷也。方，房也。苞，甲而未坼也，此渍其种也。种，甲坼而可为种也。褎，渐长也。发，尽发也。秀，始穟也。坚，其实坚也。好，形味好也。颖，实繁硕而垂末也。栗，不秕也。”这就是选择良种（黄茂）而发芽率高者种下，自种、褎、发、秀、坚、好、颖、栗诸生长阶段都是完好的。

《生民诗》第六章：“诞降嘉种，维秬维秠，维穈维芑。恒之秬、秠，是获是亩。恒之穈、芑，是任是负。”朱熹说：“降，降是种于民也。《书》曰‘稷降播种’是也。秬，黑黍也。秠，黑黍一稃二米者也。穈，赤粱粟也。

芑，白粱粟也。恒，遍也，谓遍种之也。任，肩任也。负，背负也。既成则获而栖之于亩，任负而归。”由此可见西周时代作物良种之多，祖国劳动人民对育种工作是有其悠久历史的。

5. 关于密：《生民诗》第四章：“蓺之荏菽，荏菽旆旆，禾役穟穟，麻麦幪幪，瓜瓞唪唪。”朱熹说：“蓺，树也。荏菽，大豆也。旆旆，枝旟扬起也。役，列也。穟穟，苗美好之貌也。幪幪然，茂密也。唪唪然，多实也。”

《周颂·载芟诗》：“驿驿其达，有厌其杰，厌厌其苗，绵绵其麃。载获济济，有实其积，万、亿及秭。”朱熹说：“驿驿，苗生貌。达，出土也。”郑玄说：“厌厌其苗，众齐等也。”《毛传》：“麃，耘也。济济，难也。”郑笺：“难者，穗众难进也。有实，实成也。其积之乃万、亿及秭，言得多也。”《说文》“麃”作“穮”，音同，云：“穮，耨鉏田也。”《字林》云：“穮，耕禾间也。”

从《生民诗》中的“旆旆”“穟穟”“幪幪”“唪唪”，形容作物的繁茂看，是有密植因素的。《载芟诗》中则可看出用麃来耕禾间，而说成“绵绵”，可想象其行距很密。郑玄且说“众齐”，知其播众之多，所以能收获“万、亿及秭”。由此可知西周时代已初步知道合理密植。

6. 关于保：《小雅·大田诗》：“播厥百谷，既庭且硕……既方既皂，既坚既好，不稂不莠。去其螟、螣，及其蟊、贼，无害我田稚。”(《毛传》：食心曰螟，食叶曰螣，食根曰蟊，食节曰贼。”郑笺云：此四虫者尝害我田中之稚禾。)“田祖有神，秉畀炎火。”这是农民用火来焚烧病虫害，以保幼苗的方法。

7. 关于管：《小雅·信南山》：“中田有庐，疆埸有瓜，是剥是菹。”

这章诗中之“庐”字，王闿运氏把它解为瓜类葫芦之“芦”是错的。因此诗前一章“疆埸翼翼，黍稷彧彧”，《毛传》：“埸，畔也。”朱熹说：“翼翼，整饬貌。”是整饬之埸畔，其中种有茂盛之黍稷。这一章埸畔已种瓜，芦亦瓜类，岂有特别提出中田更种瓜之理，且从《七月诗》中，“八月断壶”，壶即芦，芦作瓜名可能是后起的。郑玄说：“中田，田中也，农人作庐焉，以便其田事，于畔上种瓜。”是正确的，惟所述太简，王船山对“庐”有极详细的考证，兹摘抄于下：

> 许慎曰：“庐，寄也。”云寄则非民之恒处而异于廛宅可知。盖于公田之中割二十亩为草舍，八家通一，无户牖墙壁之限，前为场圃，后为庐舍，安置耒耜，收敛秉穧、穮去、稾秸，以蔽风雨而便田事，妇子来馌有所荫息，田畯课耕有所次止，……而李悝、商鞅之流以为闲土而辟之，是以后世无存者。故郑氏曰“农人作庐以便其田事”，此之谓也。故曰“中田有庐”，“有”者非固有之词。若以为恒处之宅，则谁无家室，而与疆埸之瓜或有或无者同侈言其有哉。

从上面这一庐字，依郑玄等之解释，是便于田事。实际上，有庐即便于田间作物之管理。当然这种管理是初步的形式，与现在科学的田间技术之管理相差很远的。

8. 关于工：《小雅·大田诗》：“大田多稼，既种既戒，既备乃事。”郑笺云：“大田，谓地肥美可垦耕，多为稼可以授民者也。将稼者必先相地之宜而择其种。季冬命民出五种，计耦耕事，修耒耜，具田器，此之谓戒。是既备矣。至孟春土长冒橛，陈根可拔而事之。”

《大田诗》：“以我覃耜，俶载南亩。”《毛传》：“覃，利也。”

《周颂·载芟诗》：“有略其耜，俶载南亩，播厥百谷，实函斯活。”《毛传》：“略，利也。”

《周颂·良耜诗》：“畟畟良耜……其镈斯赵，以薅荼、蓼。”

由上可知周代农民对农具的注重。

从学习运用农业“八字宪法”衡量西周农业的发展情况，结合《禹贡》

的记载，由此体会三千年前西周时代，祖国的劳动人民对农业已有比较丰富的经验，是非常宝贵而光荣的。总之，因为周初劳动人民在农业上有了多方面的进步，所以他们才能对于九州的土壤有那样深刻的认识。不过拿这些进步和认识以与战国时代孟子所提出来的“深耕”“铁耕”和《管子·地员篇》中所述的复杂土壤种类和各种植物生长关系等等比较，犹有逊色。

“厥赋贞，作十有三载乃同”：卫聚贤作《〈禹贡〉的研究》，“作期”：“井田不用赋制，鲁于哀公十二年始用田赋，鲁在兖州，而《禹贡》对兖州谓‘厥赋贞’，则在春秋末年以后。”姑无论井田制古代未必全国实行过。《大雅·公刘篇》已有“彻田为粮”的记载；《韩奕诗》有“实亩实籍”（郑玄说：实当作寔，赵、魏之东，实、寔同音，寔，是也。籍，税也。韩侯之先祖微弱，所伯之国多灭绝。今复旧职，兴灭国，继绝世，……井牧是田亩，收敛是赋税，使如古常），是田赋古已有之。

鲁哀公十二年春用田赋之事，始末是这样的：“季孙欲以田赋，使冉有访诸仲尼。仲尼曰：丘不识也。三发，卒曰：子为国老，待子而行，若之何子之不言也？仲尼不对，而私于冉有曰：君子之行也，度于礼，施取其厚，事举其中，敛从其薄，如是则丘亦足矣。若不度于礼而贪冒无厌，则虽以田赋，将又不足。且子季孙若欲行而法，则周公之典在，若欲苟而行，又何访焉！”这是春秋末年特记鲁国重取田赋之事，不是说春秋以前没有田赋，何能谓《禹贡》有田赋即在鲁春秋末年？且《禹贡》之赋载于甸服中，胡渭说：“观甸服之赋，惟纳总、铚、秸、粟、米，则经文自有明征，不烦后人之聚讼矣。”

卫聚贤又说：“《禹贡》言治水十三年，尸子若见《禹贡》，不应言十年，则在尸子后。《孟子》言八年，又言‘排淮、泗而注之江’，《禹贡》则言淮水入海；《孟子》言决汝、汉，《禹贡》有渭无汝，而《孟子》无渭，是《孟子》未见《禹贡》，《禹贡》在《孟子》后。”这是他不知传说之禹与《禹贡》为周制是两回事而发生的误解。

## 第二解　兖、徐、扬三州草木与土壤

兖州："厥土黑坟，厥草惟繇，厥木惟条。"徐州："厥土赤埴坟，草木渐包。"扬州："筱簜既敷，厥草惟夭，厥木惟乔。厥土惟涂泥。"

林之奇曰（依蔡《传》引用）："九州之势，西北多山，东南多水，多山则草木为宜，不待书也。兖、徐、扬三州最居东南下流，其地卑湿沮洳，洪水为患，草木不得其生。至是或繇，或条，或夭，或乔，而或渐包，故于三州特言之，以见水土平，草木亦得遂其性也。"

王船山氏曰："谷之产，因于地之宜。地之宜，验于草木之生。故经于辨土之后，纪其草木之别，所以物土宜而审播种也。南北异地，九州异质，风气异感，故草木异族而百谷亦异产矣。繇、条、渐包、夭、乔者，草木因土性之故别，非繇治水而始然也。当洪水泛滥之时，草木畅茂，榛芜薉塞，土荒兽逼……林氏乃谓洪水为患，草木不得其生，至是始遂其性。岂知草木之性遂，适以害嘉谷，塞涂径，深沮洳，酿岚蛊，蓄禽兽，以与人争命乎？古之建国者，以拔木通道为事，《诗》所谓'拔柞棫'，《春秋》所谓'启山林'是已。如以草木芜盛为平成之绩，则今……苗之有箐，其将平成于中土哉！则经纪草木以物土，而非序绩可知已。繇，亭茂也；草之茎生者也。渐，进长也；进而渐长不已，草之蔓生者也。夭，少长也；草之台生者也。条，长也，细而长也；木之孤干独擢者也。包，丛也；木之科丛盘生者也。乔，高大也；木之枝干兼伟者也。三州所产族类之不同如此，犹土有白、黑、坟、壤之异也。土不因水已治而改其质，草木亦不因水之治而异其状也。所以兖、徐、扬三州纪草木者，此三州平衍之区，无高山大谷，草木鲜生，可以区别。而六州之或山或谷，或原或泽，其地不齐，一州之间，各自殊别，不可定也。"

船山先生于300年前，对地植物的分析，有如是的精辟。这是由于他多年避难山居，深知农事，观察所得，所以能结合实际（他著有《南窗外纪》，专讲农事，惜已失传）。他对草木与土壤的解释，当是我们研究地植物史的良好参考资料。

“繇”“条”“渐”“包”“夭”“乔”，其中有不易解释的，如“繇”“渐”等，或是收集当时劳动人民的方言（从植物外貌看出）。荆州土壤为涂泥，虽未述土壤与植物的关系，但我们看其贡品中，有菁茅（草），有箘簵（与筱簜相当），木则有杶、干、栝、柏。唯扬州的“惟木”不知指何物，或有阙文，现仅能做衍文解释了。

如果我们把兖、徐、扬三州的地植物记载与战国时《管子·地员篇》做比较，便可知《地员篇》所载，较之《禹贡》所记大有发展。

夏纬瑛《〈管子·地员篇〉校释》(第106页)：“‘凡土物九十，其种三十六。’九州之土共十八类，每土有五物，共为九十物。十八类的土，每土的谷种有二品，共为三十六种。中国的地方向称九州。《地员》后半专论土壤，所以说‘九州之土’。实在讲到的有十八种土壤。每种土的名称，叫作五某，它们各有五物（品色），所以共为九十物。这十八种土壤对于农林生产有高下的差别，所以依次相序，又分‘上土’‘中土’‘下土’三等，各统六种土壤。对每种土壤都说出它所特宜的谷种；每种土各有二个谷类品种，所以总为三十六种。上土之中，第一为‘息土’，次为‘沃土’，次为‘位土’，是最优良的土壤，称这三种为‘三土’。其他各土对于农林生产的效用如何，都与这三土相比，定出它们的差别，所以对于这三土叙述特详。息土、沃土、位土，不但详细说明土的性状及特宜的谷类品种，更述及它们在丘山地上可以生产的各种有用植物，如树木、果品、纤维、药物、香料等，并且及于动物之类，无不备载。由此可见，我国古时对于土地利用已如此注意，而且有如此详审的考察。土地利用，重在农林。规划土地的农林生产，须考察土地的性质和它与植物的关系。所以《地员篇》前半注重理论，在叙述平原、丘陵、山地的实况后，即总结为草土之道；后半始叙述十八种土壤的性状及其生产的高下。”

王船山氏以物土之宜释兖、徐、扬三州的草木是对的。但他说："所以惟兖、徐、扬三州纪草木者，此三州平衍之区，无高山、大谷，草木鲜生，可以区别。而六州之或山或谷，或原或泽，其地不齐，一州之间各自殊别，不可定也。"这可说只知其一不知其二。我以为兖、徐、扬三州属平衍之区，各州之间无高山为之阻隔，三州自南至北地域相连，由物产之异足以说明南北气候之殊。《禹贡》作者特于此三州记载草木，其原因或属于此。

《考工记》一篇，时代不易断定，就其内容及其文体看，或属战国时代的作品。其中有这样几句："天有时，地有气……橘逾淮而北为枳，鸜鹆不逾济，貉逾汶则死，此地气然也。"其中所举淮、济、汶是兖、徐之水，橘乃扬州特产，正说明三州之动植物因南北气候之殊而生长上受着严重的影响。"橘逾淮而北为枳"，当是我国劳动人民做过橘的北移驯化工作的经验结论。

我国古代劳动人民除对橘北移之驯化工作外，还有其他方面工作。现举一例。《禹贡》扬州贡品中有"瑶、琨、筱、簜"是把筱、簜与瑶、琨并举，而述草木与土壤关系时又提出"筱簜既敷"，可见筱、簜这些竹类是如何为当时北方所重视。我现把扬州的"筱簜既敷"与《卫风》(兖州)的《淇奥诗》绿竹问题谈谈。《淇奥诗》的绿竹，据《毛传》是"绿，王刍；竹，扁竹"二种。朱熹则以为是竹，他说："淇，水名；绿，色也。淇上多竹，汉世犹然，所谓'淇园之竹'是也。"这里《毛传》与朱熹异词，是非如何决定？王船山的《诗经稗疏》解淇澳、绿竹云："《后汉书》注引《博物记》曰：'有奥水流入淇水。'则澳亦水名，非水之曲也。又曰：'奥水有绿竹草。'正与经合。绿竹，非竹也，二草名也。绿，王刍也；竹，扁竹也。王刍者，郭璞谓之蓐，亦谓之鸭脚莎。《本草》谓之荩草，亦谓之盭草，或谓之莀草，多生溪涧侧，叶似竹而细薄，茎圆而小，可以染黄色，用之染绶，曰盭绶。扁竹，《本草》谓之扁蓄，一名粉节草。《说文》作扁筑。《楚辞》谓之篇。郭璞云：'似小藜，赤茎节'。李时珍云：'其叶似落帚，弱茎引蔓促节，三月开细红花，结细子，节间有粉。’淇、澳非一水，绿、竹非一草，且皆草而非竹，好生水旁，若竹则生必于山麓原岸，非水曲闲物，而《集传》引《河渠书（下）》淇园之竹以证此为竹。不知卫武公时去汉武帝六七百年，竹岂长存。且《河渠书》言园竹，则淇上园林所蓄植，原非水曲野生者。则愈知淇澳之绿竹，非淇园之修竹矣。”王氏把淇澳之草称为绿竹者与淇园之竹分开是正确的。

北方种竹，当是古代劳动人民驯化工作的成功。汉代“下淇园之竹”以作治河之工具一事，史有明文。至汉之前情形如何，我们可以从战国时《乐毅报燕王书》中得到证据。乐毅说：“蓟邱之植，植于汶篁。”这里的汶篁，曾国藩做了这样的考证：“《说文》：‘篁，竹田也。’张平子《西京赋》：‘筱簜敷衍，编町成篁。’篁与町对举，亦训田也。此云‘汶篁’，亦指‘汶上之竹田’也。后人以篁训竹，则此与《西京赋》皆不可通。”是汶上有竹田；淇上有竹园；西京有种竹之町。由上几种记载，我国南竹北移驯化工作的成功应与橘过淮而北为枳之经验同等看待。这都是祖国古代劳动人民对驯化历史光荣的一页。我们现在在党的号召下，做南竹北移及其他植物之驯化工作，这些记载当有供参考的意义。

## 第三解　漆沮、灉沮

关于“灉沮”“漆沮”的初步解释，此一“沮”字，见于《禹贡》与大小《雅》，兹先列于次：

雷夏既泽，灉沮会同（兖州）。漆沮既从，沣水攸同（雍州）。东会于丰，又东会于泾，又东过漆沮（导渭）。附：瞻彼洛矣，维水泱泱（《小雅》）。

自土沮漆……率西水浒，至于岐下。周原膴膴（《大雅》）。猗与漆沮，潜有多鱼（《周颂》）。漆沮之从，天子之所（《小雅》）。

王念孙父子解“自土沮漆”根据《齐诗》“土”为“杜”，证明了“沮”为“徂”。这句话应为“自杜徂漆”，足发千古之谜。但他说：“又按：此漆水在泾西，与《禹贡》《小雅》《周颂》之‘漆沮’在泾东者不同。若以此为泾东之漆沮，则与邠地无涉，以邠在泾西故也。其《禹贡》《小雅》《周颂》之‘漆沮’，则在泾东渭北。……且‘漆沮’是一水之名，故《诗》《书》皆以二字连称，分言之则谬矣。”他因“自土沮漆”之“沮”是“徂”，遂以为泾西没有沮，便怀疑《禹贡》《小雅》《周颂》之“漆沮”是在泾东渭北之“漆沮”，不惜牵强地解“率西水浒”，此不仅智者千虑之失，造成错误也不少，不可不辨。

胡渭在“漆沮既从”一则下说：“……扶风有二漆水，而沮则无闻。《汉志·漆县》下云：‘水在县西。’不言其所出入。《水经》云：‘出杜阳县俞山，东北入于渭。’（杜阳今为麟游县）《说文》云：‘出杜阳岐山，东入渭。’阚骃云：‘出漆县西北岐山，东入渭。’郦道元云：‘周太王去邠，度漆，逾梁山，止岐下。’故《诗》曰：‘民之初生，自土沮漆。’又曰：‘率西水浒，至于岐下。’此一漆也。阚骃云：‘有水出杜阳县岐山北漆溪，谓之漆渠，西南流注岐水。’郦道元云：‘杜水出杜阳山，东南流合漆水，水出杜阳之漆溪，谓之漆渠，南流合岐水，至美阳县注于雍水。’（美阳今为岐山、扶风二县地）《隋志》扶风普润县有漆水（《括地志》同。普润故城在今麟游县西一百二十里），此又一漆也。《元和志》云：‘漆水在新平县西九里（漆县，唐为新平县，今邠州是），北流注于泾’，今麟游县东南亦有漆水，与此异。《寰宇记》云：按《注水经》曰：‘漆水自宜禄界来，又东过漆县北。’（今本《水经注》无此文。《元和志》云：‘宜禄县东至邠州八十一里，今长武县是。’）即今邠州所治也。今县西九里，有白土川东北流，经白土原东陈阳原西，又东北注泾水，恐是汉之漆水，但古今异名耳。麟游之漆水南流与杜阳水合，非汉之漆水也。渭按泾水今自邠州北东南流入永寿县界，漆水东北流，必注于泾。言入渭者，非漆县之漆注泾以入渭，普润之漆合杜岐雍以入渭，皆在泾水之西，其不得为《禹贡》之漆也明矣。二漆中必有一沮，在麟游之漆当是沮水，土俗音讹以沮为漆耳。"

胡渭这一段话中，包括了三条漆水。一即《元和志》所云"漆水在新平县西九里，北流注于泾"者，是亦王氏父子所认为"自土沮漆"的漆水。至扶风之二漆水：一为《水经注》云"出杜阳县俞山，东北入于渭"之漆水；一为阚骃云"有水出杜阳县岐山北漆溪……西南流注岐水……至美阳县注于雍水"之漆水。入泾的漆水是无"沮"的，我们不去谈它。至入渭的二漆水如何？康海《武功县志》：

漆水："县东门外水，今谬为武水者也。自豳、岐之间来县，北受浴水，南受沣水入渭。郑渔仲序《地理略》：'谓天下如指诸掌，而信漆由富平入渭之说。盖《括地志》未审豳、岐、泾、渭脉络所在，富平在泾东，漆在泾西，安有岐梁之水越泾而东再至富平始入渭也。'渔仲误且如此，况其余乎！《诗》曰：'自土沮漆。'《汉书》曰：'斄在漆县。'今邰（与斄同）封里有漆村是也。沣水：即围川水，自扶风东门外受凤泉水，至县南，从漆水入渭。"

由上面的实地材料，我们若知古之雍水（即今之沣水）是先入漆而合入渭的，虽有许多名称，仍为漆水的小支流，则胡氏所谓扶风二漆水，实际上是一水了。这条漆水即康海所述入于渭的漆水；也就是王氏父子所称"若《说文》所称漆水，出右扶风杜阳岐山者，在今麟游县南，其地亦有漆无沮，《毛传》以'漆、沮'为岐周之二水，亦非"之漆水。

这条入渭的漆水既已知其梗概，我们必证实它有"沮"，然后才可以知它与"又东过漆沮"之泾东之漆沮不是一水，才可以破郑樵"由富平入渭"之说，才可以纠正王氏父子推测"《禹贡》《小雅》《周颂》漆沮在泾东"的错误。

康海《武功县志》："浴水，乾州西夹道水也，亦从豳西梁山来，意此或即沮水。关西人读‘浴’若‘于’，‘于’‘沮’固易讹尔。渔仲亦以东自富平入渭，殊误。”康氏是用方言中“于”“沮”易讹来推测浴水即沮水。

王船山氏在《书经稗疏》“漆沮”条说：“《经》文云‘既从’‘攸同’，则皆主渭而言……然则此漆者，盖扶风杜阳之漆水，而沮水无考，则或麟游水、沣水之类，古今异名也。”上述康海、胡渭、王船山对沮与漆的推测，谁是谁非，若无其他有力证据，殊难判定。

我以为“漆沮”问题之解决，不能单从读音上或古今异名上去推测，还应从其他方面着手。上面曾列《禹贡》及大小《雅》中之“漆沮”及“灕沮”，皆是“漆”“灕”字在前；“沮”字在后，从这一点看，正如王氏父子所称“漆沮是一水之名，故《诗》《书》皆以二字连称，分言之则谬矣”。个人在西北前后十余年，由观察所得，觉漆沮之“沮”(或“灕沮”)，应从《魏风》“彼汾沮洳”之“沮”去研究。《毛传》：“沮洳，其渐洳者。”陈奂疏：“‘沮’‘渐’一语之转。《列女传·仁智篇》：‘河润九里，渐洳三百步。’《汉书·东方朔传》：‘涂者，渐洳径也。’《广雅·释诂》：‘渐，洳，湿也。’‘洳’，《说文》作‘澤’。桓三年《左传》：‘曲沃武公伐翼，逐翼侯于汾隰。’杜注：‘汾隰，汾水边。’《史记·晋世家》作‘汾旁’。‘汾沮洳’犹之‘汾湿’‘汾旁’矣。”《孟子》：“驱蛇龙而放之菹。”焦循《正义》曰：“《礼记·王制》云：‘居民山川沮泽。’注云：‘沮，谓莱沛。’”《孔氏正义》云：“何允云：‘沮泽，下湿地也。草所生曰莱；水所生曰沛。’言沮地，是有水草之处也。”左思《蜀都赋》云：“潜龙蟠于沮泽。”李善注云：“綦毋邃《孟子注》曰，‘泽生草曰菹’。”“沮”与“菹”通。然则《孟子》之“菹”即《王制》之“沮”。

由以上这些正确的解释，“沮”为下湿地，且必连泽，有泽则必生草木。我们再看《周颂》中的《振鹭诗》：“振鹭于飞，于彼西雝。”(《毛传》：振振，群飞貌。鹭，白鸟也。雝，泽也。陈奂疏云：《说文》云：“邕，四方有水自邕成池者。”《水经注》：“四方有水为雍。”《周礼雍氏注》：“雍为堤防止水者也。”凡止水处曰“邕”，假借字作“雝”，“雍”即“雝”之隶变。笺云：“白鸟集于西雝之泽，言所集得其处也。”）朱右曾氏“西雝条”亦说：“川雍为泽，盖雍水停潴之处。”我们现在看这一条弯弯曲曲奇特之水，可以推想在古代水源盛大时，沿岸定多沼泽，亦必成为沮洳之地。白鹭是食鱼的水鸟，群飞集于此水之沼泽，其中必多鱼可知。《周颂》：“猗与漆沮，潜有多鱼，有鳣有鲔……”(《毛传》：漆、沮，岐周之二水也。〔按：毛氏不知这是指漆水中之沮，以为是二水，王氏父子已正其误。〕陈奂疏云：《传》云“岐周之二水”者，岐周为文王政治新邦，周人于享祀时荐，作为乐歌，遂以漆、沮二水发端。国虽邑镐京，而礼必称岐周。《孟子·梁惠王》云：“昔者文王之治岐也，泽梁无禁。”故潜有多鱼也。）这条水现称“后河”，还是多鱼，今年旱时，我院同学在此水中尚捕获鲤鱼甚多。由以上这些证据，我们能说《周颂》所称漆沮是泾东的漆水吗？由此可知扶风的漆水是有沮的，它的沮是雍水（今之沣水）所造成的。王船山、胡渭推测虽合乎实际，但不知其故。康海身居此地，仅从方言推测浴水是漆水，而不知浴水不与渭水自西平行，与《史记·周本纪》“公刘自漆沮度渭取材”之事不符合。（现如从西北南下渡渭河，还要先经这条沣水。）王氏父子亦知《周本纪》有“度漆沮”与他立论有矛盾，做了各种解释，但难令人满意。现在我们已知“自土沮漆”之漆水非邠州入泾之漆水，这样自杜到这水旁，再循西水浒而到岐下，沿途就是膴膴周原，再不必自杜回到邠，从邠漆水之浒逾梁山而到岐下绕那样大弯了。

至于导渭“又东过漆沮”之漆水，王氏父子说：“《水经·沮水注》曰‘浊水上承云阳县东大黑泉，东南流与沮水合，谓之漆沮水，东径万年县故城北为栎阳渠，又南屈更名石川水，又南入于渭’，即是水也。云阳故城在今淳化县西北，万年故城在今临潼县东北。《书》《传》以漆沮为洛水，非也。古时未有郑、白二渠，漆沮入渭不入洛，详见《〈禹贡〉锥指》。”

胡渭《〈禹贡〉锥指》：“先儒皆云：沣、泾水大，故曰‘会’；漆、沮水小，故曰‘过’。由今观之，泾水则诚大矣。沣水源流颇短，而漆沮合洛入渭，洛源甚远，似不可小于沣也。或云：沣、泾大与渭相敌，既会沣、泾，则渭益大，故漆沮虽与沣、泾相敌而实小于渭。愚窃谓三水之大小即以本水论，未必以渭之所受多寡相较量以为大小也。尝考渭南本周之旧都，西汉因之，其后隋、唐复建都于此，历代相承，凿引诸川以资汲取，便转输，溉民田，灌苑囿，津渠交络，离合不常，凡《地志》《水经》所言类非禹迹之旧。《诗》曰：‘丰水东注，维禹之绩。’则渭南诸川惟沣为大。……窃疑沣西之涝，沣东之镐、潏、霸、浐，禹时悉合沣以入渭，故沣水得成其大。且《诗》言‘东注’，而《汉志》云‘北过上林苑入渭’，则是北流而非东注矣。禹导渭东会于沣，当在汉霸陵县北霸、浐入渭处也。若夫漆沮之为洛，语出《安国传》，阚骃因以洛至华阴入渭者为漆沮之水，而郦元从之。然渭北之水，为郑、白二渠所乱，漆沮本不合洛，亦未可知。其浊水上承云阳大黑泉者，俗谓之漆水，东南流合沮，至栎阳入渭，俗谓之漆沮水，源流颇短，禹所治者恐不过如此，故漆沮视沣水为小。《传》曰：‘礼失而求之野。’土俗所称传自古老，未必不确于儒者之言也。”

由上面资料，知王氏父子对泾东漆沮的看法与胡氏是一致的，在《禹贡》时代这条漆沮不入洛也是有事实证明的。胡氏拿沣水与漆、沮、渭、泾、洛等比长絜短，是由于他不知《禹贡》是西周人所作，沣水虽小，是当时京都所在，自然要叙述，胡氏说了许多增大沣水的话是不合事实的。至《诗》言“沣水东注”，是指沣水经过丰、镐后，将达渭滨向东流注入渭，现在凡乘车到咸阳的皆可目见。又胡氏似怀疑泾东漆沮之小，何以《禹贡》记载，因自做解说云：“禹所治者不过如此。”我在这里拟对泾东漆沮在西周时代的重要性做点说明。

我曾观察泾阳、三原、富平相交之地，推想在古代农事未兴，这里是可以成沮洳沼泽的（这里沮水之得名或因此）；战国时郑国造渠事，也可做我们对当时这里地形的推测。据《史记·河渠书》载：“韩闻秦之好兴事，欲罢之，无令东伐，乃使水工郑国闲说秦，令凿泾水，自中山西邸瓠口为渠，并北山东注洛，三百余里，欲以溉田。……渠就，用注填阏之水，溉舄卤之地四万余顷，收皆亩一钟。于是关中为沃野，无凶年，秦以富强，卒并诸侯，因命曰郑国渠。”由此可见在郑国渠未开之前，漆沮所经之地可能是沼泽纵横，草木丛生（尤其是芦苇①），麇鹿成群，是最佳的猎场。

我们看《小雅·吉日诗》“漆沮之从”，《毛传》把它作为岐周之“漆沮”，朱熹已知其非，谓是在“西都畿内泾、渭之北，所谓洛水”（按：朱熹指为入河之北雒是错的，王船山氏已纠正）是对的。《诗》云：“升彼大阜，从其群丑。”“大阜”，这里的地形是有的。又云：“漆沮之从，天子之所。”这里“天子之所”，朱熹解：“宜为天子田猎之所也。”至岐周之漆沮，为一条壅水的沼泽地，可藏鱼类，但地形是不合乎大规模的田猎，供车马驰骋的，是与周成王“蒐于岐阳”的地形不同的。朱右曾氏以为“成有岐阳之蒐，蒐狩之处惟岐阳为宜，《吉日诗》‘瞻彼中原’即所谓‘周原膴膴’也。”姑无论中原非周原，周原乃是“堇荼如饴”的农业地，何能“其祁孔有，儦儦俟俟，或群或友？”无论何种动物因为生存关系，总是喜藏匿

---

① 芦苇：周人都丰、镐后，将泾东漆沮流过地作为猎场。照现在关中植物生长情形看，这些下隰地，所谓“甫草”者，可能多是芦苇，古称蒹葭。我们从后来《秦风·蒹葭诗》中也可推测当时焦获泽之地形与草木生长的状况。

《蒹葭诗》：“蒹葭苍苍，白露为霜。所谓伊人，在水一方。遡洄从之，道阻且长。遡游从之，宛在水中央。”其下二章为“在水之湄……道阻且跻……宛在水中坻”，“在水之涘……道阻且右……宛在水中沚”。

苏东坡官陕西时，有《司竹监烧苇园诗》：“官园刈苇留枯槎，深冬放火如红霞。枯槎烧尽有根在，春雨一洗皆萌芽。黄狐、老兔最狡捷，卖侮百兽常矜夸。年年此厄竟不悟，但爱蒙密争来家。风回焰卷毛尾热，欲出已被苍鹰遮。野人来言此最乐，徒手晓出归满车。……霜干火烈声暴野，飞去无路号且呀。迎人截来砉逢箭，避犬逸去穷投罝。击鲜走马殊未厌，但恐落日催栖鸦。弊旗仆鼓坐数获，鞍挂雉兔肩分麚。……燎毛燔肉不暇割，饮啖直欲追羲、娲。青邱、云梦古所咤，与此何啻百倍加。”此虽为后来之事，亦可推测古代西北在大泽中之猎狩情景，何啻战国时楚人之田云梦。

草木中以避害，所以此诗之中原，是指漆沮流过之地。四面皆山，或大阜之中，草木繁茂，禽兽群居，故可“发彼小豝，殪此大兕”(兕，野牛也)。这些动物如属周原上，则一片平芜，哪能藏得住？以此知朱熹解《吉日诗》中之“漆沮”在泾东是完全正确的。由此也知道这里的“漆沮”为宣王田猎之地。

在这里我想提出一个问题，即《车攻诗》是否如《小序》所说，宣王“复会诸侯于东都，因田猎而选车徒焉”?《小序》述宣王之中兴事业与《史记》(《史记》根据《国语》)所载者有异，历史家已有怀疑，我们如将这首诗的事实研究明白，可能对宣王之所谓中兴事业有正确的认识。历代解《车攻诗》者，因受《小序》的影响，有宣王在成周朝诸侯的成见，遂不惜把诗中的“甫草”说成是春秋时郑国之“圃田”(朱熹说：“宣王之时，未有郑国，圃田属东都畿内，故往田也。”是他对甫田已怀疑了)；又将“搏兽于敖”之“敖”说成是荥阳的某山。现在我们若把《车攻》《吉日》两首比并去看，可能两诗所叙是不同的时间而是在同一地方。

| 《车攻诗》 | 《吉日诗》 |
| --- | --- |
| (1)我车既攻，我马既同，四牡庞庞，驾言徂东。(按：这明明是预备车马即刻去田猎，并非到东都去长途旅行，所以接着有“东有甫草，驾言行狩”。) | (1)吉日维戊，既伯既祷。田车既好，四牡孔阜。升彼大阜，从其群丑。 |
| (2)建旐设旄，搏兽于敖。 | (2)吉日庚午，既差我马。兽之所同，麀鹿麌麌。漆沮之从，天子之所。 |
| (3)赤芾金舄，会同有绎。 | (3)悉率左右，以燕天子。 |
| (4)不失其驰，舍矢如破。 | (4)发彼小豝，殪此大兕。 |
| (5)徒御不惊，大庖不盈。……允矣君子，展也大成。 | (5)以御宾客，且以酌醴。 |

宣王时代的东都是否还如周公、成王时代诸侯对它的景仰，已无明文可考。宣王假定会诸侯即在西京畿内，有何不可？据《墨子·明鬼篇（下）》：“周宣王合诸侯而田于圃田[①]，车数百乘，从数千人满野。日中，杜伯乘白马素车，朱衣冠，执朱弓，追周宣王，射之车上，中心折脊，殪车中，伏弢而死。”又据《国语·周语》：“周之兴也，鸑鷟鸣于岐山；其衰也，杜伯射王于鄗。”（韦昭注：鄗，鄗京也。）从以上两种记载看，周宣王会诸侯的地方正是在镐京之圃田。《诗·齐风》“无田圃田，维莠骄骄……维莠桀桀”，田有骄骄桀桀之莠，当是甫草。诸考据家不知镐京猎场所在即《禹贡》导渭“又东过漆沮”之地，所以有许多推测，甚至还有疑镐京为敖镐的，殊堪发笑。

《国语》定王时单襄公聘于宋，遂假道于陈以聘于楚，有这样几句话：

---

① 孙诒让《墨子闲诂·明鬼篇》：“周宣王会诸侯而田于圃田”注：“田于圃，吴钞本，作‘舍’，毕云：‘田’与‘佃’通。《说文》云：‘佃中也。’《春秋传》曰：‘乘中佃一辕车。’案今左氏作‘衷佃’，同。又按韦昭注《国语》《文选注》《史记索隐》引俱无此字。颜师古注《汉书》有。俞（按：此是俞樾）云：‘田于圃田者，圃田，地名。《诗·车攻篇》“东有甫草，驾言行狩”，《郑笺》以“郑有甫田”说之。《尔雅·释地》作“郑有圃田”，即其地也。毕读“圃”字绝句，非是。’诒让案《周语》云：‘杜伯射王于鄗。’韦注云：‘鄗，鄗京也。’《史记·周本纪》集解引徐广云：‘丰在京兆鄠县东；镐在上林昆明北，有镐池，去丰二十五里，皆在长安南数十里。’《周礼·职方氏》，郑注云：‘圃田在中牟。’以周地理言之，鄗在西都，圃田在东都，相去殊远。又韦引周《春秋》，‘宣王会诸侯，田于圃’。明道本，‘圃’作‘囿’。《史记·封禅书索隐》《周本纪正义》所引并与韦同。《论衡·死伪篇》云：‘宣王将田于圃。’则汉、唐旧读并于‘圃’字断句，皆不以‘圃’为圃田。《荀子·王霸篇》杨注引随巢子云：‘杜伯射宣王于亩田。’‘亩’与‘牧’声转字通，疑即鄗京远郊之牧田，亦与圃田异。但随巢子以圃田为亩田，似可为俞读佐证。近胡承珙亦谓此即圃田，而谓《国语》鄗即敖鄗，斥韦以为鄗京之误，其说亦可通，姑两存之。”由孙氏所辑录的材料，我们可知圃、囿、圃田、甫田（《诗·小雅》：“倬彼甫田，岁取十千。”按此种甫田，是耕种之大田，非牧地）、甫草是为一地之异名，也可称为亩田（亩，牧声转）。《国语》，单子说：“薮有圃草，囿有林池，所以御灾也。”知囿田或甫草中动植物之多。

"周制有之曰：国有郊牧，疆有寓望，薮有圃草，囿有林池。所以御灾也。"以是知周制规定立国必有甫草之薮（按：薮即沼泽沮洳之地），宣王之时，非"晋、郑焉依"之时，哪里有"圃田"供宣王会诸侯游猎？所以把《车攻诗》的甫草猎地解为春秋时东都郑之圃田是违背事实的，无怪朱熹会对它发生疑问。

"东有甫草"即漆沮之地，但这里的范围多大？周宣王以前曾否做过猎地？这个猎地是否有沼泽？这些问题如不举出其他证据，似难令人相信，亦难辨《郑笺》之非以及诸儒对镐京猎地的疑惑。《诗·小雅·六月》："玁狁匪茹，整居焦获，侵镐及方，至于泾阳。"这里的镐、方及焦获，都是历史上争论不决的地名。镐、方不在本文范围之内，不加考证，只是有了泾阳这一个确切的地名，我们可以推测焦获所在。朱熹说："焦，未详。获，郭璞以为瓠中，则今耀州三原县也。"陈奂疏："《尔雅·释地》：'周有焦获。'郭注云：'今扶风池阳县瓠中是也。'郦注《水经·泸水篇》：'泸水，东注郑渠渠首，上承泾水于中山，西邸瓠口，所谓瓠中也。《尔雅》以为周焦获矣。'古'获''瓠'声相通，古曰焦获，汉曰瓠口，亦曰瓠中。池阳汉县，在冯翊，晋属扶风郡，今陕西西安府三原、泾阳二县之间，有焦获泽即此。焦获，泽名。《传》云周地者，泽亦地也，焦获在渭北泾东，本周都畿内之地名。而《传》又云'接于玁狁'者，宣王时，狄侵中国，迫近王都。《汉书·西域传》所谓'自周衰，戎狄错居渭、泾之北'也。《史记·匈奴传》：'犬戎杀幽王，遂取周之焦获而居于泾、渭之间，侵暴中国。'"由此我们知漆沮入于渭者，即经古之焦获泽（亦即古之沮洳地），今为界于三原、泾阳、富平交错之地。郑国渠成后，农事兴起，这些地方的地形当变了。

从以上既知漆沮沼泽沮洳之地，确是天子田猎之所，《穆天子传》卷五所载："天子四日，休于濩泽[①]，于是射鸟获兽。丁丑，天子□雨乃至，祭

---

①《通典》："阳城县，有析城山、濩泽水。"这一濩泽何以知为焦濩？焦濩为西周大泽，天子纵猎之所。穆王时代，析城之濩泽或尚不为人注意。

父自圃郑来谒。”“休于濩泽”应即焦获泽（圃草地），至“圃郑”当是指雍州之郑国地，或也是当时郑国的田猎地。

关于“搏兽于敖”的敖，或指焦获泽附近的地名或地形。如为地形，则“嵒”“坳”“隩”“阿”皆一声之转，所谓“敖”正是“大阜”所造成，将兽逐到此处而搏，当较容易。如谓“敖”为地名，到敖地才去搏似不合理。

由上面这些考证，知漆沮所经过者确为周之圃田会猎之地。这里的漆沮虽小，为西周天子游猎之地，故郑重记之。

我们既知《禹贡》时代之漆沮不入洛，现在我想附带谈谈“瞻彼洛矣”的洛水。《毛传》：“洛，宗周溉浸水也。”朱熹说：“洛，水名，在东都会诸侯之处。”毛公、朱熹异词，何以统一？以我个人观察宗周的洛水与成周的洛水（又写雒水）的情形来做推测，觉“瞻彼洛矣，维水泱泱”应指东都的洛（即雒）。宗周的洛水，《毛传》称之为灌溉水是对的，《郑笺》“我视彼洛水灌溉以时其泽，浸润以成嘉谷”，是与《毛传》同一看法，是对宗周洛水实际情况有深切了解。“维水泱泱”，《毛传》：“泱泱，深广貌。”就与宗周洛水不相称了而恰与成周的洛（雒）相合。有谓雍州之洛水与豫州之“雒”，其字分别自古不紊。不知《禹贡》豫州之“雒”，有《史记》《汉书》引用本可证，《小雅》之“洛”，另无古本引用，但安知原非雒？且对“水”言，一般有喜写水旁的习惯，不能因三家诗无异字，便说自古不紊？所以我认为不能用“雒”“洛”字形来判定所在地，应从整篇诗的内容来推测。所谓“以作六师”“保其家邦”皆似在东都之事。如在宗周，渭水是泱泱的，何以不瞻之起兴？且这一条泱泱之水，在此做过六师，《禹贡》何以记漆沮而遗洛？因此知朱熹是而《毛传》非。

以上各节，就《禹贡》与《周颂》、大小《雅》记雍州的水，做了一些比较分析，觉周人作《诗》应用地名、水名的真确性，因此我想附带提出我多年读《诗》的疑问。《邶风·谷风诗》云“泾以渭浊，湜湜其沚”，何以卫人居兖州之境，不引用“淇”或“河”而反引用雍州泾与渭？我认为这一诗可能是《小雅》错简：（一）邶、墉、卫三国诗，仅这一诗的风格特殊，如“不我能慉，反以我为雠”“昔育恐育鞫，及尔颠覆”等句，大似《小雅》中“民莫不逸，我独不敢休”“正大夫离居，莫知我勚”等等。（二）此诗因在泾、渭之地作，所以有“毋逝我梁，毋发我笱，我躬不阅，遑恤我后”之语，《小雅·小弁》也有这样四句，是在“莫高匪山，莫浚匪泉”之地，“梁”“笱”俱用不着，何以“耳属于垣”后，忽接这样四句？无论《郑笺》《朱传》如何解释，均难令人满意，且《三百篇》中尚无这样雷同之例。（三）“就其深矣，方之舟之；就其浅矣，泳之游之”，也是因为前有泾、渭之水，才用以起兴。何以《国风》时代，邶人还会在古宗周之畿内发为此歌？“览冀州兮有余，横四海兮焉穷”，借异地而发感慨，《楚辞》出始有，《三百篇》无此例。（四）“谁谓荼苦？其甘如荠”，《大雅》“周原膴膴，堇荼如饴”，正是周人对这种野生植物“荼”滋味的体会。我们若将《邶风》这一诗放在《小雅》中，将《小弁》后四句作为衍文，似乎还得诗人立言含蓄之旨。但《小雅》中也有《谷风》，其风格大似《国风》，若移入《邶风》，与《燕燕》或《绿衣》等，似可成为姊妹篇。此地缺乏参考资料，不知已有人怀疑与做考证否，希同志们指教。

雍州之漆沮问题，我们已做了初步探讨，至于兖州之“灉沮”是怎样的？历史上谈兖州之灉沮者甚多，我今特举明之王船山及清之胡渭的研究作代表。

王船山《书经稗疏》说：“‘灉、沮会同’：蔡注：‘以汴为灉，睢为沮。’按《经》记此二水于兖州，而汴水出荥阳县大同山过中牟、祥符，故《水经》云‘出阴沟’，于浚仪北东过宁陵与睢水合，又东过亳州蒙城县，故《水经》云‘东至梁郡蒙县为睢水’，又东至怀远县荆山口入淮，其与《水经》言‘至彭城入泗’小异，则以为黄河所夺，挟之南下，淤其入泗之口也。睢水出睢州东北经归德府东过宿州，故《水经》云‘出梁郡鄢县’，又东过睢阳，又东过故相县，当萧县南入于泗。睢之或合于汴，或合于泗，古今小异，然其所自出，一在荥阳，一在睢州，如豫州之域。其合也于蒙城，其入也于萧县，则徐州之域，不于兖土而会同也。沂在泗北；泗在睢北。睢在汴北徐州之境，北尽东平钜野，东直费县海州，安得兖土南侵徐、凤乎？则灉非汴，沮非睢可知。此纪‘灉沮’上连‘雷夏’，下接‘桑土’，雷夏既在濮州，桑土者，郑玄《诗谱》说为卫之东境。自濮以南，则为曹、鲁之地，而桑土属卫，必在濮北，《后汉书》注引《博物志》云‘桑土在濮阳’者是也。则灉、沮之会亦近是尔。《尔雅》：‘水自河出为灉，济为濋。’晁氏以‘沮’有‘濋’音，谓‘沮’即‘濋’。但言灉自河出，则凡河之枝流皆可谓灉，犹自江为沱，而成都之繁昌、荆州之枝江皆有沱水也。汉以后，河日南徙，故枝流亦在南。而汴谓之灉，禹之故道，河在北，则灉亦在北也。禹河自大伾而北，夺漳渠以去，去济绝远。兖之贡道，乃云‘浮、于济、漯，达于河’，则河之经流虽相去邈绝，而其枝流尚有会同之处。盖兖土卑下，斜出成川，旁午不一，非如峡岸之流，彼此无相合之势也。然则此灉水者，盖在大名、广平之交，河水旁出南溢，达于东郡濮阳之境；而沮者，则济水于曹州之北旁出北流以与灉会于濮以俱下而流于济南，其会同之处固兖之西土也。济以达沮，沮以达灉，灉以达河，故曰‘灉、沮会同’，言河、济之于此会同也。王氏炎曰‘沮出濮阳，灉出曹州’，盖为近之。然濮在北，曹在南，河在北，济在南，则沮当在曹州而会灉于濮东，濮去禹河既远，不得有旁流之河。傥以为灉、沮非河、济之旁出者，则兖西为沙壤，无有水源，其不能别成一渠于曹、濮而必因于河、济亦明矣。若今无此二水者，以河、济迁则灉、沮竭，可以今之地理求，难以今之川泽求也。汴睢云乎哉！《经》记兖州之水，独详于曹、濮之间者，以此土北邻浚、魏，南距睢、归，河流其北，济绕其南，二渎交控，无高山广阜以限之，故易为灌漫。”

胡渭在“雷夏既泽，灉沮会同”条下说：“《尔雅》曰：‘水自河出为雝。’许慎曰：‘雝者，河雝水也。’其意以瓠子为雝，此则在兖域。然禹河不经濮阳，以瓠子为《禹贡》之灉亦非也。沮虽有濋音，今考《水经注》，氾水西分济渎，径济阴郡南，《尔雅》曰‘济别为澭’，昔汉祖即帝位于氾水之阳。张晏曰‘在济阴界也’（氾音泛。今曹县、定陶皆有氾水）。氾水又东合菏水而北注于济渎，然则澭水即氾水，出入皆在豫域，安得读沮曰澭以当之邪！韩汝节谓‘汳睢在豫、徐之境，无预于兖，而兖州自有灉沮’，其说是矣。然以小清河为沮，以章丘县之漯水入小清河者为灉，则又大非。《括地》《元和志》明有灉、沮二水出雷县西北平地（《寰宇记》同），而诸儒皆莫之考，妄引他水，于经奚当焉。”

“《尔雅》，先儒以为周公作，或以为子夏作，皆无明征，大抵多后人所附益。如‘水自河出为灉’……今曹州南二十五里有灉河，自东明县流入，又东北入郓城县界；《志》以为即《禹贡》之灉，妄也。此乃段凝决河之后，河水分流，始有此名耳。禹时河由大陆，去此甚远，安得有别出之灉。窃谓灉、沮皆济水所出，而河不与焉。何则？济性劲疾，故屡伏屡见，皆自平地中涌出。于荥播、陶丘之外复有此二源。《唐书·许敬宗传》云：‘济洑而至曹、濮，散出于地合而东。’夫曰‘散’曰‘合’，则非独陶丘一窦可知矣。雷泽县正在曹、濮之间，而灉、沮出其西北，其为济水无疑。它如管城之京水、新郑之溱水、管县之百脉水、历下之七十二泉，皆侧近荥济，从平地中涌出，盖亦此类。不得泥《尔雅》之文，谓灉出于河，沮出于济也。

“或疑灉、沮不入雷泽，余按裴骃《史记集解》引郑康成说云：‘雍水、沮水相触而合，入此泽中。’《百诗》曰：‘下一触字，郑盖以目验知之。’殆无可疑。惟雷泽之下流未知何往，大抵不南注济则北注濮，濮亦终归于济也。

“王晦叔云：‘《九域志》，濮州有沮沟，即《禹贡》灉沮会同者，而源杳无踪迹，盖五代以后，河流经此，荡灭无存也。今州境有古黄河二道：一在州北，自开州流入，又东北入范县界，此东汉时经流，至唐、宋皆行之；一在州东六十里，自曹州流入，又北入范县，此五代以后决河所经也。州东南九十里有成阳故城，与曹州接界，其西北为雷泽县，泽在县之西北，二源又在泽之西北，去县十四里，河旧行州北，距二源颇远，故得无恙。迨梁末，段凝决河水以限晋兵，而决口日大，屡为曹、濮患。宋太平兴国八年、天禧三年河决，皆泛滥曹、濮间，二源适当其冲，为河所陷，久之河去而空窦淤塞，水不复出矣。然《史记集解》《正义》《元和》《寰宇》等书幸而未亡，谈《禹贡》者岂竟束之高阁而不视邪！’”

王、胡两氏对“灉沮”做了许多推测，兖州地区地势卑下，河流变迁无常，欲求灉沮确实所在，当是不容易的。我在此仅做一些推测。

（一）根据雍州的二“漆沮”来看，有雍泽才有泾西的“漆沮”；有焦获泽才有泾东的漆沮。兖州的灉沮，会同于雷夏是很自然的。

（二）雍州二“漆沮”俱是一水，非两条独立之水（《毛传》误为二水，王念孙父子已纠正），以此知兖州之“灉沮”，可能仍是一水（郑康成称“二水相触”，必有一水为主，当即是灉）。

（三）《尔雅》“水自河出为灉”之说，当不可靠。这一“灉”字，我疑是周人将岐周有泽成沮的雍水的含义，移到东方而命名的。

上面做了许多烦琐的论证，现在小结如下：

（一）《周颂·潜诗》的“猗与漆沮”，即指岐周之漆水；《大雅》“自土沮漆”[①] 与《史记》“公刘度漆沮”都是指这条漆水。至“古公去邠渡漆沮”，

---

① 上元朱绪曾《开有益斋经说（三）》，“自土沮漆”条：“《大雅》绵诗，‘自土沮漆’。《毛传》：‘沮水，漆水也。’又云：‘周原沮漆之间。’《周颂·潜诗》：‘猗与漆沮。’《毛传》：‘沮、漆，岐周之二水。’《吉日》：‘漆沮之从。’《毛传》言‘漆、沮之水’，郑笺亦无异义。此三诗当一例，皆指豳、岐之地，后人强分之，舍《毛传》《郑笺》，牵合《禹贡》‘漆沮既从’‘东过漆沮’，《伪孔传》‘漆沮，一名洛’之说，于是泾东、泾西，二水、一水，遂成聚讼。郦道元云：‘川土奇异，今说互出，考之经史，各有所据，识浅见浮，无以辨之。’不知毛、郑之说原自分明，后人为《伪孔传》所误，自生轇轕，惟以《诗》解《诗》，以《禹贡》解《禹贡》，则不劳烦辞而定矣。”他从这样的设想出发，做了许多无谓的考证，并创为“上流”“下流”的奇论，又否定王氏父子“沮”当为“徂”之发明，真是荒谬。

乃是邠州之漆水是无沮的，现本《史记》上有沮是后人所添，有《水经注》可证。可能岐周漆水之命名是周人自邠移来，因有沮，所以又称漆沮。《禹贡》“漆沮既从，沣水攸同”，因沣是周王朝京都之水；“漆沮”是周王朝发迹地岐周之水，因是相提并列。

（二）《小雅》“漆沮之从，天子之所”，与《禹贡》导渭“又东过漆沮”为一水。此地漆沮经过焦获泽，为周王朝狩猎地（即所谓“甫草”“圃田”），所以《禹贡》特别叙述。至宗周之洛水，仅供溉浸农田之用，与“滮池北流，浸彼稻田”之水相类，无关王朝大事，所以《禹贡》不叙这一洛水，而对另一洛（雒）在东都者则特别重视（在豫州及导河均记载。《小雅》之“瞻彼洛矣，维水泱泱”之“洛”字，可能原为“雒”）。

（三）从《禹贡》所记二“漆沮”及后起《魏风》“彼汾沮洳”之史实，知古代这些地方地下水源是很丰富的。这是与黄土高原植被未遭破坏分不开的〔参看附录《我国水土保持的历史研究》“周初（《大雅》时代）至北魏（郦道元《水经注》）时代的黄土高原的植被”一段〕。

## 第四解 沱、潜

关于沱、潜问题[①]：“沱潜既道、云土梦作乂。”（荆州）“浮于江、沱、潜、汉。”（荆州贡道）“岷、嶓既艺，沱潜既道。”（梁州）“浮于潜。”（梁州贡道）“岷山导江，东别为沱。”（导江）“江有汜”“江有渚”“江有沱”（《召南·江有汜诗》）。

研究《禹贡》沱、潜问题的，多喜考沱、潜发源地和分布地，对沱、潜本身涵义很少研究，且不知道《禹贡》产生的确切时代，不能把沱、潜

① 《〈禹贡〉半月刊》第三卷第一期陈家骥的《梁州沱、潜考》，第二期黄席群的《沱、潜异说汇考》，皆为研究导江与贡道方面沱、潜的良好材料，可参看。

问题和同时代的经典著作去做比较，是其缺点。

《周南》“汉之广矣”，“江之永矣”是荆州江、汉间的民歌；《召南·江有汜》三章是当时梁州长江流域之民歌。其中“江有汜”“江有渚”“江有沱”，皆是劳动人民对江水东流因地势之殊而汇成形形色色水形的名称；亦犹黄河流域劳动人民称汇成的水形曰“沮”或“沮洳”等。我现就《召南》沱、汜并举来推求荆、梁二州“沱、潜既道”之沱、潜本身的涵义。

从前解沱与潜者，马融曰：“沱，湖也。其中泉出而不流者谓之潜。”[①] 郑玄曰：“《尔雅·释水》云：‘水自江出为沱，汉别为涔。’”（依孙星衍荆州“沱、潜既道”疏引）《伪孔传》：“沱，江别名。潜，水名。”上面除马融做了沱、潜本身涵义的解释外，郑与《伪孔》皆以沱是属江、潜是属汉的水名。

郑玄又说（依孙星衍梁州“沱潜既道”疏引）：“二水亦谓自江、汉出者。《地理志》在今蜀郡郫县江沱，及汉中、安阳皆有沱水、潜水。……潜，盖汉西出嶓冢，东南至巴郡江州入江。……汉别为潜。”《伪孔》在梁州“沱潜既道”下注：“沱、潜发源此州，入荆州。”郑与《伪孔》之说，详略虽殊，内容无大差异。

不从沱、潜本身涵义做了解，因而造成了种种纠纷、如“味别说”已为智者所讥。其他如在沱、潜发源方面，遂牵涉到东西汉水之为一为二、嶓冢之为一为二等问题，如见于王船山氏《书经稗疏》中“嶓冢”条所说。至于沱、潜在江、汉流域之分布亦争论不决，甚至如胡渭所举项平与吴澄之妙论：“项平云：‘江、汉夹蜀山而行，自梁至荆数千里，凡山南溪谷之水皆至江而出；山北谿谷之水皆至汉而出。其水众多，不足尽录，故南总

---

① 《说文》：“潜，涉水也，一曰藏也。”潜为“涉水”则与“江有汜”有同一意义，即有汜有潜之处常有“病涉”之苦，所以有“不我以”之起兴，陈家骥指出《说文》“一曰潜藏”之义，则近马融说是对的。

为沱，北总为潜。盖当时之方言，犹今言谿谷云尔。后之读《尔雅》者，误以江、汉为沱、潜所出之源，不知其为沱、潜所出之路也。’吴澄云：‘凡江、汉支流，或大或小，或长或短，皆名沱、潜，不拘一处。’”无怪胡氏评为“项氏大谬，吴说亦汗漫”了。

我以为首先能将梁、荆二州何以皆有“沱、潜既导”之事搞明白，则导江之沱与贡道之沱、潜问题或可有深切的了解，但欲达到这一目的，还须从《禹贡》同时代作品之《召南·江有沱》《江有汜》去比较研究以了解沱、潜的涵义。

沱之意义何如？在《江有汜诗》中，《毛传》：“沱，江之别者。”《郑笺》：“岷山道江，东别为沱。”知《毛传》亦抄《禹贡》。唯林之奇曰：“自江水溢出，别为支派，皆名为沱，梁、荆二州皆有之也”（依胡渭“岷山导江，东别为沱”条所引）。这一解释不知何所本？船山氏“沱潜”条：“盖江水始发，为峡所束，随平壤而四溢，沱不一矣。”其释义与林氏相近，较马融之说更有意义。《小雅·渐渐之石诗》：“有豕白蹢，烝涉波矣。月离于毕，俾滂沱矣。”这“滂沱”二字似可为马融以沱为湖，及林、王二氏以沱为江水溢出的依据。因水汇为湖（北方称为薮泽）或旁溢为江河别支，正是水多时称为滂沱的现象。

至于潜之涵义如何？胡渭在荆州“沱、潜既道”条下：“《陆氏释文》：马云：‘其中泉出而不流者，谓之潜。’言‘泉出’则可，言‘不流’则非。《韵会》：‘潜，水伏流也。’左思《蜀都赋》：‘演以潜沫。’刘逵注云：‘水潜行曰演。’此二水伏流，故曰‘演以潜沫’。荆州之潜虽不如出龙门石穴之奇，亦必汉水伏流，从平地涌出，故谓之潜。《承天府志》云：‘汉水自钟祥县北三十里，分流为芦伏河，经潜江县东南复入于汉，即古潜水也。’按潜江县本汉竟陵、江陵二县地，唐大中十一年置征科巡院于白洑（见《寰宇记》），宋乾德三年升为潜江县。《韵会》：‘澓，伏流也，或作洑。’今汉水之分流者名芦伏，而其地又名白洑（在县西四十里），皆取伏流之义。

此水起钟祥县北，讫潜江县东南，行可三百里，以为古之潜水，庶几得之。盖禹时本自伏流涌出，复入于汉，及乎后世，通渠汉川、云梦之际（见《河渠书》）则开通上源，以资舟楫之利，禹迹遂不可考耳。其他沔阳、汉阳之境，凡汉水枝津，大抵皆通渠者之所为，志家概指为潜水，真妄谈不足信。”

历史上谈沱、潜涵义者，已摘引于前。个人在壮年时代，曾在《禹贡》梁、荆两州即江、汉流域采集过植物，由旅行时的观察，结合古人沱、潜的看法，体会沱、潜问题，申述于后：

（一）秦岭东西走向，将南北隔断，因此造成黄河与长江两流域不同气候土壤（汉水为长江系统）。前述梁州长江民歌《江有汜诗》[①]，所述汜、沱与《禹贡》所记荆、梁之“沱、潜既道”的沱、潜，皆江、汉流域的地势所造成的水形。

（二）周初劳动人民在荆州流域平治水土之工作，有《汝坟》民歌，刘

---

① 杨守敬氏在《沱、潜既道》一文中说：“《说文》：‘沱，江别流也。’《毛传》：‘沱，江之别者。’《尔雅》：‘江为沱。’李巡云：‘江溢出流为沱。’郭璞云：‘大水溢出别为小水之名。’此皆言沱首出江，亦未尝言尾不入江。《尔雅》云：‘决复入为汜。’《毛传》同。《说文》云：‘汜，水别复入也。’《释名》：‘水决复入为汜。’吕忱说同。沱为江之别；汜为水之别，是汜之为义与沱不殊，特解有详略耳。《说文》此例甚多，故《水经注》于枝江之沱云‘江汜枝分’，直以汜诂沱。而近来治班志者，据《尔雅》《毛传》《说文》，谓其误以汜为沱；治《水经》者，又谓其误以沱为汜。虽以成孺之专释班《志》，且以为非，不思郑氏虽有夏水之说与《汉志》异，然出江入沔，沔仍入江，郑氏但未言其终耳，其实仍以尾入江为义。不然，则梁州之郫、鄗皆当云‘别而复入为江之汜’矣。试问梁州郫、鄗不足当江沱，又将以何水当江沱耶？岂能《禹贡》‘江沱’皆‘江汜’之误耶？《诗》之‘江有沱’‘江有汜’，变文以协韵，必‘沱’‘汜’之义不同也。”杨氏欲释郑玄以“首尾”称沱之义，不惜把“汜”与“沱”混为一物，是错误的。《召南》“江有沱”“江有汜”“江有渚”，皆各有所指。“沱”为江溢，“汜”为潜，已述于前。至“渚”，郑玄解为江水流而渚留。按：洞庭湖古称“五渚”，正是江水流而渚留现象之代表。“渚”亦当与《禹贡》之“猪”有关，不过《禹贡》中“大野既猪”“彭蠡既猪”等把它当动词用了。

向在《古列女传》已载。梁、荆两州所谓“沱、潜既道”者，是指平治水土之工作，这里所称“沱、潜”，应与导江与贡道之“沱、潜”二水名分开去理会。因梁、荆两州处于万山群壑之中，当时农事未兴，沟洫未开，沱、潜之水无所归宿。大则汇成泽国，小则妨碍交通。所以《江有汜诗》中的“江有沱”章有“不我过！不我过！其啸也歌！”的叹息声，正是为“沱”所阻隔。此较秦中“蒹葭之地”的坻、埃、沚等“道阻且长”者有以过之。

至“潜”的涵义，先从“汜”谈起：《毛传》《郑笺》及《朱传》皆主张《尔雅》“水决复入为汜”，《郑笺》并说：“江水大，汜水小，然得并流。”朱熹说：“今江陵、汉阳、安复之间，盖多有之。”此种“汜”，当是潜出而复伏流者，此在《禹贡》之所谓“岷山之阳至于衡山”（横断山脉）、山脉中之泉流处（即潜水）常有之现象。如流入澧水之涔，王先谦指为《禹贡》之潜者，其从龙洞出之源，亦可称汜或潜之现象；又如今澧水流域之所谓汆湖（湘西方言读“迷湖”），亦有汜或潜的现象。我们现在在荆、梁两州群山万壑中，不易见到潜或汜之现象者，乃由于劳动人民平治水土、已把它们变为陂泽或堰塘，为农事灌溉之用了。而在周初，南方农业尚在草创时代，汜决潜出时，漶漫无归，泥泞载涂，即所谓“不我以！不我以！”安知不是为汜所隔而叹息？

（三）沱、潜既为农事未大兴起时江、汉区域水流一般现象，则两州平治水土工作亦即以解决沱、潜问题为重要环节，所以两州皆述“沱、潜既道”[①]，梁州则为“岷、嶓既艺，沱、潜既道”，这就是说先已种艺山地，并克服了地面的一些沱、潜现象，我们看长江上游的梯田（这当是劳动人民后来逐步造成的），不知劳动人民费了多少力量才做成，有梯田后“水归

① 王念孙父子无农业实践经验，自不易发现沱、潜现象，但他们对《禹贡》平治水土方面之“九河既道”“潍、淄既道”“沱、潜既道”三个“道”字解为“通”是极正确的，所谓“沱、潜既道”者，正是沱、潜漫漶已通也。这对我们了解沱、潜本身现象是有帮助的。王氏之说，我已抄入《用字的涵义》中。

其壑，土反其宅”，潜沱泛漫自归消灭了。至荆州则为“沱、潜既道，云土梦作乂”，乃因荆州云梦两泽，一南一北，沱、潜既治，“云”泽之土自出而“梦”泽始治了。

（四）我们已经知道在平治水土方面，梁、荆二州“沱、潜既道”的意义，则导江之“东别为沱”与梁州贡道方面的“浮于潜”；荆州贡道方面之“浮于江、沱、潜、汉”，这些水之所以名沱与潜者，或是因这些水在古代其源或流发生过沱或潜的现象，阻碍交通，因而遗下沱或潜名称。但历史上研究者多把它们与平治水土时荆、梁两州“沱、潜既道”前泛滥形态称之为沱、潜者，因名词相同，混为一事，所以谈导江与贡道者，无论对沱、潜的发源与分布辩论纷争到怎样程度，均难得到完满的解决。

## 第五解　《禹贡》用字涵义

关于《禹贡》用字的涵义：历史上解《禹贡》的，能把一字或一词创通，而解决许多问题的，如王夫之对导山之“导”字，王念孙父子对“蔡蒙旅平”等之“旅”字，都是《禹贡》研究方面最可宝贵的，已述于前。兹再举二人：

（一）郑玄对于导水的“至于”：“又东至于澧”。史迁“澧”作“醴”。马融曰：“澧，水名。”郑玄曰：“醴，陵名也。大阜曰陵。长沙有醴陵县，其以陵为名乎？此经自‘导弱水’以下，言‘过’言‘会’者，皆是水名；言‘至于’者，或山或泽，皆非水名。”（依孙星衍疏引）

（二）胡渭《〈禹贡〉锥指·例略》：“禹所名之山，苞举宏远，非一峰一壑之目也。如云云、亭亭、梁父、社首、高里、石闾、徂徕、新甫，皆泰山之支峰，禹总谓之‘岱’。自蓝田以至盩厔（今作周至），总谓之‘终南’。自河内以至井陉，总谓之‘太行’。自上洛以至卢氏，总谓之‘熊耳’。后人递相分析而各为之名，愈久愈多。释《禹贡》者不明斯义，遂谓洛出冢领，不出熊耳；渭出南谷，不出鸟鼠；淮出胎簪，不出桐栢。种种谬说皆由此生。然其言太行、终南则又失之汗漫，太行越恒山而北，终南跨惇物而西，有乖经旨，吾不敢从。至若厎柱、碣石、朱圉、大伾之类，则又狭小孤露，与一峰一壑无异。盖山陵之当路者，不得不举为表识，未可执前例以绳，以为必广袤数十百里之大山，而疑古记所言之非也。”

郑、胡二人对字或词之阐发，其功绩可谓不亚于三王。我们现在根据他们的创说，来研究历史上解《禹贡》者一些争持不解的问题。

1.“又东至于澧”[①]：马融是郑玄之师，郑玄解“澧”，不从其师说，可谓“当仁不让”。胡渭在“又东至于澧，过九江，至于东陵”条下说：“《传》曰：‘澧，水名。东陵，地名。’《正义》曰：‘郑玄以此经言“过”、言“会”者皆是水名；言“至于”者或山或泽，故以“合黎”为山名，“澧”为陵名。《孔》以合黎与澧皆为水名。《楚辞》云：“濯余佩兮澧浦”，是澧亦水名也。’……渭按《地理志》：‘武陵郡充县，历山，澧水所出，东至下隽入沅，过郡二，行千二百里。’充县今为九溪、永定二卫，属湖广岳州府。……郑氏以澧为陵可也，而又云‘今长沙郡有醴陵县，其以陵名为县乎？’按《郡国志》，醴陵县属长沙郡，本汉临湘县地，后汉析置醴陵，西北距澧州五六百里，大江安得至其地！郑谓因醴陵以名县，盖据《史记》《汉书》‘澧’皆作‘醴’，故附会其说，大非，不可从。易氏云：‘澧州在江南无非山泽，澧陵是小山，因水而得名者。’此说近是。然水或因山以得名，亦未可知。”

胡渭是反对郑玄说的，以为郑是因为长沙郡有醴陵县，又《史》《汉》“澧”皆作“醴”，而附会其说的。这或因为胡氏未入澧水流域从事观察，而对《禹贡》导江和导山又不从《伪孔》之说，因而发生了误解，说出“郑氏以澧为陵不可也”，“澧陵是小山，因水而得名者”一些仿仿佛佛之辞。我生长澧水之滨的临澧县（前称九溪卫），这一带地形，我颇熟悉。澧水

① 成蓉镜《〈禹贡〉班义述》：“马、郑、王本作‘醴’，与《汉志》同，是古文作‘醴’，《夏纪》作‘醴’，是今文亦作‘醴’，《枚书》作‘澧’，《唐石经》以下并用之，非是。”

与醴（陵）情形究若何？现将个人体会所得叙述于下：

郑氏用“至于”之通例，决定“又东至于醴”为陵，我认为是正确的。《禹贡》中说到“陵”的，一为“至于东陵”；一为“又东至于醴”。《大雅》：“我陵我阿。”郑笺：“大陵曰阿。”《小雅》：“谓山盖卑，为冈为陵。”《周南》：“陟彼高冈。”《毛传》：“山脊曰冈。”由这些说法，知陵与冈是有联系的，阿又与陵有联系的。据《小雅》说“陵”是山之卑者，我们现在南方称这种地貌为丘陵地带，如果将其上草木斫伐，它的形状与北方的大土阜是相似的，所不同者只是南方丘陵多是岩骨，实因雨水太多，冲洗而成。《史记》：“平原君与楚合从，言其利害，日出而言之，日中不决。……毛遂按剑而前曰：‘……以楚之强，天下弗能当，白起小竖子耳，率数万之众，兴师以与楚战，一战而举鄢郢，再战而烧夷陵，三战而辱王之先人。’”（按：《史记会注》在这里加注：“胡三省曰：‘谓焚夷楚之陵庙也。’”可谓滑稽，“烧夷陵”与“举鄢郢”是相对并举的。）这“夷陵”二字，至今还用来称今之宜昌一带，有说长江之水下三峡，到此已夷（平）了，蜀中沿江两岸东走之高山（按：即《伪孔》“江所经之衡山说”见后）至此已变为陵了。苏辙说：“江出西陵，始得平地，南合湘、沅，北合汉沔。”这里西陵在宋人心目中，当是指古之夷陵，是在江的北面。《禹贡》的“又东至于澧”（醴），是长江与澧水中间之陵，是在江的南面即横断山脉（衡山）尽处的丘陵地带。若谓醴是水，澧水是合沅水入洞庭，距长江还远，是不合事实的。

胡渭是主张醴为水名的，他说[①]：“袁中道《澧游记》曰：‘郦道元注《水

① 杨守敬氏《〈禹贡〉本义》一书，余草《〈禹贡〉制作时代》一文时即思一阅，遍觅不得，近草《〈禹贡〉新解》已脱稿，承顾颉刚先生为我寄来抄本，细阅一过，觉杨先生解“又东至于澧”超过前人。兹摘抄于次：

案《汉志》，澧水入沅水。经澧水合沅水、资水入江，《水经注》则澧水入沅以入湖，又合湘水以入江。观郦氏所云，澧、沅、资诸水皆注于洞庭之陂。是乃湘水，非

经》，于江陵枚回洲下，有南、北江之名，南江即江水由澧入洞庭道也。陵谷变迁，今之大江始独专其澎湃，而南江之迹稍稍湮灭，仅为衣带细流，然江水会澧故道犹可考云。’今按小修此义，最为精核。《水经注》：‘澧水出武陵充县西，历山东，过其县南（今岳州府慈利县所辖永定、九溪二卫皆汉充县地。历山在永定卫西，澧水自卫界流径九溪卫西），又东娄水入焉（水出巴东界，东径零阳县，注于澧水）。又东径零阳县南（今慈利县北有零阳故城）。又东径澧阳县右会溇水（谓之溇口，今石门县西北有溇水），又东径澧阳县南（县南临澧水，晋天门郡治，今在澧州西一百十里）。

---

江川。又云‘江水右会湘水’。是以湘水为正流，并不以澧水为入江，于是袁中道之说出焉。……胡渭叹为精核，于是以虎渡新开之水口当南江正流，南注于澧水，以巧合《禹贡》‘东至于澧’之文。自是以后，经学家言多沿其说，虽以王鸣盛墨守郑说，其于‘沱潜既道’之下，亦引《寰宇记》内江、外江之说，而以南径公安入洞庭为外江。近时马征麟《长江图说》，又以松滋之采穴口为南江经流。于《水经注》‘湘水东北入于大江，谓之江会也’，解之云，‘湘至巴邱入江者，入南江也。及过巴邱而东，迤北至三江口，与北江会，故古谓之江会也’。此皆误读《水经注》《寰宇记》之文，未尝考其源流变迁者也。”杨氏于此更列三证：兹抄录其第二证。“说南江者，谓昔与北江同其澎湃，今为衣带细流而指采穴、虎渡之道，积渐淤塞，不知北宋以前并无此衣带细流。考虎渡始于宋乾道七年，荆湖北路漕臣李焘修虎渡堤，《江陵旧志》以为汉时法雄有惠政，虎渡江去。不知《后汉书·法雄传》有虎害消息事，无渡江事（此事因宋均而误）。采穴则起元、明之开凿，更无依据。考《汉志》：‘南郡高成县洈山，洈水所出，东入繇。繇水南（当作北）至华容入江。’郭璞《山海经》亦云：‘洈水自华容入江’，《水经注》：‘油水自公安北流入江，洈水亦合油水而北入于江。’是古时大江南之洈水、油水皆由西南而东北流入大江，安得有大江之水反流入洞庭乎？推原鸿古大江，南北皆为泽国，及沱、潜既道，云土梦作乂，南北始可耕作。故北岸之夏、涌等水分江入沔；南岸之洈、油等水北注于江。晋、宋而下，夏、涌为堤所隔，不复受江，惟洈、油等水尚北流入江。暨乎江堤日增，江身日高，洈、油之水亦折而南。诚由《汉志》《水经注》细绎之，则江水入澧之道非唯无其迹，亦无其理，此二证也。”杨先生又说：“窃意古时临湘之南，醴陵之北，本有醴称，故后汉分临湘立醴陵县。必亦考诸故籍，始以氏县（《史记·表》有醴陵侯越，吕后四年封），而后知郑氏所谓因以陵名县之意，不过藉后汉之县以为识志，非必江水逼迩县治也。”杨先生这样解醴陵县也有理由。

又东径作唐县北（作唐，今为安乡县，在澧州东南一百二十五里，北至公安县界六十里），左合涔水，水出西南天门郡界南，径岑评屯，屯堨涔水，溉田数千顷，又东南流注于澧水（岑评屯，在今澧州界，州在岳州府西四百二十里，北至公安县八十里，本汉零阳县地，隋析置澧阳县，其故城即今州治，澧水在川南三里），又东澹水出焉。澧水又南径故郡城东，东转径作唐县南（今安乡县东南有作唐故城），又东径安南县南（今华容县是），澹水注之（谓之澹口，王仲宣诗曰'悠悠澹澧'者也）。又东与赤沙湖会（河水北通江而南注澧，谓之决口。按赤沙湖在今华容县西南，亦谓之赤亭湖，西接安乡县界）。又东至长沙下隽县西北，东注于洞庭湖，俗谓之澧江口。澧水自石门以西，与导江无涉；其南江会澧故道，参以近志，有可得而言者。江陵县西南二十里有虎渡口，在龙洲之南（后汉郡守法雄有异政，猛虎渡江去，因名。宋乾道七年，湖北漕臣李寿修虎渡堤即此。《水经注》：'江水自枚回州分为南北二江。北江有故乡洲，其下为龙州。'），南江从此东南流注于澧水同入洞庭，盖即所谓涔水也。《澧州志》云：'涔水为岷江别派，从公安入境，为四水口（在州北七十里，东接安乡湖口，北连荆江）。又东南流过焦坑、一箭河，至汇口入澧，故称涔澧。'《楚辞》：'望涔阳兮极浦。'今公安旧县东南有涔阳镇，即其地也。澧水又东径安乡县南会赤沙湖（东距巴陵县百里），而东入洞庭湖。湖在巴陵县西南一百五十步（见《元和志》），此导江'东至于澧，过九江，至于东陵'之故道也。"

从上面材料看，即令袁中道之游记所称，郦道元《水经注》之南江，是江水由澧入洞庭之道，只能说是以澧水为主，江水自北来南会于澧了。中道文人，游澧时，见南江仅一衣带细流，而大江却独专其澎湃，或是他有慨其身世，发为此语，何能称"此义最为精核"？中道所言南江这一条小水，若用郑玄所创的"首尾"名称去衡量，是首江而尾入湖，不过一沱耳。《禹贡》作者导江仅数语，何能叙及？其所以叙醴者，以山自此而为陵（也可以称西陵），为主要标志，与"过九江，至于东陵"之陵遥遥相对，同其重要。孔颖达引“瀴余佩兮澧浦”，不知这是屈原时代对澧水之重视，《禹贡》时代澧水为陵所隔，决不会为人注意（朱、蔡是从郑玄说的，即把澧算作九江之一）。至“醴陵”一名何以存在长沙郡？可能是从澧水方面移去命名，因我国文化从北向南发展，是有历史可证实的。

胡渭又说：“《春秋传》曰：‘物莫能两大。’故二水并行，一盛则一微，自然之理也。昔禹既疏凿三峡，水势并注其中，而北谷村之旧流遂为断江。其后鱼复江所出之夷水，亦致浅狭不可行舟。近事如句容县故江乘地，北濒大江，今皆为洲渚，江水去岸二十里。扬子江旧阔四十里，瓜洲本江中一洲，今北与扬子桥相连，而江面仅七八里。又如靖江县大江旧分二派，绕县南北；明天启以来，潮沙壅积，北派竟成平陆，与扬州之泰兴相连。以今验古，小修云‘北江渐盛而南江日微’，殆非臆说。然自屈原《九歌》云：‘望涔阳兮极浦，横大江兮扬灵。’盖涔阳在涔水之北，大江又在涔阳之北。则战国时固以北江为正流，而南江为涔水矣。年代久远，世鲜有知者。《地志》《水经》所言，宜乎与《禹贡》不合也。”

胡渭一方面以为小修之说为精核，但又说在战国时涔阳涔水、大江之位置尚未变迁。我们知涔水是入澧的；江与澧，中又隔以陵。《禹贡》作者在此用“至于”二字。郑玄说“醴，陵名也”，是恰当的。

2.“东过洛汭，至于大伾；北过降水，至于大陆”。大伾之解释及所在地，据胡渭说：“《传》曰：‘洛汭，洛入河处。山再成曰伾。至于大伾而北行。’《正义》曰：‘洛入河处，河南巩县东也。’《释山》云：‘再成，英；一成，岯’。李巡曰：‘山再重曰英，一重曰岯。’《传》曰：‘再成曰伾。’与《尔雅》不同，盖所见异也。郑玄云：‘大岯，在修武、武德之界。’张揖云：‘成皋县山也。’《汉书音义》：‘有臣瓒者，以为修武、武德无此山也，成皋县山又不一成。今黎阳县山临河，岂不是大岯乎？瓒言当然。……黎阳山在大河垂欲趋北之地。经之于河，方其自南而东，当即华阴以记折东之始，今其流东已远，垂欲折北，亦当以地之极东者记之。参揣其叙，则黎阳实为惬当，而成皋则为太蚤也。’渭按……黎阳汉属魏郡，其故城在今大名府濬县东北，大伾山在县东南二里。”又说：“黎阳山一名黎山。《水经注》云：‘黎阳县，黎侯国也。晋灼曰：黎山在其南，河水经其东。其山上碑云“县取山之名”，取水在其阳以为名也。’刘桢《黎阳山赋》曰：‘南荫黄河，左覆金城，青坛承祀，高碑颂灵。’《隋志》：‘黎阳县，有大伾山。’《括地志》云：‘大伾山，今名黎阳东山，又名青坛山。山在卫州黎阳县南七里。’顾炎武《肇域记》云：‘《尔雅》：山一成曰伾。孔安国曰：山再成曰伾。今观山形，当以安国为是。山上有青坛，汉光武平王郎，还至黎阳，筑坛祭告天地百神，刘桢赋所谓“青坛承祀，高碑颂灵”者也。’《浚县新志》云：‘大伾山周五十里，高四十丈有奇，峰巘秀拔，若倚屏幛。今按县北六里又有紫金山，在大伾之东北，翠石棱棱，山无余土；县东有凰皇山，与紫金东西并崎；县西南一里有浮丘山，高三十余丈，县治正跨其上；皆大伾之支陇，贾让所谓东山也。县西南四十余里有同山，县西二十里有白祀山，县西北二十五里有善化山，即古枉人山，俗名上阳三山，周三十里，高六十余丈：此皆贾让之所谓西山也。’上阳三山，当指同山、白祀、枉人。而李垂《导河书》以大伾、上阳、太行为三山，大谬。宋《河渠志》又有居山、汶子二小山，在大山之东北，盖即县志所称紫金、凤皇也。”

由胡氏的材料看，大概大伾所在地可能已解决；至大伾本身意义，因有“至于”之例可用，当然是山。这种山又称伾，所以有一成、再成的争论。我认为这一“伾”字，即是《小雅》“如山如阜”的“阜”。因为伾与阜，古音是通的。果尔，这种“伾”就是《禹贡》作者用以写地貌的一种名称。“东过洛汭，至于大伾；北过降水，至于大陆”，大伾和大陆是相对成文了。《毛传》解“如山如阜”是“高平曰陆，大陆曰阜”。李巡说：“高平谓土地平正名为陆；土地独高大名阜。”伾既是阜，大阜就是代表高地地貌；大陆是次于阜的高地。从地平线方面看，这已把河流自然趋行之道路说明了。这个阜与陆同称为“大”，就有了极重要的意义。因此我们求大伾就不必专在濬县地方觅出一二似“一成、再成之山”，也不必在风景地方把某山命名大伾[①]，借以发思古之幽情。胡渭在“恒、卫既从，大陆既作”条下，对大陆也有较好的解释，他说：“要之，广平曰陆，是处有之；其大者谓之大陆。犹之高平曰原，亦是处有之；其大者谓之太原耳。”大伾何不可沿例这样说？至大陆之所在地，关系禹河故道之研究，它的南北范围若何？应根据实际观测了。

3.“导弱水，至于合黎，导黑水，至于三危”。马融曰：“合黎，地名。”郑玄曰：“山名。”以合黎为山名是正确的。河西之水，自祁连雪峰流下来，为东面合黎山脉所阻，所以余波入于流沙。《伪孔》说合黎为水名，是不合乎事实的。三危、黑水的问题甚多，我们根据“至于”之例，知三危为山，是自酒泉到敦煌的祁连山脉，黑水在其下绕行，当是古代极好的牧区。

胡渭《例略》说：“导水九章，唯黑水原委杳无踪迹，弱水自合黎以北，流沙以西，亦难穷究，纷纷推测，终无确据，不如阙疑之为得也。”这是他不知道《禹贡》是周制及周人与河西走廊的关系，且不知弱水与黑水，一靠合黎山脉，一靠祁连山脉，对于畜牧民族之重要性，所以有“不如阙疑”之言。此二水是并二条山脉流行，所以《禹贡》作者均用“至于”二字来表达。

4.“蒙、羽其艺”（徐州），“嵋、蟠既艺”（梁州）：胡渭在徐州平治水

---

① 丁晏《〈禹贡〉锥指正误》说：“《锥指》于大伾谓黎阳山。案《正义》引郑云：‘大岯在修武、武德之界。’张揖曰：‘成皋县山也。大邳地在河南成皋县北。’《河水注》云：‘河水又东径成皋大伾山下。’《尔雅》云：‘山一成谓之伾。’许慎、吕忱并以为‘丘一成也’。今《说文》作‘丘再成’者，盖后人据《伪孔传》妄改，非许君之本文也。大伾在成皋，今开封府汜水县有成皋故城，大伾在县西北一里。薛瓒注《汉书》，始误疑为黎阳山。……然黎阳石山甚高且大，非一成之伾，薛氏之误甚明。东樵不取《水经》，反崇俗说，不可解也。”所谓大伾者，指大阜之地貌而言，所包甚广，非指成皋、黎阳某一小区某一小山。这样成皋、黎阳有大阜之地形为河所经者，皆可用以说《禹贡》。至谓黎阳石山高且大，非一成之伾，认为是薛氏之误，是有道理的。

土方面，“蒙、羽其艺”条下，引茅氏《汇疏》曰：“山之可艺者众矣，而独举徐之蒙、羽，与梁之嶓、嶓以例余州。嶓、嶓，江、汉所出，其山高大。蒙、羽，非其匹也，意其壤地沃饶，亦略有同者与!”茅氏这种说法是合理的。我们在“平治水表”上（见后），把蒙、羽列入丘陵，岷、嶓列入山岳，就因两种形势不同，大小亦异。我现在把代表邱陵的蒙、羽提出谈谈。《伪孔》说：“二山已可种艺。”孔颖达说：“《地理志》云：蒙山在泰山蒙阴县西南；羽山在东海祝其县南。《诗》云‘艺之荏菽’，故艺为种也。”胡渭说：“蒙山在今蒙阴县南四十里，西南接费县界。《诗·鲁颂》：‘奄有龟、蒙。’《论语》：‘季氏将伐颛臾，孔子曰：“昔者先王以为东蒙主。”’邢昺疏云：‘山在鲁东，故曰东蒙也。’《汉志》，蒙阴县有蒙山祠，颛臾国在山下。《后魏志》，新泰县有蒙山。刘芳《徐州记》：‘蒙山高四十里，长六十九里，西北接新泰县界。’《元和志》：‘蒙山在新泰县东八十八里，费县西北八十里。东蒙山在费县西北七十五里。’是谓蒙与东蒙为二山也。《齐乘》曰：‘龟山在今费县西北七十里，蒙山在龟山东。二山连属，长八十里。’《禹贡》之‘蒙、羽’，《论语》之‘东蒙’，正此蒙山也。后人惑于东蒙之说，遂误以龟山当蒙山，蒙山为东蒙，而隐没龟山之本名，故今定正之。邑人公鼐论曰：蒙山高峰数处，俗以在东者为东蒙，中央者为云蒙，在西者为龟蒙，其实一山。龟山自在新泰，其北有沃壤，所谓‘龟阴之田’，亦非即龟蒙峰也。参之以《邢疏》，东蒙即蒙山，非有二山明矣。”这些考证材料当为历来研究《禹贡》者所最注意。但我们从平治水土方面来看问题，蒙、羽二山，它们不过是徐州邱陵地带地貌代表名称，其他似蒙、羽二山之地带，虽无名称，亦当包含在内。这样徐州地面淮、沂之水是农业的命脉；大野泽与东原及蒙、羽邱陵地带为农、渔等活动地方了。至于梁州，是江、汉上流，当时梯田或还未兴起，地面沱、潜现象还未完全消灭，可能只有于岷、嶓山区从事耕种了。是以岷、嶓在平治水土方面也是代表高山地耕作区的名称。

5.“桑土既蚕，是降丘宅土”：

甲、关于丘

《禹贡》仅兖州有这一个“丘”字：胡渭说：“兖少山而丘颇多，其见于经传者，曰楚丘（今在滑县东北）、帝丘（今开州；本颛顼之虚，故称帝丘）、旄丘（在开州西）、铁丘（在州西南）、瑕丘、清丘（并在州东南）、廪丘（在今范县东南）、敦丘（在今观城县南；又顿丘在今浚县西，当属冀，故不数），皆在濮水之滨，桑土之野，故经系‘降丘’于‘桑土既蚕’之下。《说文》：‘丘，土之高者。’《广雅》：‘小陵曰丘。’兖地最卑，丘非山比，当泛滥之时而其上犹可居人，益信‘怀山襄陵’谓孟门之洪水，而非泛言九州之灾矣。”（胡渭一方面反对用《吕览》等谈禹之材料，但一方面又相信尸子孟门洪水之谬说，是其矛盾处。）

顾颉刚先生有《说丘》一文（在《〈禹贡〉半月刊》第四期），是统计见于《左传》十一国中的“丘”字。他的结论：“以丘名地的宋为最多，得十一；次齐，得十；又次鲁，得七；又次卫，得六；又次晋，得四；又次曹与邾，皆得三；又次楚，得二；最少为莒与陈，皆得一。只有渭水流域的秦和江、湖间的吴、越，一个都没有。”他又于上列现象解释说：“‘丘’这个名字是和水患有关系的。当秋水时至之时，或山洪暴发之日，只有住在高丘上的人能够免于水患，所以丘就给当时人所注意了。晋的南境当黄河的下游；卫则正在河、济两大流之间；齐当济水的下游；鲁则以济为西界，济水所潴的大野泽在鲁境内；邾在鲁的南首，与鲁有相同的利害；曹在南济与北济之间；宋在南济与睢水之间。这一带地方正是平原广野，又兼河、济挟着百川入海，其势汹涌，又自荥泽以东，触处潴水成泽，一年一度的水患（也就是水利，因为它挟着沉淀物俱来，可以作肥料）是不可免的，所以多的是丘了。……其实《禹贡》中已经透露了这消息，这一带地方（除晋外），在《禹贡》中是属于兖、青、徐、豫四州的。兖州章云：‘九河既道，雷夏既泽。……桑土既蚕，是降丘宅土。’关于这一句，《伪孔传》

的解释是：'地高曰丘。大水去，民下丘居平土，就桑蚕。'孔颖达疏是：'宜桑之土既得桑养蚕矣；洪水之时，民居丘上，于是得下丘陵，居平土矣。……计下丘居土，诸处皆然，独于此州言之者，郑玄云："此州寡于山而夹川，两大流之间遭洪水，其民尤困。水害既除，于是下丘居土，以其免于厄尤喜，故记之。"'郑玄之说很近情理，足以说明河、济两流之间所以多"丘"的地名的缘故。"

据顾先生的统计材料，其他各地名丘者也不少，而《禹贡》何以独把丘记兖州地貌？我们从《国风》的《邶》《鄘》《卫》中，就可以得到解答。《邶》《鄘》《卫》为卫一国之风，我们从季札之说即可肯定。卫国的民间诗人就说出了四个丘字。

（1）旄丘：据《小序》："责卫伯也。狄人迫逐黎侯，黎侯寓于卫。卫不能修方伯连率之职。黎之臣子以责于卫也。"这个旄丘，据《毛传》是"前高后下"，当是一种地貌。

（2）楚丘：《定之方中诗》："作于楚宫。"据《毛传》："楚宫，楚丘之宫。"《小序》："卫为狄所灭……文公徙居楚丘。"

（3）阿丘：《载驰诗》："陟彼阿丘。"《毛传》云："偏高曰阿丘。"

（4）顿丘：《氓诗》："至于顿丘。"据《毛传》："丘，一成为顿丘。"

卫为兖州之一国，而诗中有这样多的"丘"字，是其他各州所未有的，丘应是兖州的代表地貌名称。

乙、关于土

《禹贡》上仅兖州之"桑土"及荆州之"云土"两"土"字，这是代表地貌的。这种"土"也似雍州的"原隰"，同是地貌名称。其他凡言"厥土"的：皆是述各州土壤的性质。兖州土壤是黑坟；荆州土壤是涂泥。"是降丘宅土"，知这一"土"字，非仅指宜桑，而是洪流退后，所现出的一种地貌。亦茅氏《汇疏》所谓："此所谓得平土而居之，不必言就桑蚕也。"云是泽名，荆州的云泽，因沱、潜现象消灭，而云泽之土自然现出。这里

《伪孔》称为“平土丘”，我以为称为“平土”则可，不应再加一“丘”字。兖州之土现出，当是平治水土工作已搞好，“九河既道，雷夏既泽，灉沮会同”后之现象。

我在这里提出一个问题，即《豳风》中《鸱鸮诗》到底应如何解释？

《左传》：“季札聘鲁，请观于周乐。……为之歌《豳》，曰：美哉荡乎！乐而不淫，其周公之东乎？”《豳风》中《鸱鸮》一诗，《尚书·金縢篇》中已把它的事实说明，《史记》与《小序》亦根据《金縢》之记载，作为周公贻成王之诗。这一首诗一直到现在，还未得到正确的解释。诗的第二章：“迨天之未阴雨，彻彼桑土，绸缪牖户。今女下民，或敢侮予！”郑玄说是：“鸱鸮自说作巢之苦。”我们知道“鸱鸮”是不自作巢的，它喜居岩洞或枯树的空穴。《召南》“维鹊有巢”是周初人对动物观察之细致（《禹贡》作者已正确记载了“鸟鼠同穴”的特殊生活），焉有对贻王的诗动物习性会搞错？所以经生或知鸱鸮不能作巢，又把它解为鹪鸠，不知鹪鸠虽善营巢而又非恶鸟。因此，朱熹说：“鸱鸮，鸺鹠恶鸟，攫鸟子而食者也。”这已对鸱鸮有正确的认识。但他对诗之第二章说为“比也”，“亦为鸟言”。是何种鸟，又未做说明，他且把全部诗看成鸟言，如后代的写咏物诗，所谓以“刻画精致”见长了。不知古代诗虽用物起兴或作比，而总是以人事为主的。

我以为这首诗是诗人用“鸱鸮”来起兴。第一章：“鸱鸮鸱鸮，既取我子，无毁我室……”“我子”“我室”是直指人的“子”与“室”，不过说有“鸱鸮”性格之恶人，做此恶事。至第四章：“予羽谯谯，予尾翛翛，予室翘翘……”“予羽”“予尾”当是借鸟起兴，或作比；至于“予屋”，还是指人的“屋”。王逸注《楚辞》，在《九歌》上说：“托之以风谏，故其文意不同，章句错杂，而广异义焉。”这种指物而又指人，即所谓“章句错杂”。所以这篇中的“室”或“室家”不是指鸟巢。即第三章的“予手拮据……予口卒瘏……”的“予手”“予口”也不是指鸟趾及鸟嘴。这样，这首诗的第二章及第三章既不是郑玄说的“鸱鸮自说”，也不是朱熹说的鸟的自比，应做新的解释。

第二章“彻彼桑土”，《毛传》：“彻，剥也。桑土，桑根也。”这“桑土”何以解为“桑根”？“彻”何以解为“剥”？据陈奂疏：“《方言》：‘杜，根也。东齐曰杜。’郭注引《诗》‘彻彼桑杜’。《释文》引《韩诗》正作‘杜’。《毛诗》作‘土’，为‘杜’之假借字。”这是曲解。《韩诗》作“杜”，《毛诗》作“土”，固然不能判别谁是谁非，而早于《韩》《毛诗》的《孟子》则作“土”。可见作“土”者是，作“杜”者非。即令是桑根，采桑枝作巢，岂不比桑根容易？朱子解《孟子》说，是桑根之皮。试问把“土”说为“杜”，把“桑土”说为“桑杜”，又把“桑根”说为“桑皮”，以求合于“彻”为“剥”之假借，合乎所谓“亦为鸟言”。是如何的歪曲！

我认为《豳风》既为周公东征之诗，《鸱鸮》又是《豳风》中之诗史，何不就史事去做说明？假定这个前提能成立，则“彻彼桑土”者，“桑土”即《禹贡》中兖州“桑土既蚕”之“桑土”；“彻”者即《大雅》“度其隰原，彻田为粮”的“彻”。郑玄说：“度其隰与原田之多少，彻之使出税，以为国用。什一而税谓之彻。鲁哀公曰：‘二，吾犹不足，如之何其彻也。’”这“彻彼桑土”者，正是周公在东方兖州桑土之野，平治水土后，彻田为粮之大工作。因兖州地势卑下，常遭水患（盘庚曾三迁），又是商之统治中心，人民习于纣化，成了所谓“顽民”，治之又不易，所以《禹贡》有“厥赋贞作十有三载乃同”之记载。除彻田为粮外，还要注意民居，《禹贡》有“是降丘宅土”，史迁作“于是民得下丘居土”。郑玄曰：“此州寡于山而夹川，两大流之间遭洪水，其民尤困。水害既除，于是下丘居土，以其免于戹，尤喜，故记之。”（依孙星衍注引）即平治水土后，自然要建筑居室，所以诗中有“绸缪牖户”之语。这些工作都要在雨季前做，所以又有“迨天之未阴雨”之语。水土既平，民有定居、彻田为粮，顽民自不敢为乱。故孔子赞叹这首诗说：“为此诗者，其知道乎？能治其国家，谁敢侮之。”所谓“能治其国家”，当实有其事，且有具体办法。若仅述一个鸟巢来比比，并说是“能攻坚”，孔子何得以“知道”称之。《破斧诗》：“周公东征，四国是皇……周公东征，四国是遒……”当都有事实表现，哪得无中生有？岂若后人作游仙诗这般的随意想象假托！

至这首诗第三章：“予手拮据，予所捋荼，予所蓄租，予口卒瘏，曰予未有室家。”陈奂《疏》中附有下面一段事实：“未有室家，言未营成周也。桓二年《左传》：‘武王克商，迁九鼎于雒邑。’《史记·周本纪》：‘武王曰：“我维显服，及德方明，自雒汭延于伊汭，居易毋固，其有夏之居。我南望三涂，北望岳鄙，顾詹有河，粤詹雒伊，毋远天室。”营周居于雒邑而后去。’事见《逸周书·度邑篇》。然则欲营成周，公之志，武王之志也。《书·大传》曰：‘五年，营成周。’”他用史事来做说明是好的，对“予手捋荼”的“捋”引《周南·芣苢》传云“捋，取也”来解释是正确的。但他从释“荼”起，根据《毛传》“荼，萑苕”之误，做了许多不正确的考证，不知“荼”与“萑苕”是二种不同科植物。此章所捋之荼，即《七月诗》“采荼薪樗”之“荼”；《大雅》“周原膴膴，堇荼如饴”；《卫风》“谁谓荼苦，其甘如荠”（这章诗为《小雅》错简，余已述于前）。捋荼，即采取此种苦味之荼以作食粮，觅之艰难，故有“予手拮据”之叹。朱熹说“以荼藉巢”，鸟藉巢之干草甚多，何以必说是荼（朱亦是据《毛传》以荼为萑苕之误）。

“予所蓄租”的“租”，据郑玄解《卫风》“我有旨蓄”为“蓄聚美菜者”，看似为葅菜。但葅菜为南方之物，且不能蓄。这一“租”字，应为“苴”。《七月诗》：“七月食瓜，八月断壶，九月叔苴……食我农夫。”《毛传》“苴，麻子也”，是可食的。不过以麻子入粥食，味当不佳。采荼蓄租过生活，当有“予口卒瘏”之叹。《小雅》：“谓尔迁于王都，曰予未有室家。”这诗也说“曰予未有室家”。语调皆是说人的室家，非鸟之巢。

依个人的忖度，这章诗或是周公写随从将士及大夫等离家日久，生活艰苦，所谓“哀我人斯，亦孔之将”，欲以此感悟成王。《东山诗》“鹳鸣于垤，妇叹于室”，“其新孔嘉，其旧如之何”，似也可以与此章诗作对比看。

这首《鸱鸮诗》的第二章，幸有《孟子》为我们保存了原始材料“桑土”二字；又有孔子“能治其国家”的正确解释，使我们看出周代劳动人民在兖州方面与洪水斗争、经营桑土之事实，并得出了《禹贡》记兖州“厥赋贞，作十有三载，乃同”之原因，已述于前。最后我还要在冀、兖分界上提出一个问题。“济、河惟兖州”，兖州疆界本极明确。冀州与兖州分界，自然要以河为准。唯一经牵涉到九河问题，冀、兖界线就令人易起混淆。现举郑玄、朱熹等关于邶、鄘、卫之地望的不同记载来作说明。所谓《邶》《鄘》《卫风》，实即《卫风》，观季札之说已可确定，不必去讨论。郑玄《诗谱》：“邶、鄘、卫者，商纣畿内方千里之地，其封域在《禹贡》冀州太行之东，北逾衡漳，东及兖州桑土之野。”朱熹说：“邶、墉、卫，三国名，在《禹贡》冀州，西阻太行，北逾衡漳，东南跨河，以及兖州桑土之野。”这里依郑玄之说，似三国（实即卫）封域西界在太行的东面；朱熹则说成“三国在《禹贡》冀州，西阻太行”。朱熹当是有意修正郑玄之说，以郑玄“在《禹贡》冀州太行之东”一语不够明确，而断为三国基本上在冀州，又把郑玄“东及兖州桑土之野”改为“东南跨河，以及兖州桑土之野”。因《卫风》中河、淇二水是民歌主要起兴题材，所以朱熹不得不说出“以及兖州桑土之野”。我们在这里要问邶、墉、卫到底属冀州抑在兖州？或跨二州？郑玄的“冀州太行以东”，与朱熹的“西阻太行”有无区别？郑玄的“东及兖州”与朱熹的“东南跨河，以及兖州”有何区别？他们两人同谓“北跨衡漳”者何所指？这些问题，都是令人费解的事。我们知道郑玄是以“两河之间曰冀州”的（依孙星衍注），如果王横所言“禹之行水，河本随西山下东北去”之说确为可靠，而这西山又确为太行，则郑玄所称“邶、墉、卫封域在冀州太行之东”，山下有河随行，则借邻州之山脉来表地望，是三国仍在兖州之界内。河纵、漳衡，“北逾衡漳”是可以说的。若兖州九河不与冀州九河混淆，郑玄之“东及兖州桑土之野”，桑土是兖州的地方，是指三国地望东边占了桑土的一部分。这样与周初分封卫国的情形相合，也与《禹贡》冀州“至于衡漳”相衔接。朱熹不知《禹贡》九州即周初的分封，把卫放在冀、兖交界，且以冀州作主，是错误的。胡渭在冀州疆域说“邶、鄘、卫（始封在朝歌）”，在兖州疆域说“春秋时可考者卫文公迁于楚丘，成公又迁于帝丘”，这是从时代上把卫分在两州。

《诗谱》：“周武王伐纣，以其京师封纣子武庚为殷后，庶殷顽民，被纣化日久，未可以建诸侯，乃三分其地，置三监，使管叔、蔡叔、霍叔尹而教之。自纣城而北谓之邶，南谓之鄘，东谓之卫。……成王既黜殷命，杀武庚，复伐三监，更于此三国建诸侯，以殷余民封康叔于卫，使为之长。后世子孙稍并彼二国，混而名之。七世至顷侯，当周夷王时，卫国政衰，变风始作，故作者各有所伤，从其国本而异之，为邶、鄘、卫之诗焉。”从这里我们知道卫是兖州诸侯之长。朝歌是卫初封之地，则周初朝歌亦当属于兖州，胡氏从时代上把卫分在两州也是错误的。

季札观周乐，为之歌邶、墉、卫，曰：“美哉渊乎！忧而不困者也。吾闻卫康叔、武公之德如是，是其卫风乎？”杜注：“康叔，周公弟。武公，康叔九世孙。皆卫之令德君也。”以此知西周时卫的地位是很重要的。

我在此再补谈一点周初分九州与政治的关系事。我初草《〈禹贡〉制作时代的推测》一文时，怀疑在荆州方面，楚为异姓，不能长诸侯。承顾颉刚先生指出，随可能为荆州诸侯之长。我们初看《左传》所记的随、楚之战，几不知其原因所在；俟细阅《史记》，始知其所以然。《楚世家》：楚武王“三十五年，楚伐随。随曰：‘我无罪。’楚曰：‘我蛮夷也。今诸侯皆为叛相侵，或相杀。我有敝甲，欲以观中国之政，请王室尊吾号。’随人为之周，请尊楚。王室不听，还报楚。三十七年，楚熊通怒曰：‘吾先鬻熊，文王之师也，早终。成王举我先公，乃以子男田令居楚。蛮夷皆率服，而王不加位，我自尊耳！’乃自立为武王，与随人盟而去。于是始开濮地而有之。五十一年，周召随侯，数以立楚为王。楚怒，以随背己，伐随。武王卒师中，兵罢。”这一段极宝贵的史料，从“于是始开濮地而有之”一点，知是出自《国语》。《国语》为刘歆割裂，而这一段材料亦随之被删去，幸有《史记》为我们保存。随与楚同在荆州，这人所共知的，而楚强后欲求封，还得通过随向周室去请求，这是因随为荆州诸侯之长。由此知周初的制度是严整的，不能从春秋、战国时代（即五霸强、七雄出时代）去推想周初的九州制度。王成组先生认为九州区划：“只能认为一种非在政治上实际应用的分区，而只是为着在政治上列国疆土的分合变化无定，于是自发地通行一种自然区划的观念，名称和界限都缺乏一定的标准，以致各说不一。”这是不合乎周初实际的。

《国语·郑语》：“幽王八年而桓公为司徒，九年而王室始骚，及平王之末，而秦、晋、齐、楚代兴，秦景、襄于是乎取周土；晋文侯于是乎定天子；齐庄公、僖于是乎小伯；楚蚡冒于是乎始启濮。”这一段述西周末和春秋初各州诸侯权力的消长，是极扼要的。兖州的卫因衰弱不能长诸侯；而徐州之鲁亦为齐弱久矣。

我们从《豳风·鸱鸮诗》和卫的地域上可以了解一件事情，即《禹贡》一篇之时代在历史上未确定，造成了许多错误。如解《鸱鸮诗》者，不敢把《禹贡》的“桑土”与诗中的“彻彼桑土”结合来解，于是不惜把“桑土”作“桑杜”；把“荼”作“萑苕”，就埋没了许多史实，而卫之封地在兖或在冀亦不能确定，对周初大封同姓以辅周室的事实就不易使人了解了。

6.“既载壶口”：胡渭说：“既者，已事之辞，载，事也。郑康成云：‘载之言事。’韦昭同。壶口山，在今山西平阳府吉州西南七十里……先儒以‘既载’连上‘冀州’读，谓赋功属役，载于书籍。经实无此意。且以‘既载’连上读，则‘壶口’二字不成辞，当从苏氏以‘既载壶口’为句。载本训事，林少颖引诗‘俶载南亩’为例，谓始有事于壶口。愚按《诗传》‘俶，始；载，事’，以为始有事宜也，此但言‘载’，无始义。《尔雅》：‘哉，始也。’‘哉’与‘载’异。颜师古以‘载’为‘始’，非是，当从郑、韦之训‘事’，如‘请事斯语’之‘事’也。”胡氏解“既载壶口”是正确的。这一句话大意是说在冀州平治水土的工作，既已在壶口山工作了，进而从事梁与岐形山脉的平土工作，以便从事于农耕。我认为不但梁与岐为山脉形状之代表名称，即壶口山亦可认为是当时劳动人民从山形似壶口而加予的名称。历代经生不知《禹贡》是周制，是周人从事农业实践的记载，以为果有禹凿龙门治洪水之事，以壶口为治水起点。不知黄河中游是不能酿成水患的，他们的种种说法是违背自然现象的。治《禹贡》者应首先肃清这些唯心之论。

7. “至于岳阳”：胡渭说：“岳阳就附近山南者言之，则为今岳阳、赵城二县。蔡氏主岳阳一县固非，然《经》之所指亦不止此二县。扬雄《冀州牧箴》曰‘岳阳是都’，则尧都平阳亦岳阳也。且如‘华山之阳’，附近者为商州，而山南之地非商州所可尽。‘衡山之阳’附近者为衡阳县，而荆之南界非此县所可尽。至若‘岷山之阳’，更不知其所届，安得专指灌县为岷阳哉。夫岳阳亦犹是也，直抵南河又何疑哉。阎百诗曰：后‘至于太岳’，专指山言。此‘至于岳阳’，‘阳’字所包者广，盖‘既修太原’二句直举一千余里用功而言也。”“至于岳阳”，是平治水土的全面施工，包括范围当极广远，胡、阎二氏这样解“阳”字是合理的。但胡氏解“治梁[①]及岐”，仍从汉儒误解是雍州之山，不知道那也是平治水土工作。似梁

① “治梁及岐”的梁、岐，地在冀州，宋儒已纠正郑玄之失。清代胡渭著《〈禹贡〉锥指》又翻宋儒之案，繁征博引，说在雍州。但他解答一“赘”字，殊难令人满意。他并引《大雅·韩奕诗》的传笺以证实其说。兹节抄王船山氏对《韩奕诗》梁山之解释，以供参考，此事自王肃发端，至王船山氏而始论定，后之朱右曾与顾颉刚先生又做了更详细的说明。

船山氏《诗经稗疏》：“潜夫论曰：‘昔周宣王亦有韩侯，其国近燕是也。’又云：‘后为卫满所灭，迁居海中。’此则三韩之先世，夷狄之君长，非侯封之国也。若郑氏谓梁山为韩国之镇，今左冯翊夏阳县西北，而《集传》因之，则以此韩为武王之胄，《左传》所谓‘邗、晋、应、韩’者，其国后为晋所灭，以封韩万之韩，而梁山为春秋‘梁山崩，壅河不流’之梁山矣。按此诗云：‘燕师所完。’今韩地在陕西韩城县，梁山在乾州境内，去燕二千五百余里，势难远役燕师。郑氏曲为之说，以燕师为燕（于见切）安之师，牵强不成文义……若山之以梁名者，所在有之，非仅夏阳西北之梁山也。《山

及岐出之山脉，是处有之，梁、岐不过是一种地貌代表名称。即雍州之梁、岐，也是指一高起延长的山脉，“天作高山，大王荒之”，即是在这条山脉上从事耕种，不是指“彼岨矣岐”和所谓左冯翊夏阳县西北之一峰名梁山者，余已在《〈禹贡〉制作时代》一文“九州命名”中述及了。

8.“嵎夷既略”：胡渭说：“《传》曰：‘嵎夷，地名。’《正义》曰：‘即

---

海经》，管涔之北有梁渠之山，修水出焉，而其流注于雁门。计此梁渠之山当在山西忻、代之境，居庸之西，与燕邻近，故燕师就近往役，韩国之产熊、罴、猫、虎，韩国之贡赤豹、黄罴，皆北方山谷所产。……古今物产有恒，与《诗》吻合。……且《诗》称川泽之美，不及黄河，则梁山非夏阳之梁山又明矣。又貊为韩之附庸地，地必近韩。按《山海经》：‘貊国在汉水东北，地近于燕，燕灭之。’所云汉水者，未详其地。然漾、沔皆名汉，而去燕甚远，则汉字或涞字传写之误。貊国在涞水东北，东界燕之西境，与燕接壤，为燕所并，而其初附庸于韩，固其宜矣。若郭璞曰‘今扶余国，即濊貊故地，在长城北，去元菟千里’，与王符‘灭于卫满，迁于海东’之说合。然荒远之域非韩侯受命之土，四夷虽大皆曰子，不得称侯也。且王锡韩侯以革路，革路以封四卫者，夏阳之韩去王畿近，侯服也。韩与晋、邘同封者，武王之穆也。同姓懿亲，宜受金路之锡，唯此韩国，北界貊狄，去王畿千里，而外隔以大河，故受革路之封，而其命之词曰‘缵戎祖考’，戎，女也。使为夏阳之韩，则武王之裔，韩之祖即周之祖也，而何为疏远之曰‘戎祖’乎。王符去古未远而详于世系之学，故其说差为可据。若以一时有二韩国，则亦犹召公之后封于蓟，姞姓之国封于胙城，皆名曰燕，不嫌于同。”

俞正燮《癸巳类稿》：“《诗》言韩姞，汾王之甥，蹶父之子，则蹶父姞姓，为厉王婿，以燕公族入为卿士。《诗》言‘韩侯迎止，于蹶之里’，知蹶父不在燕，久居周，已有族里，如鲁、凡、蒋、邢、胙在周圻内，《诗》言‘溥彼韩城，燕师所完’‘奄受北国’，韩城在河西，居镐东北，得受王命，为北诸侯长，蹶父亦得假王灵，用其国人，为筑韩城，如晋人城杞，亦戚好赴役，燕、韩同也。”其言虽辩，但是不能结合《诗》中事实。假定是雍之韩城，则是在周畿内，“干不庭方”做何解释？岂以为“韩城在河西，居镐东北，得受王命，为北诸侯长”，即是干不庭方？果尔，则更北之晋国，周初分封时所谓“匡有戎狄”者做何工作！且畿内韩土是原隰高地，农事久已发展，何以要“实亩实籍”？又黄土高原那里是“川泽吁吁，魴鱮甫甫”？不但不及黄河已如王船山氏之指出，蹶父假王灵，用其国人，为韩筑城，如是王畿之人，则何以用“燕师”之名，如为蹶父族里之人，则应用“蹶众”之名有何不可？总之，《韩奕诗》为封近燕之韩，已成定案了。

《尧典》宅嵎夷是也。’王氏曰：‘略，为之封畛也。’曾氏曰：‘地接于夷，不为之封畛则有猾夏之变。’金氏曰：‘首书嵎夷，诸州无此例也。但青州实跨海而有东夷，兼尧命羲和宅嵎夷以候正东之景，故特表于前。’渭按，《后汉书》：‘东夷有九种：曰畎夷、于夷、方夷、黄夷、白夷、赤夷、玄夷、风夷、阳夷。昔尧命羲仲，宅嵎夷，曰旸谷，盖日之所出也。’赞曰：‘宅是嵎夷，曰乃旸谷，巢山潜海，厥区九族。’是以‘九夷’为‘嵎夷’也。金说本此。”又说：“九州唯此书‘略’必有精义，《传》云：‘用功少曰略。’非也。按《左传》曰：‘天子经略，诸侯正封，古之制也。封略之内，何非君土。’又曰：‘封畛土略。’又曰：‘侵败王略。’‘略’皆训‘界’。‘经略’，犹言‘经界’也。王说本此。而曾氏尤善，林少颖称之。”“嵎夷既略”，是平治水土方面的工作。“略”是整理田亩；所谓“我疆我理，南东其亩”，胡、王诸氏的解释“略”字是深合乎农业实际的。

9. 关于“九河既导”等：王念孙父子解“九河既道”，“潍、淄其道”，“沱、潜既道”曰：“《禹贡》‘九河既道’，《传》曰：‘河水分为九道’，‘潍、淄其道’，‘沱、潜既道’，《传》并曰：‘复其故道。’家大人曰：《传》所谓‘道’，非《经》所谓‘道’也。道，通也。《法言·问道篇》曰：‘道也者，通也。’襄三十一年《左传》：‘大决所犯，伤人必多，不如小决使道。’杜预注曰：‘道，通也。’字亦作‘导’。《周语》：‘为川者，决之使导。’韦昭注亦曰：‘导，通也。’《周语》：‘川，气之导也。’韦注曰：‘导，达也’。‘达’亦‘通’也。郑注‘九河既道’曰：‘壅塞，故通利之。’”

胡渭在“导弱水”条下说：“渭按，‘导’亦循行之谓，与‘导菏泽’之‘导’异。禹治水，或躬亲其事，或遣官属往治之。及九州功毕，其水之大而切于利害者有九，禹舟行从源至委，核其治否，故谓之‘导’。非疏、瀹、决、排之谓。先儒皆以‘导’为‘治’，夫治河先积石，治江先岷山，有是理乎？《经》旨郁而不明，可叹也。”

“九河既道”等，是属于兖、青、荆、梁四州的平治水土方面工作；“循行”是属导水方面之事实。王、胡诸氏的解释皆极正确，由此我们知道《禹贡》上唯“导菏泽，被孟潴”一语的“导”似是施人工，我已在《〈禹贡〉的制作时代》一文中谈及。

10.“东原厎平”“至于敷浅原”：《禹贡》上称“原”的有四处：一，是雍州的“原隰厎绩”，原隰为黄土高原（今之陕西等地）的特殊地貌[①]，所谓头、二、三道原等。《小雅》：“原隰裒矣。”这一“裒”（裒，聚也）字

① “覃怀厎绩，至于衡漳”：郭豫才的《覃怀考》(《〈禹贡〉半月刊》第三卷第六期)，以“覃”为沁水，“怀”是地名，一水名、一地名，在一句中同提，《禹贡》中尚无此例。“原隰厎绩”，“原隰”是雍州黄土高原的特殊地貌，“厎绩”是指平土工作达到了猪野泽地。“和夷厎绩”，和夷为一地名或为二水名，不得而知。假定覃怀为一地名，似以金履祥之解释：“覃，大也。怀，地名。太行为河北脊，脊上诸州并山险，至太行山尽头地始平广，田皆腴美，俗称‘小江南’，即古‘覃怀’也。”较为恰当。这样“覃怀”与“横漳”，亦犹“大野”与“东原”；“羽畎”与“峄阳”，正是《禹贡》四字成句之例。但这只是一种推测。至“原隰厎绩”之“原隰”，郑玄不知是西北黄土高原之地貌，说成是邠州的地名，胡渭已为正误，兹节录其说如下：

“《尔雅》：‘广平曰原，下泾曰隰。’‘原’本作‘邍’，《周礼·夏官》有‘邍师，掌辨丘陵、坟衍、邍隰之名’。《说文》‘邍，高平之野，人所登’，‘隰，坂下湿也’。《诗》云：‘畇畇原隰，曾孙田之。’又云：‘原隰裒矣，兄弟求矣。’原隰处处有之。《公刘》云‘度其隰原’，当亦与‘流泉’‘夕阳’相类，非一定之地名也。又如‘复降在原’‘脊令在原’‘隰有荷华’‘隰有苌楚’之类，或单称‘原’，或单称‘隰’，二字可合可离，故《公刘》‘隰原’与‘泉单’为韵，若一定之地名，则岂可颠倒以就韵乎？《周礼》：‘大司徒以土会之法，辨五地之物生……其五曰原隰。’《礼记》‘孟春之月，善相丘陵、阪险、原隰土地所宜’，他书言‘原隰’者尚多，皆非一定之地名也。以《公刘》之‘隰原’为《禹贡》之‘原隰’，义实未安。……

“愚按原隰虽处处有之，而秦中之原独多，地势高下相因，有原则必有隰，其卑于原者即隰也。《西京赋》曰‘于后则高陵平原，据渭踞泾，澶漫靡迤，作镇于近’，此言渭北诸原也。……《西都赋》曰‘郑、白之沃，衣食之源，提封五万，疆埸绮分，沟塍刻镂，原隰龙鳞’是也。渭南亦有原，凡南山之麓，陂陀漫衍者皆原也。……《诗·小雅》云‘信彼南山，维禹甸之。畇畇原隰，曾孙田之。我疆我理，南东其亩’是也。原多则隰亦多，不可胜名，故总谓之‘原隰’……班固叙郑、白之沃，亦称‘原隰’。原隰所该甚广，与大陆相似，谓《公刘》之隰原亦在厎绩中则可，谓《禹贡》之原隰专在豳地则不可也。”

就是描写这种地貌。冀州、豫州也有这种地貌，特不如雍州的显著。二，是冀州的“既修太原”，太原是高大的平原，《传》曰：“高平曰太原……”《伪孔》曰：“太原，原之大者。”这种太原，雍州也有，所谓“薄伐玁狁，至于太原”。曾氏曰（依胡渭引）：“太原，汾水所出。……‘既修太原’……道汾水故也。”此说是把冀州作为帝都，汾水又为帝都大水，所以特别把它说出，为贡道留余地。不知《禹贡》为周制，冀州并非帝都。“既修太原”者，也是农业上的整地工作，并不是治汾水，所以《禹贡》并未提汾。曾氏之说，可谓无中生有。当然土平则水治，二者是有联系的。三，即徐州的“东原底平”。胡渭说：“《史记集解》曰：‘郑玄云：东原，地名。今东平郡即东原。’《索隐》曰：‘张华《博物志》云：“兖州东平郡，即《尚书》之东原。”’孔疏本此。今东平州及泰安之西南境是也。《左传》僖元年：‘公赐季友汶阳之田。’注云：‘汶水北地。’《水经》：‘蛇水出冈县东北太山，西南流径汶阳之田，齐所侵也。自汶之北，平畅极目。’《元和志》：‘汶阳故城在龚丘县东北五十四里，其城侧土田沃饶，故鲁为汶阳之田。龚丘，今宁阳也，县本鲁阐邑。’杜氏《春秋释地》曰：‘阐在冈县北者也。讙邑亦在县界，即定十年齐人所归之讙田矣。东原土田沃饶，而地势下湿。故先儒言水患既平始可耕作也。’济水自梁山东又北径须昫城西，又北径微乡东，又北径须昌县西，《经》所云会汶而又北者。《春秋》庄公三十年：‘公及齐侯遇于鲁济。’又《襄公十八年》：‘诸侯会于鲁济，同伐齐。’杜预曰：‘济水历齐、鲁界，在齐界为齐济；在鲁界为鲁济，盖鲁地也，谓是水之滨矣。’”我们由这些材料可以看出东原在平治水土之后是极良好的一个农业耕种地，所以《鲁颂》有“遂荒大东”之说，这一“荒”字有人解作“有”或“奄”义，我以为“天作高山，大王荒之”之“荒”，朱熹解为“治”，在这里“荒”字意义同，即治理田亩之意。四，导山“至于敷浅原”。胡渭说：“《传》曰：‘敷浅原，一名傅阳山，在扬州豫章界。’《正义》曰：‘《地理志》：豫章历陵县有博阳山，古文以为敷浅原。’朱子曰：‘过九江至于东陵者，言导岷山之水，而是水之流，横截于洞庭之口，以至东陵也，是汉水“过三澨”之例也。过九江而至于敷浅原者，言导岷阳之山，而导山之人至于衡山之麓，遂越洞庭之尾，东取山路，以至敷浅原也。是导岍、岐、荆山而逾于河以尽恒、碣之例也。’渭按九江即洞庭，说见荆州。《汉志》‘傅易山，傅读曰敷’，今注疏本作‘博’，字之误也。晁以道云：‘饶州鄱县界中，有历陵故县及傅阳山。’其说近是。”胡渭这段话中，包括了两件事，一是把敷浅原放在彭蠡附近，这是以九江在扬州。所以孔颖达说：“《地理志》：‘豫章历陵县有博阳山，古文以为敷浅原。’”一是朱熹主洞庭为九江，又凝敷浅原即是匡庐。后人还说：“庐阜虽高而其原田连亘，人民奠居，所以有敷浅原之名。”不知原与山有别。王船山说：“广平曰原，匡庐矗起壁立，不得谓之原也。”我以为这个“原”，即现京粤线中湘鄂铁路所贯穿的一大片地方（东西可能越过湘、赣分水岭，而达到古代扬州之境），这片地方虽上有邱陵，从高处鸟瞰是一大平原，或即所指的敷浅原，其理由：一、邱陵起伏之大地，可称原者，正是长江中游地貌的特点。二、与导山“过九江”之说相符。三、例以太原、东原等，不应如傅阳山等那样狭小。此种邱陵起伏之原，或古代人不知利用为农事种植地，故《禹贡》不列入平治水土内。这里古代人民的生活，或多靠森林与猎狩。植物有杶、干、栝、柏，竹类也甚多。“荆州惟箘、簵、楛，三国底贡”的三国，当是《禹贡》中不易解决的问题。倘若“三国”即吴起所称的“三苗之国”，则“敷浅”二字可能是古代留下的民族语言（王耕野以“敷浅”为平旷之地，似从“浅”字着眼，但“浅”亦有作“灭”者）。但这些只是个人的推测。

从上面四种“原”比较来看，雍州的黄土高原称“原隰”者，是周初农业开基之地。冀州的“太原”和徐州的“东原”，这两种“原”，在《禹贡》时代已开始大规模利用。唯荆州的“敷浅原”，因上有丘陵起伏，列入导山而未被利用，因其是红土而又是植物丛生地带。但自解放后，在伟大的党领导下，“因地制宜”，已开始大规模地种植桐茶；至邱陵中的小形土地，在宋以前劳动人民已创为梯田，作为稻田合理利用了。

11.“大野既猪”“至于猪野”：李素英的《大野泽的变迁》一文（见《〈禹贡〉半月刊》第一卷第九期），对大野泽的历史做了详尽的叙述，是有用的参考资料。大野泽即宋之梁山泊，今为南旺湖。这个泽往覆变换，由今之南旺湖尚可推见其大概。至雍州的猪野，据胡渭说：“《水经》：‘都野泽，在武威县东北。’注云：‘县在姑臧城北三百里，东北即休屠泽也。古文以为猪野。’《地理志》曰：‘谷水出姑臧南山，北至武威入海，届此水流两分：一水北入休屠泽，俗谓之西海；一水又东径一百五十里入猪野，世谓之东海，通谓之都野矣。’（《太康地记》云：“河北得水为河，塞外得水为海。”）晋省武威入姑臧，故《括地志》云‘猪野泽在凉州姑臧县东北二百八十里’也，旧志谓白亭海即猪野泽。今按《元和志》：‘白亭军在姑臧县北三百里马城河东岸，因白亭海为名。白亭海，一名会水，在肃州酒泉县东北一百四十里以北有白亭，故名白亭海。是军与海东西相距八九百里，徒遥取为名耳。后人以军在姑臧而名白亭，遂混为一处。《陕西行都司志》云‘白亭海，一名小阔端海子，五涧谷水流入此海’，盖误以休屠泽为白亭海也。”这里有所谓休屠泽、白海亭等名称，也表现这个泽的变迁情形与大野略同。这两个泽一在西周疆域的东方（徐州），其一在西方（雍州），各附加一个“野”字，这两个“野”字当是地貌代表的名称。我们欲了解大野泽的“野”字意义，当从“东原底平”上去着想，即平治水土后，东原既被农业利用，大野即专成为猪水之泽了。至雍州之猪野，是与原隰相关的，原隰地貌尽处，猪野泽出现。原隰是高下相连；猪野当是“浩浩乎平沙无垠”。《小雅·小明诗》：“我征徂西，至于艽野。”这个艽野不知在何处？（这是宗周时的诗，“西”当指雍州西部。雍州之地有原隰地貌，也有太原地貌。至“野”一地貌应在极西。）如艽野为蓬草之野，这一艽野或与猪野有点关系。

12.“蔡、蒙旅平，和夷底绩”（梁州）：“蔡蒙”是一山或二山，历史上颇有争论。我们若知道“旅”非祭祀，是开山道去和夷地区，则这蔡蒙应是山系，应结合和夷所在地去研究。但和夷所在地又是历史争论不决的问题，我们在此，仅可做点概括说明。胡渭说：“《地理志》云：蒙山在蜀郡青衣县。应劭曰：‘顺帝改曰汉嘉县。’蔡山不知所在。……苏氏曰：‘蒙山今曰蒙项。’渭按：‘今雅州北有青衣废县，蒙山在州南。……’《史记集解》引郑玄曰：‘《地理志》，蔡蒙在汉嘉县，汉嘉即青衣。’今按《志》有蒙山无蔡山。而郑云然，盖以蔡蒙为一山也。《孔疏》云：‘蔡山不知所在。’……阎百诗云：‘蔡山，班《志》、郦《注》并阙。唐孔颖达、司马贞并言不知所在。而宋政和中欧阳忞书曰：“蔡山在严道县。”可信乎？及遍考隋、唐《地理志》《元和志》《通典》《寰宇记》《九域志》，严道无所谓蔡山也。忞同时叶少蕴传《禹贡》，复指周公山以当之，又可信乎？或曰：然则蔡山终竟不知邪？曰：要就《禹贡》蒙山以求，最为近之。如大史河不知所在，就九河间以求，惇物山不知所在，就汉武功县东以求，虽不中不远。而必凿凿指实，恐涉附会，论笃者弗取焉。’渭按百诗言最善，就蒙山以求，其唯峨眉乎？”胡渭以峨眉为蔡山，证据虽多，但峨眉孤峰，未必能于其上开山道？郑玄以蔡蒙为一山，蔡蒙在青衣江上，从这山系可能是去和夷的路。这样是一山二山，苟无实据，即不必去争论。

关于《禹贡》用字涵义已简述于上。历代学者对《禹贡》全篇做分析的有数家，但因他们不知《禹贡》是周制，故其论点颇似隔靴搔痒，但较之经生食古不化者终属有别。兹举四人为例：

（1）张九成

“张氏曰（依胡渭所引）：‘此一篇以为史官所记邪？而其间治水曲折，非史官所能知也。’窃意‘禹敷土，随山刊木，奠高山大川’，此史辞也。‘禹锡玄圭，告厥成功’，此史辞也。若夫自‘冀州’至‘讫于四海’，皆禹具述治水本末，与夫山川之主名，草木之生遂，贡赋之高下，土色之黑白，山川之首尾，川之分派。其所以弼成五服，声教四讫者，尽载以奏于上，藏之史官，略加删润，遂结成书耳。”张氏把前三句与末二句和全文分开去看，是其特识。

（2）王船山

王氏《书经稗疏》“决九川”条：“禹之治水，其事凡二，先儒多合而为一，故聚讼而无所折衷。《尧典》所谓‘洪水方割’者，大抵河水为害也。……九河未宣，河之下流弥漫于兖、豫之野，而兖、豫之患尤甚。盖河自太行而东，南北两崖平衍沙壤，水无定居，随所奔注辄成巨流……《孟子》亦以‘疏九河，瀹济、漯’为首功者，此之谓也。大河既平，中原底定，人得平土而居之，此则治滔天洚水者，其一也。若禹所自言‘决九川，距四海，浚畎浍，距川’者，则洪水既平之后，因以治天下之水为农计也。故曰‘烝民乃粒’，又曰‘荒度土功’。《论语》亦曰‘尽力乎沟洫’。而《禹贡》所纪定田赋，‘六府孔修，庶土交正’，不复以民免昏垫为言，此则遍履九州，画其疆埸，作其沟浍，涝患可蠲，旱亦获济。故《诗》称之曰：‘维禹甸之。’此以开三代井田之基者，又其一也。所以然者，当禹之时，大河北流，未与淮通，而南条诸水，限以冥阸、灊霍、楚塞诸山，则势不得与江、淮相接。至荆之南土，梁之西陲，较豫、兖之野，高下相去不知几百里，使浩浩滔天，漫及荆、梁，则兖、豫、青、扬，深且无涯，久不复有人矣。雍、梁、荆之地，山高岸峻，水即壅泛，不足为民患。……然则九川之决，畎浍之濬，平土也。龙门之凿，九河之播，平水也。舜曰：‘禹平水土’，两纪其功也。先后异时，高下异地，濬治异术，合而为一则紊矣。”船山氏把历史上对禹治洪水之夸张说法，和农业实践中的平治水土工作分开来看，且从自然现象方面加以说明。这是用科学方法研究《禹贡》的开端。

（3）顾亭林

顾亭林《日知录》论古来田赋之制，结语云：“然则周之疆理，犹禹之遗法也。”已把《信南山诗》与《禹贡》一篇结合去看了。

（4）胡渭

胡渭在《略例》上说：“《山海经》《越绝》《吕氏春秋》《淮南子》《尚

书·中候》《河图括地象》《吴越春秋》等书，所言禹治水之事多涉怪诞，今说《禹贡》，窃附太史公不敢言之义，一切摈落，勿污圣经。”这是他对禹治洪水有了怀疑，虽因时代限制尚不敢怀疑《尧典》《皋陶谟》等篇和《孟子》之说，但对于有权威的《吕氏春秋》《淮南子》等已评其“多涉怪诞”了。所以他在“导弱水”条下说“导是循行，与导菏泽有别”，这是他的卓见。

自张九成到胡渭，约五百年。我国杰出的学者若王船山、顾亭林、胡渭等已敢于讨论《禹贡》的基本问题，只惜他们尚不敢从事《禹贡》制作时代的研究，这是受时代的限制，亦无足怪。

# 第六解　平治水土

《禹贡》平治水土表

| | 水 | 泽 | 沱　潜 | 原　隰 | 土 | 高、平原 | 丘　陵 | 山　岳 | 治　路 | 与兄弟民族平治水土 |
|---|---|---|---|---|---|---|---|---|---|---|
| 冀　州 | （覃怀厎绩）[一]<br>至于横漳<br>恒卫既从 | （恒卫既从）<br>大陆既作 | | | | 既修太原<br>至于岳阳<br>覃怀厎绩 | | 既载壶口<br>治梁及岐 | | |
| 兖　州 | 九河既道<br>（雷夏既泽）<br>灉沮会同 | 雷夏既泽 | | | 桑土既蚕<br>（是降丘<br>宅土） | | 是降丘<br>宅土 | | | |
| 青　州 | （嵎夷既略）<br>潍淄其道 | | | | | | | | | 嵎夷既略 |
| 徐　州 | 淮沂其乂 | 大野既猪 | | | | （大野既<br>猪）东原<br>厎平 | 蒙羽<br>其艺 | | | |

续表

| | | | | | | | | | | |
|---|---|---|---|---|---|---|---|---|---|---|
| 扬　州 | 三江既入 | 彭蠡既猪<br>（阳鸟攸居）<br>（三江既入）<br>震泽厎定 | | | | | | | | |
| 荆　州 | 江汉朝宗于海，<br>九江孔殷〔二〕 | （沱潜既道）<br>云土梦作乂 | 沱潜既道 | | 云土梦<br>作乂 | | | | | |
| 豫　州 | 伊洛瀍涧<br>既入于河 | 荥波既猪，<br>导菏泽，被<br>孟猪 | | | | | | | | |
| 梁　州 | | | 沱潜既道 | | | | | 岷嶓既艺 | 蔡蒙旅平 | 和夷厎绩 |
| 雍　州 | 弱水既西<br>泾属渭汭<br>漆沮既从<br>丰水攸同 | | | 终南惇<br>物、至于<br>鸟鼠、原<br>隰厎绩<br>（至于猪<br>野） | | | | | 荆岐既旅〔三〕 | 三危既宅<br>三苗丕叙 |

〔一〕凡表上作（）号者，是二者有内在的联系，如“（沱潜既道），云土梦作乂”。这说明荆州的云泽之土出现；“梦泽”开始（“作”字，依王念孙父子解释）耕作，是由于沱潜已通，水有所归了。也是平治水土之成功。

〔二〕“江、汉朝宗于海，九江孔殷”：研究《禹贡》者，对此有不同之说法。郑玄以为“殷，犹多也。九江从山溪所出，其孔众多，言治之难也”这一说不合理，已为一般人所驳斥。蔡《传》：“孔，甚；殷，正也。九江水道已得其正也。”王船山说：“殷之为言中也，盛也。物中则盛，故殷亦为盛也。九江孔殷者，言九江之流甚盛也。所以然者，以江、汉朝宗，九江孔盛，文义相连，汉合于江，江行以缓，故九江为之盛也。”胡渭说：“《说文》，‘殷，作乐之盛’，称引《易》‘殷荐之上帝’，《周礼》‘陈其殷’，又‘殷见曰同’。郑注云：‘殷，众也。’则殷有众盛之义。‘孔殷谓众水所会。其流甚盛也’。”俞樾说：“《传》曰：‘江于此州界分为九道，甚得地势之中。’樾谨按《史记》作‘九江甚中’。枚义即本史公说。然以《经》例求之，如‘九河既道’‘三江既入’之类，末一字皆言水之治。‘九江孔殷’，亦当同之，殆非甚中之谓也。今按‘孔’当训‘大’，老子‘孔德之容’，河上公注曰：‘孔，大也。’殷，犹定也。《尧典篇》‘以殷仲秋’，《五帝纪》作‘以正仲秋’；‘以闰月定四时’，《五帝纪》作‘以闰月正四时’。史公以训诂字易经文，‘殷’训‘正’，‘定’亦训‘正’，然则‘殷’‘定’同义，固尚书家之师说矣。九江孔殷者，九江大定也。言九江之水东合大江，故水势大定也。”

以上各说，唯俞樾从能平治水土方面着眼，可以说是正确的。《史记》以“孔殷”作“甚中”，已得其解；蔡《传》从之，而未说出所以然。《伪孔》把《史记》的“甚中”，演绎成为“得地势之中”，那就很费解了。俞樾把“殷”训“定”，从《史记》“殷”训“正”推出，但解“孔”从河上公注训“大”，恐非西周人用“孔”之习惯。“孔殷”作“甚中”“甚定”均可以，因江、汉已朝宗于海，九江之水不复泛滥，中道而行，这与“既入”“既道”“既西”等同为言水之已治。至胡渭与王船山解“殷”为“甚盛”，则适与平治工作相反，不合实际。

〔三〕荆、岐既旅”（这一“旅”字，王念孙父子做了确切的解释）是在渭北原隰农业区治路。岐为梁山山脉，我已做了说明（见第一编），至荆山如何？阎百诗《尚书古文疏证》说：“按《寰宇记》煞有不可晓者，既知北条荆山班注于左冯翊怀德县下，但当求汉怀德县所在，则知《禹贡》荆山所在，奈何耀州富平县西南十一里怀德故城曰‘非汉怀德县也’，又于富平县之掘陵原，复实以《尚书·禹贡》荆山，谓此不自相矛盾乎？县非汉县，将山仍汉山乎？及予讨论同州朝邑县有怀德城，曰汉县在今县西南三十二里怀德故城是。证以班注荆山下有强梁原，原，乐史谓之朝坂也。班注怀德有洛水，东南入渭，乐史谓城在渭水之北也，历历不诬，独不载有荆山耳。其实荆山即在此。……又按复讨论得《史记正义》引《括地志》‘荆山在雍州富平县，今名掘陵原’，是承认已久。《隋地志》亦载富平县有荆山。又得《绛侯世家》引《括地志》‘怀德故城在同州朝邑县西南四十三里’，里数较乐史不合，应是县治有移。余曾客朝邑数日，觉其治基颇高，乃置诸强梁原之上。说者谓原即荆山北麓，则可以知荆山所在矣。”按阎氏这一考证是正确的。我们由此知所谓荆山是指强梁原，即乐史所谓朝坂，是原隰地貌的农业垦区，非指某一山峰。这与《信南山诗》“畇畇原隰”是遥遥相对，皆是记农事。北与导山的“导汧及岐，至于荆山，逾于河”；南与导山“西倾、朱圉、鸟鼠，至于大华”记开辟山道者是两回事情。

（一）清代崔述说：“《尚书·禹贡》……每州为一章，章各分三节，第一节，平治水土之事；……第二节，土田赋之别；第三节，贡篚包之制；而从冀州域始之，以识贡道终之。此九州之章法次第也。”从前研究《禹贡》九州者，对土壤、田赋及贡品、贡道等有列表说明的，惟对平治水土独付阙如，我在这里试作如上简表，希读者指教。

（二）我国古代所称平治水土，现在农学界则称“水土保持”。这两种名称虽然不同，但它们的涵义有共同之处，不过现在的水土保持工作，在党的领导和重视下，已有许多的创造，决非旧日“平治水土”四字所能包括。这是我们应该认识的。

（三）周初平治水土（即水土保持工作），刘向《列女传》已有记载，《诗·小雅》且有实例，我已略述于第一篇中了。

（四）我在表中特别列出梁、荆两州的“沱、潜既道”，现在川、甘、青边区所谓草原之沮洳地，也可以说是一种沱、潜现象。我国历史上劳动人民用梯田、陂泽、堰塘等消灭沱、潜的这一些方法，他年变川、甘、青沮洳地为耕地时，或仍有参考价值。

（五）《小雅·信南山》：“信彼南山，维禹甸之。畇畇原隰，曾孙田之。我疆我理，南东其亩。”（《毛传》：曾孙，成王也。笺云：信乎彼南山之野，禹治而丘甸之，今原隰垦辟，则又成王之所佃，言成王乃远修禹之功。）由这首诗中，我们可知周初对原隰垦辟为耕地的情况，已从北山向南山发展了。换言之，即从渭水之北，梁、岐山脉向渭水之南终南山脉（现称秦岭）

从事新的原隰垦殖工作了。这当是周初统一后农业发展的必然趋势。在这里，我还要提出一个历史上争论不决的“终南、惇物”问题来谈谈。

“终南惇物，至于鸟鼠”的“惇物”是山非山，如何判断？胡渭在“终南、惇物”条下说：

> 《诗·秦风》曰：“终南何有，有纪有堂。”《传》云：“周之名山曰终南。”亦作“中南”。《左传》司马侯曰：“中南，九州之险是也。”《汉书·东方朔传》曰：“南山出玉、石、金、银、铜、铁、良材，百工所取给，万民所仰足也。又有秔、稻、梨、栗、桑、麻、竹箭之饶，土宜姜、芋，水多蛙、鱼，贫者得以人给家足，无饥寒之忧。”《地理志》曰：“鄠、杜竹林，南山檀、柘，号称陆海，为九州膏腴。”《关中记》曰：“终南，一名中南，言在天下之中，居都之南也。”
>
> 终南之名唯见于《秦风》，而《小雅》则称“南山”，不一而足。又有北山，盖南山谓都南诸山，终南、太一在焉；北山谓都北诸山，九嵏、甘泉、巀嶭等也。古终南止于盩厔。自秦襄公取周地为诸侯，徙都于汧，国人作诗以美之，以终南起兴。终南远接岍、岐，盖自此始。说者遂以终南蔽南山，谓西起秦陇，东彻蓝田，横亘八百里，皆终南矣。汉人又以都南之山为“秦岭”，《西都赋》云“睎秦岭”是也。而终南则以武功之太一当之。若盩厔以东，无终南焉，殊不可晓。今按张衡《西京赋》云：“若前则终南、太一。”潘岳《西京赋》云：“面终南而背云阳。”又云：“太一巃嵸。”李善注云：“《汉书》：武功县有太一，古文以为终南，此赋下云太一，明与终南别山。”《西京赋》云：“于前则终南、太一。”二山明矣，此说是也。窃意太一、垂山皆《禹贡》之惇物，后人改名，离为二山耳。《水经注》云：“太一山亦曰太白山，在

> 武功县南，去长安二百里，不知其高几何。俗云武功太白，去天三百。”杜彦达曰：“太白山南连武功山，于诸山最为秀杰，冬夏积雪，望之皓然。”《郿县志》云：“太白山在县东南四十里，渭水之南，东连武功县界。”《武功志》云：“太白山在县西南九十里，亦名太乙山。接郿县及盩厔界。”而垂山，则但述《汉志》语，其形体若何，高大几何，莫能言之。盖垂山则太一之北峰，无二山也，俱在县东，故莫得而判焉。后人又以太一之南为武功，其北为太白，在《禹贡》则总为惇物。郭景纯所谓一实而数名者也。程大昌《雍录》云：“终南山既高且广，多出物产。故《禹贡》曰‘终南惇物’，不当别有一山自名惇物。”此臆说也。经文简奥，“鸟鼠同穴”已省却二字，而“终南”之下加以“惇物”，不几成附赘县疣耶。

胡氏斥程大昌“终南惇物”解为臆说，但他自己又不能划清终南与惇物界线，而确定惇物一山之所在地。魏源《书古微》“释道山北条阳列”附说：“问‘终南惇物，至于鸟鼠’，或谓起陇山及南山，皆谓终南；或谓止太乙一山，而惇物则莫知所在者，何？曰：《地理志》：‘右扶风，武功，太一山，古文以为终南；垂山，古文以为惇物。’《水经》：‘陇山、终南山、惇物山，在扶风武功县西南。’此并以太白山即终南，其武功山为惇物，故古有‘武功、太白，去天三百’之谚，此《古文尚书》说也。《隶释》载《汉无极山碑》云：‘有终南之惇物，岱宗之松，扬越之筱簜。’洪氏适谓：‘以惇物为终南所产，与松筱同科。’此欧阳、夏侯书说。程氏大昌本之，谓‘终南产物殷阜，故称“惇物”，非别有一山’。考此文与‘原隰厎绩，至于猪野’耦文对举，‘惇物’正与‘厎绩’对文，此《今文尚书》说也。其释惇物虽殊，而释终南为太一山，则古今文无异说。《伪孔传》及《括地志》皆本之。《武功志》复云：‘太白山一名太乙山。’此并以太乙山为太白山，两名一实。

自家法不明，信道不笃，于是有析终南与太乙山为二者；有以长安南面之山，有盩厔以东皆终南者；有并西起陇山、东及秦岭，凡商颜、太华皆谓之终南者，因有谓华山为惇物者；有谓惇物宜近南山，而以太乙山及武功山为皆惇物者。”魏氏并列举五征，第五征末说：“古文家不察经谊，强以惇物为山名，而自来杨、马、左思词赋侈铺名胜以及秦人土语，从无一言及于惇物之山者，凿空之词，终难征实，证五也。”这已为程大昌说增加了有力证据。但他不知《禹贡》是周制，所以立说虽佳，也不能说明其所以然。我现就程、魏之说作几点补充。

1. 我们知道《禹贡》是周制，周初农业是在梁山山脉渭水之北进行的，《周颂》“天作高山，大王荒之”即指这一带地方，我已述于第一篇。至成王时开始经理南山原隰之地（即《禹贡》之终南，有《小雅·信南山》一诗可证）。渭水流域南北气候不同，产物各殊，这是凡到过秦中的人都知道的。南山因有森林，水源充足，作物生长茂盛，远非北山（梁山山脉）可比，所以《禹贡》作者在这里特用“惇物”二字来形容农业经营之成功一直达到了“鸟鼠”之野。这里“鸟鼠”二字是指鸟鼠同穴之地，即现今之陇上高原，当非特指某一山名鸟鼠同穴者。

2. 惇物之“惇”，《史记》“敦”[①]。《大雅·行苇诗》：“敦彼行苇，牛羊勿践履，方苞方体，维叶泥泥。”《毛传》：“敦，聚貌。行，道也。叶初生泥泥。”郑笺云：“苞，茂也。体，成形也。敦，敦然道旁之苇，牧牛羊者，毋使践履所伤之。草物方茂盛，以其终将为人用。”从这一“敦”字和结合周初的农业发展情形看，所谓“终南惇物”者，不仅如程大昌所言“终南产物殷阜，故称惇物”的天然物产之多，实亦指农产品的丰富。《信南山诗》：“上天同云，雨雪雰雰，益之以霢霂，既优既渥。”此指南山雨雪

① 成蓉镜《〈禹贡〉班义述》曰：“惇、《夏纪》作敦，《志武功（下）》亦作敦，《后汉·无极山神庙碑》敦物正作敦，是古今文皆作敦，惇盖后人据枚书改。”

之多，对农作物有利，所以有“既沾既足，生我百谷，疆埸翼翼，黍稷彧彧”的记载。这样种植成功而称“惇物”，与平土成功而称“厎绩”正是对文，魏源之说就确切不易了。

（六）关于水与泽与水土保持及治水之关系：我们举灵王二十二年（公元前 550 年，即鲁襄公卅四年）太子晋的谈话来作说明。是年，周的谷、洛两水斗，快把王官冲毁，灵王想壅土防止。太子晋说：“古之长民者（韦昭注〔下同〕：长，犹君也）不堕山（堕，毁也），不崇薮（崇，高也。泽无水曰薮），不防川（防，障也。流曰川），不窦泽（泽，居水也。窦，决也）。夫山，土之聚也；薮，物之归也；川，气之导也（导，达也。《易》曰：山泽通气）；泽，水之钟也。夫天地成而聚于高，归物于下（聚，聚物也。高，山陵也。下，薮泽也），疏为川谷以导其气（疏，通也），陂塘污庳以钟其美（畜水曰陂塘也。美，谓滋润也）。是故聚不阤崩而物有所归（大曰崩，小曰阤），气不沉滞而亦不散越（沉，伏也；滞，积也；越，远也）。是以民生有财用……而无饥寒乏匮之患。……古之圣王，唯此之慎（慎逆天地之性也）。”

谷、洛两水争斗的情形：据韦注：“谷水盛出王城之西，而南流合于洛水，毁王城西南，将及王宫。”或是谷水上游植被破坏，或薮泽川流堙塞的结果。又据韦注：“王欲壅防谷水，使北出也。”所谓“壅防”是治水工程。而太子晋却反对这种举动，认为“不堕山，不崇薮，不防川，不窦泽”，才是治水的基本方法。

我们知道治水工程与水土保持是紧密结合的，而太子晋所举的四点完全是水土保持的范畴。由《禹贡》在平治水土方面记载九州、水与泽之详细，知道他上面的一段名言虽是代表春秋时代一般人之思想，可能其来源本之《禹贡》。

（七）关于土、高原、平原、丘陵、山岳等的解释，已详前节《〈禹贡〉用字之涵义》中，大概周初冀、兖、徐、荆、青农业都有一定基础。惟梁州在高山地带种艺，农业或未十分发展，扬、豫二州则皆在大泽与江、河附近发展农业。

从上表看，自水到沱潜，自土到山岳共有八项。我们知道，平治水土是农业的基本工作。如果从农业的观点去看，无论沱潜、薮泽、丘陵、山岳，不过是水与土两项。《小雅》："原隰既平，泉流既清。"《毛传》："土治曰平，水治曰清。"我们知道土与水是内在相关的，即土平则水清。我国古代劳动人民在丘陵、山岳中不同的地形上耕作，在宋代以前就创造出了梯田制度，是平治水土的极高成就。明代杰出的农学家徐光启说："均水田间，水、土相得。……三夏之月，大雨时行，正农田用水之候，若遍地耕垦，沟洫纵横……必减大川之水。先臣周用曰：'使天下人人治田，则人人治河也。'"即精辟地说明了这一事实。

（八）西周时代，所谓兄弟民族多在边区，冀州之鸟夷，青州之嵎夷、莱夷，徐州之淮夷，扬州之乌夷，荆州之三国（或即南方之三苗），梁州之和夷，及雍州之三苗、昆仑、析支、渠搜等皆是。这与东周时代有殊，我现引魏源《诗古微》一段，以做参考。

问曰：子据郑谱，后王于豳，为"《诗》亡然后《春秋》作"之由。然周之东迁，势已不竞，《春秋》不始于平王之初年而迟之以俟四十九年者何？曰：……方平王之初立也，外迫戎翟之祸，而岐、丰既非所有；内畏携王之逼，而西畿亦不敢居。故始立仅依于申，继遂东迁于雒。……及二十一年，晋文侯既替携王以除其逼，秦文公亦破戎复故畿以献之周。苟有中兴拨乱之志，复归旧都，号令天下，任卫武修其内，倚秦、晋攘其外，安见不可复宣王之旧。故武公《抑篇》作于耄年，而曰"修尔车马，弓矢戎兵，用戒戎作，用逖蛮方"，《匪风》之诗曰"谁将西归，怀之好音"，皆犹惓惓于平王之光复旧物。此时而遽以《春秋》继《诗》，绝之于王迹，圣人不若是恝也。而平王弁髦故都，偏安下国，西畿故地渐为戎薮。《后汉书·西羌传》曰："及平王之末，周遂陵迟，戎逼诸夏，自陇山以东及乎伊、雒，往往有戎。于是渭首有狄、豲、邽、冀之戎，洛川有大荔之戎，渭南有骊戎，伊、洛有杨拒、泉皋之戎，颍首以西有蛮氏之戎，当春秋时闲在诸夏与盟会。然则戍申、戍甫皆平王末年之事，夷狄始不可制，王迹遂不可复矣。"盖西周以前，戎狄虽代为边患，至其错处中夏，实始东周之世。北狄则灭邢、卫，病燕、齐，至出襄王而立叔带；西戎则逼处伊、洛，东侵曹、鲁，甚至入王城而寇京师。故《公羊传》言"中国不绝若线"，《论语》言"微管仲，吾其被发左衽矣"。《春秋》欲不以攘夷予齐、晋，存伯功，继王迹，其得已哉！

附：

## 我国水土保持的历史研究

一九五七年秋，我曾参加了西北科学院农业生物研究所（现改称土壤生物研究所）的综合考察队，去陕北实地考察水土保持工作，见到了群众在党的领导下对水土保持方面创造了许多惊人的奇迹。

返西北农学院后，即多方搜集有关水土保持的文献，有意从历史的角度试探我国几千年来的水土保持工作。

在一九五七年全国第二次水土保持会议时，邓子恢副总理说："水土保持工作，是一项伟大的历史任务。可以说从春秋战国时代起，就已开始了对水土资源的破坏，而我们这一代则要完成千百年遗留下来的艰巨任务。"又说："据说黄河中游，经历春秋战国五霸七雄时代的连年战争，山林遭受很大破壞，水土流失也就越来越重。《孟子》说：'河内凶则移其民于河东，河东凶亦然。'河东就是山东，河内就是河北，移民搬家，颠沛流离，都是水土流失造成的灾害，几千年的水土流失，要我们今天来改造，这是一个伟大的历史任务。”

邓老这些指示是如何的深切显明。我们搞农业工作的同志们，是有责任把我国古代劳动人民在生产实践中，对水土保持方面所创造的成绩，从埋藏于故纸堆中发掘出来。这是党号召整理祖国农业遗产的光荣任务。

我这篇不成熟的论文，不过希望在这一方面，起一点极微小的促进作用。唯我国历史悠久，文献浩如渊海，个人政治水平与历史知识有限，大胆从事这样一个重点题目的研究，错误必多，希望同志们多加指正①。

**一九五八年国庆前夕于西北农学院古农学研究室**

## （一）水土保持与平治水土的涵义

现在一般人所称的“水土保持”四字，是三十年前我国农学界人士所倡导的名称；我国古代则称为“平治水土”②。这两种名称虽然不同，但它们的涵义有共同之处。

《尚书》周穆王时（公元前956年）作《吕刑》，有“禹平水土、主名山川，稷降播种、农殖嘉谷”的说法。这里说的禹平水土，便是指当时禹所做的是保持水土的工作和稷所做的是农殖嘉谷的工作，都是农业上主要的环节。（至于战国时，夸大禹疏九河等治水的巨大工程，那是另外一回事，我另有专文讨论。）可由春秋时孔子对禹的赞扬来作证明。

《论语》记大禹事迹有二则：

---

① 这篇论文西北农学院古农学室姜义安同志协助抄写；康成懿同志协助写作，西北农学院党委、副院长第一书记陈吾愚同志为我阅过大部分稿件，特此致谢。

② 张含英编译《土壤之冲刷与控制·序》中说：“我国上古之时，平治水土之法，讲之甚详。”他在十多年前已把“平治水土”和“水土保持”二名词等同起来了。

1.《泰伯第八》:“子曰:禹,吾无间然矣。”孔安国曰:“孔子推禹功德之盛,言己不能复间厕其间也。”朱熹注:“间,去声,罅隙也。谓指其罅隙而非议之也。”

这两种解释,以朱熹之说,近乎实际。

“卑宫室,而尽力乎沟洫。”朱熹注:“沟洫,田间水道,以正疆界,备旱潦者也。”

从以上可知,春秋时孔子所说的禹,是搞田间水利工程的圣人。

2.《宪问第十四》:“南宫适问于孔子曰:‘禹、稷躬稼,而有天下。’”马融曰:“禹尽力于沟洫,稷播殖百谷,故曰躬稼也。”

马融的解释,将水利与种殖百谷同看作躬稼之事,是合乎“农以水为命”的原则的。

我们由上面这些,可以说《吕刑》上的“禹平水土”,即现在农业上的“水土保持”工作。讲到“土”,人们希望它不流失;至于“水”,果能使它完全不流失?似乎是不可能的。如果统一水与土的矛盾,用“平治水土”较“水土保持”的名称还合情理。但一般人已习惯使用“水土保持”,所谓“约定俗成”,当然不必改从古称了①。

## (二)西周(《小雅》时代)的水土保持工作的实例

我们已知道古代说“平治水土”,已包涵在今之水土保持意义中,现在试探讨西周时的平治水土情况。

周代的史料,幸存《诗三百》。从这三百篇歌谣的真实资料中,使我们知道古代劳动人民的水土保持工作的梗概。《小雅·黍苗章》述召伯营谢。

① 现在的水土保持工作,在党的领导下,在群众的实践中,已有许多新的创造,远非旧日的“平治水土”四字所能包括,我们也不应改从古称。

我现摘录于下（按宣王七年王锡申伯命。这一事，可能在公元前821年）：

芃芃黍苗，阴雨膏之；

悠悠南行，召伯劳之。

（郑玄笺：宣王之时，使召伯营谢邑，以定申伯之国。将徒役南行，众多悠悠然，召伯则能劳来劝说以先之。）

我任我辇，我车我牛……

我徒我御，我师我旅……

肃肃谢功，召伯营之，

烈烈征师，召伯成之。

（郑玄笺：美召伯治谢邑。）

原隰既平，泉流既清；

召伯有成，王心则宁。

（《毛传》：土治曰平；水治曰清。郑玄笺：召伯营谢邑，相其原隰之宜，通其水泉之利……）

"原隰"应视为西北黄土高原的地形之特有名称。据毛公在《诗经·皇皇者华章》的解释："高平曰原；下隰曰隰。"以我们今日的了解，"原"为高平原之通称。西北高原，皆由一个个平原相叠而成（如称高原为头道原。下隰之隰，或是现称二道原或三道原）。召伯带领劳动人民（换句话说，也就是奴役劳动人民）为申伯经营谢邑，做到"原隰平，泉流清"的境地，是水土保持的极高目标。这可以想象当时劳动人民的"我疆我理，南东其亩"的整田工作。

## 古代有关水土保持的几种重要文献的时代推测

我们谈古代水土保持在名称方面，曾举《吕刑》为例，因为这篇书，儒、墨二家都常引用，材料比较可靠。又举《小雅·黍苗章》召伯营谢作水土保持的第一个实例，以《小雅》为古代诗歌称为信史，而且描写当时事实比较细致。

古代文献中，谈水土保持，从前人认为早于《吕刑》的有《尚书》中的《尧典》《皋陶谟》《禹贡》《洪范》四篇。这些文献，我们必须一一考出它们的产生时代，始可引用，但这是研究古史学者的责任，我个人仅从农业角度来试作探讨。又平治水土的事实，早于《小雅》召伯营谢的，有刘向《古列女传》周南之妻的记载。我现先谈"周南之妻"，再探讨《尚书》中四篇文献的时代问题。

> 周南之妻者，周南大夫之妻也。大夫受命平治水土，过时不来。妻恐其懈于王事，盖与其邻人陈素所与大夫言："国家多难，唯勉强之，无有谴怒，遗父母忧。昔舜耕于历山，渔于雷泽，陶于河滨，非舜之事而舜为之者，为养父母也。家贫亲老，不择官而仕……故父母在，当与时小同，无亏大义，不罹患害而已……"乃作诗曰："鲂鱼赪尾……"君子以是知周南之妻而能匡夫也。颂曰："周大夫妻，夫出治土，维戒无怠，勉为父母……作诗鲂鱼，以敕君子。"

刘向虽生于西汉末年，但他是历史上有名的文献保管人，所说必有所本。"周南之妻"，所作的诗（即江汉间民歌）已收入《周南》，时代当早。这一诗的历史，对研究我国水土保持史留下了极有价值的资料，但《小雅·黍苗章》，叙述较详，故先征引。

《尧典》《皋陶谟》《禹贡》《洪范》四篇，为古代的重要文献，代表了唐虞二帝和夏、商、周三个朝代。（因《洪范》可作商、周两代的典籍看待：从前也有把这篇书放在商书中的。）假定原来写定时代的次序也是按照五个时代，那么，我国水土保持的文献应以《尧典》为最早（约公元前2306年），但这是不合事实的。

《尧典》《皋陶谟》两篇，顾颉刚先生曾考证为晚出，但究竟晚到哪个时代，似还有作进一步研究的必要。王国维称这两篇和《禹贡》，都是西周时代的作品，他是从文字的角度来研究的。我个人认为这两篇写作时代可能在《禹贡》之后，因《尧典》中幽都和十二州；《皋陶谟》中的乘四载，至于五千等，似是从《禹贡》的记载扩充的。

这四篇书或谈洪水，或谈禹平水土的故事，我现摘引于下：

《尧典》："帝曰：咨四岳，汤汤洪水方割，荡荡怀山襄陵，浩浩滔天，下民其咨，有能俾乂。佥曰：于！鲧哉。……九载绩用弗成。

"舜曰：咨四岳，有能奋庸……使宅百揆……佥曰：伯禹作司空，帝曰：俞！咨，禹，汝平水土，惟时懋哉……帝曰：弃，黎民阻饥，汝后稷，播时百谷。……帝曰：咨四岳，有能典朕三礼。佥曰：伯夷。帝曰：俞！咨，伯，汝作秩宗……"

《皋陶谟》："禹曰：洪水滔天，浩浩怀山襄陵，下民昏垫，予乘四载，随山刊木，暨益奏庶鲜食，予决九川，距四海，浚畎浍，距川。暨稷播奏庶艰食鲜食……予创若时，娶于涂山，辛壬癸甲，启呱呱而泣，予弗子，惟荒度土功，弼成五服。至于五千，州十有二师，外薄四海，咸建五长。"

我们试把以上两篇书中，关于洪水与禹平水土的故事，和《洪范》《吕刑》《禹贡》三篇中所记载的比较看看。

《洪范》："……箕子乃言曰：我闻在昔，鲧堙洪水，汩陈其五行，帝乃震怒，不畀《洪范》九畴，彝伦攸斁，鲧则殛死，禹乃嗣兴，天乃锡禹《洪范》九畴，彝伦攸叙。"

这或是商代流传的故事，为《尧典》中洪水故事所本。本来洪水的传说，世界各地都有，中国古代的洪水传说，最早或发生在黄河下游或是商代相传的故事。所以三百篇中，唯《商颂》中有"洪水"两字，《商颂》虽为春秋时代作品，但其中的史实，必有所本。"洪水芒芒，禹敷下土方"，必商代人民受了黄河泛滥之害而反映出来的，盘庚迁都之事可以为证。《尧典》中的洪水故事，写得那样有声有色，也不过商代人民洪水故事的扩展。

《洪范》一篇，前有洪水故事，后有神权极发达的“稽疑”，又从《周易》卦词与甲骨文卜词相近似（余永梁曾把卦爻辞做了比较研究，见《古史辨》），和箕子见于《周易·明夷》卦词等，我们把《洪范》这篇书作为商代的文化结晶，而由周初人写成是不违背事实的。

《吕刑》：“……皇帝……乃命三后，恤功于民：伯夷降典，折民惟刑；禹平水土，主名山川；稷降播种，农殖嘉谷。”

这或是《尧典》中禹、弃与伯夷三人的分职任事的所本。《吕刑》中的皇帝是什么人？经学家的意见即不一致。郑玄以“皇帝哀矜庶戮之不辜”为颛顼事，因《尧典》中有“窜三苗于三危”和“分北三苗”的记载，又把“皇帝清问下民，鳏寡有辞于苗”属之尧了。《尧典》中分命伯禹、契、伯夷三人的工作，原为帝舜之事；皋陶的工作又和伯夷混乱，这些也是经学家解释不通的。我们若知道《尧典》故事，皆从《吕刑》中三后之事发展而来，这些矛盾，都可解决，因为一般故事演进的公例，大都如是。

《禹贡》：“禹敷土，随山刊木，奠高山大川……九州攸同，四隩既宅，九山刊旅，九川涤源；九泽既陂[①]，四海会同……五百里甸服……”

这或是《皋陶谟》中“予乘四载，随山刊木……予决九川，距四海，浚畎浍，距川……弼成五服，至于五千”的所本，不过较《禹贡》又发展了。尤以“浚畎浍距川”，非农业发展到了低洼的地方，不会有这样工程的。由此可以推测《皋陶谟》写作时代必较晚。

《禹贡》制作时代的推测，我另有专文论述。（见第一编）

① “九泽既陂”，是泽水落而陂现，“陈风”“彼泽之陂”。《史记·高祖本纪》云：“刘媪尝息大泽之陂，梦与神遇。”都是指泽水退落显现出的自然陂。春秋末年，太子晋把《禹贡》“九泽既陂”说成“陂障九泽”似有人造工程，是将《禹贡》原义扩大，是言词的浮夸。

## （三）水土保持观念的发展

古代对水土保持的观念如何？我们可以用《国语》灵王二十二年（公元前550年，即鲁襄公卅四年）太子晋的谈话来作说明。是年，周的谷洛两水斗，快把王宫冲毁，灵王想壅土防止。太子晋说：

古之长民者（韦昭注〔下同〕：长犹君也）不堕山（堕，毁也），不崇薮（崇，高也。泽无水曰薮），不防川（防，障也。流曰川），不窦泽（泽，居水也，窦，决也）。

夫山，土之聚也；薮，物之归也；川，气之导也（导，达也。《易》曰：山泽通气）；泽，水之钟也（钟，聚也）。

夫天地成而聚于高，归物于下（聚，聚物也。高，山陵也。下，薮泽也），疏为川谷以导其气（疏，通也），陂塘污庳以钟其美（畜水曰陂塘也。美，谓滋润也）。是故聚不阤崩而物有所归（大曰崩，小曰阤），气不沉滞而亦不散越。（沉，伏也；滞，积也；越，远也。）

是以民生有财用……而无饥寒乏匮之患……古之圣王，唯此之慎（慎逆天地之性也）。

昔共工弃此道也……欲壅防百川，堕高堙庳，以害天下（堙，塞也。高谓山陵，庳谓池泽）。祸乱并兴，共工用灭……有崇伯鲧，称遂共工之过（称遂共工之过者，谓鄣洪水也）。其后伯禹，念前之非度……象物天地……共工之从孙四岳佐之（言共工从孙为四岳之官……助禹治水也）。高高下下，疏川导滞（高高，封崇九山也；下下，陂障九泽也……），钟水丰物（钟，聚也。畜水潦，所以丰殖百物也）。

谷、洛两水争斗的情形，据韦注：“谷水盛出王城之西，而南流合于洛水，毁王城西南，将及王宫。”或是谷水上游植被破坏，或薮泽川流堙塞的结果。

又据韦注：王“欲壅防谷水，使北出也”。所谓“壅防”，是治水工程。而太子晋却反对这种举动，认为“不堕山；不崇薮；不防川；不窦泽”才是治水的基本办法。

我们知道治水工程与水土保持是紧密结合的，而太子晋所举的四点，完全是属于水土保持的范畴。而且强调历代传说的人物，如共工、鲧、禹的成功或失败，关键全在是否应用了这些不违反自然的基本原则，这或是春秋时代一般人对水土保持的观念，太子晋不过是其中代表之一。

《礼记·郊特牲》(蜡祭)：“祭坊与水庸事也。”(王船山说：坊，堤也，以护川浍之水，使不溢。水庸，沟也，以通亩间之水，使不涸。事犹功也，二者祭水土之神，以报其无水旱之功也。)“祝词曰：土反其宅；水归其壑……草木归其泽。”

《礼记·郊特牲》，经王船山氏的考证，是《礼运》中的一篇。但我们现在从《荀子·非十二子篇》中的事实来研究《礼运》，知道是战国时的作品(我曾详述于《〈易传〉的分析》中)。

由上的记载，我们可以这样说：

1. 坊与水庸工程，即沟洫制度的工程。这是属于水土保持的范畴而列为祀典，可见战国时对水土流失的重视。

2. “土反其宅，水归其壑……草木归其泽”，是战国时代对水、土、草木的理想愿望，也是他们保持水土的观念，同时是水土流失严重的反映。

春秋战国时的水土观念，一直流行到后代，现举明代俞汝为《荒政要览》论“禁淤湖荡”作例：“古之立国者，必有山林川泽之利，斯可奠基而畜众。川主流，泽主聚，川则从源头达之，泽则从委处畜之。川流淤阻，其害易见，人皆知浚治者。万顷之湖，千亩之荡，堤岸颓坏，鲜知究心。

甚有纵豪强阻塞规觅小利者，不知泽不得川不行，川不得泽不止，二者相为体用，易卦坎为水，坎则泽之象也，为上流之壑，为下流之源，全系于泽，泽废是无川也。况国有大泽，涝可为容，不致骤当衡溢之害，旱可为蓄，不致遽见枯竭之形，而水利之说可徐讲矣。”

俞汝为的川主流，即太子晋的不防川，泽主聚即太子晋的不窦泽，也是《郊特牲》的“草木归其泽”之意。他慨叹湖荡（古代称薮泽）的堤岸颓坏，鲜知究心，知或是有感于《郊特牲》之祭坊与水庸意义之重大，至他的“泽不得川不行，川不得泽不止”之论，乃是太子晋的“疏为川谷以导其气，陂塘污庳以钟其美”，以及《郊特牲》的“土反其宅，水归其壑”的远大识见的演进。

明代人的川主流、泽主聚……的观念，是见到了川不流，一定泛滥成灾，冲洗着土使流失；泽不聚，水无所归宿，土将为水所冲蚀。这种川泽互相为用的观念，即所谓“相辅相成”之义。至于把这种观念向前发展，而得出水土保持的科学规律，是在解放以后。我现举西北农学院闻洪汉教授的论文为例：

闻洪汉教授参加了科学院组织的水土保持综合性考察队工作后，写了《从参加陇东陕北一带的水土保持勘察工作来谈植物在水土保持上的作用》一文。由于他学习毛主席的《矛盾论》，颇有收获，寻出了水土保持的基本规律。我现摘录于下：

> 水土保持工作，为通过防止水土流失而改造大自然的工作……让我们首先对水土流失的现象的本质加以分析。
>
> 影响水土流失的原因很多。例如坡的长短，缓急，植物的被覆的疏密……等，但这些都是水土流失的现象的外部因素。事物发展的根本原因，不是在事物的外部，而是在事物的内部，在于事物内部的矛盾性。那么什么是水土流失现象的内部因素呢？它

的内部因素就是水与土的矛盾。一切上述的外部因素，都必须通过水与土的矛盾才显出它们的作用，这就是毛主席指示给我们的“外因通过内因而起作用”的道理。

在水与土相互矛盾相互作用下，当水的作用占优势时，它就冲蚀着土，把土带到沟渠、河流、湖泊、海洋里去，这就造成水土流失现象。反过来，当我们用劳动扭转自然，使土的作用占优势……这种改造自然的工作就是水土保持工作。

水对于土所以能发生作用是在于它可以产生冲蚀土地的能力……这种能力的大小主要由流量与流速两个条件所规定。

土对于水的作用，主要也由两个条件而规定，其一是土的抵抗冲蚀性，其二是土的吸水性。

因此在水土保持工作中，我们所要解决的基本问题：

1. 减低水的流量。

2. 减低水的流速。

3. 增强土地的抵抗冲蚀性。

4. 增强土地的吸水能力。

闻教授的这一水土保持的基本概念，是在毛主席杰作《矛盾论》的光辉照耀下和广大群众的生产实践中初步总结而来。是我国古代人们的水土观念（自太子晋至俞汝为等）进一步的光大，对我们创造水土保持学，奠下了良好的基础。

一九五六年中国科学院武功土壤生物研究所组织了一个陕北水土保持考察队（队员中学农的占多数），他们共考察十八县（五个专区），听取了许多报告，并搜集了不少材料。内容共分三项，摘录如下：

1. 关于陕北自然条件

（1）地形：陕北包括洛水、延水、无定河等流域，其地形主要有三个，风沙丘陵区、丘陵沟壑区、黄土高原区，其中以丘陵沟壑区为主……丘陵之圆顶，当地曰“峁”……相连之脊曰“梁”。故丘陵沟壑地区，又称为梁峁地区……丘陵沟壑区主要地形、特点是到处可见圆顶分割之丘陵和网状分布的深狭沟壑……洛川、鄜县的高原地带的地形，则为一望无边的黄土平……榆林风沙区之地形则为一望无垠的起伏不定的沙漠丘陵。

（2）土壤：陕北以黄土分布最广，土层深厚……

（3）气候：本区属大陆性气候。

2. 关于陕北农业生产

……蔬菜果树生长良好，但数量不多，畜牧亦占一定比例，但都不能与农作物相比，故其经营方式是比较单纯的，是以粮食谷类作物为主的农业生产方式，这是陕北农业生产第一个特点。陕北农业第二特点，是绝大部分耕地在山坡上。陕北农业的第三特点：是技术粗放……广种薄收。

3. 关于陕北水土流失

陕北地区，是黄河流域水土流失最严重的地区，每年坡面表土流失达一毫米，每年流入黄河之泥沙量达 1.8 亿—2.0 亿吨，约占黄河泥沙的 1/4 以上，仅无定河之泥沙就占 26.8% 之多。

每年雨季（七至九月）为陕北水土流失最严重的时期，当大而急促的暴雨雨滴打击到峁坡黄土表面时，先是干溅起而向下部降落，就开始了表面之流失。当表土结板后，开始形成径流。连水带泥向下流动曰“面蚀”或“片蚀”。当流量集中，流速到一定程度后，产生“细沟侵蚀”由上而下，细沟由浅而密，逐渐变高深而稀，构成枯枝状细沟，进而即发展为切沟侵蚀，不仅表土流失而且底土下切形成跗水，切沟将坡面分割，已不能用耕犁方法来恢复平面，必须加以人工平整才能恢复平面，以上称为坡面流失。

坡面流失之水土集中于沟谷引起沟壑之侵蚀，包括沟底之继续下切加深，两侧沟壁之扩展（包括崩塌——直立状土体整个倒下来）……继而使小支沟变成大支沟，大量洪水和泥沙即倾入河流之中，使河流之泥沙量和水量突然增加（无定河山洪暴发时泥沙含量达68%呈泥浆状态）就成为山洪暴发，扩大沟壑，冲毁道路、桥梁，淹没良田，为害人畜，威胁村镇。

考察队曾开了多次讨论会，研究如何把上述这些材料，加以分析，得出防止水土流失的有效办法，他们也运用了毛主席的杰作《矛盾论》的规律，对陕北水土流失和农业生产的相互关系，初步提出了以下的看法。

陕北水土流失和农业生产有不可分割的关系，它们互相作用、互为原因。

1. 不正确的农业生产方式（不正确的土地利用方式）是陕北水土流失之基本原因。

从陕北自然条件来看，梁峁地带坡度大，土质松，多暴雨，这些都是决定陕北水土流失的内在因素，它决定了陕北水土流失的内在可能性。

但是另一方面，陕北年雨量仍达400以上，土壤中有着丰富的无机矿物养分，碱性反应，土层深厚，因而野生的植被生长容易。凡未经开垦放牧之山，植物生长都良好，停耕弃荒之坡，当年即可长满一年生草（猫尾草、蒿子等）；第二年即渐有多年生草和小灌木，如胡枝子（豆科）、白草（禾本科）、宾草（禾本科）等生长；三四年后并有灌木乔木长起来，这些植物的根茎发达具有很大的固土保水作用（降低水速，减少径流，帮助雨水下渗，固着土粒，拦淤滤泥），这就说明了陕北不仅有水土流失的内在因素，它决定了陕北也有水土保持的可能性。

陕北水土流失的内在因素和水土保持的内在因素，成为矛盾统一体，同时存在着，互相作用着。但在自然情况下，水土保持因素的作用，占矛盾的主要方面，所以就少有水土流失现象。例如：我们在延安以南，特别是子午岭一带，见到山上自然植被良好，所以大雨之后，从山上流下来的水，仍然是澄清可爱的。

为什么陕北会从古以来，就成为黄河流域水土流失最严重的地区呢？

根据我们的观察和陕北各专区的资料，以及群众的反映都证明人为因素，即所谓“滥垦”“滥牧”“滥伐”，是引起水土流失的根本原因。

汉民族是一个农业民族，因此汉人走到哪里就开垦到哪里。由于陕北平地极少，绝大部分是山地，所以迫使汉民族到山坡上去开垦，种植农作物，破坏了水土保持自然因素——乔木、灌木、多年生草等组成的天然植被，而代之以水土保持能力小的一年生农作物。由于地力薄、水分少，施肥不足而生长不良，就不得不采用稀植方法（群众认为密植不发）。这样就降低了地面的覆被率，使黄土直接暴露在暴雨之下，由于经常的耕作翻耕、除草播种等，就增加了土壤的“松散度”，因此山地开垦结果，便促进了水土流失因素的作用而削弱了水土保持因素的作用。使水土流失和保持的自然因素之间的矛盾主要方面发生了根本的变化，即由水土保持作用占主要方面转到水土流失作用占主要方面。这就开始了水土流失的发展方向。据我们目睹，各种农作物中，以高粱、玉米、马铃薯地的水土流失最严重，糜子、谷子、荞麦地次之，大豆地又次之。而未经开垦覆有植被的山坡则少有水土流失现象。

陕北人民家家户户都养几只牛羊，山地区、风沙区牧畜都占一定比例（风沙区转多）。因为畜多草少，缺乏有计划的轮牧制度，使自然植被没有恢复生息的机会，也没有开花结果以繁殖的机会。山地区基本上没有牧地，而是在沟壑两侧陡坡陡岸上放牧，情况更为严重。有些地方连草根都啃掉，植被完全破坏。

另一方面，由于植林缺乏合理经营和缺乏营造薪炭林之习惯。加上交通不便，矿物燃料调运困难，迫使农民滥伐林木，往往连根拔起，这样也就破坏了森林植被。

滥牧滥伐的结果，根本改变了沟谷中水土保持因素和水土流失因素的矛盾关系，使其趋向流失的方面发展。

总之，人为因素——滥垦、滥牧、滥伐，这种不合理土地利用方式，即农业的生产经营方式，作用于陕北水土的结果引起了水土发展方向的根本改变，即水土内在矛盾之主要方面由“保持”转向了“流失”。不正确的农业经营方式，对水土流失内在因素来讲，虽是外在因素，它必须通过内在因素之变化，才能发挥作用。也就是说，它必须破坏了水土保持之自然因素（植被）之后才会引起流失。可是就水土流失的最初起因来说，它又是一个根本原因。认识这一点很重要，因为只有这样我们才能抓住解决矛盾的主要环节。另一方面，长期的剥削制度，更加重了陕北水土流失的发展趋势，因为农民越穷就越垦、越牧、越伐。这样水土流失就越严重。

2. 水土流失反过来作用于农业生产，又引起产量之逐步降低。他们从研究中，得到了“提高陕北农业生产和克服陕北水土流失的方法和途径”，有三个主要途径。

（1）根本解决农业生产和陕北水土之间的关系，也就是在梁峁坡地上停止农业生产，使遭到破坏的植被（水土保持的自然因素），自然地恢复起来。

（2）设法改变农业生产的经营方式和改进农业技术，借以根本改变其与陕北水土的关系；使农业生产不仅不破坏水土保持的自然因素，而且能相对地促进它。这就是陕北农业生产的合理规划。

（3）在坡面水土流失还继续存在的条件下，由上而下，由坡面到沟底，进行各种水土保持工程，层层节制，拦水淤泥，使“土不下原，水不出沟”。

这三种方法，在陕北都是曾经或者正在应用的，同时这些方法也是彼此相互联系的。

## （四）水土保持与土地规划

水土保持最重要的环节之一，是把土地规划起来，因水土保持的工作不是孤立的，而是与农林牧水联系的。

我国历史上的土地规划，要标《禹贡》一篇为最早。它把当时全国土地，按不同的形势，分为九大区（即九州），将九区中的平原和山区，平治后种植农作物。如冀州修治太原，一直到太岳的南边，当是农业开垦的工作；青州多山，划出了牧区（莱夷作牧），从事畜牧；梁州在岷嶓山区，作农业上的树艺；扬州当时未完全开发，让草木筱簜生长……这都是有计划的因地制宜的平治水土原则的土地规划工作，所以能达到“九州攸同，四隩既宅，庶土交正”的境界。

《禹贡》大概是周初平治水土的规划书。王国维认为是周代初期的作品。我曾草《〈禹贡〉制作时代的推测》一文，从周初经济方面的贡品研究，得出与王氏同一的结论。《禹贡》成书时代，大约在《小雅》时代或周穆王前后。

春秋时代的土地规划，见于《左传》鲁襄公二十五年（公元前548年）

楚蒍掩《庀赋》[①]：

书土田，（杜预注：书土地之所宜。）度山林。（杜注：度量山林之材以共国用。）（按："共"即"供"字。）

鸠薮泽。（杜注：鸠，聚也。聚成薮泽，使民不得焚燎坏之，欲以备田猎之处。）

辨京陵。（杜注：辨，别也。绝高曰京；大阜曰陵。）

表淳卤。（杜注：淳卤，埆薄之地，表异，轻其赋税。）

数疆潦。（杜注：疆界有流潦者，计数减其租入。）

规偃猪。（杜注：偃猪，下湿之地，规度其受水多少。）

町原防。（杜注：广平曰原，防堤也。堤防间地，不得方正如井田，别为小顷町。）

牧隰皋。（杜注：隰皋，水岸下湿，为刍牧之地。）

井衍沃。（杜注：衍沃，平美之地……制以为井田。）

这一土地规划书，是将山林薮泽、京陵等地区划出来，使"地尽其利"而町原防，对水土保持，是起作用的。

战国时谈土地规划，合乎水土保持原则的，有李悝[②]（约公元前400年）

---

① 皮鹿门《经学通论》："王辅嗣之玄虚……杜元凯之意解……"这种评论，是很难服人的。如蒍掩《庀赋》依贾逵之说是："山林之地，九夫为度，九度而当一井。薮泽之地，九夫为鸠，八鸠而当一井。京陵之地，九夫为辨，七辨而当一井。淳卤之地，九夫为表，六表当一井。疆潦之地，九夫为数，五数而当一井。偃猪之地，九夫为规，四规而当一井。原防之地，九夫为町，三町而当一井。隰皋之地，九夫为牧，二牧而当一井。衍沃之地，亩百为夫，九夫为井。"这是汉人相信古代到处都是行的井田制度，不知井田制度的施行是要具备客观条件的，而把经营土地的技术措施看成是分井的数字，是书生脱离实际的玄想，杜预在这里一一为之纠正，是他的独到处，并非臆解。

② 商鞅的规划和李悝的规划有共同之点，章太炎氏（《检论》卷九《商鞅》）说"鞅固

和商子（约公元前350年）。

《汉书》："李悝为魏文侯作尽地力之教，以为地方百里，提封九万顷，除山泽邑居三分去一，为田六百万亩，治田勤谨，则亩益三升。（臣瓒曰：当言三斗，谓治田勤，则亩加三斗也。）不勤则损亦如之，地方百里之增减，辄为粟八十万石矣。"

《商子·算地第六》："故为国任地者，山林居什一；薮泽居什一；溪谷流水居什一；都邑蹊道居什四；此先王之正律也。故为国分田数小。亩五百，足待一役，此地不任也。方土百里，出战卒万人者，数小也。此其垦田足以食其民；都邑遂路足以处其民；山林薮泽提防足以畜；故兵出粮给而财有余……夫地大而不垦者，与无地者同；民众而不用者，与无民者同……"

又《商子·来民第十五》："地方百里者，山陵处什一；薮泽处什一；溪谷流水处什一；都邑蹊道处什一；恶田处什一；良田处什四；□此食作

---

受李悝六篇"，又说（《检论》卷三《原法》的小注）"李悝或作李克"，《史书》《传记》，驳互不同，当是一人。克受《诗》于曾申，曾申受之子夏，而《艺文志》《李克》七篇在儒家，又别有《李子三十三篇》名悝，在法家。此犹伊尹鬻子师旷之书，出入诸家也。从章氏之论，李悝即李克，也是出入诸家的一个人。

阴阳家与农家的关系，我曾在《易传的分析》中论述过，至儒家与农家的关系，我个人的看法是很密切的。《论语》樊迟请学稼学圃，遭孔丘的申斥，那不过是孔子的封建意识鄙农作为"小人哉"的事，把儒与农在实践中割裂，把知识分子划为一个特权阶级（中国知识分子受孔子的影响当然很深）。但儒家中的孟子却总结了许多劳动人民的宝贵创造，如"深耕易耨""不违农时"；"数罟不入洿池，斧斤以时入山林"；"五亩之宅，树之以桑，鸡豚狗彘之畜，无失其时……"又如谈禾苗的生长，谈耕者九一的制度，说铁耕，说粪田，以及批评借神农之名而创造农学派的许行……我们现在要研究战国时的农业基本情况，还得根据《孟子》。历史上儒家中，总结了劳动人民的经验，或个人对农事有见解的甚多，如张载、朱熹以及王船山氏（王氏的《南窗外记》，多为农事记载，惜未得传）都有独创的见解。研究中国农业史，不仅需与往旧的阴阳家（如邹衍原为农家）相结合，儒家之书，也是重要参考之一。

夫五万。其山陵溪谷薮泽可以给其财；都邑蹊道足以处其民，此先王制土分民之律也。今秦之地方千里者五；而谷土不能处二，田数不满百万；其薮泽、溪谷、名山大川之材宝，又不尽为用，此人不称土也。”

我们知秦之商鞅，历史上称为“开阡陌，废井田”的人物，但他把土地做了缜密的规划，而且把山林薮泽等不列在耕垦之例，从保持水土的角度看，是很有意义的。

现在再看汉初（约公元前160年）的土地规划：

《王制》：“方百里者为田九十万亩，山陵林麓，川泽沟渎，城郭宫室，涂巷三分去一，其余六十亿亩。”（郑玄说：九州之大计……名山大泽不以封……）

把名山大泽划归国有，方百里中，有山陵、林麓、山泽、沟渎，不用来耕作，对水土保持，也是可以起一定作用的。

《王制》为《小戴记》中的一篇，清末俞樾、皮鹿门等，对它推尊备至，以为是素王（孔子）之法。皮氏著有《王制笺》，内云：“《周礼》详悉，《王制》简明，《周礼》难行而多弊；《王制》易行而少弊……”这些说法，已为章太炎氏所驳斥。王船山说：“卢氏植曰：‘汉孝文皇帝，令博士诸生作此《王制》之书。’今按篇内狱成告于正，正者，汉官也。又云：今以周尺六尺四寸为步，今者，汉制也。则卢氏之言信矣。”船山之说是正确的。我认为这篇书谈“四至”，很合乎汉初文帝时的疆域，如“自恒山至于南河，千里而近；自南河至于江，千里而近；自江至于衡山，千里而遥；自东河至于东海，千里而遥；自东河至于西河，千里而近；自西河至于流沙，千里而遥。西不尽流沙，南不尽衡山，东不尽东海，北不尽恒山……”汉文帝时，赵佗在南越（即两广）尚称帝，所以有“南不尽衡山”之说，且以恒山为标准而谈四至，或因文帝从代兴起（恒山为代境的名山）。由这两点也可证明《王制》为汉文帝时的作品。

上述土地规划，是否见诸实施，个人推测《禹贡》当是太史所录的周初规划，实行到何等程度，以文献不足，难以估计。春秋时楚蒍掩《庀赋》和战国时魏李悝的《尽地力》及秦商鞅的《算地》《来民》等，对土地的规划，是曾见诸实行的。所以楚和魏文侯、秦孝公，都由于实行了这些规划，达到了富强。至《王制》所述，我们从王船山氏之推论，知道它是未见诸实行的。

王氏说："当汉之初，秦禁初弛，六籍未出，《尚书》《周礼》《孟子》之书，学者或仅有闻者，而不能尽举其文。帝闵古王者经世之典，湮没无考，故令博士诸生，以所忆习，辑而成篇……其间参差不齐，异同互出，盖不纯乎一代之制，又不专乎一家之言，则时有出入，亦其所不免也……程子曰：'其事固有不可一一追复。'盖至论也。"

他又说："方百里，诸侯国也……封建以田为制国，方百里之国，授以提封万井，而山林、泽沟、城巷、宫室不在算中。若以地界为率，则山泽所占，广狭之殊，相去倍蓰，或不逮三分之一，或倍过之，何以为准？且建国必因山川之形势，而非可蓦山跨水以求……"像这样不合理的规划，如何能见诸实行！

《王制》而后，在我国文献中，已鲜见合乎水土保持的土地规划[①]，这是什么缘故？以我个人推测，自汉以来，统治阶级所注意的无非是田制、赋税压榨人民的一套法宝，对山林水泽长远之利，已不在他们计划中了。因此造成"童山濯濯""沼泽干涸"的景象。顾亭林《日知录》中有《治地》一则对此做了评述：

**古先王之治地也，无弃地亦无不尽地，田间之涂九轨，有余**

---

①《淮南子·主术训》（约公元前 139 年）中："肥、硗、高下，各因其宜，丘、陵、阪险，不生五谷者，树以竹木。"是合乎土地合理使用的原则与水土保持措施的。石声汉教授在他的《从〈齐民要术〉看中国古代的农业科学知识》一书中已有分析。

道矣。遗山泽之分，秋水多得有所休息，有余水矣。是以功易立而难坏，年计不足，而世计有余。后之人，一以急迫之心为之。商鞅决裂阡陌，而中原之疆理荡然。宋政和以后，围湖占江，而东南之水利亦塞。（原注：《宋史·刘韐传》，鉴湖为民侵耕，官田收其租岁二万斛。政和间涸以为田，衍至六倍。）于是十年之中，荒恒六七，而较其所得，反不及于前人……

顾氏对历代不重视土地规划，盲目开垦，慨乎言之。这种现象，一直残存到解放前。

这里，我还要说明两点：

1. 我们现在所称的土地规划，在《周礼·地官篇》，称为“任土之法”载师所掌（郑玄注：任土者，任其力势所能生育，且以制贡赋也）。《周礼·地官司徒（下）》：“载师：掌任土之法，以物地事，授地职而待其政令。”（郑玄注：物，物色之，以知其所宜之事，而授农、牧、衡、虞使职之）“闾师：任农以耕事，贡九谷……任牧以畜事，贡鸟兽；任衡以山事，贡其物；任虞以泽事，贡其物。”

古代山林薮泽，都设有专官征赋，与农牧相提并论。《禹贡》是一大规划书，而《书·序》称为“任土作贡”，篇中也有“六府孔修，庶土交正，厎慎财赋……成赋中邦”之说。楚蒍掩的规划土地，称为《庀赋》；商鞅是法李悝《六经》（章太炎说），他的《算地》《来民》，规划土地之数，云是“先王之正律”，“先王制土分民之律”。汉初对土地规划则称《王制》。明末顾亭林论土地规划称为《治地》。由是知土地规划的名称虽各代有所不同，但统治阶级规划土地的主要目的，是在搜括民财，供其无穷的私欲，无意地也起之一些水土保持作用。这与我们现在按照保持水土的原则，规划土地[①]，向大自然索取资源，增加人民无穷无尽的幸福，因阶级性的不同，是有本质上的区别的。

2. 由《禹贡》起到西汉文帝时代（公元前1000—前160年左右）约八百余年的长时期中，从可靠的文献记载，只有以上几个比较完善的土地规划；这里应特别指出的，即自楚蒍掩起都注重山林。《禹贡》也没有忽视这项记载，如“兖州，厥草惟繇，厥木惟条”；“徐州草木渐包”；“扬州筱簜既敷，厥草惟夭，厥木惟乔”。

为什么统治阶级这样重视山林草木？杜预于“度山林”说：“度山林之材，以共国用。”《商子》说：“其薮泽……名山……之材宝，不尽为用，此人不称土也。”《中庸》上也说：“今夫山，一卷石之多，及其广大，草木生之，禽兽居之，宝藏兴焉。”这些就是古代统治阶级重视山林的意图。解放后，我们在党的领导下，不仅重视山区建设，把山区看为人民的“聚宝盆”，而且特别重视造林，增加森林被覆，用来防止水土流失，增加六亿人民的福利，一九五八年全国第二次水土保持会议，陈正人先生说：“我国水土流失，面积广阔，约达一百五十万平方里，相当于国土面积六分之一，由于我国山区多，也易引起水土流失……”又说：“水土保持是综合性的工作……最基本的是林业和农业……据科学研究，一个国家至少要占

---

① 全国第二次水土保持会议，陈正人先生在总结时说：“今后方针：1. 预防与治理兼顾，治理与养护并重。这是全国性的方针。在被覆尚好的地区，应以预防为主。有水土流失地区，治理为主，不放松预防。2. 在依靠群众发展生产的基础上，实行全面规划，因地制宜，集中治理、连续治理、综合治理、坡沟兼治。

怎样来理解这两条方针呢？就是说：水土保持必须从生产出发，为生产服务。就是说：必须依靠群众，而不是单纯依靠国家。所谓集中治理，就是像漭河那样的按流域集中治理，就是要成坡成沟的治，要按一定规划来治理。所谓综合治理，就是说必须使工程措施与生物措施结合，农、林、水互相结合，并要以生物措施为主，结合工程措施。所谓治坡为主就是要向水土流失原因做斗争，因为水土流失是来自一切坡面。”望参看。

国土百分之三十面积的森林，才能防止和避免或减少自然灾害的发生，才能保证生产的顺利发展……”“破坏容易，治理不易，如稍不慎，一把火就可以烧掉大片草坡和森林。开荒也很快，但修梯田，不是那么容易简单，所以要特别重视预治。”这是对林业方面的重要说明，值得我们注意的。

其次我们来谈谈薮泽问题。中国地势西北高而东南低，黄河长江两大河发源于昆仑山脉，向东南流注，可想象古代这两大河流域的薮泽，一定是星罗棋布。

《禹贡》等五书所记薮泽表

| 《禹贡》 | 《职方》 | 《有始》 | 《地形》 | 《释地》 | 今地及现状 |
|---|---|---|---|---|---|
| 猪野 | | | | | 宁夏与甘肃间之白亭海，一名鱼海子。 |
| | 弦蒲（雍） | | | | 今涸，在陕西陇县西。 |
| | 杨纡（冀） | 阳华（秦） | 阳纡（秦） | 杨陓（秦） | 说不同，大约在陕西华阴县东，泽已不存。 |
| 大陆（冀） | | 大陆（晋） | 大陆（晋） | 大陆（晋） | 古泽甚广，今淤断为二，北曰宁晋，南曰大陆。今大陆泽在河北任县东北。 |
| | | 巨鹿（赵） | 巨鹿（赵） | | 即大陆，河北巨鹿县在今大陆泽之东，宁晋泊之南。 |
| | 昭余祁（并） | 大昭（燕） | 昭余（燕） | 昭余祁（燕） | 今名邬城泊，时涸时溢，在山西祁县、平遥、介休县界。 |
| | | | | 焦护（周） | 说不同，大约即山西阳城县西之濩泽，今深阔仅盈丈。 |
| 雷夏（兖） | | | | | 今涸，在山东濮县东南。 |
| 大野（徐） | 大野（兖） | | 大野（鲁） | | 元末为河水所决，遂涸，在山东巨野县北。 |
| 海滨（青） | | 海隅（齐） | 海隅（齐） | 海隅（齐） | 即山东海边一带，一说申池，在山东临淄县西。 |

续表

<table>
<tr><td></td><td>貕养（幽）</td><td></td><td></td><td></td><td>今涸，在山东莱阳县东。</td></tr>
<tr><td>孟猪（豫）</td><td>望诸（青）</td><td>孟诸（宋）</td><td>孟诸（宋）</td><td>孟诸（宋）</td><td>今涸，在河南商丘县东北。</td></tr>
<tr><td>菏泽（豫）</td><td></td><td></td><td></td><td></td><td>今涸，在山东菏泽县。</td></tr>
<tr><td>荥播（豫）</td><td>荥（豫）</td><td></td><td></td><td></td><td>自西汉后塞为平地。在河南荥泽县治南。</td></tr>
<tr><td></td><td>圃田（豫）</td><td>圃田（梁）</td><td>圃田（郑）</td><td>圃田（郑）</td><td>今涸，略有遗迹，在河南中牟县西。</td></tr>
<tr><td>彭蠡（扬）</td><td></td><td></td><td></td><td></td><td>今江西鄱阳湖。</td></tr>
<tr><td>震泽（扬）</td><td></td><td></td><td></td><td></td><td rowspan="3">今江浙间之太湖。</td></tr>
<tr><td></td><td>具区（扬）</td><td>具区（吴）</td><td>具区（越）</td><td>具区（吴越之间）</td></tr>
<tr><td></td><td>五湖（扬）</td><td></td><td></td><td></td></tr>
<tr><td>云梦</td><td>云梦（荆）</td><td>云梦（楚）</td><td>云梦（楚）</td><td></td><td>今湖北东南部及湖南北部之湖泊之总名。今湖北安陆县南有云梦县。</td></tr>
</table>

《禹贡》为我国第一部土地规划书，已于前述。它记载了当时分布在黄河、大江两流域的许多有名的薮泽，以后《周礼》《吕览》《淮南》《尔雅》等书也踵事记载。

三十年前，杨毓鑫[①]先生制成了《〈禹贡〉等五书所记薮泽表》。顾颉刚先生有一精悍短文说明，我现摘抄在后面。

顾颉刚先生“写在薮泽表的后面”说：“上面这个表里，共有二十个名目；若再在《左传》等书中辑录起来，一定还有不少，这二十个名目中，

① 杨毓鑫先生的表和顾颉刚先生的说明，见《〈禹贡〉半月刊》第二期。

大陆和巨鹿实是一薮（大与巨同义，陆与鹿同音），《吕览》作者错分为二，《淮南》承之。‘震泽’‘具区’为一泽之异名，前代学者早有定说，‘五湖’与‘具区’，大家虽很愿把它们分开，但究竟找不出‘具区’以外的‘五湖’，所以也只得合并为一。‘海滨’就是沿海一带的通名，并非泽名；不过照晏子的话看来，海与泽薮同有官守，所以一例待遇罢了。除开了这种重复的与混入的，一共有十六个‘泽’。

“这十六个泽，在河水流域的有三：猪野、焦护、大陆。在渭水流域的有二：弦蒲、杨纡。在汾水流域的有一：昭余祁（汾渭也可并入河水流域中）。在济水流域的独多，有六：荥播、圃田、菏泽、雷夏、大野、孟诸。这六个泽都在今河南东部和山东西部方三百余里之中，足见那地的文化所以特别兴盛的原因，还有一个在山东半岛上的，是貕养。在长江流域的有三：彭蠡、震泽、云梦。

“这十六个泽，为《禹贡》所特有的是猪野、雷夏、菏泽、彭蠡；为《职方》所独有的是貕养、弦蒲；为《释地》所独有的是焦护。（《职方》兖州‘其浸庐维’，郑玄注曰：‘庐维，当为雷雍，字之误也’，则彼以为庐维即雷夏。）菏泽等本是小泽，缺去不足奇，彭蠡这泽何等广大，何以除了《禹贡》外全不记载呢？……再有，大陆也是一个大泽，而《职方》作者记冀州的泽薮时乃记一若存若亡的杨纡而不记它，且把秦薮误为冀薮，也不可解。

“从上面这个表里，可以知道《尔雅·释地》之作，实在《淮南·地形》之后，本来《地形》是抄《有始》而略加改变的：《有始》说‘吴之具区’，《地形》说‘越之具区’；《有始》说“梁之圃田’，《地形》说‘郑之圃田’。现在《释地》也说‘郑有圃田’，足证其袭《淮南》。而云‘吴越之间有具区’足证其有意调和《吕览》与《淮南》之不同。《吕览》与《淮南》都以‘晋之大陆’与‘赵之巨鹿’对举，《释地》作者知道是错的，乃去巨鹿而增‘鲁有大野’，又足证其对此二书有订正之功。何况《九府》之文全袭《淮南》，更是有确证的呢。”

又说："中国古代对于薮泽是最注意的，所以然之故就为这是生产的大本营，在农业不甚发达的时候，只有依赖天然的力量。泽是众流所归的大湖泊，薮是卑垫之地。湖泊中产有莼鱼之类固不必说，薮则当每年水长的时候，也盛满了水，和泽没有分别；等到水退，留下了沉淀物作肥料，就很能生长草木，连带着繁殖禽兽，天然的生产品比了泽中还要多。昭二十年《左传》记晏子之言曰：'山林之木，衡鹿守之。泽之萑蒲，舟鲛守之。薮之薪蒸，虞候守之，海之盐蜃，祈望守之。'（杜注：衡鹿，舟鲛，虞候，祈望，皆官名也。）这可见当时对于薮泽立有专职的官，是用国家的力量去管理经营的，《尧典》上说：'帝曰：畴若予上下草木鸟兽？'佥曰：'益哉？'帝曰：'俞，咨益，汝作朕虞！'这就是舜命益去管理山林薮泽的出产的记载，'上'指的山陵，'下'指的是薮泽，《周礼》中有山虞，泽虞之官，《汉书·地理志》中有陂官、湖官、云梦官、洭浦官也就是管的这类事。"

杨先生的表和顾先生的短文，都是从历史地理角度来研究我国古代薮泽问题的。自《禹贡》时代至汉代已做了系统的分析。顾先生又把统治王朝时代重视"薮泽"的原因，从农业生产和历史上，做了比较正确的推论。由此可见从前讲土地规划（任土之法），将薮泽和山林划分出去，不开垦成为良田的意义。

《周礼》："泽虞：掌国之政令，为之厉禁，使其地之人，守其财物，以时入之于王府，颁其余于万民。"《风俗通》："薮，厚也。草木鱼鳖所以厚养人君与百姓也。"也可说明统治王朝重薮泽的意义（《风俗通》是抄袭《周礼》之论）。

杜预"鸠薮泽"注："鸠，聚也，聚成薮泽，使民不得焚燎坏之，欲以备田猎之处。"以薮泽作为田猎娱乐之处，这是统治王朝重视薮泽的又一原因。

《太平御览》引《河南图经》曰："广成泽在梁县西四十里，《后汉书》

云：永帝元年以广成游猎地，假与贫人。于时马融作《广成颂》云：大汉之初基也，揆厥灵囿，营于南郊……是此泽也。隋大业中，置马牧焉，亦名广陂。”由“灵囿”着眼，我们可知《周礼》和《风俗通》所谓“颁其余于万民”“养百姓也”的叙述是无凭证的。孟子对齐宣王说：“臣始至于境，问国之大禁然后敢入，臣闻郊关之内，有囿方四十里，杀其麋鹿者如杀人之罪，则是方四十里为阱于国中，民以为大，不亦宜乎。”这里的阱或囿，就是所谓薮泽之地。《易·井卦》说：“旧井无禽。”王引之解井为阱。[①]即孟子所谓“为阱于国中”的阱。统治阶级既把薮泽划为猎狩之地（称为灵囿），劳动人民哪里能享有余利？孟子称：“文王之囿方七十里，刍荛者往焉、雉兔者往焉，与民同之。”也不过借此讽刺宣王，不必实有其事。

统治阶级重视薮泽的原意，我们已于上述。至薮泽对水土保持和治理河患的关系怎样？历史上自太子晋、贾让到顾亭林都有深刻的认识。我现引《日知录》一段：“河政之壤也，起于并水之民，贪水退之利，而占佃河旁污泽之地。不才之吏，因而籍之于官，然后水无所容而横决为害。贾让言：‘古者立国居民，疆理土地，必遗川泽之分，度水势所不及（颜师古说：遗，留也；度，计也。言川泽水所流聚之处，皆留而置之，不以为居邑，而妄垦殖，必计水所不及，然后居而田之也），大川无防，小水得入陂障卑下以为污泽，使秋水多得有所休息……’又曰：‘内黄界中，有泽方数十里，环之有堤，往十余岁，太守以赋民，民今起庐舍其中。’《元史·河渠志》谓‘黄河退涸之时，旧水泊污池，多为势家所据，忽遇泛溢，水无所归，遂致为害……’余行山东巨野、寿张诸邑，古时潴水之地，无尺寸不耕，而忘其昔日之为川浸矣。近有一寿张令修志，乃云梁山泺仅可

① 王引之解“旧井无禽”之井为“阱”，足破千古之疑。但解“井谷射鲋”，仅着眼“谷”与“射鲋”，而对“井”字未做肯定的解释，我认为“井谷”的井也是“陷阱”的“阱”，即薮泽中的低洼地，有水有鲋，统治阶级猎狩外，也在这里射鲋取乐。

十里，其虚言八百里，乃小说之惑人耳，此并五代宋金史而未之见也。（原注：《五代史》晋开运元年五月丙辰，滑州河决，浸汴、曹、濮、单、郓五州之境，环梁山，合于汶水，与南旺蜀山湖连，弥漫数百里）”

以治河三策著称的贾让和《元史·河渠志》的作者以及顾亭林的话，把薮泽对水土保持和治理河患的关系，说得详尽无遗。自天然薮泽破坏后，代之以水利工程，如陂塘、堰坝、池等，以及近来伟大的人造水库和涝地，都是“天工人其代之”的精神，是人类改造自然的一大进步。

又关于陂堰、塘、坝等问题。大概在公元前百余年，汉武帝刘彻说：“农天下之本也，泉流灌浸所以育五谷也……故为通沟渎、畜陂泽（师古说：畜渎曰蓄）。”这是我国把陂泽与沟渎对农田水利的作用并重的开始。

我国古代对治水有两派不同的意见，一派是防堙……以鲧作代表，一派是疏导——以禹作代表。最奇怪的这两位代表人物在传说中还是父子。

《国语》：“厉王虐，国人谤王（纪元前846年）王使卫巫监谤者……召公曰，是障之也（韦注：障，防也）。防民之口，甚于防川，川壅而溃，伤人必多，是故为川者，决之使导（韦注：为，治也；导，通也）。”重视疏导，反对防障，一直到春秋末年的太子晋和战国时的孟子，不见有相反的意见发生，对我国堤防工程的发展是有极大影响的。

贾让说：“盖堤防之作，近起于战国，壅防百川，各以自利。”他还举了一些事例（这足以证实孟子所恶的“白圭治水，以邻国为壑”的故事），这里不胪列了。若堤防之作果“近起于战国”，那么人造堤防，筑成陂堰的时代，当不会太早[①]。我们为慎重起见，暂把西汉元帝建昭中（大约公元

①《史记·河渠书》：“用事者（按：指汉武帝时）争言水利，朔方、西河河西、酒泉，皆引河及川谷以溉田……各万余顷、佗小渠披山通道者，不可胜言。”《史记会注》：“神田本：小作川，披作陂。中井积德曰：《汉志》披作陂，谓山势造陂堤以导水也。”《汉书·沟洫志》“披山”作“陂山”，注：“一曰陂山，遏山之流以为陂也。”这里的“披山”或“陂山”是争论未决的问题，我个人认为汉初南方还未大开发，造山陂是不可

前36年）召信臣的事作为首例。

“元帝建昭中，召信臣为南阳太守，于穰县南六十里，造钳庐陂，累石为堤，傍开六石门，以节水势，泽中有钳庐王池，因以为名。用广灌溉，岁岁增多至三万顷，人得其利。”(《通典·食货》)

《前汉书》：“召信臣，字翁卿，九江寿春人也。勤力有方略，好为民兴利，务在富之，躬劝耕农，出入阡陌，止舍离乡亭（师古：言休息之时，皆在野次），稀有安居。时行视郡中水泉，开通沟渎，起水门提阏（钱大昕曰：提阏即堤堰也），凡数十处，作均水约束。”（顾亭林说：此今日分水之制所自始也。）

齐召南说：“信臣于南阳水利，无所不兴，其最巨者，钳庐陂，六门堨，并在穰县之南。灌溉穰、新野、昆阳三县，后汉杜诗修其故迹，晋杜预复其遗规，地有二十九陂之利，故读《后汉书》《晋书》及《水经注》《通典》，而叹信臣功在南阳，并于蜀李冰、邺史起也。”

公元三十一年东汉光武刘秀建武七年：“杜诗为南阳守，修治陂池，广拓土田，郡内比室殷足，时人方于召信臣。”

《后汉书》：“诗性节俭……善于计略，省爱民役，造作水排[①]，铸为农器；用力少，见功多，百姓便之。”

《汉书》曰：“汝南旧有鸿郄大陂，郡以为饶，成帝时，关东数水，陂溢为害，翟方进为丞相，以为决去陂水，其地肥美，省堤防之费，遂奏罢之。”顾野王云：“王莽时，尝苦旱起，追怨方进。童谣云：壤陂谁？翟子威！饭我豆食美芋魁，反乎复，陂当复。谁言者，两黄鹄。建武中太守邓晨使许杨典复鸿郄……于是乃因高下形胜，起塘四百余里，数年乃立。”〔上

能的。北方更无造山陂的环境，仍以《史记》的“披山”为合乎实际。有说李冰造百丈堰，萧何造山河堰，尚待考证。

① 参看杨宽氏《中国古代冶铁技术的发明》“水力鼓风机发明和鼓风器的进步”一章。

摘抄《太平御览》。邓晨是光武亲信的人，建武中（十八年），他从光武到新野“置酒酣燕”，是公元 42 年。]

《后汉书》：“许杨少好术数，王莽时，变姓名为巫医……（邓）晨闻杨晓水脉……使典其事。初豪右大姓，因缘陂役，竞欲辜较在所，杨一无听，遂共谮杨受取赇赂。晨遂收杨下狱……后以病卒……百姓思其功绩，皆祭祀之。”（钱大昕说：《汉书》作鸿隙，隙与郤同。沈钦韩说，陂在汝南府城东十里，受淮北诸水。）

《后汉书》：“王景少学《易》，遂广窥众书，又好天文数术之事，沈深多伎艺……有荐景能理水者，显宗诏与将作谒者王吴共修浚仪渠。吴用景墕流法，水乃不复为害（明帝刘庄永平十二年，公元 69 年），议修汴渠，乃问景以理水形便，景陈其利害……乃赐景《山海经》《河渠书》《禹贡图》……景修渠筑堤，自荥阳东至千乘海口千余里，景乃商度地势，凿山阜，破砥绩。（惠栋说：绩当为碛，三仓云：碛，水中沙堆也。砥，《说文》，柔石也。砥碛山阜对文，谓破水中沙石，令其流通耳。）直截沟涧，防遏冲要，疏决壅积，十里立一水门，令更相洄注（《尔雅》：逆流而上曰洄。郭璞注云：旋流也），无复溃漏之患……景由是知名。建初八年，迁庐江太守，先是百姓不知牛耕，致地力有余，而食常不足，郡界有孙叔敖所起芍陂稻田，景乃驱率吏民，修起芜废，教用犁耕，由是垦辟倍多，境内丰给；又训令蚕织，为作法制。”（唐章怀太子贤注：陂在今寿州安丰县东，陂径百里，灌田百顷，芍音鹊。）

按孙叔敖时代①，或不过引用天然芍陂水灌溉稻田，王景修起芜废，或是加了一些工程。此后修芍陂者几代有其人，或是在王景的旧有基础上进

① 顾亭林《日知录》：“孙叔敖决期思之水，而灌雩娄之野，庄王知其可为令尹也（原注《淮南子》）。”《太平御览》引《淮南子》曰：“楚相作期思之陂……”又：“《舆地志》崔实《四民月令》云：‘孙叔敖作期思陂。’”……又按：“芍陂上承淠水……”“决”与“作”有别，我们按时代来看，作“决”合乎实际。

行的。《水经注·肥水》说："陂周百二十许里，在寿春县南八十里，言楚相孙叔敖所造。"这里用一个"言"字，大可注意，孙叔敖为春秋时人（楚庄王臣，约公元前600年），铁器还未发展，要兴起一百二十里的芍陂的大工程，是不大容易的，所以我个人认为陂的人造堤防工程，以西汉召信臣为始。

章帝元和三年（公元86年）张禹为下邳相，徐县北界有蒲阳坡，傍多良田，而堙废莫修，禹为开水门，通引灌溉，遂成熟田数百顷。(《后汉书》)

王先谦《后汉书补注》："《东观记》曰：'坡水广二十里，径且百里，在道西，其东有田可万顷，坡与陂同。'沈钦韩曰：'蒲阳陂在泗州西北。'"

这里陂称为坡（按坡偏旁为土，当为大众爱好），大可注意。五行学说中的"土克水"，"兵来将挡，水来土掩"，或是历史传下来的民间术语，所以改陂为坡是极现实的。

"顺帝永和五年（公元141年），马臻为会稽太守，始至镜湖，筑塘周回二百十里灌田九十余顷。"(《通典》）这或许是南方天然薮泽筑塘的最早记载。

魏武帝时，贾逵为豫州，遏鄢汝，造新陂，又断山溜长溪水，造小弋阳陂。(《魏书》）魏文帝曹丕（约公元220年），黄初中，"郑浑为沛郡太守，郡居下湿，水涝为患，百姓饥乏。浑于萧、相二县，兴陂堨，开稻田……比年大收……号曰郑陂"。(《魏书》)

人造陂堰的大工程，无疑是勇敢勤劳的人民，一锄一锹流汗的创造。号曰郑陂，也不过是封建时代"劳心者治人"的一个标志而已，贾逵断山溜长溪水，造小弋阳陂，是值得注意的事。杜甫诗"群山万壑赴荆门"[①]，

---

① 中国科学院地理研究所刊行的《黄河中游黄土区域沟道流域侵蚀地貌及其对水土保持关系论丛》(科学出版社出版)，作者罗来兴等"汇集了有关黄河中游黄土区八条面积不大的沟道流域的地貌文章，这些文章都是讨论同一的自然对象，并结合水土保持工作而写的。"可参看。

是江淮流域的山区地貌的极佳描述，“山溜长溪水”，乃从“群山万壑”流出，我们劳动人民即在水旁开辟梯田，兴筑陂堰，养鱼、溉田，装置筒车水磨、作岸水和农业加工之用。又将陂塘的沉淀物称“塘泥”的于秋冬水涸时挖出肥田，真做到了战国时人“土反其宅”的愿望。

又以上所谈的郑浑，据《魏书》他是名儒众之孙，兴之子，作下蔡长陵令时，“天下未定，民不念生殖……浑所在夺其渔猎之具，课使耕桑，又兼开稻田。为山阳魏郡太守时，百姓苦乏材木，乃课树榆为篱，并益树五果。榆皆成藩，五果丰实，入魏郡界，村落整齐如一……”从他的传里，知他对农事是有研究的人。

“正始中（公元240年）使邓艾行陈、项以东至寿春。(《通鉴》注：陈县，汉属陈国。项县，汉属汝南郡，《晋志》二县并属梁国。）艾以为良田水少，不足以尽地利，宜开河渠……又通运漕之道，乃著《济河论》……又以陈蔡之间，土下田良可省许昌左右诸稻田，并水东下（《通鉴》注：汝水，颍水，蒗荡渠水，涡水皆经陈蔡之间而东入淮）……遂北临淮水，自钟离而南横石以西，尽泚水（按:《水经注》作沘水）四百余里……上引河流，下通淮、颍，大治诸陂……大军出征，泛舟而下，达于江淮……”(《晋书·食货志》）

《魏书》称邓艾“少孤，为农民养犊，以口吃不得作干佐，为稻田守丛草吏。泰始元年诏曰：昔姜维有断陇右之志，艾始备守……值岁凶旱，又为区种……”

这里有两件事，我们值得注意：1. 艾为区种，在陇右黄土高原地带。由此知区种法，汉末在西北可能已大盛行。2. 艾的开沟渠由黄河通江淮，大治诸陂，由现在伟大的治淮工程来看，这些陂曾经代替过现在人工水库的作用。

吴孙权时，孔愉为会稽内史，句章县有汉时归陂，毁废数百年，愉自

循行修复故堰，溉田二百余顷，皆成良业。（阎镇珩氏[①]，辑《六典通考·沟洫考》）

晋武帝咸宁三年（公元277年）杜预言："诸欲修水田者，皆以火耕水耨为便，非不尔也，然此事施于新田草莱，与百姓居相绝离者耳。往者东南，草创人稀，故得火田之利。自顷户口日增，而陂堨（《通典》作堰）岁决，良由变生蒲苇，人居沮泽之际，水陆失宜，放牧绝种，树木立枯，皆陂之害也。陂多则土薄水浅，潦不下润，故每有雨水，辄复横流，延及陆田。言者不思其故，因云：此土不可陆种。臣计汉之户口，以验今陂处，皆陆业也。其或有归陂归堨，则坚完修固，非今所谓当为人患者也……臣又按豫州界二（《通典》作案荆河州界中）度支所领佃者……几用水田七千五百余顷耳……无为多积无用之水，况今者水涝（按：丁本作潦）瓫溢大为灾害。臣以为与其失当，宁泻（丁本误为湆）之不湆，其汉代归陂归堨及山谷私家小陂，皆当修缮以积水，其诸魏氏以来所造立及诸因雨决溢，蒲苇马肠陂之类，皆决沥之……汉氏居人众多，犹以无患，今因其所患而宣写之，迹古事以明近理，可坐论而得。"

自汉武帝到杜预（西晋之统一）三百七十余年，是我国农田水利事业向前大发展的时期，这里应加说明的：

1. 我们所说有史记载的官修陂塘，以西汉末召信臣为首，并不等于说我国劳动人民自己创造的山谷小陂小堰，也是在西汉末才开始的。刘彻已

---

① 阎镇珩，湖南湘西石门县人，记闻渊博，费十三年之力，辑《六典通考》二百卷，据他的自序："往者予客浙幕，读秦氏《五礼通考》，甚伟其通博，亦颇疑其采取之杂，议论之歧，使观者茫洋无端，易于懵恍而失所守。又以五礼者，特六典之一端，于经旨未为完具，遂慨然有志于是书之作。"他的《六典通考》，是以《周礼》为纲，据他的目录："自设官至医政考，凡五十八卷，属天官。自民政至市政考，凡三十七卷，属地官。自礼制至司天考，凡五十卷，属春官。自建国至职方考，凡二十八卷，属夏官。自刑典至宾礼考，凡十四卷，属秋官。自都邑至沟洫考，凡十三卷，属冬官。"1903年刊行，版藏原籍北岳山房，闻已逸失。

说“畜陂泽”，且翟方进坏鸿隙陂时，已有“省堤防之费”之说，假定成帝之前劳动人民自己没有对鸿隙陂曾做了一些堤防工程，后来官家哪有修堤防之费？杜预所言“山谷私家小陂”，当是历史发展的产物，非在晋代始有。

2. 据《晋书·食货志》咸宁三年（公元277年）诏：“今年霖雨过差，又有虫灾，颍川襄城自春以来，略不下种，深以为虑。杜预上疏……惟今者水灾东南特剧……下田所在停污，高地皆多墝埆……而不廓开大制，定其趣舍之宜……所益盖薄……臣愚谓既以水为困，当恃鱼菜螺蜯……今者宜大坏兖豫（《通典》作兖豫及荆河）州东界诸陂，随其所归而宣导之，交令饥者尽得水产之饶……旦暮野食……水去之后，填淤之田，亩收数钟。”这与他所说的“陂堰岁决，良田变生蒲苇……水陆失宜，放牧绝种，树木立枯……陂多则土薄水浅，潦不下润”，都是水土流失的现象和所造成的后果。

3. 陂、塘、堰等，均是用以灌溉稻田的，杜预说：“诸欲修水田者，皆以火耕水耨为便，非不尔也。”又说：“言者不思其故，因云此土不可陆种，臣计汉之户口，以验今之陂处，皆陆业也。”可以看出我国人民重视水稻高产作物，为时甚早，由水稻田的发展遂逐步创造了对水土保持极有效的梯田。（由杜预的“山谷私家小陂”一语，也可推知因山谷有了陂堰，我国劳动人民就在近陂堰的两旁，凿山为梯田，成为今日江淮流域梯田的巨观，但梯田的正式记载，始于宋代。详下文《论梯田》一节中。）

东晋张闿为晋陵内史时，立曲阿新丰塘，宋刘义欣经理芍陂（由殷肃从旧沟引淠水入陂），刘秀之修复襄阳六门堰，后魏裴延儁修复戾陵诸堰；后周贺兰祥修造富平堰等，都是历史大书特书之事。因这一时期战争频繁，南北分治（为时自东晋到唐太宗李世民二百余年），所以官造陂塘很少（民造陂塘，当然是继续进行的）。自唐代的统一，农田水利又大兴起，欧阳修氏的《唐书·地理志》记载颇详，兹列表如下：

唐代陂、堰、塘、池等分布表（据欧阳修《新唐书》造表）

| 地　名[①] | 陂堰等名称 | 修造或引灌年代 |
|---|---|---|
| 关内道（古雍州之域） | | |
| 京兆府高陵县 | 刘公堰 | 宝历元年 |
| 华州下邽县 | 金氏二陂 | 武德二年 |
| 同州朝邑 | 通灵陂 | 开元七年 |
| 陇州汧源县 | 五节堰 | 武德八年 |
| 灵州回乐县 | 库狄泽 | 长庆四年（引乌水入泽） |
| 河南道（古豫兖青徐之域） | | |
| 颍州汝阴县 | 椒陂塘 | 永徽中 |
| 下蔡县 | 大崇陂，鸡陂，黄陂，湄陂 | 隋末废，唐复之 |
| 许州长社县 | 堤塘 | |
| 陈州西华县 | 邓门废陂 | 神龙中复开 |
| 汴州陈留县 | 观省陂 | 贞观十年 |
| 濠州钟离县 | 千人塘 | 乾封中修 |
| 宿州符离县 | 牌湖堤 | 显庆中复修 |
| 沂州承县 | 有陂十三 | 贞观中筑 |
| 河东道（古冀州之域） | | |
| 河中府龙门县 | 瓜各山堰 | 贞观十年筑 |
| 晋州临汾县 | 高梁堰、百金泊、夏柴揠 | |
| 绛州闻喜县 | 南陂 | 仪凤二年 |

① 地名，参看杨守敬《历代舆地沿革总图》中《唐地理志图》。

续表

| 河北道（古幽冀二州之域） | | |
|---|---|---|
| 孟州河阴县 | 梁公堰 | 开元二年浚 |
| 济源县 | 坊（枋）口堰 | 太和五年 |
| 怀州修武县 | 吴泽坡 | 大中年 |
| 相州安阳县 | 广润陂 | 咸亨三年开 |
| 冀州信都县 | 葛荣陂 | 贞观十一年开 |
| 赵州平棘县 | 广润陂、毕泓 | 永徽五年 |
| 柏乡县 | 万金堰 | 开元中 |
| 蓟州三河县 | 渠河塘、孤山陂 | |
| 山南道（古荆、梁二州之域） | | |
| 江陵府江陵县 | 凿井 | 贞元八年 |
| 朗州武陵县 | 北塔堰 | 开元廿七年增修 |
| | 专陂（原有） | 开元廿七年 |
| | 黄土堰 | 长庆元年 |
| | 考功堰（汉樊陂） | 长庆元年 |
| | 右史堰 | 长庆二年 |
| | 津石陂 | 圣历初 |
| | 崔陂 | 圣历初 |
| | 槎陂 | 圣历初 |
| 淮南道（古扬州之域） | | |
| 扬州江都县 | 雷塘 | 贞观十八年 |

续表

| | | |
|---|---|---|
| 扬州江都县 | 勾城塘 | 贞观十八年 |
| | 爱敬陂 | 贞元四年 |
| 高邮县 | 堤塘 | 元和中 |
| 楚州宝应县 | 白水塘 | 证圣中 |
| | 羡塘 | 证圣中 |
| 光州光山县 | 雨施陂 | 永徽四年 |
| 江南道（古扬州南境） | | |
| 润州丹阳县 | 练塘 | 永泰中复置 |
| 金坛县 | 谢塘（南北二塘） | 武德二年复置 |
| 升州句容县 | 绛岩塘 | 大历十二年 |
| 苏州海盐县 | 汉塘 | 太和七年开 |
| 湖州乌程县 | 官池 | 元和中开 |
| | 陵波塘 | 宝历中 |
| | 蒲帆塘 | |
| 长城县 | 西湖 | 贞元十三年复修 |
| 安吉县 | 邸阁池 | 圣历初 |
| | 石鼓堰 | 圣历初 |
| 杭州钱塘县 | 沙河塘 | 咸通二年 |
| 余杭县 | 上湖、下湖、北湖 | 宝历中 |
| 富阳县 | 阳陂湖 | 贞观十二年 |
| 新城县 | 官塘堰 | 永淳元年 |
| 越州会稽县 | 防海塘 | 开元十年增修 |

续表

| 山阴县 | 越王山堰 | 贞元元年 |
| --- | --- | --- |
| 山阴县 | 运道塘 | 元和十年 |
| 诸暨县 | 湖塘 | 天宝中 |
| 上虞县 | 任屿湖、黎湖 | 宝历二年 |
| 明州鄮县 | 小江湖 | 开元中 |
| | 西湖（原有） | 天宝二年 |
| | 广德湖（原有） | 贞元九年增修 |
| | 仲夏堰 | 太和六年 |
| 福州闽县 | 海堤 | 太和三年 |
| 侯官县 | 洪塘浦 | 贞元十一年 |
| 长乐县 | 海堤 | 太和七年 |
| 泉州晋江县 | 尚书塘 | 贞元五年 |
| | 天水塘 | 太和三年 |
| 蒲田县 | 诸泉塘 | 贞观中置 |
| | 瀝嶹塘 | 贞观中置 |
| | 永丰塘 | 贞观中置 |
| | 横塘 | 贞观中置 |
| | 颉洋塘 | 贞观中置 |
| | 国清塘 | 贞观中置 |
| | 延寿陂 | 建中年置 |
| 宣州南陵县 | 大农坡 | 元和四年置 |
| | 永丰坡 | 咸通五年置 |

续表

| | | |
|---|---|---|
| 洪州南昌县 | 东湖（原有） | |
| | 南塘 | 元和三年开 |
| 洪州南昌县 | 坡塘 | 元和三年开 |
| 江州浔阳县 | 甘棠湖 | 长庆二年 |
| | 秋水堤 | 太和三年 |
| | 断洪堤 | 会昌三年 |
| 都昌县 | 陈令塘 | 咸通元年 |
| 饶州鄱阳县 | 马塘 | |
| | 土湖 | |
| 剑南道（古梁州之域） | | |
| 成都府成都县 | 万岁池 | 天宝中 |
| 彭州导江县 | 侍郎堰 | 龙朔中 |
| | 百丈堰 | 龙朔中 |
| | 小堰 | 长安初 |
| 蜀州新津县 | 远济堰 | 开元廿八年 |
| 眉州彭山县 | 通济大堰一 | |
| | 小堰十 | 开元中开 |
| 锦州魏城县 | 洛水堰 | 贞观六年 |
| 罗江县 | 茫江堰 | 永徽五年 |
| | 杨村堰 | 贞元二十一年 |
| 龙安县 | 云门堰 | 贞观元年 |
| 陵州县 | 汉阳堰 | 武德初 |

顾亭林《日知录》：“欧阳永叔作《唐书·地理志》凡一渠之开，一

堰之立，无不记之其县之下，实兼《河渠》一志，亦可谓详而有体矣。盖唐时为令者，犹得以用一方之财，兴期月之役，而志之所书，大抵在天宝以前者居什之七……然自大历（公元766年）以至咸通（公元870余年），犹皆书之不绝于册，而今之为吏则数十年无闻也已，水日乾而土日积，山泽之气不通，又焉得而无水旱乎？崇祯时有辅臣徐光启作书，特详于水利之学……夫子之称禹也，曰尽力乎沟洫……自乾时著于齐人，枯济征于王莽，古之通津巨渎，今日多为细流，而中原之田，夏旱秋潦，年年告病矣。龙门县今之河津也，北三十里有瓜谷山堰，贞观十年筑。东南二十三里有十石垆渠，二十三年县令长孙恕凿，溉田良沃，亩收十石，西二十一里有马鞍坞渠，亦恕所凿，有龙门仓，开元二年置，所以贮渠田之入，转般至京，以省关东之漕者也。此即汉时河东太守番系之策，《史记·河渠书》所谓河移徙渠不利田者不能偿种，而唐人行之，竟以获利，是以知天下无难举之功，存乎其人而已，谓后人之事，必不能过前人者，不亦诬乎。”

由顾亭林之说，我们可以知道有唐一代，亦重视农田水利，上表所列唐代修筑陂堰开渠溉田之事，更知东南已达今之福建的南方；中南方面，自今之江西已达湖南沅水流域；西南方面已至今之四川的西南；北方今之黄河中下游各省，几皆有修造陂塘引水溉田之利。这二百余年中，也可以说是历史上农田水利之中兴时期。

北宋[①]据《宋史·河渠志》：“神宗即位，志在富国，熙宁元年（公元1068年）诏诸路监司，所在陂塘堙没……宜访其可兴者劝民兴之……二年……制置三司条例司，具农田利害条约，诏颁诸路，凡有能知土地所宜种植之法及修复陂湖河港或元无陂塘圩埠堤堰沟洫，而可以创修……及陂塘堰埭，可以取水灌溉，若废坏可兴治者，各述所见，编为图籍，上之有

---

① 薛培元教授在1957年6月，发表他的《宋代农田水利的开发》一论文（《北京农业大学学报》），把宋代兴修农田水利分为四大项来研究，可参看。

司……民修水利，许贷常平钱谷给用。初，条例司奏遣刘彝等八人行天下相视农田水利，又诏诸路各置相度农田水利官，至是以条约颁焉……”神宗时王安石当政，颇重视农田水利，不管成败如何，是值得注意的，而且提出“农田水利”四字，把农业与水土保持的关系更搞明确了。自是以后，我国的农田水利已在东南大为发展，《六典通考》辑者阎镇珩氏在他的《沟洫考》中说：“宋以后言水利者，莫详于东南……东南财赋之饶……虽古所称秦蜀之地，沃野千里，户口殷实者，举莫得而逮焉。高宗南狩……国贫壤狭，征敛繁苛，心计之臣，规增田赋，故凡江湖间一堰一牐，莫不建吏卒以守之，而史亦纤悉备著……至有明一朝，尤以疏江浚湖为亟务……相度形势，顺其土宜，曲为之制……吾楚洞庭云梦，旧号巨泽……近岁以来，江潦沙涨，溢为平野，畦塍连延，不减数十百里，用此湖身日狭，水患益多……”

阎氏不但把东南农田水利的事业，自宋以后做了说明，从这里他也看出了长江流域水土流失的严重性。

《日知录》：“洪武末遣国子生人才，分诣天下郡县，集吏民乘农隙修治水利。二十八年（公元1395年），奏开天下郡县塘堰凡四万九百八十七处；河四千一百六十二处；坡渠堤岸五千四十八处……”

由这个记载似乎明代官修塘堰甚多，但顾亭林在赞美唐代修造塘堰之盛又说：“今之为吏，则数十年无闻也已。”而慨叹明代官吏的不注重农田水利。从这里说明一个问题，明初开筑塘堰数字虽多，其中一定有不少是劳动人民自动修筑的。而明初官吏不过把劳动人民的成果记在官修账上。自宋以后，我国地方志已大发展，统计地方劳动人民所修塘堰等数字，有方志可根据，本文暂不涉及。

自解放以来，在伟大的共产党领导下，修塘堰、造涝池（以及多方面从农林牧水利工程配合下的防止水土流失）的不可胜数的事业，是史无前例的，而且造塘修坝都进一步掌握了新技术新方法，尤其注意巩固和管理工作，如襄阳地区兴修山区自流灌溉网的新经验（见《人民日报》1958年10月20日所载）和湖南醴陵塘坝的管理制度（印有单行本），都是划时代的创造性的塘坝等新的历史。

## （五）区田的历史和对黄土高原水土保持的作用

农业上的开垦和整地与水土保持的关系是非常密切的，如方法不慎，可严重地影响到水土流失（例如山区的刀耕火种等）。我国历史上的劳动人民，从耕作实践中，按气候、地域、土壤的差异，创造了各种各样不同形状的田，对保持水土起了一些作用，留下了农业史上光辉的一页。

元代王祯《农书·田制篇》，记载田制最详，田的类型共九种——井田、区田、圃田、围田（圩田）、柜田、架田（葑田）、梯田、涂田、沙田。明清两代的农书，如《农政全书》和《授时通考》，都不过转到了王氏的记载。这九种田中，区田、梯田对水土保持的作用极大，现先谈区田。

由于西北黄土高原的苦旱，所以区田产生为最早，我们从《氾胜之书》中见到了不少记载。

《氾书》作于西汉末年（即公元前1世纪之末），石声汉教授的"《氾书》分析"说："氾氏在农业生产方面的活动，主要地点是关中地区……当时关中地区是以旱农为主的，干旱地区颇为进步的农业。"石先生对《氾书》的区种方法做了许多考证功夫，读者可参看。我在这里仅从区田对水土保持的作用方面来谈谈。

1.《旱原山坡变成刮金坡　吴家畔社闹区田走在前边》（1958年4月4日《陕西日报》）

……事实表明，区田在保持水土、畜水保墒，平缓山地的坡度和精细作务等等方面，有着显著的作用。由于区田产量高……

就能腾出大量土地种草植林，推动农林牧业的紧密结合。这在黄土高原丘陵沟壑的陕北地区，是有普遍意义的方向性的措施……

吴家畔社的区田，是在山坡旱地里以每三尺平方修一小块平地，每小块平地中间挖一个窝，每个窝长、宽、深均为一尺五寸，每亩计有六百六十窝。挖时，把每小块平地上的熟土垫入每个窝里，窝里的表土比地平面低二三寸左右，庄稼种在窝里……

区田有很多和很突出的好处，因为区田窝里的熟土厚，渗水力强，窝土又比地面低，保持水土的作用大，去年暴雨时，山坡地水土流失很严重，连能保持水土的梯田、堰窝、垄作区田等地内的水土也有一些流失，但区田却不然，亲自作务区田的社主任吴成业冒雨去看时，区田里的水都均匀流入每个窝里，雨水毫未流失。因此，社员们赞美区田是"原水不出原，田水不出田"。区田里的肥土，一来因为垫入窝里，暴雨冲刷不出，二来因为雨水渗入窝土中，从未被冲刷。这在陕北地区的山坡地里是没有过的事情。区田的土壤松虚，可减少蒸发，蓄水保墒作用大，抗旱力强。去年冬天旱时，该社有次测量地墒的情况：区田里的水分占土壤的16%，一般梯田的水分只占土壤7%—9%，普通地墒的水分更少……天旱浇水时，可免流失，比浇普通山坡地省一半以上的水。区田窝挖得深，长的野草少，种植集中，锄务一次，比普通省工，这就便于精细作务。苗禾集中，对病虫害撒药杂虫，省药省劳力。同时区田的窝，是由下直上挖的，上面的土逐年往下移，陡坡变缓坡，缓坡变平坡，这是逐年增产逐年发展为水平梯田的眼前利益与长远利益结合的一种耕作方法……

特别重要的是，因为区田收成高，种区田就可以改变当地广种薄收的耕作方法。在宜农地精细作物，腾出大量土地种草植林，解决发展农林牧业中的矛盾问题……

2.“区田加旱井，跃进有保证。”

中共榆林地委副书记卫献征说：（1958年4月4日《陕西日报》）

绥德吴家畔农业社，去年试种了一块区田，虽遭干旱，仍获得高额丰产，我认为这一大胆的尝试和创造，对山地提供了深耕细作、改造土壤、保持水土的一项方向性措施。

区田是农民中固有的掏钵种地良好耕作传统的发展，是山地改造土壤的先进耕作技术。实行这种耕作方法，便能充分发挥地力和保持水土，能使产量显著提高。榆林地委认定吴家畔的这个经验，确定今年全区推行三十万亩区田耕作制，是有着极其现实的意义。

消除“不种百垧不打百石”的广种薄收思想……山地要高产，在土地基本建设上首先要改变土壤。区田采用人工深翻地，是改变土壤的基本建设。三年之后，区田地全部成为深达一尺五寸的肥土，这对农作物的生长是极为有利的。目前榆林地区打旱井五十余万眼，区田更便于灌溉……

严重的水土流失，是丘陵地区的一大灾难……田间工程是保持水土的一个重要方面，比如修梯田……不是一下修成水平梯田；而是逐年加高梯田埂逐步水平化。不管采用哪种方法，只要能保持肥土……但是不改变耕作方法，增产还是有一定限度的。实行区田耕作制，既能保持水土，又能飞跃增产。

我们由上面一些记载，可以得出下面的几点结论：

1.区田的来源问题：据《氾胜之书》“汤有旱灾，伊尹作为区田，教民粪种，负水浇稼”。把区田的创造归功于古代传说中的一个统治阶级的宰辅，这种传说，或是由于《孟子》上有这样几句话：“伊尹耕于有莘之野，而乐尧舜之道焉……”伊尹是否务农，我们不去管它，但是商朝立国，是在黄河下游，这种抗旱性的区田，恐不易在那里产生，我认为这种方法，是陕北高原劳动人民的创造。正如卫猷征同志所说：“区田是农民中固有掏钵种地良好耕作传统的发展。”

2. 区田之“区”字含义：依石声汉教授的注释“区”读欧音，由这音读也可以知道是从“掏钵”的方法发展而来的。王祯《农书》说：“其区当于闲时旋旋掘下。”这也正是陕北农民所称的掏钵方法。西北干旱地区，种瓜及种树常有应用这种方法的。大泉山的种树法，也可称区种遗法的发展。

至后来将“区”读为区分之区，垄作区田便兴起了[①]；蔬菜园艺的耕作技术因此提高；农田也有了麦垄和稻畦等。这些问题，是我国耕作学方面值得和应当研究的。

3.《氾胜之书》说：“诸山陵，近邑高危、倾坂及丘城上，皆可为区田。”（石释：就是大小山头，靠近城镇的高崖、陡坡以及小土堆，城墙内面的斜坡上，都可以做成区田。）大小山头、高崖、陡坡、小土堆等地，都是水土流失极严重的地方。现在从事水土保持工作，用区田的这种耕作技术，应该说是首要的方法。正如卫副书记所说：“既保持水土，又能迅速增产……”

《氾书》又说：“凡区种，不先治地；便荒地为之。”（石释：种区田，不要先整地，就在荒地上动手。）区种既不必大块地整地，地面植被，就不会大破壤。可以防止水土流失，这是极有效的耕作方法。

4. 现在我国的劳动人民，在党的领导下，创造了全世界从未有的丰产最高纪录，写下了史无前例光辉的一页。在农业上更显著说明了共产主义制度的优越性。我国几千年的农业历史，唯一的只有区田法，留下一些丰

---

① 可参看杜豁然《区田畛田耕作制简介》（《陕西日报》1958年4月4日）。

产纪录痕迹。换句话说，也是遗留了古代劳动人民在耕作方法上的光荣创造史。所以区田制度不仅在保持水土流失方面的重大作用了。

### （六）梯田的历史和对山区水土保持的作用①

梯田的正式记载，首见于12世纪南宋范成大的《骖鸾录》中（地点是在江西的袁州），他说："袁州仰山岭阪之间皆田，层层而上至顶，名梯田。"在当时这里的梯田，可能已高度发展，否则不致使博学多闻的范成大见而惊奇，笔之于书。在北宋末年陈旉《农书》的《地势之宜篇》中，我们也可以看出当时创造梯田的痕迹（这些可作为东南方面的梯田史料）。

四川现为我国梯田极发达的省份，清末某德人调查地质，见到了四川梯田之盛，叹为世界奇迹。唐代诗人杜甫（约公元760年）居川时的诗中，有：

东屯大江北，百顷平若案，
六月青稻多，千畦碧泉乱。
插秧适云已，引溜加溉灌，
更仆往方塘，决渠当断岸。
（题为《行官张望补稻畦水归》）

从杜甫叙述一位行官去督促稻田引水灌溉的诗里：有百顷平坦如案的稻田；有千畦间乱流的碧泉；或引方塘的水灌溉；或引断岸的渠水灌溉。我们熟悉四川大江两岸地势的人，就不难想象杜甫的诗句，已把四川当时

① 参看1956年华南农学院梁家勉教授，发表《中国梯田考》一文（《华南农学院第二次科学讨论会论文汇刊》）。

梯田形容尽致了。

又杜甫的《晚登瀼上堂诗》中有“山田麦无垄”(钱谦益注：谓高低星散)之句，这种高低不平之地，无垄而种麦，现在我们还可以在高山地带看到。高山的梯田，正由这种山田逐步加工而成(这可算西南方面的梯田史料)。

但是杜甫诗中所述的梯田以及陈旉《农书》所记载的梯田，都不是范成大在江西袁州所见到的高度发展到山顶的梯田。

江西为什么梯田独高度发展到了山之顶？是由于当时客观环境的需要。江西自唐以来为东南交通的要道，王勃《滕王阁序》称为“襟三江而带五湖，控蛮荆而引瓯越”。经济发展，人口众多，粮食的需要更迫切，劳动人民已经受不起地主豪强的压迫，不得不上山开垦，由是创造了高山梯田。我们从张九龄的石头驿[①](南昌附近)诗中：

> 万井缘津渚，千艘咽渡头；
> 渔商多末事，耕稼少良畴。

也可以想象当时江西的耕稼情况的一般。

梯田，是要向高山向岩坡争取土地，确是极其艰巨的工作。而我国勇敢勤劳的劳动人民，和自然做斗争开创了这种梯田是不容易的。三十年前我在长江珠江流域高山上采集动植物标本，见穷苦农民为地主所迫，烧山垦荒(如广西大瑶山)，往往仅造成小塍，无力平整为梯田，便中止了。二三年后，水土流失(因小塍不能防止)，地被冲洗，又逼迫迁移住处，

---

① 张九龄，唐玄宗时人(约公元700年)。他曾为洪州都督，这是他《候使石头驿楼诗》中数句。他在洪州时，《岁初巡属县登高安南楼言怀诗》有：“揭来彭蠡泽，载经敷浅原。”《旧唐书》称他在相位时，教河南数州水种稻，以广屯田。可见他或是对民间农事颇关心的人。

造成严重损失。解放后党政极注意这种“刀耕火种”造成的秃山现象，已用“封山育林”的方法制止了。

至封建时代高山梯田，有另外一种造成方式，在曾国藩《大界墓表》一文中，可以活生生地见到地主压榨雇农的情况：

> ……余（曾的地主祖父自述）年三十五，始讲求农事，居枕高嵋山下，垄峻如梯，田如小瓦。吾（？）凿石决壤，开十数畛，而通为一。然后耕夫易于从事，种蔬半畦……夕而粪，庸保任之。

解放后人民怎样创造自己的梯田[①]？现举商县龙王庙在高山开辟梯田为例。

“秦岭山中的模范乡——龙王庙，由原来的一个落后乡，竟然变成秦岭深山中的一面模范旗帜，有谁不为它所创造出来的光荣而高兴呢……‘旧社会肥山变成瘦骨头；新社会瘦山变肥油长流。’‘劳动花开满山红，劈山凿石逞英雄。’……两年来他们以革命的干劲和愚公移山的毅力，积极热情地兴奋愉快地建设社会主义新山区而战斗着……叫石头搬家，让土地翻身。

一九五六年春天，是一个不平凡的起点，从这时起，每年冬天，他们即抓住了既能保持水土又能增加产量的关键，以排山倒海的劲头，大规模兴起修梯田运动。

这个乡水土流失非常严重，以致沟壁纵横，使土地支离破碎，土地瘠薄，漏水漏肥，田间石头多，有的根本不能过犁，只能用齿鈌头挖……遇到雨涝，有些地块就冲得一干二净。面对这种情况，当地群众曾悲伤地流传着这样一首歌谣：‘石鸠河，石头多，村庄左右石头坡；刨开地面三寸

---

① 参看方正三等合著：《黄河中游黄土高原梯田的调查研究》，科学出版社出版。

土，里面就是石头窝；一场暴雨起三洪，粪土种子齐下坡。’

党支部深入群众，研究了当地自然特点和农民历来的生产经验后，认为挖地整地兴修梯田是个好办法，交群众讨论。

贫农程金明说：‘我们几辈子老是缺地种，1949年我在房后坡上挖了七分九厘地，当年就收了六斗七升粮食，这是大伙亲眼见过的。如今咱们全社动员起来，大搞梯田，那该要增产多少呢！’七十二岁的刘恒均老汉也介绍了他过去连蔓豆都不长的一亩坡地修成梯田后，当年就收了九斗小麦的事实……

接着自上而下纷纷做出了计划，一过春节，就立即行动起来，在石头搬家，土地翻身，削平高岗，填平深沟，向石头要地，向地要粮等豪迈口号下，男女老幼锁门上山，形成一股排山倒海、翻天覆地、无坚不摧的力量……

这个乡的人们都会给石头估量，有解剖每块大石头的办法，同时根据当地气候和特性，懂得‘冬修胶泥夏修沙，石礞中间拦泥坝’‘先（指封冻前）修阴坡后（指封冻后）修阳坡’‘先易后难，逐年平整’等促进土壤风化，蓄水保土的修梯田方法，这些常识都是他们从生产实践中积累起来的经验。

两年来这个乡的人们，就是这样兴修起梯田3,673亩，占山坡总面积50%，把千百余年捣蛋的顽石搬了家，反转让它为人民服务……据初步统计，石坎梯田埂达4,546条，长136,380米，平均高3米，宽1.5米，总石方达610,355立方米。

经过两年来修梯田的坚苦劳动，终于开出了幸福之花。不仅大大控制了水土流失，改变了耕地面貌，还扩大了耕地面积，又使60%以上的耕地由以往单料变成一年两料或两年三料，粮食产量迅速提高。其中有比以往高出一、二、三、四倍的，甚至数十倍。”

我个人在抗日战争时期曾到衡山山脉中的湘阴县，见过那里的高山梯田，今年又曾到商县龙王庙乡，见到新筑的龙王乡梯田。由目见的事实和文献的记载，使我深刻认识到以下的几点：

1. 历史上各地梯田的创成，当如商县老农程金明、刘恒均所谈，几辈子缺地种，而又深受统治阶级的压迫，于是只有辛苦开垦，逐渐造成梯田。或如曾的《大界墓表》所言（耕夫、庸保任之），由地主奴役雇农创造而成。但都是伟大的劳动人民的功绩。

2. 我们在龙王乡与老农谈话时，他们说："先（指封冻前）修阴坡，后（封冻后）修阳坡。"由此体会到我国古代农家所用的"阴阳"二字，一直是耕作开垦的术语。《大雅・公刘诗》："相其阴阳；观其流泉。"为察看这块土地是否宜农，而龙王乡老农在修梯田开垦时，先阴坡，后阳坡，因为阴坡易冻结，如不先修，可以带来冬闲开垦时的困难。

3. 这种高山梯田合乎元代王祯《农书》上的梯田记载：

> 梯田：谓梯山为田也。夫山多地少之处，除磊石及峭壁，例同不毛。其余所在土山，下自横麓，上至危巅，一体之间，裁作重磴，即可种艺。如土石相半，则必垒石相次，包土成田，又有山势峻极，不可展足，播殖之际，人则伛偻，蚁沿而上，耨土而种，蹑坡而耘。此山田不等，自下登陟，俱若梯磴，故总曰梯田……

北宋末陈旉《农书》（约公元 1149 年）《地势之宜篇》说：

> 夫山川原隰……其高下之势既异……若夫高田（按：即梯田）视其地势，高水所会归之处，量其所用，而凿为陂塘。[①] 约十亩

① 参看格拉西莫夫院士主编《杜库恰耶夫科学思想对苏联森林草原与草原地区防止旱灾及土壤侵蚀的意义》一书中，Д.Л. 阿尔曼德的《俄国科学的经典作家及其对抗旱与防止侵蚀的贡献》一文，叙述杜库恰耶夫提出的改造草原自然情况的方案中，有："谷

田，即损二三亩以潴畜水。春夏之交，雨水时至，高大其堤，深阔其中，俾宽广足以有容。堤之上，疏植桑柘，可以系牛；牛得凉荫而遂性；堤得牛践而坚实；桑得肥水而沃美；旱得决水以灌溉；潦即不致于弥漫而害稼。高田旱稻，自种至收，不过五六月，其间旱干，不过灌溉四五次，此可力致其常稔也。

《陕西日报》(1958年5月6日)载巴山修梯田一例，我现摘录，与前文对照。

上挖塘，下打桩，梯田有水又保土。

汉中西乡县私渡乡合力农业社是巴山脚下的一个社，有上千亩沟田，土质多系纯沙或夹沙。以往虽然注意保持水土，但因为注意在山下的修梯田，忽视防治山上洪水冲刷，所以每逢大雨过后，山洪暴发，水冲沙壅，使土地和作物损失很大。1956年冲毁的土地就达八十多亩，其中有些地变成了荒丘。群众形容这种情景说："天旱禾苗光，雨淋地冲光……"

社主任邓祖福领导第六生产队研究采用了"修水田和水土保持相结合"的办法，在每台梯田边缘打一两排木桩，用树条组织起来，一边种上一排柳树，这样，即使木桩烂了，树根仍可保土。另外在山坡上挖很小水渠，在水渠下边靠近梯田顶端挖一些塘，使所有山水都流入塘内灌溉梯田，预计到有时洪水过大冲毁水塘。他们又在塘下面沿沟处再开一道退水渠，让多余的水排出去。……

---

道的周围设置笆篱堤堰与树篱，在上流主要是利用洼地来建筑池塘，清理与引出水源……在分水的岭地上挖掘小沟洫与小土堰，以便积雪与拦阻地表径流……"虽在不同的国家，不同的自然区域，对防止水土流失（即土壤侵蚀）的意义，还是有相同之处。

社员们称赞说："有了这办法，水就再不乱流；土也不会下山；梯田再不遭祸殃；水旱灾害都可防。"

从陈旉的生动叙述中，不仅看到劳动人民创造梯田的痕迹，而且梯田与凿塘畜水的水利工程已紧密结合起来了。巴山下的合力社的创造，挖塘打桩的方法，与七百年前宋代陈旉所述东南方修梯田与水利相结合的记载遥遥相应。只是在劳动人民掌握了自己的命运的今天，更把传统的固有的优秀技术进一步发扬光大了。

## （七）沟洫制度的历史与平原的水土保持[①]

我们要从历史方面把沟洫制度说明白，不是一件容易的事情。一、这种制度与井田的关系何如？二、《周礼》中遂人与匠人的关系何如？三、这种制度主要的作用是什么？都是我们应该一一解决的问题，现在把我个人的初步看法写在下面：

1.我认为井田制度，最早发生在黄河中游即现在的关中平原；而沟洫制度最早发生在东方黄河下游即现在的直、鲁、豫平原[②]。《孟子》说："昔

① 张含英编译《土壤之冲刷与控制·序》："沟洫之法，典籍具载。清沈梦兰氏论之曰：古人于是作为沟洫以治之，纵横相承，浅深相受，伏秋水涨，则以疏泄为灌输。河无泛流，野无熯土，此善用其决也。春冬水消，则以挑浚为粪治，土薄者可厚，水浅者使深，此善用其淤也。自沟洫废而决淤皆害，水土交病矣。发古人之用心，指当世之所急，善哉言也。当夫暴雨之后，水辄沿坡而下，若为沟浍所截，则速率减，而冲刷之能力杀。沟浍之降坡既较山势为缓，水集其中，因以停淤。所谓淤者，皆表面肥土，春冬水消，更可挑以粪田。是故沟洫之法，实为蓄水防冲上策。……"可参看。

② 邱浚曰："井田之制，虽不可行，而沟洫之制，则不可废。今京畿之地，地势平衍，率多垮下，一有数日之雨，即便淹没，不必霁潦之久，辄有害稼之苦……为今之计，莫若少仿遂人之制，每郡以境中河水为主，各随地势，各为大沟……以达于大河。又各随地势，各开小沟，以达于大沟。又各随地势，开细沟……委曲以达于小沟……若

者文王之治岐也，耕者九一。”当是井田制度最早的记载（后人说井田制度创自黄帝，实是无稽之谈）。岐地即所称的“周原膴膴”，离河流远，土地旱干，统治王朝，把这种“往来井井”的地方，规划起来，造成所谓“井田制度”。《孟子》所称“八家皆私百亩，同养公田”，《诗经》歌颂“雨我公田，遂及我私”都是指这种井田。

《易经》本文的“井卦”，有“羸其瓶凶。井渫不食，为我心恻！井收，勿幕，有孚，元吉”的叙述，说明当时人民对生活上不可缺乏的“井”的重视。一个干旱无水的地方，开成沟洫是无用的。把井田与沟洫结合起来，可能是井田制度推行到东方以后的事。东方为黄河下游低湿之地，在井田外围，做成沟洫可能是合理的。（夏纬瑛先生近著《吕氏春秋上农等四篇校释》，说明井田与沟洫制度的关系，可参看。）

2.《周礼》遂人与《考工记》匠人的关系问题，我现把两书的原文摘引下来：

《周礼》：“遂人掌邦之野……凡治野，夫间有遂，遂上有径；十夫有沟，沟上有畛；百夫有洫，洫上有涂；千夫有浍，浍上有道；万夫有川，川上有路；以达于畿。”

《考工记》：“匠人为沟洫，耜广五寸，二耜为耦，一耦之伐，广尺深尺谓之甽，田首倍之。广二尺，深二尺，谓之遂。九夫为井，井间广四尺，深四尺，谓之沟。方十里为成，成间广八尺，深八尺，谓之洫。方百里为同，同间广二寻，深二仞，谓之浍。专达于川，各载其名。凡天下之地势，两山之间，必有川焉，大川之上，必有涂焉。”

《周礼》和《考工记》[①]，本非一人之作，作者所见自然不同，一定要把

---

夫旬日之间，纵有霖雨，亦不能为害矣。”邱浚在明代尚有此说，可见古代人民在黄河下游地带创造沟洫制度是很自然的。

① 参见《困学纪闻》：“遂人治野，乃乡遂公邑之制；匠人沟洫，乃采地之制。……《朱文公语类》亦云：‘沟洫以十为数，井田以九为数，井田沟洫，决不可合。’”

它们的内容统一起来，是所谓“非愚即诬”。以清代程瑶田的善于考证，假定他不歪曲一个“间”字来作解人，我看他也无法调和遂人、匠人两种不同的沟洫制度。他反复责备宋四大家（郑渔仲、陈及之、王与之、黄文叔）和同时的某甲某乙的错误，认为他们“其故在不明诸‘间’字之义，为两者之间”。他在《通论诸家沟洫谬说之由》又说：“又疑（按：指郑渔仲等）于匠人一同止一浍之说，复误会遂人注九浍而川周其外之语，而欲通其说于匠人一同之内亦为九浍，又欲并遂人匠人两不相蒙之二法，合而一之。义之所是，而故去之，法之本无，而强立之。此所以各逞其胸臆而卒不能自全其说也。”他在这里说遂人、匠人是两不相蒙之法是合理的；但在《遂人匠人沟洫异同考》中却说：“《遂人》《匠人》两篇，文义皆互相足者也。”就不免有前后矛盾之处。他更说：“欲知古人成法，须知古人之文章；欲知古人之文章，须通古人之训诂。”所谓训诂，就是他的《说间》上下篇，拿一“间”字当万宝灵药，来解释不同的两种制度，这是强调一点，夸大其余的方法，是不能解决问题的。皮鹿门的《经学通论》中，论“郑樵解释周礼正义未可信为确据”的结论说得很恰当。“案郑氏弥缝牵合，具见苦心，惟《周官》一书与诸经多不相通，《考工记》亦与《周官》不相通，如匠人、遂人之类，是欲强合之为一，虽其说近理，未可信为确据。”我认为他的这种批评，对程瑶田的考证，也是用得上的。

3. 沟洫制度的作用：

（1）明末冯京的《经世实用编》说：“昔有为行经界寓地网之议者，以为敌骑利在平旷，易为驰突。令边塞率平原旷野险阻实稀，宜因屯田，定其经界，开为沟洫。就用田者之力，每一里共浚一沟，界如古井田之制。一可以息争端，二可以备旱潦，三可以阻敌骑，四者或我兵车御虏，即可依此为常阵，免临时掘堑之劳，此盖本吴玠在天水军制金骑遗法也。今井田湮废久矣，闻山东登莱，犹存亩浍，而东虏竟以势难逾越，不敢犯。宁夏多水田，有沟堑，夏月种作，则胡马不能来，故称安宁。以此知广亩浚川，所以兴利厚农，亦以设险守国……”

（2）清代程瑶田著《沟洫疆理小记》说：“郑氏注小司徒云：沟洫为除水害，余以为备潦，非为旱也。岁岁治之，务使水之来也，其涸可立而待。若以之备旱，则宜猪之，不宜沟之；宜蓄之，不宜泄之。今之递广而递深也，是沟之法，非猪之法；是泄之，非蓄之也。故使沟洫之制，存而不坏，岂惟原田之利农，无水潦之患。夫川之淤塞也，有所以淤塞之者也；沟洫不治，则入川之水，皆污浊之浑流，实足以为川害。然则沟洫不坏，即谓天下之川，永无崩决之虞可也……”他又引《管子·立政篇》“沟渎不遂于隘，鄣水不安其藏，国之贫也”，《尚书·大传》“沟渎雍过水为民害，则责之司空”，来证明沟洫为除水害。

（3）近来夏纬瑛先生在他著的《吕氏春秋上农等四篇校释》上说：“《任地篇》一开始，就提出十项问题……这里且不一一谈它，只谈其亩甽的重要作用，就是它的排水和洗土作用。”“《任地篇》的十项问题中，有一项说：‘子能使吾土靖而甽浴土乎？’这是一个排水洗土的问题……《任地篇》的亩甽标准，是和井田有关的。井田中原有排水的措施……”“为什么要排水洗土？当然是因为土中含有过量盐碱质的缘故……可以想到，我国黄河下游的大平原中，自古以来是一个农业中心；而大平地的土地，都是含有较多的块碱质的，在多含碱质的土地上进行农作，是需要有排水的办法的。这一优良办法，起自何时，有待考证。但它和井田有关，就知道它的起源是很早了。战国时候的农业，已具有这样的优良基础。”

历史上谈沟洫制度用途的极多，我在上面仅举出三个有代表性的例子，他们所谈的用途：一、息争端（这是结合井田制度谈的，井田制是重正经界的）；二、备旱潦；三、阻敌骑；四、防浑流，除水害（程氏的“沟洫不治，则入川之水皆污浊之浑流，实足为川害”）是合乎现在水土保持与治河工程结合的原理的。五、浴土（为夏纬瑛先生研究“吕氏四篇”的收获）。

《人民日报》(1958年7月15日)载有一则重要的有关畦田制度的作用，现抄录于后：

菏泽专区新修沟洫畦田——抗涝效能显著。

山东菏泽专区新修的沟洫畦田，大地畦田工程，经过最近一次大雨考验，证明是有巨大的效能。

菏泽专区去冬今春，曾大搞农田水利建设运动，使全区一千四百万亩耕地基本上实现了沟洫畦田和大地畦田化。接着，又修筑洼地坑塘平原水库一万五千多个，整修了原有村头坑塘、河道，大都做到沟沟相连，沟塘相通，在全区范围内初步建成了平原水土保持，拦蓄洪水的庞大水利网。

6月29日到7月5日，这个专区各县，受到了暴雨的袭击，降雨量一般达到150—300公厘，这次暴雨后，全区成灾面积不到十万亩，同往年相比，受灾面积不到三十分之一。水利工程不但发挥了抗涝作用，还发挥了防旱作用。据推算，经过两次大雨，全区共蓄下雨水近两亿公方。按每亩秋禾一次浇地一百公方，浇三次计算，共可浇地六十六万亩。

由菏泽专区的这一伟大创作，使我们对历史上的沟洫制度，有两点新的体会：

(1)菏泽专区的实践证明，沟洫制度的主要作用是抗涝(程瑶田看到了这一点)，是平原地区的一种水土保持工程。因此我们推测这种制度，最早发生在东方黄河下游的低洼地区(兖、徐等地)是合理的。

(2)古代沟洫制度，无疑的是劳动人民创造而成的。因为他们在这些低洼多水的地方，从事农业，向自然做斗争，由是创造一套“因地制宜”的排水制度是很自然的。现在菏泽专区人民在党的领导下，创造的洫沟畦田，作成“沟沟相连”“沟塘相通”的水网，是把过去的沟洫制度进一步地发扬光大了。

（3）沟洫制度发生的时代和地域的推测：

“沟洫”二字首见于《论语》。孔子说：“禹，吾无间然矣……卑宫室，而尽力乎沟洫。”这里的“沟洫”二字，是否即《皋陶谟》中的畎浍，问题复杂，暂不去讨论。至沟洫制度起于何时何地？我在此试做探讨。

《左传》襄公三十年，子产治郑，使田有封洫。“舆人诵之，曰：取我衣冠而褚之；取我田畴而伍之。孰杀子产？吾其与之。及三年，又诵之曰：我有子弟，子产诲之；我有田畴，子产殖之。子产而死，谁其嗣之。”这里可以看出郑国虽处黄河下游，春秋末年沟洫尚未成为制度，所以子产初推行时，阻力横生。

子产推行沟洫制度时，孔子已诞生（孔子生于襄公二十二年）。孔子因沟洫而赞诵禹之伟大，可能鲁国已有了这种制度。《禹贡》：“导菏泽，被孟猪”“导沇水，东流为济入于河；溢为荥，东出于陶丘北，又东至于河，又东北会于汶……”古代这些地方，河流薮泽纵横，在低洼地方，齐鲁劳动人民为了改造环境，以高度的智慧，创造沟洫制度是可能的。

至用沟洫排水浴土，战国时已大风行。“魏史起为邺令，引漳水以富魏之河内。民歌之曰：邺有贤令兮为史公，决漳水兮灌邺旁，终古舄卤兮生稻粱。”“秦昭王时，韩闻秦之好兴事，欲罢之，无使东伐。乃使水工郑国间说秦，令凿泾水为渠……渠成，而用溉（王念孙说：上溉字涉下溉字而衍）注填阏之水；溉舄卤之地，四万余顷。”所以《吕氏春秋·任地篇》有“子能使吾土靖而甽浴土乎”之说。

至古代沟洫的形象如何？我们不难从现在人民在党的领导下所创造的奇迹，推见一二。

《人民日报》“现场看一看，胜读十年书”（1958年4月8日）载天津专区改造洼地事：“全区九十多个洼地之一的团泊洼，两年前是一片汪洋，五十多万亩土地，有三十七万亩积水，而现在大家所看到的，却是纵横的渠道隔开的一片片长方形的匀整地地块所构成的万顷良田。从这些记载中，我们可以想象古代沟洫除水害的一般。不过劳动人民在历史上没有当主人之前，决不可能有今天的宏伟规模。”

## 关于井田、阡陌、稻人、草人

### 1. 井田、阡陌

我认为井田制与阡陌制是统一的，井田制度的井井相连，疆界相接，成为阡陌纵横是很自然的。八家所分的田，在政治结合上说，是一井的田亩。千百数的井田相连，则成为阡陌了。商鞅开阡陌废井田之说，历史上唯朱熹的《开阡陌辨》，谈得最透彻。

> 《汉志》言秦废井田，开阡陌，说者之意，皆以开为开置之开，言秦废井田而始置阡陌也。故白居易云：“人稀土旷者，宜开阡陌；户繁乡狭者，则复井田。”盖以阡陌为秦制，井田为古法，此恐皆未得其事之实也……商君……但见田为阡陌所束，而耕者限于百亩，则病其人力之不尽；但见阡陌之占地太广，而不得为田者多，则病其地利之有遗……尽开阡陌……以尽人力，垦辟弃地，悉为田畴，而不使其有尺寸之遗，以尽地利，使地皆为田，而田皆出税……故《秦纪》《鞅传》皆云：“为田开阡陌，封疆而赋税平。”蔡泽亦曰：“决裂阡陌，以静生民之业，而一其俗。”详味其言，则所谓开者，乃破坏划削之意，而非创置建立之名。所谓阡陌，乃三代井田之旧，而非秦之置矣。
>
> 或以汉世犹有阡陌之名，而疑其出于秦之所置。殊不知秦之所开亦其旷僻，而非通路者耳。若是适当冲要，而便于往来，则

亦岂得而尽废之哉。但必稍侵削之，不使复如先王之旧耳……

朱子这一推测是完全正确的。秦都关中，关中黄土高原，周代已兴井田而成为阡陌纵横的景象。秦既不以井田制授田，则开阡陌，而井田自废。以此知阡陌制就是井田制的产物。程瑶田《阡陌说》："阡陌之名，从遂人百亩千亩，百夫千夫生义，而匠人之阡陌，则因乎遂人而名之……"不知阡陌是从井田制产生，这是把事实搞颠倒了。

井田、阡陌、沟洫制度等，千古争讼不决。王船山氏《读四书大全说》："大抵井田之制，不可考者甚多，孟子亦说个梗概耳。如《周礼》言不易之田百亩，一易之田二百亩，再易之田三百亩，则其广狭不等，沟浍涂径，如何能合井字之形？……想来黄帝作井田时，偶于其畿内，无一易再易之田，区画使成井形。殷周以后，虽沟洫涂径，用此为式。至其授田之数……不必一井八夫矣……大要作一死井字看不得……《周礼·考工记》及何休郑玄诸说，亦只记其大略，到细微处，又多龃龉，更不可于其间曲加算法，迁就使合，有所通则必有所泥，古制已湮，阙疑焉可矣。"

船山氏不知黄帝作井田之说为无稽之谈，这是受他时代的局限性的影响，不足为奇。但他推想畿内偶有无一易再易之田，区划使其成为井田，是合乎井田起原的。周初在黄土高原上，从事农业的劳动人民，因为土地肥美（无一易再易的必要），平整均匀，河流辽远，打井而居，统治王朝规划成为井田制度是完全合乎这一特殊环境的。在其他地带，则不能有同一看法，也是很合乎客观事实的。所以春秋时的楚国，仅能"井衍沃"。由船山氏的井田制说；朱熹的《开阡陌辨》；徐光启、程瑶田和近代夏纬瑛先生等的沟洫制度研究和近来菏泽专区沟洫畦田的实例，使我们对这三种制度的关系得到了进一步的了解。

2. 稻人、草人

朱熹解"尽力乎沟洫"："沟洫，田间水道，以正疆界，备旱潦者也。"

他把沟洫的用途分为两种，一备潦，当是排去多余的水，使不害稼；一备旱，当是蓄水溉田。现在南方稻田的沟洫系统，还有这两方面的作用。但北方沟洫制度原以备潦为主，因北方农作物多是旱地生长，又多盐碱地，稻麦生长困难，所以沟洫制度除排水外，又以浴土为重。因此程瑶田氏极力主张沟洫制度是为“备潦非备旱也”。但他的《稻人沟浍记》，也主张除水害，就不免有强词夺理之处。他说：“盖芒种虽资于水，而大浸亦必伤其稼，故稻人之治之也，既先有事于潴防，以去其漫没之大患，而后为沟浍，使水尽由地中行，水由地中，田方可作。涉扬其芟，盖治沟洫之余事，顺而摭者也……”他不知稻人“以潴蓄水”，也是防旱，作用是“浸彼稻田”。所以他对稻人的解释是不全面的[①]。

① 沟洫制度能防潦备旱，二者牵涉的问题很多：（1）南北不同的水利问题；（2）水旱作物问题；（3）浇地方法问题；（4）名义和不同时代问题。

最早在黄河下游卑湿地名创造沟洫是为备潦。程瑶田在他的《井田沟洫名义记》，言之甚详。但除备潦外，尚有洗碱作用，《吕氏春秋》浴土之说，夏纬瑛先有解释，如史起之决漳水；郑国之凿泾水，也是以浴土为重；所以有“决漳水兮灌邺旁，终古舄卤兮生稻粱”，以及史称“郑国渠成而注填阏之水，溉舄卤之地，四万余顷”。郑国渠虽在黄河中游，这带地势，是不适合造井田的，渠水的灌注，必须经过沟洫，以达到洗碱目的。

《周礼》稻人作田，所创造的沟洫是防潦又备旱。因稻为水生作物，需要有潴蓄水以备旱（当然也有旱稻，可能邺水旁的稻就是旱稻。或当时已有稻人沟浍制度）。所以我们认为程瑶田的《稻人沟浍记》专为除水害之说是不全面的。秦平天下以李冰为蜀守，穿二江成都中，双过郡下，因以灌溉诸郡；汉文帝时文翁为蜀郡太守穿煎渡口灌溉繁田千七百顷（依《通典》），这是灌注南方的稻田（引水灌稻，必有沟洫）是备旱非仅备潦。所以我们说朱熹解沟洫制度在南方是很正确的。

《史记》汉武帝时，郑当时言引渭穿渠，起长安旁南山下，至河三百余里……而渠下民田万余顷，又可得以溉田……而益肥关中之地，得谷。我们熟悉这一地形的人，知道这种溉田，也开沟洫即近来所称的“漫灌”，正如《小雅》所述“浸彼稻田”之类，也是为备旱。《史记》又言（按：亦指武帝时）：“其后河东守番系，言漕从山东西……更砥柱之险，败亡甚多，而亦烦费，穿渠引汾，溉皮氏汾阴下，引河溉汾阴蒲坂下，度可得五千顷……而砥柱之东，可无复漕……作渠田数岁，河移徙，渠不利，则田者稻人是掌稼下地，郑注“以水泽之地种谷也”，这是对的。以潴蓄水[①]，郑注“蓄流水之陂也”，也是对的。因古代梯田制度尚未兴起，所以种稻总在水泽之地，应有陂（即潴）蓄水，以备浸灌。稻人作田，“以防止水”，郑玄把它解为“防，潴旁堤也”，是错误的。我认为防不是潴旁的防（堤）以防止潴水的出入，而是“町原防”之义，如郑司农之所提示。杜预说：“堤防间地，不得方正如井田，别为小顷町。”他把“町”字作动词用是对的，即町“原”成为小顷的田。稻人在稼下地如不用防来止水造成水田，则水稻无从生长；也只可作为陆种之用。

“稻人”的“以涉扬其芟作田”，历代学者对“扬”字有不同的看法，我现试做探讨。

《孟子》说：“凶年粪其田而不足。”古代粪田到底用些什么？焦循《孟

---

不能偿种。久之河东渠田废，予越人，令少府以为稍入。”此足以说明虽在北方，因地域之不同，也起备旱的作用。

程瑶田《沟渠异义记》谓：“班固易河渠为沟洫，名不得其正。”又谓：“后世引水为渠以灌田，此沟洫之变法。”“沟洫为除水害，引渠为兴水利，然水利兴而水害益烈。”这种强调沟洫专防水害，更窒碍难通，而他还引贾让治河中策言穿渠溉田，非圣人之法以自解，不知贾让之说，着重在保持天然薮泽，不在穿渠溉田。

总之，沟洫有备潦备旱，或潦旱兼备，是因时因地因作物种类之不同而异其作用，未可执一以概其余。

①《诗·小雅·白华》：“滮池北流，浸彼稻田。”郑玄说：“池水之泽，浸润稻田，使之生殖……丰、镐之间，水北流。”由这一事实，我们可以推测稻人作田，“以潴蓄水”之意义。水汇为潴，必有沟洫，以利道达。所以《月令》有“季春有司修利堤防，导达沟渎；孟秋实堤防谨壅塞，以备水潦。”程瑶田说：“无减水之法，斯不得与水争地。于是潴以蓄之，使难出者有所归。无减水之法，更不得令川水来侵吾地。于是防以止之，使易入者不内泛。”这种大规模陂堤工程，决非稻人时代所应有。江永说：“后郑解防字未确……下地常滨大川大泽，必有堤以阑之，今江南之围田是也。后郑解为潴旁堤，则是陂塘之堤，蓄水以备灌溉，此平原忧旱之地，非下泽忧潦之地矣。”孙诒让赞成江说，不知江之解释，也不算精确。因他把稼下地与滨大川大泽的下地混合起来了。所谓稼下地不过是较一般陆业地（用杜预的名词）略低下，“以潴蓄水”正是备旱，因为种的是水稻非黍麦陆地作物。

子正义》引蔡氏云："谷田曰田，麻田曰畴，言烂草可以粪田使肥也。是粪其田，即治其田，故云粪治其田。"由此我们体会到"以涉扬其芟作田"的真正意义。所谓"扬其芟"，是将前年所芟之草，积集在水田中者，扬播在田中作为肥料以粪田[①]。扬是扬播，并不是扬去不用。这样下文"凡稼泽，夏以水殄草"的意义也就明白了。

《周礼》掌土化之法的称草人，何以所用肥料多属动物尸体？用植物作肥料的，仅有"强檃用蕡"一例，这或因他的职守既称草人，用植物肥田是必须掌握的，不过举"蕡"以概其余罢了。

由上可知我国古代劳动人民，以防止水造成稻田来种水稻和以草肥田（即今的绿肥）的历史是很早的。

井田制度与阡陌制度等的关系，已说明如上。从水土保持的角度来看，纵横阡陌的疆界，若为凸出的堤封，则阡陌之中之井田，雨季就能蓄水保墒；若为凹入的沟封，则大雨滂沱时，亦能减轻水土流失。稻人作田，"以防止水"，即后来梯田的起点。一易再易之田，蔓草滋生对水土保持，作用亦大。两千多年前（《周礼》大概为六国时的作品），我国劳动人民即有如此耕作和整地丰富的技术，是非常宝贵的。

## （八）周初（《大雅》时代）至北魏（郦道元《水经注》）时代的黄土高原的植被[②]

西周时代，西北黄土高原的植被状况，幸有《诗·大雅》的记载，我们可以根据它做些推论。

---

①《月令》："季夏……大雨时行，烧薙行水，利以杀草，如以热汤，可以粪田畴，可以美土疆。"《周礼》："秋官薙氏，掌杀草。春始生而萌之；夏日至而夷之；秋绝而芟之；冬日至而耜之。若欲其化也，则以水火变之。"都是谈用草粪田的技术措施。

② 植物的拉丁名均未注出，因夏纬瑛先生正从事这项工作，希将来和他取得一致。

关中现在一望无际的黄土高原，除了农作物外，仅有杂草（参看孔宪武《渭河流域的杂草》），灌木乔木，绝少成林者。但周之初期，不是这种情景。《诗·大雅·旱麓章》：

瞻彼旱麓，榛楛济济……

（《毛传》：旱，山名也；麓，山足也；济济，众多也。郑玄笺：旱山之足林木茂盛者，得山云雨之润泽也。）

瑟彼柞棫，民所燎矣……

（郑玄笺：柞棫之所以茂盛者，乃人熂燎，除其旁草，养治之使无害也。）

莫莫葛藟，施于条枝。

（郑玄笺：葛也，藟也，延蔓于木之枝本而茂盛。）

这是歌颂一个山麓的植被情况，有榛楛，有柞棫，有葛藟，都生长茂盛，而且有勤劳的劳动人民，为柞棫烧去旁边的杂草，使它生长得更好。《诗·大雅·皇矣章》：

帝省其山，柞棫斯拔，松柏斯兑……

（郑玄笺：天既顾文王，乃和其国之风雨，使其山树木茂盛……）

作之屏之，其菑其翳；
修之平之，其灌其栵。
启之辟之，其柽其椐；
攘之剔之，其檿其柘。

（郑玄笺：天既顾文王，四方之民则大归往之。岐周之地，险隘多树木，乃竞刊除而自居处。）

我们又可以《周颂·天作章》来研究“帝省其山”的“山”，是什么地方。

天作高山，大王荒之……

（郑玄注：高山，谓岐山也。《书》曰：“导岍及岐，至于荆山。”天生此高山，使兴云雨，以利万物，大王自豳迁焉，则能尊大之，广其德泽，居之一年成邑，二年成都，三年五倍其初。）

这里的高山，实际是指《孟子》所称的梁山（我在《〈禹贡〉制作时代的推测》一文上讨论过）。“彼岨矣岐，有夷之行”，则是指高处的岐山，山之下经营成邑了。

当时这座长形高原，下望似山梁的（还有高出的岨，人称为岐山），即现在关中所称的北山，是灌、栵、柽、椐、檿、柘丛生的地方，它们在强烈地竞争，有的菑，有的翳（“菑”“翳”二字，毛公解释：木立死曰“菑”，自毙曰“翳”），可见当时这座高原植被之盛了。

山麓和高山的植被，已于上述，至当时所称的平原植被的情况，可由以下的诗章，概见一般。

《诗·大雅·绵章》：

周原膴膴，堇荼如饴。

（郑玄笺：广平曰原。周之原地在岐山之南，膴膴然肥美，其所生菜，虽有性苦者，甘如饴也。）

由此可见周初平原、山麓、高山植被之盛，远非今人所能想到，幸在共产党的领导下，农林牧都有一日千里的跃进，在不久的将来，一定会再出现黄土高原林木济济的境界。

植被与水土保持的息息相关，已成为现代一般人的常识。我们研究历史上的水土保持，要远远推论到三千年前西北黄土高原的植被情况，不是一件容易的事。解放前德国资产阶级的学者，说中国黄土高原，不能造林，因为他们肯定这些地方，原为干旱草原。这一问题争论许久未能解决，由于我国知识分子，当时的思想意识是厚外薄中，甚至有人相信资产阶级学者的滥言。自从解放后，1954 年党和政府提出了根治黄河水害和开发黄河水利的伟大计划之后，中国科学院即于 1955 年组织了黄河中游水土保持综合考察队，在黄河三门峡以上中游流域，进行流域调查。在晋西、陕北、陇中三个地区，均做出了自然区划及水土保持、土地合理利用区划等图及其报告，成绩是辉煌的。他们对黄土高原区的原始植被的情形，经全面研究后，得出以下的结论：

> 以残存的原生植被看来……，可以肯定：本区在农耕以前原始植被是属于森林与森林草原。

这一结论是非常正确的。现从古代的经典著作三百篇中的《大雅》诗章（为三千年前的信史）所载的当时植物情况，也可作为科学综合考察所得结论的一个旁证。

黄土区域为祖国文化的摇篮，下层经济建筑为上层政治制度的基础，假定当时没有较良好的植被，水土流失一定很严重，决不能产生西周的文化。现在全国植被学者将全国植被分为七大区域[①]，西北黄土高原为华北区的一个重要组成部分，也为全国水土流失最严重的部分，而且关系着三门峡水库工程的寿命。科学院考察队在党的领导下，得到了完全正确的总结，是值得庆幸的一件大事。

---

① 参看《中国植被区划草案》及 1958 年耿伯介著《中国植物地理区域》，新知识出版社出版。

周初黄土高原植被的情况，已于上述。但都是从陕西（古帝都）方面说得较多。现据公元前745年《诗经·唐风》[①]再谈山西黄土高原的植被情况。

《山有枢》：据小序，山有枢，刺晋昭公也（昭公：《左传》及《史记》作昭侯）。

山有枢，隰有榆……

山有栲，隰有杻……

山有漆，隰有栗……

《椒聊》：刺晋昭公也。

椒聊之实，蕃衍盈升……

椒聊之实，蕃衍盈匊……

《鸨羽》：刺时也，昭公之后，大乱五世……

肃肃鸨羽，集于苞栩，

王事靡盬，不能艺稷黍。

肃肃鸨行，集于苞桑，

王事靡盬，不能艺稻粱。

《杕杜》：刺时也。

有杕之杜，其叶湑湑……

有杕之杜，其叶菁菁……

---

①《诗谱》："成王封母弟叔虞于尧之故墟曰唐侯，南有晋水。至子燮改为晋侯，其封域在《禹贡》冀州太行恒山之西太原大岳之野。至曾孙成侯南徙居曲沃近平阳焉……"

《葛生》：刺晋献公也。

葛生蒙楚，蔹蔓于野……

葛生蒙棘，蔹蔓于域。

《采苓》：刺晋献公也。

采苓采苓，首阳之巅……

采苦采苦，首阳之下……

采葑采葑，首阳之东。

从《唐风》里，我们可以看出山西当时的一般植物情况，山和隰树种之多；椒棠的繁茂。首阳山的野生植物；平原的黍稷稻粱；和对水土保持特别有用的葛及蔹等攀缘植物，无一不备。山林原隰的树木和野生植物，对水土保持当起着巨大的作用。由此也可见《诗经》是我们一部好植物学，所以孔丘有“小子何莫学乎诗”之叹。

现将郦道元注《水经》时代的山西植物情况与上述来做比较（据赵贞信《郦道元之生卒年考》，道元之卒，假定为孝昌三年，即公元527年，赵文见《〈禹贡〉半月刊》）。

《水经注》卷六：

汾水出太原汾阳县北管涔山。

注：“《十三州志》作燕京山，亦管涔之异名也。其山重阜修岩，有草无木，泉源导于南麓之下，盖稚水蒙流耳……又南与东西温溪合，水出左右近溪，声流翼注，水上杂树交荫，云垂烟接……”

涑水出河东闻喜县东山黍葭谷。

注：“涑水又与景水合，水出景山北谷，《山海经》曰：景

山……其草多藷萸秦椒……又西南属于陂……东则磻溪万仞，方岭云回……翠柏荫峰，清泉灌顶……厥顶方平有良药。《神农本草》曰：地有固活、女疎、铜芸、紫菀之族也……路出北巘，势多悬绝，来去者咸援萝腾崟，寻葛降深，于东则连木乃陟，百梯方降……"

文水出大陵县西山……

注："又南径县右，会隐泉口水，出谒泉水之上顶……其山石崖绝险，壁立天固……爰有层松饰岩，列柏绮望。"

晋水出晋阳县西悬瓮山。

注："……其川上溯，后人……蓄以为沼，沼西际山枕水，有唐叔虞祠，水侧有凉堂，结飞梁于水上，左右杂树交荫，希见曦景。"

由郦道元记载的这些材料，从有草无木之绝顶到杂树交错的溪流，层松翠柏，薯蕻秦椒，以及铜芸、紫菀等良药，葛灌等攀缘植物，植被的种类，为数不少。崔友文先生的《晋西植被初步区划》一文[①]，对现在山西黄土高原的残存植被，叙述极详，希参看。

## （九）小　结

水土保持，古称平治水土，是综合性的工作。我们从三千年来的信史中，总结为水土保持观念的发展；土地合理利用的规划；和各种农业的技术与工程措施（区田、梯田、沟洫制度等）。唯植被为水土保持的基本要素，我们仅在水土流失极严重部分的黄河中游黄土高原中，自周初《大雅》时

① 1955 年，中国科学院黄河中游水土保持综合考察队，在晋西考察范围，东自吕梁山和黑驼山分水岭，西至黄河沿，北临偏关，南至乡宁等十七县。吕梁山脉走向西为北北东——南西西最高峰为关帝山（海拔 2,850 米）和管涔山（海拔 2,480 米）。

代至《水经注》时代千数百年间，做了一些叙述。其他各区，则以植被破坏较轻，史料有限，未能多述。

至少数民族，西北方者多在牧区，西南方者多在林区。农林牧水密切结合，为水土保持的关键问题，但历史上一直没有得到解决，只有在伟大的党的领导下，才将广大地区的水土保持工作，全面规划和圆满解决。

本文重点在初步总结几千年来祖国劳动人民对水土保持的宝贵经验和历代杰出的学者的理论。至解放后在党的领导下，大规模的水土保持工作的进行，辉煌的成就是史无前例的。这一页光辉灿烂的历史将会有人全面总结。

## 附　记

我这篇论文初稿，曾发表在《科学史集刊》第二期。这种刊物印刷不多，一般人不易见到，各地搞水土保持及研究农林的同志，时来函索取。顾颉刚先生要我将它附入《〈禹贡〉新解》后，因特请胡道静先生为我做一番整理，他不但校正了字句错误，提出了宝贵的修改意见。尤其对《唐代陂堰塘池等分布表》，他说使他感到莫大的兴趣，因取欧书“地理志”较细地对了两遍（一次用殿本，一次用百衲本），做了一些补充和校改。他这种热心，使我感佩无已，在这里特向他致以衷心的谢意。

# 乙　篇

## 第一解　导九山

王船山氏导山之说，发千古之秘，又得王念孙父子在考据方面为之证实，我们研究《禹贡》者始得锁钥深入探讨。兹摘录如次，以供参考：

导山之说，王、郑以三条、四列分之，蔡氏辨其非，是也。而蔡氏南北二条复分为二，则亦与王、郑之说相去无几。盖以我测《经》，不若以《经》释《经》之为当。《经》云"九川涤源"者：一弱水、二黑水、三河、四漾、五江、六沇、七淮、八渭、九雒也。弱水、黑水，皆雍州也；河亘雍、豫、冀而濒于兖；漾出梁濒雍而入荆；江出梁过荆而入扬；淮出豫过徐而入扬；渭在雍；雒在豫，非九州之各自为川，而青本无川，亦不能张皇小水以与大川抗衡。《禹贡》纪治水，因所涤以为川，不似《周礼·职方》因已定之土各立川浸，强小大而比之同。则"九山刊旅"亦非一州之各有一山审矣。青、徐、扬、兖，下流平衍之区，一行所谓"四战之国"也。必欲于无山之州立冈阜之雄者以敌崇高之峤，官天府地者之所不为也。夫"导"者有事之辞，水流而禹行之，云"导"可也；山峙而不行，奚云"导"哉！然则导者，为之道也。洪水被野，草木畅茂，下者沮洳潴停，轨迹不通，禹乃循山之麓，因其高燥，刊木治道，以通行旅，"刊旅"之云正导之谓矣。

青、兖、徐、扬或本无山，即有山而亦孤峦不能取道；雍、豫、梁、荆则山相连属，附其麓而可届乎远，乃以崖壑崟嵌，草木荒塞，振古而为荒术，禹乃刊除平夷，始成大道，由西迄东，其道凡九也。……九山者：一，岍为首而属岐、荆；二，壶口为首而属雷首、太岳；三，厎柱为首而属析城、王屋、太行；四，恒山为首而属碣石；五，西倾为首而属朱圉、鸟鼠、太华；六、熊耳为首而属外方、桐柏、陪尾；七，嶓冢为首而属荆山；八，内方为首而属大别；九，岷山为首而属衡山；过九山至于敷浅原者，九山之余也。……若谓九山各于其州为旅祭告成之明祀，则当如《职方》所纪，随州分志，不应别纪三条四列，而反遗九山之宜载见者矣。……导岍自陇坂，东至于岐，又东而至于富平之荆山，皆在渭北，虽间以泾水，而云阳之山与醴泉相接，故岍、岐、荆虽三山，而为渭北之道一也。逾于河而山穷矣。导岍之次，宜纪西倾，而及壶口者，因逾河之道，壶口与荆，南北相值，即以顺而东也。始壶口河岸自吉州、九原、玉壁而南以至于雷首，虽间以汾水，而两岸相接，形势均高，则折而东北，沿羊角、三尧以至霍太山，其东北为太原平衍之区，水尝灌之矣。故壶口、雷首、太岳三山，为河东之道一也。繇此而南，画之以安邑、平陆舄卤之地，山势既绝，中条初起，则厎柱为河北诸山之首。由厎柱循河岸而东，北至垣曲为析城，至阳城而王屋，至泽州而太行轵关、天津道以通焉。繇此以东，至于彰卫而山绝，故厎柱、析城、王屋、太行四山为河北之道一也。于是而与岍、岐南北相值之山穷矣。魏、博、邢、赵，放乎山东平衍之区，水落则道出而无所事于刊通矣。于是而北则燕、赵，迤北而达于榆关者，以恒山为首，以东西计宜后于西倾，以南北计则先于西倾，且因太行之所绝迤东而顺及之也。恒山以西，出倒马关，缘繁峙而厎乎岢岚，偏关以逾河而放于延绥，非禹甸也。恒山而东北，历飞狐、居庸、天寿、密云，逾滦以东，尽于碣石，为舜幽州之境，绕塞以达岛夷，凡千余里，而山相属，其为幽、燕之道一也。“入于海”者尽词也。逾陇而西，秦、徽、阶、文之间，重山叠嶂相仍，而西穷雍、梁之疆域所止，则西倾为之首，其西则戎也。从西倾而东，秦州则朱圉；北而临洮则鸟鼠，顺渭水之南，鸡头、空同、大散、斜谷、太白、甘泉、终南、子午达临潼而出乎华岳，山麓相属，又东放乎殽函，而山势尽。故西倾、朱圉、鸟鼠以达太华，丛山以名著者四，而为关西渭南之道一也。出关而东，河、雒为水国而抑为平壤，惟雒表为荆、豫之脊，则以熊耳为首（熊耳者，卢氏之熊耳，非永宁之熊耳）。熊耳以东，自陆浑以达偃师，虽间以伊水，而伊阙之山与偃师相接，循之以东，得萬山为外方；萬山之南，自女几沿汝水，又南至宝丰，冈势未断，迤平氏而底乎桐柏；若桐柏之东，裕州之野，汝宁之郊，皆平壤而山绝矣，不复东行，而为之南通楚塞，过平靖、应山以终乎德安之陪尾（泗水亦有陪尾，非此陪尾），其南则江、汉之泽国也。由此而东，穆陵、黄土、潜、霍、司空，南尽于江，禹盖未之道也。熊耳、外方、桐柏、陪尾，起豫抵荆而为雒南楚塞之道一也。西倾之东，梁北之山……嶓冢东下为汉，南沿褒、斜而东，自汉中放乎西乡、兴安、平利、白河，东达于均，或麓或谷，山道以通，循武当而尽乎南漳之荆山，故嶓、荆千余里而为汉南蜀北之道一也。其为山势至南漳而尽，东出襄阳则又为平壤矣。内方之山，北界以襄、宜，不属于荆山，南界以荆门长坂，不属于岷阳，故江北之山，以内方为首；内方之山，北界以襄宜，不属于荆山，南界以荆门长坂，不属于岷阳，故江北之山以内方为首。内方、大别相去无几而得名一山者，江、汉下湿，赖此道以通荆土，故为汉南江北之道一也。“岷山之阳”云者：犹言岷阳也。山南曰阳，岷山按剑门以东下，其南麓，自成都过顺庆、广安、万州而夔州，乃归、巴、巫山之险不可逾，则避峡中之陀，自夔渡江，南过石柱，又南至铜仁，出辰、沅，东下宝庆以达于衡山，而为自梁入荆南之道焉。其间虽纡回数千里，而势相接，有通谷巨壑以达之，其为川、湖之道一也。若夫兖、青、徐、扬，地本卑湿，在治水之先，则于四载，唯舟行在水治之后，则平野可容方轨，道不循山，无所事于刊除。虽有陵阜，不劳纪载矣。导山之说，必此为正。若夫三条、二条之说，则青乌不经之论，禹非杨救贫、赖布衣之流，为人审龙以相宅阡葬，亦何用远捕沙水若此之勤哉？何似即以下文之九山顺本文“至于”之次序为九旅（旅，犹馆驿也）之得耶？

王引之《经义述闻》：“蔡、蒙旅平”，“荆、岐既旅”，“九山刊旅”一章，兹全录于下，以便与船山氏之说相互参看。

“蔡、蒙旅平”：《传》曰：“祭山曰旅。平，言治功毕。”“荆、岐既旅。”《传》曰：“已旅祭，言治功毕。”“九山刊旅”（今本“栞”作“刊”，乃卫包所改，《古文尚书》撰异已辩之）《传》曰：“九州名山已槎木通道而旅祭矣。”家大人曰：《传》以旅为祭名，则“旅平”二字、“刊旅”二字，皆义不相属，《禹贡》不纪祭山川之事，五岳、四渎皆不言旅，何独于蔡、蒙、荆、岐而言“旅”乎？且九川不言旅而九山独言旅，（《周官·大宗伯》旅上帝及四望。郑注：四望，五岳、四镇、四渎，然则祭上帝及四望皆谓之“旅”，不独祭山也。）则《禹贡》所谓“旅”者，本非祭名可知。余谓旅者，道也。《尔雅》：“路，旅途也。”郭璞曰：“途即道也。”《郊特牲》：“台门而旅树。”郑注曰：“旅，道也。”“蔡、蒙旅平”者，言二山

> 之道已平治也。"荆、岐既旅"者，亦言二山已成道也。"九山刊旅"者，刊，除也。（襄二十五年，《左传》"井堙木刊"，杜注：刊，除也。"刊"与"栞"通。）言九州名山皆已刊除成道也。"九山栞旅"与"九川涤原"对文。犹之"九州攸同"与"四奥既宅"对文也。曰"蒙、羽其艺"，曰"岷、嶓既艺"，曰"蔡、蒙旅平"，曰"荆、岐既旅"，或纪其种艺之始，或纪其道路之通，皆以表治功之成，与祀事无涉。

魏源著《诗古微》，颇尊王船山氏之说，著《书古微》，于《禹贡》导山则从王、郑的三条四列，并创为："道山经文凡言'至于'者，皆以志水之原委之说。如他说'至于太华'，志渭之入河也。'至于王屋'，志沇之发源也。'至于太岳'，志汾之上游也。'至于碣石'，志河之入海也。'至于陪尾'，志泗源也。'至于衡山'，志湘源也。至于敷浅原，志彭蠡之治也。"果如所说"至于太华，志渭之入河也"，则"导汧及岐，至于荆山"将何所志？"至于王屋，志沇之发源也"，其他各水何为不志其发源？"至于太岳，志汾之上游也"，《禹贡》本文未提及汾，何用去志？"至于碣石，志河之入海也"，则江汉入海何为不志？"至于陪尾，志泗源也"，魏氏似欲借以解决陪尾所在地之争执，我们看杨守敬氏古代汉水入江之精确考证（见后），安知陪尾不是在德安而志汉之入江？"至于衡山，志湘源也"，魏氏说"衡"者横行之名，是对的，但把五岭当衡山是不合《禹贡》事实的。"至于敷浅原，志彭蠡之治也"，而又不志水之原委，这岂不是自乱其例？以此知魏氏所创导山"至于"之例是不能类推的。不能与郑玄在导水所创通的"至于"之例和王船山在导山所创通的"至于"之例同等看待。

杨守敬《〈禹贡〉本义·大别》一文，对大别所在地及古代汉水入江处之考证，兹摘抄如次：

大别在安丰西南，班、郑、京相璠无异说，自杜预始献疑焉。《元和志》遂以鲁山当大别，此后皆宗其说。近世考《禹贡》者重理《汉志》，洪亮吉设十四证以申班、郑，论者服其详确，然以之诠《左传》诚有合矣，而以之说《禹贡》终嫌去汉水太远。邵阳魏源欲以安陆易安丰，谓是横尾之互易，而以天门之大月山当大别，考诸地志皆无此目。魏氏所据者府志，乡俗后起之名，不可以质《大雅》。况天门、潜江之间，原隰平衍，即小有邱垤，不足以说《禹贡》。若果有此山，杜预、郦道元何不闻之，且与三澨、内方逼迩，亦非《禹贡》特出之旨。所惜魏氏知禹时汉水入江不在鲁山，自后湖下通滠口、阳逻至蕲州，而江、汉始一合，乃不于鲁山之下求大别，而于鲁山之上求大别，不知鲁山之上无大别也。……余，楚人也，尝往来光、黄间，见夫义阳三关，山岭重叠，绵连数百里，自松子关延袤而南，至黄岗北之大崎山，复高耸入云，迤逦至阳逻，始横障江湄。此山由汉口下黄州，沿江皆见之。又尝由阳逻上之水口，遡五湖、牛湖、桑台湖，其间广袤数百里，陂沱纵横，西望京山、钟祥二县，无山阜之间隔，《水经注》所谓“武口上通安陆之延头”者，尚可按图而得。疑古时汉水由安陆通宋河，东趋绝澴河入诸陂湖，至阳逻南入江。……又按《水经》“决水出庐江雩娄县南大别山”，注：“俗名为檀公岘，盖大别之异名也。”又《江水注》：“巴水出雩娄县之下，灵山即大别也。”檀公岘在松子关、雩娄逼近安丰，然则自松子关至大崎山上，古只称大别，春秋时始分为大、小二别。大崎山当即所谓小别，自汉水改流大崎山，已失小别之目，惟檀公岘尚称大别，为郦道元所闻，而去汉水太远，故郦氏不敢敷以《禹贡》。使道元能身历江、汉之浒，当必有以通之。或疑大崎山既为大别，在汉时实与西陵邾县相近，《汉志》何不云在邾县北或西陵东，而必以安丰西南为说者，自是据其山之首尾而言。首为檀公岘，尾为大崎山，《禹贡》据大别之尾，固不妨大别之首在安丰也。是则汉水自阳逻入江，大别已在指顾间，《禹贡》以之表望，历历不爽。此虽意揣，实为目验。

“熊耳、外方、桐柏，至于陪尾”，这一条山路，船山氏称为“雒南楚塞之道”。《大雅·江汉诗》是述周宣王伐南淮夷事，诗中用“江、汉”起兴，有所谓“江、汉浮浮”“江、汉汤汤”“江、汉之浒”等，或当时行军是从这一条山路去的。郑玄解《江汉诗》：“江、汉之水合而东流，浮浮然，宣王于是水上命将率遣士众使循流而下，滔滔然，其顺王命而行，非敢斯须自安也，非敢斯须游止也，主为来求淮夷所处，据至其境，故言来。”郑以为是从水道行军。魏源在“释道山南条阳列”说：“考春秋吴、楚争战，皆在今潜、霍、六安之地，由淮而不由江，盖古寻阳九江及大雷、彭蠡之间，江面横广，各百余里，浩瀚沮洳，洲渚纵横，为舟师所惮行，故皆溯淮而上，宁由陆越山，而不敢战于江也。”由此知郑玄之解不合事实。《古本竹书纪年》记穆王“三十七年伐越，大起九师，东至于九江，叱鼋鼍以为梁”，亦是说此等地带是不宜于水战的。至郑玄说由水道者，或以为汉水入江在西而淮夷在东之故，此未知古代汉水入江之地，是在阳逻，以江汉起兴，正当其处。这一问题自杨守敬氏《大别》文出，始为我们所认识。

至陪尾所在地，以文献不够，难以确定，有谓凡言“至于”者皆指远处，但“导汧及岐，至于荆山”，荆山与岐之距离与桐柏和德安陪尾之距离相似，用“至于”有何不可？

《国语·鲁语》，仲尼曰：“昔武王克商，通道于九夷、百蛮，使各以其方贿来贡……于是肃慎氏贡楛矢、石砮。……”我们若说周初的山道九条，除供内部交通外，可能也是通四夷之用。“蔡、蒙旅平”是为去和夷开路，即可作证。这样“至于敷浅原”，是古三苗之地；“至于碣石”，假定是通东北鸟夷之道；则“至于陪尾”可能是当时通南淮夷之道了。

## 第二解　黑水、弱水与四至

“导弱水，至于合黎，余波入于流沙。”（导水）“弱水既西。”（雍州）“导黑水，至于三危，入于南海。”（导水）“华阳、黑水惟梁州。”“黑水、西河惟雍州。”“导沇水，东流为济。”（导沇）“北过降水。”（导河）“又东为沧浪之水。”（导漾）“丰水攸同。”（雍州）“又东会于沣。”（导渭）“丰水东注”，“丰水有芑。”（《大雅》）

胡渭在“又东过沧浪之水”条下：“叶少蕴云：‘沧浪，地名，非水名。大抵《禹贡》水之正名而不可单举者，则以水足之，黑水、弱水、沣水是也。非水之正名而因地以为名，则以水别之，沧浪之水是也。沇水伏流至济而始见，沇亦地名，可名以济，不可名以沇，故亦谓之沇水。乃知圣言一字，未尝无法也。’渭按水名或单举，或配水字，各有所宜，如‘漆沮既从’，自不可加水字；‘沣水攸同’，无水字则不成辞矣。如沣必配水，导渭何以云‘东会于沣’乎？弱、黑并配水，漾单举，沇配水，皆属辞之体应尔，非有他义也。《山海经》，凡山、水以二字为名者，其上必加‘之’字，犹此经‘沧浪之水’也。亦古人属辞之体，安见沧浪为地名而非水名乎？信如叶言，则《山海经》曰‘嶓冢之山’，嶓冢亦是地名而非山名矣。”

沧浪非地名，我们可证之孺子之歌。《孟子》云：“有孺子歌曰：‘沧浪之水清兮，可以濯我缨；沧浪之水浊兮，可以濯我足。’孔子曰：‘小子听之，清斯濯缨，浊斯濯足矣。自取之也。’”（《离娄上》）孔子生于鲁，也听到了沧浪之歌，当非在沧浪之地。至《禹贡》之水名，或单举，或配水字，叶、胡二氏之说如何判断？也是研究《禹贡》者的一个问题。焦循《孟子正义》在“有孺子”至“我足”条下说：“卢氏文弨《钟山札记》云：‘沧浪，青色：在竹曰苍筤；在水曰沧浪。古词东门行，‘上用仓浪天’，天之色，正青也。……‘苍’‘仓’‘沧’三字并通用，非谓天之色如水，以沧浪相比况也。……叶梦得《避暑录话》谓‘沧浪地名，非水名’，非也。”这是用颜色解沧浪，证叶氏认为地名之非。假定沧浪是颜色且是青色，则水之青色所在皆是，汉水一流域其地某时某地因颜色而有沧浪之名是不足怪的。

如叶氏说“以水字足之”，黑、弱当可用“水”字足，但沣、沇俱有水旁，何必去足？知叶氏之说是不能类推的。胡氏以“无水字则不成辞”来作说明，对“东会于沣”作例还可说得去，但大小《雅》中“渭”“泾”“淮”“河”“汉”“汝”，从无一处加水字来成辞的，且大小《雅》两处提“沣”皆有“水”字，《禹贡》一处未加“水”字，我们知道《禹贡》有用四字成文习惯，“东会于沣”，即可知为“东会于沣水”，是因“会于”不能分开，“东”又是重要字，一般皆称沣水，自然在这里能了解是“东会于沣水”了。

我个人认为大小《雅》和《禹贡》时代，水之单举或配水字定有其他意义，现试作推测。“北过降水”，降水地望，现在尚难考证确实，它与“漳、淇”关系如何也难判断。如郦道元所说：“降渎”“栝绛”或“水流间关，所在著目，信都复见绛名”等等，可能是真实现象。至于沇水的情况，从《山海经》《括地志》所说，有所谓“潜行地下”和“崖下有石泉，停而不流，既现复出”等，似与降水之情形也相差不远。以上二水，我未亲历，姑不多谈，现举沣水和弱水、黑水之在河西，我曾亲历其境者，今将所得略述一二。胡渭《〈禹贡〉锥指》“沣水攸同”条下云：

> 沣，一作“丰”，又作“酆”。《汉志》：“扶风县，古国，有扈谷亭。扈，夏启所伐。酆水出东南，又有潏水，皆北过上林苑入渭。”《水经》无沣水之目，其附见《渭水篇》中者，曰：“渭水，自槐里县故城南；又东合甘水；又东丰水从南来注之。”《地说》云：“渭水与丰水会于短阴山内，水会无他高山异峦，所有唯原阜

石激而已。”《汉书音义》：“张揖曰：酆水出鄠县南山酆谷，北入渭。”《长安志》：“丰水出长安县西南五十五里终南山丰谷，其源阔一十五步，其下阔六十步，水深三尺，自鄠县界来终县界，由马坊村入咸阳合渭水。昔文王作丰，武王治镐，诗咏其事。”郑康成云：“丰在丰水之西，镐在丰水之东，相去盖二十五里也。”

沣水材料简单，从古到今，对这一条小水所在，意见一致，不若弱水、黑水说法的纷纭。这条小水之得名，因周之都丰、镐关系，我已详述于前。沣水与蓝水同在南山发源，杜甫诗：“蓝水远从千涧落，玉山高并两峰寒。”我初来西北工作时，曾探蓝水之源，知所谓“千涧落”者，涧虽多而水源不足，所流之地，涧涧相接，相去不远。又曾沿沣水而行，其在西安附近黄土中蠕蠕而行的现象是其特点，其他情况也合《地说》与《长安志》的记载。

我本湘人，居洞庭湖滨澧水流域，初见黄河流域之水，使我感到虽是奔放，但与长江流域水势的一泻千里有殊，至河西又见走廊之水，从祁连雪峰下流入沙中，在沙中现而复隐，既不同于黄河之奔放，也不同于长江之倾泻，对少时读疏勒河（即黑水）以为似长江水之印象，大为改观。所谓疏勒河者，宽不过四五尺，其形也似沣水蠕蠕流行，长虽达数百里，颇似我乡称“溪”“港”之小水，绝无倾泻姿态。

至所谓弱水者，我亦曾到过张掖，观弱水（有谓即《穆天子传》中之洋水）为绿洲服务。柳子厚《愚溪对》：“西海之山有水焉，散涣无力，不能负芥，投之则委靡垫没，及底而后止，故名曰弱。”胡渭谓：“柳说本《山海经·西经》，西海之山即昆仑邱，弱水即郭注所谓‘不胜鸿毛’者也。”后人有对柳说不满者，谓“黑水既西流，弱水亦同派；一则可行舟，一则不负芥。……析支投清流，载浮了无碍。理岂今昔殊，书每辞意害”。这位诗人欲纠正柳、郭的夸大是好的，但谓河西之黑水可行舟则非事实（如他年水利工程做好，祁连山之雪水能用科学方法引下来，当可改观）。总之弱水与黑水俱流沙漠之野，绿洲之中，散漫无力，确属实际情况。今综合以上一大堆数据，做下列几点说明：

1.《禹贡》时代，水名单举，或配水字，是有极严格界限。如降水、沇水、沣水、弱水、黑水等，所以配水字，是这些水与其他导水中的七条水相较，性质形态有其特点。但当时人心目中如何认识这些特点，我们难用一二语概括，总与叶氏足水之说不同，即胡氏成辞之论也仅在某些条件下才适合。

2. 它们配"水"字的特点：初步体会，一、有似泉源，如沇水或降水等；二、源短流缓，如沣水；三、散漫无力，如流沙漠中的弱水与黑水等。

3. 河西黑、弱二水，既配"水"字，何以也列入九条水中，占重要地位？这是因河西走廊与周人关系密切之故。我们从《穆天子传》之记载，及周人重玉、取之昆山之事，可以推知。周之祖宗可能曾在弱水、黑水流域，度过游牧生活，《山海经》"后稷之葬，在氐国西"（属《海内西经》所载），即昆仑弱水、黑水流域之区①。

4. 沇配"水"字而漾单举。据《伪孔》说"泉源为沇，流去为济，在温西北平地"，这几句话可以帮助我们了解沇配"水"字的原因。至济当时是大水，自应单举。若漾东流为汉，与沇水东流为济，就成辞说是一样的，何以一配一否？据《伪孔》说："泉始出山为漾水，东南流为沔水，至汉中东行为汉水。"这与泉源为沇有何区别？我们在此若知道漾与沔之关系，则这一问题即可解决。但这一问题又牵涉到东、西两汉和雍、梁二嶓冢的问题。前人写了许多争执的文章，从杜佑起至王船山、胡渭，才得

① 屈原《天问》："黑水、玄趾，三危安在？"可见在战国时代南方人，对河西走廊的山水已不明了。总之《禹贡》雍州的弱水、黑水、三危、猪野、鸟鼠同穴等等精确记载，非西周人对这方面熟悉者不可能，从来解《禹贡》者因不知西周与河西之关系，且又怀疑《穆天子传》前五卷之真实性，以致发生了很多误解。胡渭亦其中之一人。

到解决。现举王船山之说于此："东、西二汉水，其下流皆名曰汉，其所出之山皆曰嶓冢，相承淆讹，合而为一者，缘经言'嶓冢导漾'，与《水经》以西汉水为漾；东汉水为沔，而云'漾出嶓冢，沔出沮县东狼谷'，遂使古今失据，合二汉水、二嶓冢而一之也。杜佑《通典》云：'嶓冢有二，一在天水、一在汉中。在天水者，西汉水之所出；在汉中者，东汉水之所出也。'以地考之，无有如佑之切者。……孔氏曰：'泉始出山为漾，水东流为沔，水至汉中东流为汉水。'如淳曰：'北人谓汉曰沔。漾、沔、汉盖东汉一水而三名，西汉不得谓漾也。……汉水始出为漾，南过宁羌，又南过略阳之东，始与沔合。沔水，一曰河池水；略阳，汉沮县也。故《华阳国志》曰：'沮县，河池水所出，东狼谷也。'桑钦之记沔水与《国志》同，特不知沔非汉之源，东汉自出于宁羌之嶓冢，在略阳之北，谓之'漾'，至略阳合沔水，乃谓之'沔'。至沔县而东过汉中府，始名曰'汉'。经云'嶓冢导漾，东流为汉'者此也。其不言沔者，沔入汉而非汉之源也。桑钦不达于漾为东汉源，沔合于漾，而以漾名加之于西汉。郦道元乃昏于二汉之源流各别，乃云东西两川俱出嶓冢，同为汉水。桑钦知有秦州之嶓冢而不知《禹贡》所艺梁州宁羌之嶓冢。郦道元遂合二嶓冢而为一，乃不知西汉之自雍南入梁而达于江，今谓之嘉陵江；东汉自梁之北境东沿雍、梁之界入荆而后达于江，今固谓之汉江也。"船山氏之材料，关于其他方面之正确性如何，我们不去评它，但由此知漾之所以单举者，是《禹贡》作者把它合沔为一水看待，自与沇不同。沇之配"水"，《禹贡》作者是把它看为泉源，流出而已为单举之济所代替了。

5.《小雅》"瞻彼洛矣"，以有"维水泱泱"，知为豫州之雒。若是雍州之洛，为浸溉之小水，必配"水"字（参看"漆沮灉沮"解）。

6. 瀍、涧也是小水，何以不配"水"字，此在《禹贡》上是成词关系。如"伊、洛、瀍、涧"，正合《禹贡》四字句习惯。导洛，"东北会于涧、瀍"。"东北"为一读，"会于瀍、涧"正为四字句。我们在《洛诰》上，即知它们称“瀍水”和“涧水”(《洛诰》中共四水，仅河单举，黎、瀍、涧皆配“水”字)。以此知大小《雅》及《禹贡》对配“水”字之界限，主要是从性质和形态上来分别。

由上分析，我们进一步谈一个问题。“黑水、西河惟雍州”“华阳、黑水惟梁州”，雍州、梁州之黑水究竟是一是二？为《禹贡》极难解决之问题。我现节抄胡渭《〈禹贡〉锥指》“华阳、黑水惟梁州”条：“《传》曰：‘东据华山之南，西距黑水。’曾氏曰：‘华山之阴为雍州，其阳为梁州。’则梁州之北，雍州之南，以华为畿，而梁实在雍州之南矣。薛氏曰：‘梁州北界华山，南距黑水，黑水今泸水也。’郦道元说‘黑水亦曰泸水，若水；马湖江，出姚州徼外吐蕃界中，东北至叙州宜宾县入江’也。渭按华即西岳华山，《地理志》，‘京兆华阴县南有太华山’，在今陕西西安府华阴县南八里，详见导山。华阳，今商州之地是也。黑水，诸家遵《孔传》，谓出雍历梁入南海，为二州之西界，故其说穿凿支离，不可得通。唯韩汝节疑梁州自有黑水为界，与导川之黑水不相涉，而不谓薛士龙已先得之。盖古之若水，即《禹贡》梁州之黑水，汉时名泸水，唐以后名金沙江，而黑水之名遂隐。然古记间有存者：《地理志》‘滇池县有黑水祠’，一也。《山海经》，黑水之间有若水，二也。《水经注》，自朱提至僰道有黑水，三也。《舆地志》，黑水，僰道入江，四也。今泸水西连若水，南界滇池，东经朱提、僰道，其为梁州之黑水无疑矣。故断从薛氏以南北易《孔传》之东西，亦甚明确也。”

梁州的黑水，是长江水系，源远流速，有过于漾，若说是泸水或若水，照《禹贡》用字之例，必书“华阳及泸惟梁州”，犹“海、岱及淮惟徐州”，而绝不至把“水”字配上(《释文》已把“弱”写为“溺”，可见配“水”旁并不难，至“黑”改为“泸”更无问题)。由此我们可以说河西之黑水确是雍、梁二州的分界。《伪孔》雍、梁界解释为东西，是不错的；唯他在导水方面把黑水解为“过梁州入南海”，就造成了后人的误解。顾亭林说：

"五经无'西海''北海'之文。"这里的黑水入于南海，应从《尔雅》之解释，"九夷、八狄、七戎、六蛮，谓之四海"(我已在《九州起源考》详述了)。《国语·楚语》："赫赫楚国，而君临之，抚征南海，训及诸夏。"(韦注：南海，群蛮也)《禹贡》雍州"三危既宅，三苗丕叙"，黑水经三危入于南海，正是三苗之地。"入于南海"即入于戎地。

胡渭著《〈禹贡〉锥指》，是与当时地理学家如顾景范、阎百诗等商讨过的(所谓"觌面讲习"者)，材料甚富，论断颇谨严。丁晏说："古今之说《禹贡》，无虑数十家，其专释是书，今世所存者：通志堂刊本有程大昌、傅寅之书；又有毛晃《指南》，从《永乐大典》钞出，非足本也。明茅瑞征之《汇疏》，夏允彝之《合注》，采摭颇富。自东樵胡氏《锥指》出，雅才好博，综贯无遗，用功勤而收名远，学者家置一编，奉为质的。自是言《禹贡》者，拨弃诸家而定东樵之一尊，后儒晚学莫之敢议也。"这些话不能算是虚美，但胡氏对雍、梁二州分界之黑水问题做出"断从薛氏以南、北易《孔传》之东、西"的结论，是非常不恰当的。我们既把配"水"与单举的界限辨明，知梁州的黑水即雍州的黑水，换言之，即两州交界的黑水，已论证于上。兹再从其他方面说明以南北易东西的不合理。

1. 关于"朔南暨"问题①：郑康成曰："朔，北方也。南、北不言所至，容逾之。'暨'一作'臮'。"(依孙星衍注)"暨者，《说文》作'臮'，云：'与也'。汉《地理志》作'臮'。《尔雅·释诂》云：'暨，与也。'……《汉

① 阎百诗《四书释地续》"天覆地载"条："余尝谓'东渐于海，西被于流沙'，东西皆系地名，而'朔、南暨'，南北却阙，欲以《舜本纪》'北发息慎，南抚交趾'二地补注之，以合史迁'书缺有间，其轶见于他说'之义。息慎即肃慎，为周北土，詹桓伯与燕连言，盖在今燕之东北境三千二百四十二里；在舜时则为营州。交趾，秦象郡地，汉武分置交趾、九真、日南三郡，今安南国，在舜时则为扬州。当时肇十有二州，其域如此。"这较胡渭的"南暨""朔暨"更无道理，是亦不知《禹贡》是周制所发的唯心之论，也可以说是无中生有。

书·贾捐之传》云：'以三圣之德，地方不过数千里，西被流沙，东渐于海。朔南暨，声教迄于四海。欲与声教则治之，不欲与者不强治也。'《汉纪》引作'北尽朔裔，南暨声教，欲豫声教则治之，不欲豫者则不强治也'。是亦训'暨'为'与'也。'与'读为'豫'。四海者，《尔雅·释地》云：'九夷、八狄、七戎、六蛮，谓之四海。'郑注见《史记集解》及《书疏》，云'朔，北方'者，《释训》文。"（孙星衍疏）"朔、南暨"三字连下读与否，在历史曾发生过争论，但以不连下读为宜。由"东渐于海，西被于流沙"已提出实际的界限，而"朔、南暨"只一"暨"字，由此知《禹贡》之四至，南北是未定的。若"华阳、黑水惟梁州"之黑水是泸水或若水，则是西南方面之南方有定界了。

2."衡阳"及"衡山"问题[①]。"荆及衡阳惟荆州。"（荆州）"岷山之阳，

① 杨守敬氏在其《〈禹贡〉本义》"衡山"说："《禹贡》'衡阳''衡山'两见。荆州之'衡阳'，自应以《汉志》湘南之衡山为据。若导山之'衡山'，说者亦主湘南。无论《汉志》之九江在浔阳，湘南之衡山在其南，不得南至衡山而后北过九江，至于敷浅原。即宋儒指洞庭为九江，湘南之衡山亦在其南，亦不得先至衡山而后过九江，至于敷浅原。案敷浅原在历陵，为今九江德安县地，今由衡山东北出醴陵、万载、义宁、武宁径至德安，何缘西北走洞庭而后东出德安也？若从晁氏历陵在鄱阳，则尤为迂远。宋人亦知由衡山过敷浅原不经洞庭，以'越洞庭之尾'敷合之，不知洞庭之尾但有湘水耳，何得统以九江。案《尔雅》'江南，衡'；又云'霍山为南岳'。郭璞注称'汉武以衡山辽旷，移其神于天柱'，又云'霍山为南岳，名称自古，非始武帝'。近儒多以《尔雅》为附会汉制。案：霍山为南岳，见于《说苑》《白虎通》《说文》《水经》，虽皆在汉武后，而《尚书大传》有'中祀霍山'及'奠南方霍山'之文，是霍山之载祀典实出三代，非汉武冯空指实也。"杨先生博考先秦古书，而知霍山名衡山，并立五证。我以为杨先生这一解释是错误的，不但荆州之衡阳非指今之湘中南岳，即导山之衡山亦非霍山，因为这一衡山是在岷山之阳，岷山在梁州，何得说其阳指霍山？如为霍山，达九江走敷浅原是南下，与《禹贡》导山皆自西徂东之例不符。王船山在"导山"条说："'岷山之阳'云者，犹言'岷阳'也，山南曰阳，岷山按敛门以东下，其南麓自成都过顺庆、广安、万州而抵夔州，乃归、巴、巫山之险不可逾，则避峡中之睆，自夔渡江，南过石柱，又南至铜仁，出辰、沅，东下宝庆以达于衡山。"又在"九江孔殷"条说："经云'岷山之阳至于衡山；过九江，至于敷浅原'，经文虽简，而衡山之于九

至于衡山。过九江，至于敷浅原。”（导山）这里的“衡阳”和“衡山”是一是二，也是历史上争论不决的问题。我们若知《禹贡》“朔南暨”，是指南北界限未定，这一问题是可解决的。《大雅》：“度其鲜原，居岐之阳”（岐音祁，岐山之阳）。郑玄说：“言文王见侵阮而兵不敌，知己德盛而威行可以迁居，以定天下之人心也。于是乃始谋居善原广平之地，亦在岐之南隅也。”从这里，我们如知道山阳的涵义是指广平或南隅而是无定界的。再看“荆及衡阳惟荆州”，前人的解释：《伪孔》曰：“北据荆山，南及衡山之阳。”孔颖达《正义》：“以衡之南，无复有名山大川可以为记，故言阳，见其境过山南也。”孔颖达谓“衡之南，无复有名山大川可以为记”，是他以《禹贡》真是夏禹所作，从“禹平水土，主名山川”来立说，是错误的；但其解“阳”字为过山南不指定界是合理的。至胡渭说：“荆之南界，越衡山之阳，大抵及岭而止”，这是他不明衡山之“衡”与衡漳之“衡”是同一意义，在水是指横流，在山是指横行，所以他对《伪孔》“岷山，江所出，在梁州；衡山，江所经，在荆州”之正确解释而诋之曰：“释《禹贡》者，莫先于汉孔安国之《书传》，安国，武帝时人，孔颖达所谓‘身为博士，具见图籍’者也。……江水南去衡山五六百里而云‘衡山江所经’，身为博士，具见图籍者当如是乎？”他以为衡山真是今湘中之南岳衡山，所以把《禹贡》之南至（南暨）定在五岭之岭上。这样导水之“过九江，至东陵”；导山之“过九江，至敷浅原”，不但九江之所在地发生了问题，“朔

---

江，九江之于敷浅原，虽限以大江，其山势必有相因者。洞庭之浦，东西相去四百余里，山形阔绝，不相连接，经盖言衡山自长沙岳麓而下，顺洞庭西岸，沿石门、慈利，滨江而东行，至荆江口。”

船山氏这两段话有正确处，也有错误处。他解“岷山之阳”是正确的，但他不知衡山是横行山脉，牵涉到今湘中之南岳，绕了一个大圈子，就与导山“过九江，至于敷浅原”不合了。我们若删去他的“南过石柱……东下宝庆以达于衡山”以及“洞庭之浦……自长沙岳麓而下”两节，则自夔渡江，沿江南岸之山脉，澧水所出者，即《禹贡》所谓衡山，至醴（陵）而止，这亦即《伪孔》所谓“衡山，江所经”也。

南暨”有了南至，也不合乎《禹贡》本文与周初史实的记载。

衡山之阳的开发，是经春秋、战国楚国强大“抚征南蛮”时之事。周初昭王南征仅至汉水；穆王南征仅至荆、扬之九江；宣王中兴征淮夷（当是走山路，所谓“熊耳、外方、桐柏至于陪尾”，所以诗人用“江、汉滔滔”起兴）有“宣王既丧南国之师，料民于太原”之事，以此我们知道周初划九州不定南方界限之意义，“非不为也，是不能也”，故以一“阳”字概括之。荆州既无南至，何能在梁州易东西为南北？再看扬州是“淮、海惟扬州”，扬州之震泽、彭蠡之南，且未定界，何能独于梁州以“泸”（所谓“古称黑水”）为定界？

3. 再证之所谓“三江”问题：禹贡学者对三江问题的争论是很激烈的。王船山氏有这样一段：“经于此言‘三江’后，导汉云‘北江’；导江云‘中江’。传注家合而为一，故徒滋繁讼。以实求之，彼云‘东为北江’‘东为中江’，自上游而言浔阳以西之江也。此云‘三江’者，自下而言芜湖以下之水也。知然者，以经云‘三江既入，震泽底定’，犹徐州所云‘大野既潴，东原底平’。大野潴而东原平，大野者，东原之浸；三江入而震泽定，三江者，震泽之源与支流也。苏子瞻不知此，乃欲以味辨之，其亦细矣。”在这里，我们知道有所谓上三江和下三江的争论①，是与“梁有沱、潜，荆有沱、潜”同一为《禹贡》研究的困难问题。下三江自汪中《释三九》出当易解释，上三江我先在这里谈谈。

大概禹贡学者以汉为入海之北江，江为入海之中江，意见大多相同；惟求所谓南江者，不知费了经生多少心力。有以今之江西赣江为南江者（程瑶田称为豫章之水），这是出自郑玄。不知《禹贡》时代，西周人对南方之事知道极少，赣江果为南江，书中何不直接指出，实由《禹贡》作者不

① 我在这里用“上三江，下三江”两个名词，是为便于说话起见，实际上下界限是很难分的。全祖望《经史问答》卷之二《答三江说》，汇集材料甚多，可参看。

知南江之所在，我们后来研究《禹贡》者为什么要代它添上南江，真可谓庸人自扰。《禹贡》是周制，周人只知“滔滔江、汉，南国之纪”。长江以南赣水可称为南江（以其有九江），则主洞庭为九江说者，又何尝不可把湖南的湘江称为南江，它的源远流长又何逊于豫章之水？我现举一例以结束这一段。

程瑶田著《三江考》，在其《三江辨惑论》说：“三江为解经者之一大惑也久矣！欲辨其惑，言人人殊，然而群言之淆衷诸圣，《禹贡》之文未残缺也。古人立言，成章而达，克紬绎之，如亲承口讲而指画之也。舍经从传，神游其世而尚友之，乃知后世诸儒虽不无各有师承，然皆粗涉其藩，鲜不参以臆见，故旧执半皆野言。迨及晚近，增讹益缪，其于传义，已犹耳孙之于远祖，无由闻其声而见其似矣。若夫经文，更以奥渺难晓，莫肯字梳句篦，而求索其微妙之指，故说者愈多，而乡壁虚造之言阑塞心目，益滋惑矣。”这是如何的感慨！所以他在《〈禹贡〉三江考》言：“《〈禹贡〉三江考》者，所以别异于诸说，三江必分三条水也。故凡言某江为北、某江为中、某江为南者，皆非《禹贡》经文之三江。据《禹贡》经文考之，明有三水纳彭蠡中，纳三出三，决不以其混为一流而疑其所出者之非纳之三也。故夫彭蠡以下亦决不能劈空划开三条水，而《禹贡》乃于不划开中生其分别，曰此为北江、此为中江，则亦不得不指中江之南一分而曰此为南江也。何也？纳三出三，自然之理，如汉既入江，或乃疑之曰止一江耳，安得曰‘江、汉朝宗于海’，必经文讹也，岂其然乎？经文于彭蠡甫纳三水下并未划开之时，即分而名之曰‘北江’‘中江’，不但为一水三江下注脚，且为一江兼汉见圆光。苏氏以为三江止一江，其识卓矣。乃曰‘于味辨之’。夫水信有味，味信可辨，然既目验其三水入彭蠡，何不可于其入之三而信其出之三。夫三入三出，其显然者也。三出三味，其微焉者也。舍其显而辨其微者，岂惟上智，虽愚者亦断不出此。”他对这个所谓“纳三出三”之说，共作了十七篇研究论文，据他的学生洪觳说：“《〈禹贡〉

三江考》，先生力破二千年来诸家之说，而专涵泳《禹贡》导汉、导江及荆、扬二州诸经文，得其端绪而是正之者也。”这是历史上考三江有系统的大论文，其言虽辩，奈《禹贡》作者尚不知有豫章之水何！

胡渭在其《例略》上说：“郑渔仲曰：‘《禹贡》以地命州，不以州命地，故兖州可移而济、河之兖州不可移，梁州可改而华阳、黑水之梁州不可改，是以为万世不易之书。史家作志以郡县为主，郡县一更则其书废矣。’此至言也。然后世河日徙而南，则兖之西北界不可得详。河南之济亡，则兖之东南界亦苦难辨。华阳专主商洛，则梁之西北界茫无畔岸。黑水与雍通波，则梁之西南界何所止极。《禹贡》之书虽存，徒虚器耳。郡县能乱其疆域，山川亦能变其疆域，向之不可移者，今或移之矣，非研精覃思，博稽图籍，其何以正之！”

这一段话是我们研究《禹贡》者应特别注意的，因它有“黑水与雍通波，则梁之西南界何所止极”的慨叹，遂在梁州创另一黑水和三危以与雍州黑水、三危相对抗。且说：“荆之南界越衡山之阳，大抵及岭而止。《史记》曰：‘秦有五岭之戍。’《晋地理志》曰：‘自北征入越之道必由岭峤，时有五处，故曰五岭。’据《水经注》：‘五岭，大庾最东为第一岭，在扬域，余皆属荆。第二骑田岭在郴州南。第三都庞岭在衡州府蓝山县南。第四萌渚岭在永州府江华县南。第五越城岭在桂林府兴安县北，五岭之最西岭也。岭北一百三十里接宝庆府城步县，经曰“衡阳”，未知所极。’然郦氏有言，‘古人云：五岭者，天地以隔内外。’韩退之曰：‘衡之南八九百里，地益高，山益峻，水清，而益驶。其最高而横绝南北者岭。中州清淑之气于是焉穷。’此表界差为近理耳。”于是在他所绘之《九州分域图》上注出“南暨”；又在冀州之北界这样说：“冀州之北界亦无可考，约略言之，当得阴山。侯应曰：‘北边塞至辽东，外有阴山，东西千余里是也。昔战国时，赵北破林胡、楼烦，筑长城自代并阴山，下至高阙为塞，而置云中、雁门、代郡。燕亦筑长城，自造阳至襄平，置上谷、渔阳、右北平、辽西、辽东郡以距胡。’燕、赵所筑长城，自云中以迄辽西，延袤可三千里，疑即尧时冀州之北界。但今之长城未必皆古迹，其详不可得闻也。”遂在其图上注出“朔暨”。又在《梁州图》上注出三危、黑水所在地。陈澧为《禹贡锥指》作精细图（据他说，凡胡氏图所绘地域山川未确者，以“康熙、乾隆内府地图”正之），虽不从胡氏梁州三危、黑水之说，但对“南暨”“朔暨”仍本胡氏之旧。唯杨守敬氏绘《〈禹贡〉九州图》虽注出“冀州北界不可考，胡渭谓当得阴山”；而其图上却无“南暨”“朔暨”之名，其识见可谓超过前人。但杨氏在梁州则宗胡氏之三危、黑水说。这些都是二百年来研究《禹贡》者得失之林。

我已就《禹贡》导水配“水”字之惯例，证明梁州之泸或若为长江水系（这些水，余往昔曾与刘士林先生登峨眉，赴嵋边，观云杉、冷杉林，曾经过泸水，波涛汹涌，有过漾汉），不应配“水”字。黑水既不存在，三危自然落空，且进一步证明荆州无南至（即无“南暨”）。至所谓“朔暨”如何？“黑水、西河惟雍州”，黑水是西被流沙的终点，“浮于龙门西河”，即西河是在龙门下，河从此向东流去，这样已知雍州有东西界，而北方则无界限。现在我们来谈冀州问题。

《伪孔》曰：“此州帝都，不说境界，以余州所至则可知。”胡渭说：“冀州不言境界，《传》说为正。马、郑皆云：‘时帝都之，使若广大然。’《孔疏》非之曰：‘夫既局以州名，复何以见其广大，是妄说也。’”上说除帝都是错误的外，均可从。但冀州的境界究应如何认识？我们若从郑注“朔、南暨”去推测，冀州、雍州皆在北方，“黑水、西河惟雍州”，依《禹贡》其他凡两州相接之例：如“海、岱及淮惟徐州”，与徐州相接即“淮、海惟扬州”，则应是“西河、某处惟冀州”。这某处依地形看，应是在东方滨海之地，此可证之导山与导河记载：导山：“太行、恒山，至于碣石，入于海。”（交通道）导河：“北过降水，至于大陆；又北播为九河，同为逆河，入于海。”这是合乎“东渐于海，西被于流沙，朔、南暨”的。胡渭说：

“北界应得阴山。”我们从冀州平治水土方面去看：“治梁及岐，至于太原”，还隔阴山太远，何得有北至（朔暨）？

至《禹贡》疆域之四至，何以无“朔暨”“南暨”？因它是周初制度。周之兴起在雍州之地，可能是从西方流沙而来（《穆天子传》有赤乌氏的记载）。雍州在九州中，疆域最大（前人已说过），代商有天下后，经营洛邑，分封近亲功臣于东方，其势力范围在冀、豫、兖、青、徐等州，这是熟悉西周分封者皆知道之事，不必多述。统一后，对北方似无战事，由穆王将征犬戎，祭公谋父之谏，可以推知。至于周初向东北经营，可能是逐渐的。我们从冀州之平治水土工作分两期进行，可以推测一二。冀州之“恒、卫既从”“大陆既作”，是记在土壤、田赋之后，这可能是第一期平治工作仅在“覃怀厎绩，至于衡漳”就停顿了。朱、蔡解释“恒、卫水小而地远，大陆地平而近河，故其成功于田赋之后”，可能也有部分的理由，但我们还可以从周初的政治来做推测。三监之叛，至成王时代始平定。第一期冀州东境似为与兖州在大河相接（即所谓“东河”），我们看宣王时代还有封韩侯以助燕之事，据《韩奕诗》“干不庭方，以佐戎辟”及“溥彼韩城，燕师所完，王锡韩侯，其追其貊，奄受北国，因以其伯”，这些记载似可以帮助我们解决这方面的一些问题。

## 第三解　九江、三江、九河

九江、三江、九河……：《禹贡》中九江、三江、九河等，历史上经生不知古人用三、九数字虚实的习惯，发生了许多误解，我现在将汪中《释三九（上）》抄录于下，以供我们研究这些问题的标尺。

> 一奇、二偶，一、二不可以为数，二乘一则为三，故三者，数之成也。积而至十则复归于一，十不可以为数，故九者，数之

终也。于是先王之制礼，凡一、二之所不能尽者，则以三为之节，“三加”“三推”之属是也。三之所不能尽者，则以九为之节，“九章”“九命”之属是也。此制度之实数也。因而生人之措辞，凡一、二之所不能尽者，则约之三以见其多；三之所不能尽者，则约之九以见其极多。此言语之虚数也。实数可稽也；虚数不可执也。何以知其然也?《易》“近利市三倍”，《诗》“如贾三倍”，《论语》“焉往而不三黜”，《春秋传》“三折肱为良医”(《楚辞》作‘九折肱’)。此不必限以三也。《论语》“季文子三思而后行”，“雌雉三嗅而作”，《孟子》书“陈仲子食李三咽”。此不可知为三也。《论语》“子文三仕三已”，《史记》“管仲三仕三见逐于君，三战三走”，“田忌三战三胜”，“范蠡三致千金”。此不必其果为三也。故知三者，虚数也。《楚辞》“虽九死其犹未悔”，此不能有九也。《诗》“九十其仪”，《史记》“若九牛之亡一毛”，又“肠一日而九回”。此不必限以九也。《孙子》“善守者藏于九地之下”，“善攻者动于九天之上”。此不可以言九也。故知九者，虚数也。推之十、百、千、万，固亦如此。故学古者通其语言，则不胶其文字矣。

根据汪氏说，我们再看《禹贡》的实例：“九河既道”(兖州)。“又北播为九河”(导河)。“江、汉朝宗于海，九江孔殷”(荆州)。“九江纳锡大龟”(“荆州厥贡”)。“至于衡山，过九江，至于敷浅原”(导山)。“又东至澧，过九江，至于东陵”(导江)。“三江既入，震泽底定”(扬州)。九河在兖、冀境，九江、三江在荆、扬境，皆卑下而有巨泽，江、河纵横之处，古人以虚数命之为九为三，正汪氏所谓：“三者数之成也；九者数之终也。……凡一、二之所不能尽者，则约之以三以见其多；三之所不能尽者，则约之以九以见其极多，此言语之虚数也。”

我们现从胡渭《〈禹贡〉锥指》中来看昔人论九江、三江、九河之文献，真如盲人摸象，殊堪发笑。甚至江、汉所造成之九江，其处所何在，亦争论不决。胡渭“九江孔殷”条云：“自西汉以迄东晋，皆言大江至寻阳，分为九江，禹之所疏凿。而《寻阳记》《缘江图》又备列其名。《元和志》云：‘江州寻阳郡，《禹贡》扬、荆二州之境。’扬州云‘彭蠡既潴’，今州南五十二里彭蠡湖是也；荆州云‘九江孔殷’，今州西北二十五里九江是也。彭蠡以东为扬州界，九江以西为荆州界，此亦遵旧说。九江，孔、郑异义，而不言其处所，诸家皆谓在浔阳。其以洞庭为九江者，自宋初胡旦始，而晁以道、曾彦和皆从之。朱子《九江辨》曰：‘九江若曰派别为九，则江流上下洲渚不一。今所计以为九者，若必首、尾、短、长如一，则横断一节，纵别为九，一水之间当有一洲；九江之间，沙水相间，乃有十有七道，于地将无所容。若曰参差取之，不必齐一，则又不知断自何许而数其九也。况洲渚出没，其势不常，江陵先有九十九洲，后乃复生一洲，是岂可以为地理之定名乎？此不可通之妄说也。若曰旁计横八小江之数，则自岷山以东，入于海处，不知其当为几千百江矣，此又不可通之妄说也。且经文言“九江孔殷”，正以见其吐吞壮盛，浩无津涯之势，决非寻常分派小江之可当。又继此而后及夫沱、潜、云梦，则又见其决非今日江州甚远之下流，此又可以证前二说者为不可通之妄说也。’九江即洞庭，既有《山》《水》二经为根据，而又得朱子此辨，其不在浔阳亦明矣。”

胡渭所称“有《山》《水》二经为根据”，是指《水经·〈禹贡〉山水泽地所在》有“九江，地在长沙下隽县西北”之语，及《山海经·中山经》有“洞庭之山，帝之二女居之，是常游于江渊，澧、沅之风交潇、湘之浦（原注：浦，本作渊，《水经注》引此作浦，今从之）。是在九江之间，出入必以飘风暴雨”之语。这里川流极多，称为九江是恰当的。至胡氏所称朱子之辨，是指朱熹的《九江彭蠡辨》一文而言，朱谓：“古今读者皆以为是（按：指《禹贡》上导漾、导江及导山、过九江等）既出于圣人之手，则固不容复有此讹谬，万世之下但当尊信诵习，传之无穷，亦无以核其事实是否为也。是以为之说者，不过随文解义以就章句。如说九江则曰‘江过寻阳，派别为九’；或曰‘有小江九，北来注之’。……若以山川形势之实考之，吾恐其说有所不通，而不能使人无所疑也。……况洞庭、彭蠡之间乃三苗之所居，当是之时，水泽山林，深昧不测，彼方负其险阻，顽不即工，则官属之往者固未必遽敢深入其境。是以但见彭蠡之为泽，而不知其源之甚远而且多；但见洞庭下流之已为江，而不知其中流之常为泽而甚广也。以此致误，宜无足怪。”朱子主洞庭为九江而作这样的说明，是他的勇于疑古；但王船山氏对他的主张有不同的看法。

《书经稗疏》“九江孔殷”条：“朱、蔡以洞庭为九江，尤有疑者，经云：‘过九江，至于东陵。’东陵者，巴陵也。九江在巴陵之西，而为江水之所经过；若洞庭则在巴陵之南，江水未尝过之也。《水经》：‘九江在长沙下隽县西北。’下隽亦巴陵也，洞庭在巴陵之南，固不在其西北亦明矣。《楚地记》曰‘巴陵、潇、湘之渊，在九江之间’，初不言‘九江在巴陵、潇、湘之间’。又经云‘岷山之阳，至于衡山；过九江，至于敷浅原’。经文虽简，而衡山之于九江，九江之于敷浅原，虽限以大江，其山势必有相因者。洞庭之浦，东西相去四百余里，山形阔绝，不相连接。经盖言衡山自长沙岳麓而下，顺洞庭西岸，沿石门、慈利滨江东北行，至荆江口，逾江而为蒲圻、兴国诸山，过德化以讫于庐阜。则‘过九江’者非过洞庭明矣。唐诗：‘落日九江[①]秋’，注云：江自荆南而合于汉沔间者有九：一曰川江，即大

① 杨守敬氏在《九江》一文中说：“郑氏书注云：‘殷，犹多也。九江从山溪所出，其孔众多，而不言其地。’《山海经》：‘澧、沅、潇、湘之浦，在九江之间。’《楚地记》：‘巴陵、潇、湘之浦，在九江之间。’《水经·〈禹贡〉山水泽地所在》：‘九江地在长沙下隽县西北。’……郑氏说，今宗汉学者多曲附之，且谓与班义无殊。无论山溪之水不足当九江之称，即今求之寻阳下隽，亦无此山溪之九水。唯《山海经》《汉志》之说至今聚讼不休，莫衷一是。宗《山海经》《水经》者，自宋胡旦以下，至国朝胡渭等多从之。然洞庭九水，其更置不一，且以巴陵为东陵，于古无征。盖巴陵实古之巴邱，至吴始立为巴陵县。……至近时魏源《书古微》，谓洞庭在下隽南，非在下隽西北，

江；二曰清江，源出施州卫之西，至长阳入于江；三曰鲁洑江；四曰潜江，出自汉水而会于江；五曰沱江，夏水也；六曰漳江，出南漳合于江；七曰沮江，出房县；八曰直江，公安之油水也；九曰汉江。盖此九水，自长阳而东渐合于江，至汉口而后江、汉水合，则汉阳以南，城陵矶以西，皆为九江合流之地，江势大盛，故曰‘孔殷’也。而此上下三百里间，正在巴

---

力辨洞庭为九江之非，是矣。而以荆州堤防所云九穴当九江，谓即虎渡、调弦、杨林等穴。不知此皆后世堤防之所留以泄江水者，何能以之说《禹贡》。又谓秦九江郡治寿春是，因楚都寿春，并故都郢中之薮泽而徙之。审如是，以秦、汉两朝之制同于王莽，则太史公‘登庐山，观禹疏九江’为郢书燕说矣。……余谓下隽之九江是荆州之九江；寻阳之九江是导江之九江。盖长江数千里，江水枝分，何必只一见。见于荆州者即不必见于导江，见于导江者即不必见于扬州，此古文详略互见之法。不然，澧为荆州之地，东陵为扬州之地，则导水篇不可立矣。《水经》言‘九江在下隽西北’，《江水注》陆水出下隽县西，故长沙旧县，宋元嘉十六年割隶巴陵郡。《元和志》：‘下隽故城在唐年县西南一百六里。’又《元和志》《通典》并云巴陵为汉下隽县地，故《图经》谓在通城县西是也；或据《后汉·马援传》‘征武陵蛮，军次下隽，议从壶头、从充两导入。’章怀注：‘故城在辰州沅陵县。’是已出充县之南，壶头之西，果尔，则《汉志》当属武陵郡，不当属长沙郡，宋元嘉亦不当割属巴陵郡。是知下隽城在通城，不在沅陵审矣。今以下隽西北准之，则当在公安、安乡之间，地势平衍，《水经注》有景瀹诸陂湖，当时洲港纵横，所谓‘沅、澧之风，交潇、湘之浦，是在九江之间’，以之当下隽西北之九江，即《禹贡》荆州之九江，其地望正合。若寻阳之九江，上有江夏之西陵，下有金兰之东陵，于导江之义无不合，正不必斤斤于荆、扬界限。或谓荆州既有九江，未必扬州之九江其数恰与之合。应之曰：‘九者，极数也，言其甚多，不必限以九也。’此当以汪容甫《释三九》之义诠之。《经典释文》所载《寻阳地记》，张须元《缘江图》，胪列九水之名，参错不一，皆后世附会之说，实未足据。”

上面的材料看，杨先生是首用汪中《释三九》来研究《禹贡》的。他对九江谓从下隽西北准之，则当在公安、安乡之间，为《禹贡》荆州之九江。实际这一九江即《禹贡》导江之九江，亦即船山所说九江之一部分，唯船山不知九江为虚数，必欲求其实际所在，所以把九江远数到汉江了。朱熹所称的九江，是《山海经》所谓“沅、澧之风，交潇、湘之浦”，既牵涉到了潇、湘二水，则为《禹贡》导山之九江是无问题的。杨先生把浔阳之九江说成是导江之九江，何能解释“东迤北会于汇”之文？杨先生说“且以巴陵为东陵，于古无征”，不知《禹贡》之东陵是指与西陵（即醴）相对之地，包举宏远，非仅但指巴陵一丘也。

陵之西北，故《水经》云：‘在下隽西北。’乃九江之首，起于长阳。故经云：‘过九江，至于东陵。’而湖北诸山随江西下，放于江、汉之间，然后逾江而过武昌之南，岳州之北，于导山之文亦无不合契者。斯以为《禹贡》九江之定论也。皖口、柴桑、洞庭之释，要于经文无取。”

上面朱熹、王船山的异同如何解决？我们如知“九”“三”为虚数，则凡多江、河之处，皆可以“三”或“九”概之。这样我们就容易说明这一问题。《禹贡》导江：“又东至于澧，过九江，至于东陵。”江出西陵后，达东陵前，经过许多来会的川流，这是在洞庭西北之水，可以称为“九江”，船山氏所说的九江（按：除九江不必实指外）是对的。再看《禹贡》导山之文：“岷山之阳，至于衡山（这个衡山是指横断山脉，非指今之南岳衡山，因今南岳是纵断山脉）；过九江，至于敷浅原。”是在洞庭东南下隽地境，则朱熹之说亦可适用。若“江、汉朝宗于海”在下流江、汉合流，造成寻阳之九江，亦有可能，但非《禹贡》导江、导山之九江。这正与“九河既道”是在兖州境内，而与导河“至于大陆，又北播为九河”是在冀州境内，乃同名异地，有两九河之事相同（解九河的不知是两地不同之九河，造成许多纠纷）。假定欲据某几条河或某几条江，得出九之数字而求其所在地，便无异“扣盘扪烛”之解。至于“九江纳锡大龟”，有以《史记》褚少孙说“神龟出于江、淮之间，惠林之中”来难主洞庭九江说者，不知这种神龟是荆州的锡贡，不在扬州，不足为据。

九江、三江、九河既为虚数，“九泽既陂”，作何解释？王船山氏《书经稗疏》“九泽”条：“大陆一；雷夏二；大野三；彭蠡四；震泽五；云梦六；菏泽七；孟猪八；猪野九。凡此九泽，见于经文者，具为缕悉。扬、豫庳下平衍之地，本有二泽，不得故黜其一；青濒海，地狭源短流疾；梁处丛山互峡之中，皆不容有泽，无强而使有，与九川、九山不以州分者同。孔、蔡泥上九州之文，别著山、泽，信传固不如信经也。”船山氏不泥孔、蔡之说是他的特识，但依他的计算，似九泽为实数，而他在“云梦”条下说："江北为云，江南为梦。"是云梦即为两泽，且经文尚有"溢为荥"，九州之泽固甚多，可见所谓九泽可能仍为虚数。其他如"三国厎贡"之"三"；"惟金三品"之"三"，亦皆当为虚数。至"过三澨"[①]之"三"，据《说文》："澨，埤增水边土，人所止也"，也是虚数。"三苗丕叙"之"三"，应与古称"九黎"之"九"同等看待。惟《禹贡》中"九州攸同"之"九州"，乃从夏、商以来按当时的自然环境而加以人为的区划，这个"九州"与"九山刊旅"之"九山"，"九川涤源"之"九川"，"咸则三壤"之"三壤"，均确有所指，当为实数。至"三危既宅"之"三"，因无其他数据可证，不敢断定。

关于三江，胡渭在"三江既入，震泽厎定"条下说："《正义》曰：'《地理志》云：会稽吴县，故周泰伯所封国也。具区在西，古文以为震泽。'

① "三澨"：胡渭《〈禹贡〉锥指》："'过三澨'：《孔传》以三澨为水名，不如《说文》之精确。按诗《汝坟》传曰：'汝，水名；坟，大防也。'笺以为'汝水之侧'。《淮渍》传曰：'渍，涯也。'笺以为'淮水大防'。毛、郑彼此互异，《正义》遂谓'渍从水，坟从土，故其义有别'，而实不然。《尔雅·释丘》：'渍，大防。'李巡曰：'谓厓岸状如坟墓，名大防也。'康成注大司徒《坟衍》云：'水涯曰坟。'郦道元以'澨'为'水侧之渍'。是知'渍'与'坟'字别而义同，其互异者乃所以互相备耳。参以《说文》水边即厓，埤增之土即大防，防大，故为人所止也。《左传》成公十五年'华元决睢澨'，睢即睢水，澨则其防也，故曰决。王逸注：'西澨'云'水涯'。杜预于'漳澨'云'水边'，义皆与《说文》合。然其地必有名川来入汉，患其冲激，故大为之防，以为水名犹可。蔡《传》直谓之'澨水'，则大谬不然矣。渭按《左传》澨有五。'睢澨'，宋地，故郦注不引。今就其所引者论之，不知何者可当《禹贡》'三澨'之目。蔡《传》以'漳澨''薳澨'与'汉水'为'三澨'，而'旬澨''雍澨'其地皆有可考，却不数。韩汝节宗之，以'汉澨''漳澨''薳澨'为三澨。'汉澨'古无此名；'薳澨'不知所在。纷纷推测，终无定论。所可知者，'三澨'为汉水之三大防，其地当有名川来入汉，上不越沧浪，下不逾大别而已。"

胡氏已知澨非水名，但因不知"三"为虚数，认为三澨为汉水之三大防，不知汉水流域为澨者多，"高岸为谷，深谷为陵"，现已不可能求当时三澨之所在。想来这里所称"三澨"者之"三"，亦不过举其成数而已。

苏氏曰：'豫章江入彭蠡而东至海，为南江；岷江，江之经流，会彭蠡以入海，为中江；汉自北入江，会彭蠡，为北江。三江入海，则吴、越始有可宅之土，而水所钟者独震泽而已。'曾氏曰：'具区之水，多震而难定，故谓之震泽。震即"三川震"之震，若今湖翻。底定者，言厎于定而不震荡也。'易氏曰：'三江自入于海，不通震泽，而经何以言震泽厎定。盖江、湖在今日虽无相通之势，而当时洪水实有横流之理。想其际震泽与江水莽为一壑，自大禹疏导，而三江入海，震泽乃厎于定，自然之势也。'（见王天与《尚书纂传》）渭按苏氏三江之说，人或疑之，及阅徐坚《初学记》引郑康成《书注》以证三江曰：'左合汉为北江；右会彭蠡为南江；岷江居其中则为中江。故书称东为中江者，明岷江至彭蠡与南、北合始得称中也。'始知苏氏所说，东汉时固已有之。马中锡云：'斯言也，百世以俟圣人可也。'"胡渭在九江方面虽从朱、蔡说，但在三江方面则遵苏轼而与朱、蔡相反。他说："《禹贡》三江之不明，误自班固始。《汉志·会稽吴县》云：'南江在南，东入海。'《毗陵县》下云：'北江在北，东入海。'（今本《汉书》脱上一'北'字，此据宋本增入，《后汉志》亦云'北江'。）《丹阳芜湖县》下云：'中江出西南，东至阳羡入海。'皆扬州川也。盖北江为经流至江都入海，中江由吴松入海，南江合浙江入海，皆北江之枝渎也。导水明言汉自彭蠡东为北江；江自彭蠡东为中江。诚如班氏所言，则芜湖之中江何以知为江水之所分？毗陵之北江，何以定为汉水之所独乎？以此当《禹贡》三江之二，虽愚者亦知其非矣。"班固以下，凡言下三江者，胡氏一一予以攻击，词甚繁，兹不录。他归结说："三江：孔颖达主班固，陆德明兼举韦昭、顾夷而无所专主，蔡沈主庾仲初，归有光主郭璞。是数者，余既一一辨之矣，……诸说唯苏轼同郑康成为无病，以其非异派也。先儒曾旼、程珌、易祓、夏僎、程大昌、黄度、陈普、王充耘皆主苏说，近世蔡《传》单行，而郑晓、周洪谟、马中锡、邵宝、张吉、章潢、郝敬、袁黄亦以苏说为是，此心此理之同终不容泯也。《传》曰'三卿为主，可谓众矣'。有诸君以为之证明，吾何惧而不从乎？”主扬州说者，对三江之名，各有所指，互不相协，宜来胡氏之讥。但从苏轼之说，即令有豫章水之南江、合江、汉而为三江，这个三江不经过震泽是事实，所以胡氏不得不把易氏推想之词反复提出，为苏氏张目，且进一步为上三江与震泽拉关系，他说：“以大江为三江，而其水不入震泽，则震泽之底定与三江绝不相谋，而各为一事矣。及观易氏之言，而知‘既’字之义仍可与下句联属也。古时三江不与震泽通，而横流之际，江水溢入震泽，此理之所有。问水从何处入，曰：即今高淳、溧水之间，鲁阳五堰之地是已（京口本不通江，自秦始皇凿京岘山以泄王气，其水乃与江通，故禹时横流，唯此处可入）。傅同叔云：‘自宜兴通太湖，经溧阳，至邓步登岸，岸上小市名东坝。自坝陆行十八里，至银林，复行水路百余里，乃至芜湖入大江。银林之港，邓步之湖，止隔陆路十有八里。’今按此十八里中有三五里高阜，而苦不甚高，平时可以遏水之东入，或遇暴涨，则宣、歙、金陵之水皆由荆溪入太湖，此高阜者不足以遏之。五堰之所以作也。而况怀襄之世，大江泛溢，挟宣、歙、金陵之水以来，浙西诸郡其能不沦为大壑乎？但此灾与孟门之洪水相似，宇宙不可再见，而又无古书如《尸子》等者以证之，世或不能无疑乎？”他在这里所说的“五堰”之地位是否在历史上起过三江通震泽的作用当是问题，而慨叹说“又无古书如《尸子》”之记载，不知《尸子》孟门洪水之说是不合自然现象之言。而他的怀襄之世大江泛溢，浙西诸郡沦为大壑，也是唯心之论。

“滔滔江、汉，南国之纪”，周人把汉水看成是入海之北江，把长江看成是入海之中江。不记南江者是他们不知道，正是《禹贡》记事之真实性，我已用西周历史做了说明。后人必欲自造一“南江”以足“三江”之数，而又把它与扬州平治水土工作之“三江既入，震泽底定”所称为“三江”者混合起来。王船山氏说“徒滋繁讼”是恰当的评语。我以为若明了古人用三数字义，所谓“三者数之成也”，则一切问题皆可解决。“三江既入”者，既无入海之文，何必为之画蛇添足。如实入于海，则说“三江入海，震泽底定”有何不可？其所以不言者，这里的“入”字本身可以完成意义，“既入”之“入”亦犹“弱水既西”之“西”，“沱潜既导”之“导”，即是指三江之水不复溢泛，而已入于江也。

反对上三江说者，当以朱、蔡为主力。前乎朱、蔡者有沈括；后乎朱、蔡者有王船山等。船山之说已述于前，兹将朱、蔡与沈括之说列后：

蔡沈在《书集传》上说：“按苏氏谓岷山之江为中江，嶓冢之江为北江，豫章之江为南江，即导水所谓‘东为北江’‘东为中江’者。既有中、北二江，则豫章之江为南江可知。今按此为三江，若可依据。然江、汉会于汉阳，合流数百里至湖口而后与豫章会，又合流千余里而后入海，不复可指为三矣。苏氏知其说不通，遂有味别之说。禹之治水，本为民除害，岂如陆羽辈辨味烹茶为口腹计邪？亦可见其说之穷矣。以其说易以惑人，故并及之。”

沈括《梦溪笔谈》卷四：“孔安国曰：自彭蠡，江分为三，入于震泽后（校：弘治本‘后’作‘从’，属下句读），为北江而入于海。此皆未尝详考地理。江、汉至五湖自隔山，其末乃绕出五湖之下流，径入于海，何缘入于五湖？淮、汝径自徐州入海，全无交涉。《禹贡》云：‘彭蠡既猪，阳鸟攸居。三江既入，震泽底定。’以对文言，则彭蠡，水之所潴；三江，水之所入，非入于震泽也。震泽上源，皆山环之，了无大川；震泽之委，乃多大川，亦莫知孰为三江者。盖三江之水无所入，则震泽壅而为害；三江之水有所入，然后震泽底定：此水之理也。”（依胡道静校注）

朱、蔡“无三可指”之说亦有道理，沈括更科学地记载了震泽地区的地势，明白指出它与上三江无关。这一问题大可解决，而所以还不能服人者，即在乎古人用三之习惯不为人们所熟悉。沈括有慨乎三江之难定，不知三江难定，正是《禹贡》作者在此多水之区称三江的意义。所谓“此不必限以三也”。

关于九河：历史上研究《禹贡》者，对九江、三江及九河问题，不知费了多少心力，写了多少文章，但并没有把问题解决。主要的原因，是由于他们不了解古人对“三”“九”二数的用法，我已叙述于前。现在我还要把九河问题提出来谈谈。胡渭在兖州“九河既道”条下说：“《传》曰：‘河水合为九道，在此州界平原以北是。’《正义》曰：‘河从大陆东畔北行，而东北入海。冀州之东境，至河之西畔，水分大河，东为九道，故知在兖州之界，平原以北是也。’《释水》载九河之名云[①]‘徒骇、太史、马颊、覆釜、胡苏、简、絜、钩盘、鬲津’也。《汉书·沟洫志》：‘成帝时，河堤都尉许商上书曰：古记九河之名，有徒骇、胡苏、鬲津，今见在成平、东光、鬲县界中。自鬲津以北至徒骇，其间相去二百余里。’是知九河所在，徒骇最北，鬲津最南，盖徒骇是河之本道，东出分为八枝也。许商上言三河、下言三县，则徒骇在成平，胡苏在东光，鬲津在鬲县，其余不复知也。《尔雅》九河之次从北而南，既知三河之处，则其余六者，太史、马颊、覆釜在东光之北，成平之南。简、絜、钩盘在东光之南，鬲县之北也。其河填塞，时有故道。郑玄云：‘今河间弓高以东至平原鬲津，往往有其遗处。’夏氏曰：‘九河之名，出于一时之偶然，初无义训。李巡、孙炎、郭璞皆附会曲为之说。’渭按汉成平、东光属勃海郡，鬲县属平原郡，弓高属河间国。今直隶河间府交河县东有成平故城，东光县东有东光故城，阜城县西南有弓高故城，山东济南府德州北有鬲县故城，皆汉县也。盖河自大陆以北，禹疏为九道以杀其势，然后恒、卫可得而治，大陆尽为良田也。”

“汉时言九河以为不可考者，平当云‘九河今皆寘（与填同）灭’，冯逡云‘九河今既灭难明’，王横云‘九河之地已为海所渐’是也。然许商所言实有其地，就三河推之，其余大概可知，九河岂真湮灭无遗迹邪？而近

① 杨守敬氏于《九江》一文中，结尾附有小字注“九河之名虽见《尔雅》，恐亦非禹时旧名”。这是杨先生的特识。

世学者又患求之太详，凡后人所凿以通水而被新河以旧号者，悉据以为禹之九河。杜氏《通典》于许商所得之外，又得其三。钩盘在景城郡界，马颊、覆釜在平原郡界，惟太史、简、絜三河未详处所。而《史记正义》云：'简在贝州历亭县界。'《舆地广记》云：'简、絜在临津。'《金地理志》云：'南皮县有洁河。'《明一统志》云：'太史河在南皮县北。'则此三河者，亦皆犁然有其处所矣。以汉人所不能知而一一胪列如此，可信乎？不可信乎？蔡《传》云：'或新河而载以旧名，或一地而互为两说，皆似是而非，无所依据。'此言是也。于钦'齐乘'以为许商、孔颖达之言简而近实。后世图志虽详，反见淆乱。某尝往来燕、齐，西道河间，东履清、沧，熟访九河故道，盖昔北流，衡漳注之，河既东徙，漳自入海，安知北流之漳非古徒骇河欤？逾河而南，清、沧二州之间有古河堤岸数重，地皆沮洳沙卤，太史等河当在其地。沧州之南，有大连淀，西逾东光，东至海，此非胡苏河欤？淀南至西无棣县百余里间，有曰大河，曰沙河，皆濒古堤，县北地名八会口，县城南枕无棣沟，兹非简、絜等河欤？东无棣县北有陷河，阔数里，西通德、棣，东至海，兹非所谓钩盘河欤？滨州北有士伤河，西逾德、棣，东至海，兹非鬲津河欤？士伤河最南，比他河差狭，是为鬲津无疑也。'于氏之论可谓博而笃矣，然而求九河者正不必尺寸皆合于禹之故道，亦不必取足于九。许商言：'自鬲以北至徒骇间，相去二百余里。'今河虽数移徙，不离此域，韩牧以为'可略于《禹贡》九河处穿之，纵不能为九，但为四五，宜有益'，此真通人之见，知此者可与穷经，可与治水矣。"

从这些材料看，他们彼是此非，无所折衷，所谓"汉人所不能知者，后人反得之"，他们自己也不能不怀疑了。总之，此一区域地势卑下，河流纵横，当是事实。所以《禹贡》作者在这个区域以"九河既道"一语概之。无奈后人不明古人用九数之涵义，必欲求出九河之实数，于是九河之名称出来了，而九河所在地就成了问题，正如蔡沈所言："或新河而载以旧名，或一地而互为两说。"于钦数了许多河的名称，胡渭虽称他是论博而笃；

但又说“求九河者正不必尺寸皆合于禹之故道，亦不必取足于九”，这又似说他论虽博而未必笃。至韩牧说“可略于《禹贡》，九河处穿之，纵不能为九，但为四、五宜有益”，胡渭以“通人之见”称赞他。这个“四、五”之说，我们无妨把它说成合乎汪中所谓“虚数不可执也”。

兖州平治水土方面所称的“九河既道”的九河，与导河“至于大陆，又北播为九河”的九河之关系如何？也是历史上研究《禹贡》者纠缠不清的问题，这因他们把九河看成实数，而必一一求其名称及所在地，所以就堕入五里雾中去了。这一问题不能解决，又牵涉到“同为逆河”的解释问题。

胡渭在“又北播为九河”条下说：“《传》曰：‘北分为九河，以杀其溢，在兖州界。’颜氏曰：‘播，布也。’林氏曰：‘凡言“为”者，皆从此而为彼也’。程氏曰：‘自大陆以北，河播列为九，则其地不复平衍而特为卑洼故也。’渭按徒骇与冀分水，八枝皆在兖域，说见兖州。”这几句话是颇费解的。《伪孔》认为“北分为九河，以杀其溢”，但又说是“在兖州界”。既在兖州界，如何过降水至于大陆后，才又北播为九河？林氏说：“凡言‘为’者，皆从此而为彼也。”既已为彼也自然是另一九河。胡渭说“徒骇与冀分水，八枝皆在兖域”，借徒骇一河来解决纠纷。但在冀、兖地域上及同为逆河上都有问题。我们既已了解古人虚数用九的原则，对这一问题就可以另有一种看法，即兖州平治水土方面所称的“九河既道”（所谓九河，可能少于九条河或多于九条河），是《禹贡》作者知道这地方是多水之区，故以一“九”字概括之。至导河的“又北播为九河”之九河，在冀州境，当是另一九河（当然也不必有九条河或多于九条河），因为河是“北过降水，至于大陆”后，才“又北播为九河”的。什么“从此而为彼也”，什么“徒骇与冀分水，八枝皆在兖域”，都是不合逻辑之辞。

“又北播为九河，同为逆河入于海。”郑玄说：“播，散也。下尾合，名曰逆河，言相逆受也（依孙星衍注）。”这样解逆河是合理的。如果必欲牵涉到河必为九之实数，又用兖州的徒骇河来与“又北播为九河”拉上关系，非但两九河之名义淆乱，逆河也无所容其地，自然渤海为逆河之说出来了。

“同为逆河”一语，亦千古争论不休。胡渭也主张渤海为逆河说，我现把他的材料摘抄三段，以供研究此一问题者之参考。

《传》曰：“同合为一大河，名逆河，而入于渤海。”《正义》曰：郑玄云：“下尾合名为逆河，言相向迎受。”王肃云：“同逆一大河纳之于海。”其意与孔同。苏氏曰：“逆河者，既分为九，又合为一，以一迎八而入于海，即渤海也。”薛氏曰：“河入海处，旧在平州石城县，东望碣石；其后大风，逆河皆渐于海，旧道堙矣。”程氏曰：“逆河，世谓之渤海者也。逆河之地，比九河又特洼下，故九水倾注焉。虽其两旁当有涯岸，其实已与海水相合，不止望洋向若而已。”黄氏曰：“逆河、碣石，今皆沦于海。”渭按经所谓“海”乃东海，在碣石之东，而说者以为渤海，由不知渤海故逆河，后为海所渐耳。此先儒之通患，唯子瞻、士龙、泰之、文叔能辨之。

碣石之东为沧溟，经之所谓“海”也；其西则“逆河”，后世谓之“勃海”。《河渠书》曰：“同为逆河，入于渤海。”(《沟洫志》同）盖汉人以渤海为海而不知其为逆河，遂谓逆河在南皮浮阳，河自章武入海，不至碣石矣。千年积谬，至苏、薛、程、黄四公而一正。蔡氏不收，何以为《集传》?

自汉人以勃海为海，而逆河无所容其地。唐人亦不明逆河在何处，徐坚《初学记》曰：“逆，迎也，言海口有朝夕潮以迎河水。”此义最优。至宋而谬论迭出，贻惑滋甚矣。林氏曰：“王介甫谓逆河者，逆设之河，非并时分流也。”其意以为“逆河”句释上文“播为九河”之义。如此，则“逆河”即是“九河”矣。罗泌曰：“禹因地之形而逆设为九河，凡河之道，则不建都邑，不为聚落，不耕不牧，故谓之逆河。”董鼎曰：“《格言》云：‘逆河是开渠通海以泄河之溢，秋冬则涸，春夏则泄。’”此皆踵介甫之谬，以九河为逆河而缘饰其辞也。陈师道曰：“逆河者，为潮水所逆，行千余里，边海又有潮河，自西山来，经塘泊。”按潮河一名界河，在今静海县西北，受滹沱、易、巨马三水（巨马即涞水）合御河，东至独流口入海，此河在直沽口西，亦不得指为逆河。明丘文庄濬又言：“当于直沽入海之后，依《禹贡》逆河法，截断河流，横开长河一带，收其流而分其水。”以“逆河”为横绝之河，承西汉之误。以上诸说，总由不知“勃海”即“逆河”，而求逆河于勃海之外，遂愈求愈远耳。

在这里，我们还谈谈禹河故道问题。胡渭在其《例略》上说：“中国之水，莫大于河；禹功之美，亦莫著于河。释《禹贡》而大伾以下不能得禹河之故道，犹弗释也。导河一章，余博考精思，久乃得之。解成，口占二首曰：‘三年僵卧疾，一卷导河书。禹奠分明在，周移失故渠。自知吾道拙，敢笑古人疏。冀有君山赏，中心郁少舒。’‘班固曾先觉，王横实启之。九峰多舛错，二孔亦迷离。墨守终难破，输攻谅莫施。只应千载后，复有子云知。’时丁丑二月朔也。”又说：“河自禹告成之后，下迄元、明，凡五大变，而暂决复塞者不与焉。一，周定王五年，河徙，自宿胥口东行漯川，至长寿津与漯别行，而东北合漳水，至章武入海；《水经》所称‘大河故渎’者是也。二，王莽始建国三年，河决魏郡，泛清河、平原、济南，至千乘入海；后汉永平中，王景修之，遂为大河之经流；《水经》所称‘河水’者是也。……盖自大伾以东，古兖、青、徐、扬四州之域，皆为其纵横糜烂之区；宋、金以来，为害弥甚。愚故于“导河”解后附《历代徙流之论》，而又各为之图以著其通塞之迹，使天下知吾书非无用之学，于康成知古知今之训不敢违也。事讫于明，故时务缺焉。”

胡渭于导河自大伾以下，因欲求禹河故道，用力最勤。如考王横所说禹河随西山下东北去及汉时漳水自平恩以下为禹河故道二者，引经据典，共举出了二十个证据，在他全部著作中，这样认真的考证还是仅见的（所谓禹河故道，是指周定王五年河徙以前，即《禹贡》之河道）。他的禹河故道研究及黄河五次迁徙的记载，在其全书中亦占颇多的篇幅。我现将其考禹河故道所建立之论点及其对历史上研究禹河故道者的评论摘抄于次：

1. 胡氏建立的论点："《传》曰：'降水，水名，入河。'渭按宋张洎云：'降水，即浊漳也。'字或作'绛'。《地理志》'上党屯留县下'云：'桑钦言绛水出西南，东入海。'郦道元引此文作'入漳'，云：'绛水发源屯留下，乱漳，津与漳俱得通称也。'《通典》云：'漳水横流而入河，在今广平郡肥乡县界。大陆，地名，见冀州。'《河渠书》云：'禹道河至于大伾，以为河所从来者高，水湍悍难以行平地，数为败，乃厮二渠以引其河，北载之高地，过降水，至于大陆。'二渠，其一为漯川，自黎阳大伾山南东北流，至千乘入海；其一则河之经流，自大伾山西南折而北为宿胥口，又东北径邺县东，至列入斥章县界合漳水，是为'北过降水'。《沟洫志》：'王横曰："禹之行河水，本随西山下东北去。《周谱》云：'定王五年，河徙'，则今所行非禹之所穿，宜更开空，使缘西山足，乘高地而东北入海。"'即此道也。《水经》所叙漳水，自平恩以下皆禹河之故道。河自斥漳又东北径平恩、曲周以至巨鹿，其西畔为大陆也。汉巨鹿县，唐为平乡、巨鹿二县，属邢州，今属顺德府。巨鹿故城，即今平乡县治。"

2. 他对历史上研究禹河故道者的评语："《地理志》：'邺县，故大河在东北入海。'《水经注》：'宿胥故渎受河于遮害亭东、黎山西者，即王横所云"禹之行河，随西山下东北去"者也。'自黎阳以下，《水经》所称'大河故渎'，一名北渎，俗谓之王莽河者，即周定王时所徙，西汉犹行之，至王莽时遂空者也。所称‘河水自铁丘南东北流，至千乘入海’者，即王景所治，东汉以后见行之河也。禹河旧迹久失其传，汉、魏诸儒皆以北渎为禹河。司马迁知禹引河北载之高地矣，而不知当时所行者非禹河。王横知禹河随西山下东北去矣，而不能实指其地名。班固知有邺东故大河矣，而不知其下流即邺东之河。杜佑知衡漳至肥乡入河矣，而不知其河即‘北过降水’之河，故自大伾以下，凡降水、大陆、九河、逆河之所在皆不得其真。独宋程大昌著《〈禹贡〉论》及《山川地理图》确然自有其所为禹河者。迨考其归趣，则以“河水至千乘入海’者，为元光改流出顿丘东南之河，而邺东故大河即禹之旧迹；孟康以为王莽河，非也。今按孟康所谓‘出贝丘西南，自王莽时遂空’者，即大河故渎，一名北渎者也，未尝指邺东故大河为王莽河。且康既知此河出贝丘，岂复与邺东者混而为一！顿丘东南之决河未几即塞，安得以河水为元光改流之道！始建国三年之徙，见《汉书·王莽传》，而大昌谓：‘禹河空于元光，不待莽时，世恶莽居下流，故河迁、济竭皆归之，本无此事。’然则汉人纪汉河亦不足信邪？盖唯不知汉时漳水自平恩以下皆禹河之故道，故谓巨鹿去古河绝远，而以枯绛应降水，移大陆于深州，种种谬误皆由此出也。大昌锐意求禹河，动称王横、班固，而其言犹方枘圆凿之不相入。蔡《传》随声附和，世儒墨守不移，禹河之所以日晦也。”

王船山先生与胡渭同时，匿迹深山，所著《书经稗疏》，对禹河故道之研究与胡渭有许多不同的看法。兹将他的以衡漳、九河、恒卫、大陆、碣石为题的论点摘录于次，以资比较。

自周定王时，河徙砱砾（树帜按：这二字，胡渭曾辨其误，见其所著《附历代徙流》），失禹故道。至汉夺漯水以南，自今利津县入海，其一枝夺济，南流入淮，而禹河故道，议者以无稽而争讼。乃考之以经文，参之以地势，则当禹之时，大河固夺漳水以流也。……故汉初夺漯而与俱行；其后夺济而与俱行；又其后夺淮而与俱行。宋夺大清河而与俱行；元夺会通河而与俱行；今则全注徐州；南夺淮而与俱行。自非溪涧小水，必不冒之以过，他水自纵而河自横也。禹河故道既得，漳水夺与俱行，必不能溢于漳北明矣。……漳水之流，东北经浚县，故经云“至于大伾”；又北过广平县，又东北过威县，又东过南宫县，又东北过冀州南，故《水经》云：“北过堂县、扶柳，东北过信都。”而蔡氏所引古洚泽自唐贝州经城县北，贯穿信都，亦显与漳合，故经云“北过洚水”，而所谓大陆者，自当在景州、交河之境，固不当谓即巨鹿，亦不可谓在西山之麓也。浊漳水自清河故城、景州至交河而与清漳水合，自此而北，则天津、静海之南，其为九河故道无疑矣。……导河，自雒汭北流，经怀、孟、阳武，东至浚，又东北至内黄、魏县，得漳而夺与俱流。其合漳也，不于临漳，既以彰德地形因林虑之余高，为之阻隔。则陈氏以孟康所云‘王莽河为禹河’者，既不察于邺城高下之势，而既夺漳流以后，恒水自深州东来，与清漳合流而下，卫水自灵寿县与滹沱合流而下，至于交河，二水又合乎浊漳而与河俱行，故经云：‘恒、卫既从。’从者，河水在南，东北流；恒、卫在北，亦东北流，施道同行，至交河而随之以下也。河夺漳流，与至交河，则去海近矣。去海已近，地形必极乎下，故于此而‘东北播为九河’，以达于海，此自然之势也。天津之南：盐山、无棣、沾化、利津，九河之委流也。东光则有胡苏，沧州则有徒骇，乐陵则有鬲津，海丰则有马颊，渐次分疏，而非如指掌之平列，故许商云“自南以北，相去二百里”，李垂云“在平原而北”，赵称云“自冀抵沧、棣，始播为九河……已成九道，则下者阔之，高者培之，行所无事，而河已安流入海矣”。古迹俱存，众论固定。程氏无端矫立之说，而朱、蔡因之，以为九河在碣石入海，则当自交河而北，舍近下之径，逆挽而又北之，不然则当自冀州而掘高坚之土，挽河而悬载之于保定，绝呕夷、桑干、直沽、滦水、潢水，过乐亭、榆关而以达于碣石。吾不知河之越此呕夷、桑干、沽、滦、潢之五大水者，何以不随五水东下，而能凌空飞渡以北也？……诸儒不察，乃信新莽佞臣王横之言，以尽反古今之成论，非予之所知也。且横之言曰：“天尝连雨，东北风，海水溢，西南出浸数百里，渐没九河之地。”今据北海曲岸之形势，自蒲台而东，至于长芦，北抵直沽，则岸曲向东，历马城、乐亭，至山海关而益以东矣。山海关之东北，连宁、锦陆地数千里，去海逾远，使九河而在碣石，必东南风吹簸登、莱以北之海水，溢于西北，而后九河以没。今云“东北风，海水西南溢”，则碣石之水且随风南去，而沙汀以出，其受溢而渐没者，必天津以南之海岸可知已。是横固无以证九河之在碣石。其从而附会者，郦道元之过也。况乎当横之时，韩牧已知九河之有迹而未尝没乎？经云：“至于碣石”，本以纪山而非以纪河也明甚。山自有山之条理，水则以下为趋。惟壶口、雷首、厎柱，山夹河行，出山以后，河自南而山自北，河南而东至天津之南，山北而东至永平之北。河云“入于海”者，流之合也；山云“入于海”者，支之尽也；安得概以为一哉！经言“导水”，不言“载水”，《孟子》言“水繇地中行”，不言“水繇山侧行”，故曰“禹之治水，行其所无事也”。今乃云“载之高地”，又云“穿西山之趾”，则明异经文而大背乎《孟子》之说。为此言者，不过见江南田野有壅水而载之山趾以为堰灌田，而妄意河之亦可如此。……西山之趾，其高过于魏、博、沧、瀛者不知其几许。如必欲挽河使北，不知当掘最高之地，深至几百仞，而后河流可通。……经记九河在兖而不在冀，而与“雷夏既泽”之文相连，若碣石则固系之冀矣。河之入海终始于兖，禹之不移兖害于冀也，亦以徒移害冀而终不能分兖之灾也。如云禹因河画州，天津、静海、顺天、永平之南境皆为兖土，则又何以纪兖之贡道但及济、漯，而不纪滦、潢、直沽、桑干、呕夷之五水也？以此考之，言禹载河于高地者，无一而可；乃宋人之为此言者，则有故矣。熙丰间，王安石倡为回河之邪说，吕大防踵其误以敝宋，而始终力主顺河自流之议者，惟苏氏兄弟也。雒、闽诸贤迁蜀党之怒，暗中安石之毒而不察，乃欲诬禹以障水回川，逆天殃民之事，其所据为指证，若王横、郦道元之言，皆安石之所尸祝者也。……若南渡诸儒，画江以居而不识兖、冀之事，又其偏信之病所自深也。

船山先生对于逆河亦有不同的解释：“禹疏九河，于潮所可至之地，深阔其上流以受潮之逆上，故曰逆河，所以救海滨之地岸不为海蚀也。而九河之尾皆逆，非合而为一可知已。既播为九以杀水势，复从而一之，不足以纳九，则河以归墟不快，又泛滥旁溢以为害。且九河之地，南北相去三四百里，强九成一，则迂曲而必溃圮，欲并三四里之地潴为一河，功既浩大而难施，且徒以召海水之入而弃壤土于河，其于河之疏塞则固无益。即使尽壑冀、兖以为海，亦不足饱海之贪而适以逆河之路。是平天成地者，适以裂地而滔天也。故经言‘同’而不言‘会’，其亦九河皆为逆河而非一亦审矣。‘为’云者，人为之也。”

历史上谈禹河故道者尚未见有过乎王、胡两氏的详细而深入，而二人之观点有殊：船山相信九河完全在兖州境域，胡渭则相信九河之徒骇与冀分水，所以两人对逆河也有不同的见解。黄河自周定王后迁徙无常，造成水灾，史不绝书，关系着我国民族的运命。今幸在伟大的党和伟大的英明的毛主席领导下，提出了根治黄河的方案，三门峡水库的建成以及黄河中游一系列的水土保持工作，使历史上为害的黄河转而有利于人民。至胡、王二人之是非已成陈迹，如必欲研究禹河故道之历史，应从事于科学的调查，专从故纸堆中是难得到解决的。

最后我还要提出一个问题，请读者指教。历来解《孟子》者，把《滕文公篇（上）》："禹疏九河，瀹济、漯而注诸海，决汝、汉，排淮、泗而注之江，然后中国可得而食也"这几句话，认为是禹"疏九河"是一回事，与下面"瀹济、漯""决汝、汉""排淮、泗"等是并列的。这是他们心目中先有了《禹贡》兖州"九河既导"一语，而把"九"认为是实数，又以为济、漯、汝、汉、淮、泗非但数字仅六，且汝、汉、淮、泗又是注之江的，应与上一句"疏九河"了不相干，以为所谓"禹疏九河"者，只是指徒骇、太史等九河。不知《孟子》所举六河之中，济、漯就是兖州之河，与九河岂无关系？胡渭说："《孟子》曰：'禹疏九河，瀹济、漯'，皆在兖域，而经于济、漯不言施功，以贡道见之，曰'浮于济、漯'。则二水之治可知矣。"这种解释似乎合理，但我还想提出一个新解。

我认为战国时水利工程已大兴起，"决""排""瀹"等应是施工方面的术语，"疏"字应是治水的概括名词。若以古人用字虚九的习惯来判断，则《孟子》所云"禹疏九河"者；或即指下面的济、漯、汝、汉、淮、泗等而言，数虽六亦是多河，可称九河。这样从文理上看似较通顺。但把九河属于济、漯、汝、汉、淮、泗等的疏治，不等于孟子未见《禹贡》"九河既导"之文。这正如太史公是《禹贡》之保存者，而还有"禹斯二渠"之语，不可以词害意。

## 第四解　渭汭、雒汭

关于“渭汭”“雒汭”等：“泾属渭汭”[①]（雍州）。“浮于积石，至于龙门、西河，会于渭汭”（雍州贡道）。“东过洛（或作‘雒’）汭”（导河）。

蔡《传》：“泾、渭、汭，三水名。《地志》作‘芮’……今陇州汧源县弦蒲薮有汭水焉。……《诗》曰：‘汭鞫之即。’……泾水连属渭、汭二水也。”汭非水名，汉儒已有确解，蔡氏建立这样一个新义，当时黄震非之曰：“古说泾入于渭水之内，而‘漆沮既从，沣水攸同’，皆主渭言之，文意俱协。若以汭为一水入泾，则泾属渭汭者，是泾既入渭，汭又入泾，下文漆沮之从，沣水之同，孰从孰同耶？”明末王夫之更驳斥之曰：“《诗》

---

① “泾属渭汭”：“泾属渭汭”一语本难解释，顷见杨守敬先生有一新解，摘录于此以供参考。“考泾源出今甘肃平凉西北，至陕西高陵西南入渭，计行不及千里，而郑乃云‘泾、渭皆几二千里’，知其合泾水入渭而连言也。盖古时凡水之源长短相若，即例得互受通称（导渭言‘东会于泾’是两水相等之证）。《禹贡》‘江、汉朝宗于海’，‘东为北江入于海’系之导漾下，即其例也（余别有详说）。《汉志》《水经注》此类尤多。宋儒多不知其例，于导漾下‘东为北江’之文，且有疑其为衍文者。至于‘泾属渭汭’则皆囫囵读过。惟易祓言‘洛入河处，谓之“洛纳”；渭入河处，谓之“渭汭”。泾至云阳而入渭，又至华阴之永丰仓而入河，此二百八十里间，泾与渭相连，故曰“泾属渭汭”’，为得其解（与郑氏说合），但未举《禹贡》《汉志》《水经注》之例比拟之耳。而胡东樵反以为好异喜新，创为雍州有二‘渭汭’之说，谓此‘渭汭’为汉高陵县地；后‘渭汭’当为褒德县地。同一‘渭汭’，而前、后所指各别，真所谓支离之谈也。不知洛入河处谓之‘洛汭’，渭入河处谓之‘渭汭’，则泾入汭处当谓之‘泾汭’，何以言‘渭汭’乎？即如其说，则此经之‘渭汭’是指泾入渭处言乎？抑指渭入河处言乎？其说穷矣。”杨氏更引先秦以上古书做了几个证据。他的结论是：“得此诸证，足知古时水道互受通称之例，前有郑氏，后有易氏，经旨大明，毋庸置疑。”

杨先生这一解释，是发挥了郑义，我们从此还可以说明另一事实。《孟子》“决汝、汉，排淮、泗而注之江”（淮水是否入江有问题）从前有许多争论，我认为《禹贡》时代是从“泾属渭汭”观点出发，所以把泾、渭二水清浊悬殊同入于河之例，用之于江、汉合流，说成是江为中江、汉为北江，同入于海。至战国时代，已无“泾以渭浊”之观念，所以仅说汉注之江了。这也可以说明《禹贡》成书的时代。

言‘芮鞫之即’，纪公刘迁邠之事。芮自在邠，去陇州之弦蒲薮几四百里。公刘之国，其疆域不至汧西，则芮者乃邠州之小水，今所谓宜禄川是已。若弦蒲薮所出之水，乃汧水也。汧自宝鸡入渭而不与泾属。”但黄、王两氏对汭非水名还未做透彻之解释。

清代解汭非水名者，旁征博引，始令人无可怀疑，但又牵涉到贡道问题。兹先将胡渭《〈禹贡〉锥指》“泾属渭汭”条一段抄录于下：

汭之言内，其字或作“内”。“河内曰冀州”，州在河北也。“汉中郡”亦在汉水之北。阎百诗云：渭汭，“汭”字有解作水北者，有作水之隈曲者，有作水曲流者，有作水中州者，总不若《说文》：“汭，水相入也。”于此处为确解。左氏一书：庄四年曰“汉汭”，闵二年曰“渭汭”，宣八年曰“滑汭”，昭元年曰“雒汭”，四年曰“夏汭”，五年曰“罗汭”，二十四年曰“豫章之汭”，二十七年曰“沙汭”，定四年曰“淮汭”，哀十五年曰“桐汭”。水名下系以“汭”者众矣，又何疑于《禹贡》？渭按，汭水相入与水之隈曲曰汭，二义适相成而不相悖，盖两水相入，其水会襟带处必有隈曲，《诗·大雅》“芮鞫之即”，芮即《职方》“泾、汭”之汭，水名也。《汉志·扶风汧县》下云：“芮水出西北，东入泾。《诗》‘芮阸’，雍州川也。”师古曰：“阸，读与‘鞫’同。”余因此悟“水北曰汭”之义。盖泾水东南流至邠州长武县东，芮水自平凉府灵台县界，流经县南而东注于泾。公刘所居故豳城正在二水相会内曲之处，及其后人众而地不能容，则又营其外曲以居之，故曰：“止旅乃密，芮鞫之即”。《郑笺》曰：“水之内曰隩；水之外曰鞫。”“外”即南，“内”即北也。推之“洛汭”亦然。《召诰》：“太保乃以庶殷攻位于洛汭。”《传》云：“洛水北，今河南城也。”汉河南县即周之王城，东去巩县之什谷尚百有余里，召公治都邑之位，岂逼侧洛水入河乎？知“洛汭”则知“渭汭”矣。或曰：雍州有二渭汭，从孔义则凡渭北之地皆为“渭汭”。此渭汭当为汉高陵县地；后渭汭当为汉褱德县地（今朝邑）。同一渭汭，而前后所指各别，经岂支离若是邪？曰：地异而其为渭汭则同。高陵者，泾、渭二水之会也；褱德者，河、渭二水之会也。均为水北，均为水相入，均为水之隈曲。“渭汭”兼地而言，不专指水口也。

胡氏证“汭”非水名，说得有理，但他说渭汭有两处。《左传》闵公四年：“二年春，虢公败犬戎于渭汭（犬戎，西戎别在中国者。渭水出陇西，东入河，水之隈曲曰汭）。”犬戎在西方，胡氏能证明虢公败犬戎的渭汭必在泾渭或河渭相入处吗？以此知胡说是不易验实的。但胡氏必欲作如是说者，是因他相信冀州为帝都所在地，欲解决贡道的问题。

历史上解《禹贡》贡道的对雍州“浮于积石，至于龙门西河，会于渭汭”的这一条有起点，有经过地，有终点之贡道是感头痛的。他们在此不惜把这条统一的贡道分而为二，如蔡沈说：“雍州之贡道有二。其东北境，则自积石至于西河；其西南境，则会于渭汭。言‘渭汭’不言‘河’者，蒙梁州之文也。他州贡赋，亦当不止一道，发此例以互见耳。”这是如何牵强附会？但胡渭知道有问题，为蔡氏作疏似的说：“或问雍西北境与西南境分为二道，当作何界别？曰：西倾、鸟鼠之西，汉朔方、五原及河西五郡地，皆浮河，是为北道；太华、终南、惇物以北，汉陇西、天水、安定、北地、上郡之地，皆浮渭，是为南道。”这把贡道的界别虽已求出，但是北船何以要从龙门下西河来？胡氏说：“渭汭在河之西岸，华阴、朝邑、韩城之地皆是也。东与蒲州、荣河分水。此言雍之贡道，故特以西岸言之。韩汝节云：‘今蒲州，舜所都也。渭水之北，今朝邑县南境，渭水至此东入河，折而北三十里，即蒲城，故舟皆会于渭北。’今按北船出龙门至荣河县北，汾水入河处，便当东转泝汾，无缘更顺流而下至朝邑与南船会也。

且禹告成当尧时，帝都平阳，距蒲阪三百余里，韩城北连龙门，东对汾口，南北贡船相会当在其间，曷为引蒲州以证乎？”姑无论华阴、朝邑、韩城三邑皆为渭汭，缺乏证据，即令如蔡氏所说、胡氏所疏，我们熟悉这些地域的能谓胡氏之说较韩汝节胜一筹吗？况且还有“会于渭汭”之“会”字难以解决。《伪孔》杜撰的说：“逆流曰会，自渭北涯逆水西上。”胡渭则曰：“《传》云‘逆流曰会’，不必泥。”又云：“自渭北涯，逆水西上，‘西’当作‘而’。谓南船出渭之后，逆河水而上，与北船相会也。”《孔疏》不知为误字，释曰：“禹白帝讫从此西上，更入雍州界，真是郢书燕说。”胡氏这样驳斥他人，还是不能解决问题。我们若知《禹贡》是西周人作品，则“会于会汭”可能即在“泾属渭汭”处，则北来之船，经龙门下西河会于渭汭还成什么问题？

总之，《禹贡》之贡道问题十分复杂。若不知周初有东、西两京，和周公封鲁在东方之重要性，许多问题是难解决的。且以冀州为帝都所在为受贡之地，春秋时尝有“泛舟之役”，而《禹贡》导水又何以独无汾水的记载？

## 第五解　锡土姓三句

关于“锡土姓”这三句话，有把“中邦”二字联下读，宋人已改正。我们从《禹贡》惯用四字句去衡量，知“中邦”二字足上是对的。这三句中，第一句“锡土姓”，有《左传》的记载，历史上研究《禹贡》者对此无争论，我现把它抄在下面。《左传》隐公八年：“公问族于众仲，众仲对曰：‘天子建德，因生以赐姓。胙之土而命之氏。’”

“祗台德先，不距朕行”，这二句解经者就有不同的看法。有以为是史官之辞者，如吕伯恭云：“史官恐后世见禹之胼胝，遂以为禹惟有力，故以德表之，此作书之要。”（依胡渭“祗台德先，不距朕行”条引）有以为是禹自言者，如阎百诗的《四书释地》“禹贡”条：“宋《张九成集》，余取其《〈禹贡〉论》……然其间称‘祗台德先，不距朕行’，此岂史辞哉！此禹之自言也。自称祗我之德，不违我之行，而不知退让，安在其为不矜伐哉？曰：古之所谓不矜伐者，非如后世心夸大而外辞逊也。其不矜伐者在心，其色理情性退然如无能之人，不言而天下知其为圣贤。至于辞语之间，当叙述而陈白者，亦可切切然计较防闲，如后世之巧诈弥缝也。使其如后世之人，中外不相应，岂能变移造化、成此大功哉！某因以发之。”这些解释，俱无实据，“锡土姓”是周代封建王朝的用人行政，我们从《周书·立政篇》即可以得到解答。

周公若曰：……“呜呼！予旦已受人之徽言，咸告孺子王矣。继自今，文子文孙，其勿误于庶狱庶慎，惟正是义之。”这即所谓“祗台德先”。“其克诘尔戎兵，以陟禹之迹，方行天下，至于海表，罔有不服，以觐文王之耿光，以扬武王之大烈”，这即所谓“不距朕行”。

以兵威海内为“不距朕行”，是易懂的。但所谓德者，除“受徽言”之外，何以还说“庶狱庶慎，惟正是义之”。《左传·曹刿论战》，以衣食、牺牲、玉帛为小惠小信，唯“对大小之狱，虽不能察必以情”一点，说是“忠之属也，可以一战”，可知西周时必以用刑之慎为人君之德。鲁秉周礼，曹刿所言当有所本。

## 第六解　五服

五服制：解《禹贡》五服制的，好把后起的《周礼》九服材料渗入，愈解愈纷，我们应首先澄清这一点。我们要了解《禹贡》五服制度，仅能从《国语》《左传》及荀子的记载去体会。荀子论五服制，我已引入《〈禹贡〉制作时代讨论》一篇中。现将《国语》《左传》有关西周五服制度资料录后：

1.《国语·周语》：“穆王将征犬戎，祭公谋父谏曰：‘不可！……夫先王之制，邦内甸服，邦外侯服，侯卫宾服，夷蛮要服，戎狄荒服。甸服者祭，侯服者祀，宾服者享，要服者贡，荒服者王。日祭，月祀，时享，岁贡，终王，先王之训也。有不祭则修意，有不祀则修言，有不享则修文，有不贡则修名，有不王则修德，序成而有不至者则修刑。于是乎有刑不祭，伐不祀，征不享，让不贡，告不王。于是乎有刑罚之辟，有攻伐之兵，有征讨之备，有威让之令，有文告之辞。布令陈辞而又不至，则增修于德而无勤民于远，是以近无不听，远无不服。”这与荀子所述大致相同，仅语句间有详略之殊。

2.《左传》桓公二年，师服说：“今晋，甸侯也，而建国，本既弱矣，其能久乎？”杜注：“晋，甸服之诸侯也。”

3.《国语·周语》：“晋文公既定襄王于郏，王劳之以地，辞，请隧焉。王不许，曰：昔我先王之有天下也，规方千里以为甸服，以供上帝、山川、百神之祀，以备百姓、兆民之用，以待不庭、不虞之患，其余以均分公、侯、伯、子、男，使各有宁宇，以顺及天地，无逢其灾害，先王岂有赖焉！……先民有言曰：‘改玉改行’……若由是姬姓也，尚将列为公侯，以复先王之职。……”

从上两段话，知西周时是规方千里以为甸服，晋之封国是在甸服之列。这对《禹贡》为西周制度又提供了有力的证据。

4.《昭公十二年》，子产曰：“昔天子班贡，轻重以列（杜注：列，位也），列尊贡重，周之制也（杜注：公、侯地广，故所贡者多）。卑而贡重者，甸服也（甸服，谓天子畿内，共职贡者）。郑，伯男也，而使从公侯之贡，惧勿给也。”（杜注：言郑国在甸服外，爵列伯、子、男，不应出诸侯之供。）

我们看《禹贡》甸服分五等纳赋之事，是合乎子产所说的。

朱、蔡在《书集传》上说：“今按每服五百里，五服则二千五百里，南北、东西相距五千里，故《益稷篇》言‘弼成五服，至于五千’。然尧都冀州，冀之北境，并云中、涿、易，亦恐无二千五百里；藉皆有之，亦皆沙漠不毛之地，而东南财赋所出，则反弃于要荒，以地势考之，殊未可晓。但意古今土地盛衰不同，当舜之时，冀北之地未必荒落如后世耳。亦犹闽、浙之间，旧为蛮夷渊薮，而今富庶繁衍，遂为上国。土地兴废，不可以一时概也。”

王船山氏在《书经稗疏》中说：“蔡氏以尧都冀州为五服之中者也。然舜都于蒲，其正北直大同，而正西直河州（临洮府属），亦无二千五百里之远，若南抵衡山之阳，则且四千里矣。大同以北，沙漠之野，黄茅白苇，朔风飞雪，蒙古固有其地而不能耕，而洮、湟之外，河西四郡，其山川不见于经文，则非禹之所甸可知。盖中国之幅员本非截然而四方，绝长补短，移彼就此，东西、南北原不相若，则五服之亦以大略言尔。且以王畿言之，而太康畋于雒表，则南赢而北缩，是甸服固有出于五百里之外者，亦可以纳米为之通例也。”

历史上研究《禹贡》五服制的甚多，我们举朱、蔡及王船山氏为代表。他们不能突破传统之说法，皆以冀州为帝都所在，虽做了一些怀疑与相反之论，但均不能解决问题。若知《禹贡》是周制，周都丰、镐，晋尚在甸服内。京都西、南（雍、梁二州）疆域又最广，规方千里而为甸服，哪还有问题？

不过西周疆域是东西长而南北狭，所谓五服，除王畿千里外，其他四服也不过是大概数。若书生规规然划方格去求其实际里数所在，任何时代疆域俱不可能。这是不知古人“因地制宜”之理，宜为识者所讥。

从上面材料，知晋为甸服，郑为侯服（楚为要服，见第二编），犬戎在荒服之中，则西周之五服范围大概已可见了。

胡渭在“既载壶口，治梁及岐”条下说：“愚尝谓《禹贡》书法亦有变例。非故为变也，事有所不同，则例因之以变耳。于冀得五焉：凡山皆系本州，而雍之梁、岐独书于冀，一也。凡治水皆系土田之上，而‘恒、卫既从，大陆既作’独书于田赋之下，二也。其三则《孔传》所云‘不说境界’‘先赋后田’‘不言贡、篚’，皆殊于余州者是已。学者不知变例，则胶柱而鼓瑟，锲舟以求剑，乌可与言《禹贡》哉！”这五条所谓变例书法，第一条我们已在“治梁及岐”中说明，宋儒即不承认冀州梁、岐为雍州之山。第二条，“恒卫既从，大陆既作”后于田赋，是平治水土工作分期进行。第三条不言疆界，《伪孔》及孔颖达已有正确解释。第四条先赋后田，田赋是相关的，可以异位，这也同于土壤与草木是相关的，徐州之先土壤后草木不同于兖、扬，无何深意。第五条“鸟夷皮服”即贡；冀州不言篚，雍、梁二州也不言篚（苏轼以“织皮”为篚，非是）。由此可知，《禹贡》中之冀州即封晋之地，并无所谓帝都的特征。

文论类

# 南洋生物调查记*

镜澄吾师赐鉴。暑假中生曾往西湖做一度调查之旅行。为时虽仅五日，而北山路、南山路以及湖上各名胜，则足迹几遍矣。旅行告毕后，深觉西湖动植物及地质之科学的调查实为母校生物系、地学系浙籍同学所亟应勠力从事者。西湖为吾国惟一之名胜区域，于其生物地质各方面之情形，自应有详细之科学的调查。顾舍上海商务印书馆出版之《西湖指南》一小册外，阒焉无闻，且即此一小册中，纰缪之处，已不遑枚举，固不谨述焉而不详也。独惜此书不在左右，不能一一为之厘定。然就生记忆所及者，略举数端，其余不难想象得之矣。如光寺之蝾螈、玉泉寺之鲤鱼。彼率以神奇之笔述之，读过几疑其皆为中国特有之动物。而飞来峰上植物，根之深入岩中，原由此峰质为石灰岩。然著者亦以神异目之。又北山路岩石质系砂岩，故洞穴多属人造，不如飞来峰石灰岩诸天然洞之迤逦有致，则更视为神妙。读一过后，命人笑不可仰。生意以为西湖胜地，每年游人，当以

* 本篇与《红海舟中》《印度洋舟中》原载于《国立武昌师范大学校生物杂志》1924年第6卷第1期，系辛树帜先生于1924年赴欧洲求学途中观察所得。标点为编者所加。——编者

万计，若仅以此册为游客向导。不特贻识者以姗笑之口实，且更不知引多少人入迷途。诚能得母校同学（浙江同学以故乡关系着手尤易）出而详细调查，以小册载其结果。俾游人于观赏外，暂可得正当之科学知识，则匪仅他人之获益不浅，吾母校亦与有荣焉。吾师以为如何？

上海商务繁盛非常，人所共知。然生居此一月余，只觉烦闷非常耳。当极无聊赖之时，辄往法国公园散步。园之布置尚好，植物种类亦繁，中有十数种为武昌所难获见者。惜未详细考查，不克一一举名以告。极望母校生物系同学于旅行经过上海时，前往一观，获益定有可观者也。望吾师转告诸君，共事乎此。

九月十一日，乘法国邮船 Paulteeat 号离沪。十四日上午，舟抵香港，与同舟者数人，登岸参观。乘山上电车至太平山顶，沿途所见植物情形如次：

夹植道旁者一为榕树（Ficus Wigltiana,Wall.Var. Japonica, Miz），榕属桑科。闻在福建此种极为畅茂。然产此间者，亦复不弱。叶不甚大，各枝干皆有气根。唯形体甚细，望之如垂丝耳。二为朴树（Sphanante.Hspera, Planch），三另一种，叶似公孙树而尖端略有分开。树之姿态极美，昔不谙其名耳。车行之顷，所见道侧之植物亦极多。就中生所能识者有佛桑（锦葵科），花色鲜红绚丽；二股羊齿（里白科），遍生岩隙，较内地产者为大；羊乳（桔梗科），纠缠各植物上，花亦极壮丽；马缨丹（马鞭草科）栽培极盛。山巅有鷰羊桃者，果实极大，具五棱，生购得数枚，剖而食之，非常甘美。闻闽中产者，味较酸，不及此地所产之品上也。其他花木，间有数种，为生所能辨认。然不能指名者，实繁有之。向使在此能作数日勾留，当可采得百十余种为内地所未见者。书至此，觉有两种意见亟欲告诸先生者。一以为中国长江一带植物，纵使尽量搜集，所得不过三千余种。而十余万种植物，则皆在热带。若欲尽知植物界之奇观，非亲居热带，一一谛知不可。一以为吾人若能努力搜采，则植物界之秘密，穷十余年之力，便可得其究竟。审能如此，则编制一完善之中国植物图谱，实至易易。先生为吾国斯学之先达，此举当属之先生，不知先生以为奚若？又母校生物系同学中，有籍属广东者，对于香港之植物搜查，至易为力。倘能从事于此，获益定当不少。生在香港，仅两小时之观察，关于博物学之知识，所增已属甚大矣。盖香港与中国内地纬度之差，已十有余度，生物情形变化早已彰明。益以英人之经营布置，更加显著。而错山筑屋，尤使特殊之地质情形，穷形毕相。新到之客，得此实为兴味上以莫大之刺激也。至于香港所产各植物之为内地所常见者，则有凤尾松、普载、棕榈、贯众、夹竹桃等。

十五、十六两日，舟行海上。生时至船头，观海中生物。所见如次：飞鱼（又名文鳐鱼），背部深蓝，酷似海水之色，尽保护色也，腹部色白，胸鳍甚长，几达于尾。忆四年前旅行日本时，曾在长崎附近一见此物，然其数不若此处之多。计舟行两日中，所见有在舟头飞行者。有数枚、数十枚、百数十枚之成群游泳者，其飞行状态，亦颇可述。鱼之长者，每达七八寸，能在海面飞行数十公尺。初飞十余公尺即落于波上。因借尾部声起波之力，复能腾跃以及远。小者长二三寸，亦善借尾之力以飞跃。按此鱼生态上适于生存之点有三：一能飞行以避敌兼便食求；二背部深蓝、有保护作用；三群栖。

十五日下午见一黄色之鱼，恐或系鲨之类。有极大之翅由船头没入水中。

十六日午见海牛数十，成群跳跃水中。舟行经过，彼等皆奋掷舟前，狂跳奔越，俨若与吾舟竞赛然。追随二三里始他适，故生得观其究竟甚详。此物为哺乳类纲鲸类目之一种动物，头部尖锐如鱼，故同舟诸人，咸误认为鲨鱼。然尾部平展，为鲸类之特征，且头部有喷水孔，尤易辨识也。每行数十公尺，辄喷水一次，高至二三尺。喷水时，喷水孔之圆径亦可得见，约大二三寸之蹭。又行至数十公尺时，每有全身跳出水面者，故其体形亦略可知其大概。色呈皂灰，胴部类大，长达六七尺，盖犹儿鲸也。忆前在长江曾见儒艮（俗称江猪）极多。至此又获见海牛。自问对于鲸类性情，已可云略知其大概。

又见水母两枚，伞部甚大，色白。

十七日下午舟抵西贡。此地为湄公河、奈良河之冲积层，土壤肥沃，加以法人不遗余力之经营，又地距赤道不远，故植物之种类极奇极多。在此仅留两日，然为此种种植物之魔力所吸引。白昼除饮食外，不愿返舟中，即深夜亦为所牵缠，不能安睡，同舟人见生如此，亦大为感动。有福建何君、南洋蔡君极愿赞助。何君愿助为记载，蔡君因生长南洋，对于植物情形知之颇丰，更愿代为指引。故虽仅两日勾留，所获已复不资。自信此后可直读记载热带植物之书籍无阻。且更可以做游非洲之梦矣。第此处天气极热，两日努力之结果，肤色已与马来人相去不远。揽镜自照，不觉失笑。

兹将在此经过情形，述之此次。

十七日晨，舟达西贡河口。是河经法人疏凿后，两三万吨之巨舶，亦能航行无阻。河两岸林木蓊翳，巍然可观。在舟中远眺时，“树海”之诗（已忘作者姓名），不期而涌现于脑海之中矣。下午一句钟，舟达西贡市，天忽大雨（西贡几每日下午必大雨一次），只能在舟中遥望热带植物带雨状态。至五句钟，雨止。即至街上观光，道旁夹植者多椰子及一种豆科植物（不知是否苏木）。六时返舟。十八日清晨，往植物园参观，同行者至九时便欲返舟。生因不谙法语，不能独留，只索随归。甫至园门口，忽同舟两西人，至胆顿壮，约与偕入，以便考查。初见热带植物，几于无物不奇，反如堕五里雾中，不知所措。此两西人又蠢然无知，仅在园中绕行半周，即离园欲反。无奈同归，然园中植物情形，故已略知大概矣。下午再往记载各植物名称及奇异之点。将抵园时大雨又作。热带之雨其来甚猝，其势甚猛，使在温带尚能冒雨工作，在此则绝对不能，故仅记十余种即返。夜间将白昼所见者，在脑中萦回数四，弥觉兴趣不浅，起裁纸做小片，书明：(1)名称。(2)茎高。(3)叶形。(4)花色。(5)果实。(6)特征。共做六十余纸。十九日清晨，携此纸片偕何君往。至即请何君为写学名，生则将其余项目，对照植物逐条记载。在两小时以内，园中植物之奇异者固已一一记出，记得五十余种矣。工作甫半小时，何君即已疲倦不堪。盖热带气候，最足困人也。至是生独力记载。工作毕，又在园中环行数周，察视无名之植物，观察愈细愈觉奇异，独惜不克久留，乃一一加以详细记载耳。下午乘火车至南圻参观。乡村植物及沿道植物中，又见多种奇产者，为香港及西贡植物园所未曾有。生意以为倘能在此处居停十余日以从事采集及详悉之记载，当可得新奇可喜之热带植物二三百种也。比及归舟，已钟鸣五下。始觉疲弱不堪重为动作矣。

今日（二十）舟已开行，二日后可抵星洲。他日倘有所得，再当详告。今兹仅将西贡所得见之奇异植物及关于植物之感想，约略记出。盖因手中无一关于热带植物之参考书籍。所携《植物图鉴》一书，在此实等于废物。一俟抵英多读关于热带植物之记载，印之以此次目击之情形，再当作详细之报告上渎也。

生在此共计五十余种植物，已加上述。兹特自此中抽出一二，录以奉阅。其余则皆存行箧中，至英后再行研究。

**一、棕榈科**

1. 椰子

高三四丈，果实累累下垂。叶极大，分裂羽状，姿态极美。银一角可购果实四枚。破其果皮之顶端，汁即流出。每枚中约有甜汁两三玻璃水瓶。饮其甜汁后，更可剥食其胚乳，亦极甘美。南洋蔡君为生述此植物之栽培法、种子果实之构造及其应用之广，言之綦详。若生能一一记出，当可成一长篇之论文。兹姑略之。然此物之一切情形，生已极明了矣。是间凡屋畔、田边、道旁，皆种此物。盖土人之大利也。

2. 槟榔

此物之多，仅亚于椰子。乡间所植，容或多于椰子，亦未可知。是地土人，酷嗜嚼食此物，两唇鲜红，望之令人生畏。树之姿态，不弱于椰子。而叶之分歧之美丽，则尤为椰子所不及。

3. Cyriostachys Lakka Beec

茎之节间，极属分明，望之如竹。高二丈余，经大半尺，叶为羽状，分裂托叶，颜色鲜红，极为美丽。

4. 筋头竹

此地极多。

**二、桑科**

5. 榕树

种类极多。树亦高大。

6. Ficus judica L.

此物之气根极大极多，常有一树所占地面，达二三方丈者。叶甚美。忆母校前有盆栽者，即此一类之植物也。此树之气根上又继附有他类攀缘植物，总计其所盖地面之面积，可及一亩。由此可想见常热带森林及土人生活于此中之情状矣。其他属于此科之植物，为数尚多，兹不列举。

**三、夹竹桃科**

7. Alumiera alba L.

高二丈，叶极长大，类似内地之枇杷。但里面无毛耳，亦甚美。

**四、桃金孃科**

8. Couroupita Gnineensis Rnbl.

树颇高大，花色红，大如木兰，具有香味。果实似吾国内地之葫芦，色如既熟之梨。此植物为园中各物中之最奇者。

**五、紫葳科**

9. Bicuonia stans L.

灌木，具形状极美之叶。

**六、百合科**

10. Pincenectitia Tuberculata Hort.

叶极美。

园中百合科植物共约有二三十种之多，皆极美丽。

书至此，舟已由西贡河入海。颠簸特甚，不克详细再写。只合总作数语，以括其大概。此地植物，除上述种种外，奇特者尤多。例如荣兰一物，生在日本帝国大学温室中所见者，气根至小，已觉其奇。孰意此地之荣兰，气根四出，较东京者尤奇数倍。又如爵床科有 Balera Coerulea Boxb. 一种，系灌木，花亦极艳丽。又有一种紫茉莉，系灌木。此间花园及民居左右，多栽培此物。现在放极丽之红花，四年前生曾在西京一见之，然系盆栽，复甚渺小，不见美丽。至此始审知其为花中之极美者，殆不下于中国内地之牡丹。兹特寄奉一花，俾先生于讲授时，持作此科植物之标本。

此地之仙人掌科植物，皆为大树，亦极美观。羊齿类之着生树上，尤为此地植物之特点。内地弱小之羊齿，如瓦韦等，不无附生树上者，然无如此之大物也，攀援植物极大、极奇、极多。中有一种叶大如昙花，长达一二尺，而缠绕树上，极属美丽。至此约略将热带植物情形之特点，罗列于下，以备参考。

1. 藤类（即缠绕植物）

其伟大奇特，与附生之状态，皆为内地所难见者。

2. 树木之高大

此间植物大概较内地产者为高大。盖因雨量盛、阳光多、气候温和，有春夏而无秋冬，早晚似春天，午刻盛雨盛暑如夏，故生长极盛。

3. 颜色鲜艳

叶与花之色，俱较内地所在产者为艳丽。

4. 无落叶树

5. 种类繁多

6. 种族间之生存竞争甚烈

书至此，风浪特大，不能凝思。然意之所及，拟向校中提议一事，即母校同学每年必往日本参观一次。生以为生物、地学两系同学，他日可计议至南洋一行。其得益当有如下之数端：

1. 可采得新奇标本数百种。

2. 可得植物生态、生理上各种为居于内地所难得者之知识。

3. 可知海外侨民状况。

4. 可与南洋教育事业联络。

5. 可增地理之知识。

至于手续，亦不繁难。即旅费亦不过每人二百余元。因西贡、南圻、甚至新加坡一带，皆有华侨招待也。倘于旅行后，刊行一部详细之“南洋”以告国人，亦吾校之荣也。

此植物园中动物无新奇者，惟猴类有六七种为内地所难见者。舍生物外，对于他方面亦有相当心得，已寄长沙各友人矣。此上敬颂铎安。

生　辛树帜

良叔、雨吾、献刍三先生安好。

# 印度洋舟中

良叔镜澄两师赐鉴。前离西贡时曾上一函，述及生在香港及西贡所观察之生物状况，以后浪大不能凝思，故极草率。离新加坡时，极思缮一长缄。抵锡兰岛之哥伦布埠投邮，孰知连日印度洋风浪大作，同舟者多呕吐，臭气四溢。每日多在甲板上，不敢入卧室作书，是以未果。兹船已离哥伦布向红海矣，而风浪仍如前，然因习惯不觉其苦，故能于余暇将生在上述两埠及路途所见，述之于次。虽甚简略，然亦管豹之一斑也。

二十日舟由西贡向中国海中开驶，生除作家书及各处友人书外，时至船首观海中生物。是日见有一蟹，甚大，体带黄色，浮近海面游泳。又见蛇类多种，有一种即海蛇，头不甚大而扁平，体之花纹甚明了，为毒蛇之一。此种蛇长沙明德中学有标本，生常取此标本授生徒，其形状观之甚悉，故彼虽在海中，生一见即能认识也。又见龟类极多，然皆在水面下三四尺处，只能见其体之周围达三四尺，不能辨出究属何种也。水母极多，大者如海蛇，舟行二三里必一遇之，荡漾水面，美丽异常。此处飞鱼亦多，然多小者。天将晚，有海牛数头在水中游泳。

二十一日，生早起观日出。在日光映照之下，见海面浮游生物极多。

远望之，有如光粉粒之浮于海面，逼视之，多系下等甲壳类。此种情形，为前此数日所未见，今日突睹之，甚觉快意也。

二十二日侵晨，舟抵新加坡岛。八句钟即达埠。由同舟南洋同学（暨南学生）雇汽车，绕全镇。沿途植物极多，远望似白杨枝柯交错，叶之尖端极长，向下而垂，姿态极美。又有豆科一种，开鲜红之花，其高亦不亚于内地之合欢树，而各花似紫藤之花，但皆倾向上。至植物园所见植物更多。汽车绕之而过，惜未下车考察也。此园中之植物，以生之大概观察，为西贡所无者，不下数十种。有一种树上生之羊齿叶之形状似内地之百合科，然叶之大三四倍之，绕树干而生，美丽夺目。汽车出植物园至山巅自来水池（此池极大，供给全镇饮料），下汽车而视，植物无一种为生认识者，但见其开花之奇、出叶之妙耳。有一种茄科植物叶与内地之茄略类，然极高大，成木本，大概与蔓陀罗同属之物。又见一种藤花托萼花冠雄雌蕊等各列一轮，各轮如钟，虽用人工将丝造成此形，恐亦无此美也。生至此，始深感初入热带地者之易为植物迷惑也。汽车至南洋女校。生详观一斜坡上所生之植物，仅识含羞草一种（热带地方此植物野生，无栽培者）。汽车转至博物园，入内，粗观一过即出。所有动物不下两千余种。猴类近百余种。食肉类数十种，啮齿类极多。鲸类亦有多种。海牛之剥制标本极多。此处亦有鹿之头部及牛之头部。四壁悬列。此哺乳类之大概也。余有鸟类数百种，如极乐鸟及琴鸟（即有两毛极长似七弦琴者，不知是否此鸟）。生始于此处见之，鸟巢极多，皆列之玻璃箱内，且将原有植物（即鸟巢所悬之植物）制出，初见似悬于野外天然植物上者。此鸟类之大概情形也。余为蛇类数十种，皆系剥制，多系热带极毒之蛇类。其制工之巧妙，几疑为生活之物。鱼类约二三百种，亦系剥制。最能使生注目者，即各种无色鱼类。鲛鲟之伟大是也。有一锯鲛之锯嘴长五六尺，悬于壁上，人见之惊骇。鲟类之周身达七八尺，恐如生者一人不能负之而行也。而两千余种之标本，大概不出此上数种。又有鳎鱼两尾，皆长丈余尺，亦此中之伟观也。

出博物院而至图书馆（与博物院为一），内藏书数十万册。生至此始惊叹西人做事规模宏大，远非东亚人所及，即此一小埠，藏书之富，虽不及日本之帝国大学藏书室，然标本之多，则远非帝大博物馆之动物部所能及也。生在其中参观时，有一西人在其中考察，将其标本之学名记于一小册中。生见之亦不胜欣慕。出博物院返舟（因生所乘为法船，在此仅停留数小时），买波罗蜜两枚，重三四斤，食之甚甘。与内地所食之罐头味大有别。其他不认识之果实极多，惜带钱少，未克多购。又有卖珊瑚及贝类者，然皆无甚新奇。珊瑚为红珊瑚及石芝、木贼珊瑚，贝类为鹦鹉螺（一对价四五角）及石车渠等。生前提议母校生物系同学来南洋旅行，倘能早日成事实极善。若诸同学有畏南洋天气太热，或用费太多及人地生疏者，不能早日成事实，生意此事亦不可作罢。生现已立志决于归国以后，以三月余暇，来南洋详细考察并采集。此种团体若能得两师做指导，生与曾君有斋等毕业同学作辅最好。生约略其手续如次。

1. 时期以旧历七八九三月往返，不碍校中授课为好。

2. 人数以十二人左右为好，太多则不大方便。此十二人者，分作数组，分途考察采集。

3. 地点香港、西贡、新加坡、爪哇、槟榔屿或便靠至婆罗洲。

4. 招待处：（1）请国内与南洋有交情者介绍。（2）生之南洋友人已有十余，可极好引导。（因决定他日来此再考察一次，故深与此地人结纳。）

5. 生敢断言，若能得此种组织旅行一次，其结果当有如下列：

（1）可得动植物近千余种，母校可辟一南洋生物研究室。

（2）诸同学有欲从事南洋教育事业者，至南洋时，可不感受困难。

（3）由此组织团体，出一详细“南洋物产志”，有益华侨不浅。

或问吾人内地物产尚未加研究，何暇及他？此言似是者非也。须知南洋虽属英、法、荷等之主权统治，然实力完全操自华人，如新加坡槟榔屿等地，华人之实力，与汉口、上海等地之西人无二。惜此等人民教育上不及他人耳。母校位全国之中心，他日粤汉铁路大通，两湖等地人民宜步粤闽人之后而向南洋发展。吾人不可不有远大眼光，早日预备。此其宜往南洋考察一也。南洋物产无不新奇，为内地所未见。彼美洲人士尚且在此处探寻，况吾侨生息其地乎（二十日《新国民日报》有美人在此搜动物极多，候船运美）。此其宜往南洋者二也。总之，吾人眼光宜早注射于此。其他利益种种，非笔能罄。二师倘肯做指导，生返国后，决随二师后作此举也。

二十七日晨，舟沿锡兰岛岸行。下午一时，舟进哥伦波坞。此地英人极力经营，已成为极繁盛之商埠。生至此，与二俄人、一芬兰人及同舟数人上陆。雇汽车绕全埠。沿途植物虽多，然为西贡及新加坡所未见者，究属少数。他日吾人南洋之旅行成功，此处无再顾之价值也。今略述之。在植物园旁有一榕树。气根极多，覆地几及一亩，为西贡新加坡所未见。檀（豆科）极多，植于马路两旁。有木棉成大树。汽车往海岸观潮（有旅馆称 Break water），得见椰子林。而土人生活其中之状况，亦能令生想象矣。鸟类为乌一种，遍地皆是，与人甚相得。而喜马拉雅松甚高大。风大不能作书。祈二师原谅，不尽欲言。敬叩教安。雨吾、献刍两先生未另。

受业辛树帜叩在印度洋舟中

# 红海舟中

镜澄良叔两师赐鉴。在非洲之吉布丁曾发一函，为土人所欺，仅贴邮花五十分，不知已达尊前否。此函系在印度洋舟中草就，以风浪大，不能凝思。而字又极潦草，望二师原谅。南洋一地，为研究生物者之大好天然实验场。欧洲大生物家，如赫克尔及窝勒士等，皆曾来此地做长期研究而有得。母校师友，如肯步其后尘，向此地探讨。生以为二三十年后，母校生物系，当不难为东亚特放光辉。两师以为何如？九月一号，印度洋之风浪略平静。生此日获见水母多种，较在南洋等处所见者为小。傍晚距舟三四十码之处，见一鲸吹潮。度其状当极大。忆在国内时，读《生物界之智囊》关于鲸之产地，有云“印度洋殆几绝迹（是否如此，生现已不能明了记出）”一语，此鲸或系偶由红海游泳来也。三号下午，舟近非洲海岸，有岛屿现出。然皆白沙累累，寸草不生。近海岛之洋中，鸟类极多，飞翔水面，掠取鱼类。又见飞鱼飞翔以避敌。有时亦见他种鱼类跃出水面。又见有似海中食肉类者，突出水面二三尺。鸟类之浮游水面者，即因之惊散。展阅地图，此地如非索哥得兰岛即其附近之他岛。然此洋面生物界竞争之剧烈，为此次航行所初见也。四号晚八点钟，见一大陨石，自空中下坠。

五号晨六句钟，舟即抵非洲东岸亚比西尼亚之吉布丁。八时，生与同舟数人上岸观察（此地系一小镇，乘客上岸者不多）。行于一人工堤上。此堤为法人筑以防海潮者。堤两面海水极清澈，见有色鱼类数种，成群游泳。生注视良久，惜不知其名耳。吉布丁原为一带沙漠，法人经营此地，所费不资。现在居然成为一镇，船舶往来者，多停泊于此。吾人于此真佩服西人征服自然力量之伟也。此地除法人外，有势力者，为印度人。至黑人则完全操苦工，乞人极多，居于地穴中，令人观之，回想原始人类生活之状况。至此地之植物，大概多自他地移植者，总计不下三四十种，然皆有机器引水以资灌溉。沿街道两旁，栽植极多。除棕榈科外，为夹竹桃，开花极艳。又有豆科植物多种。其中有一种，大概系热带沙漠地原产。小叶极细，初望之似不知有小叶者。此木高二三丈，直径三四寸，盖一种灌木也。枝上生刺，开黄色花，极美。生初见此树之未开花者，几认为与柽柳同科之植物，因远望其叶，极与柽柳相似也，兹将此植物三枚叶及一枚荚寄来。又有一种豆科，叶似合欢，而花极丽，呈红色，五瓣分裂极明了，雌雄蕊俱甚长（亚乔木），兹寄来一花。又有一种柿树科植物，叶极美。又有一种玄参科植物，叶由五小叶构成，亚乔木也，兹亦寄来一花（此植物仅摘取一花，祈吾师剖花视之，为马鞭草科抑系玄参科）。其他有一种旋花科植物，叶极厚，亦系沙漠无雨地所产也。又有豆科一种，小叶四枚，排列极似四叶胡枝子皂荚属植物。此地亦有之。上系生在此地观察之大概也。步行至街道尽处，与同舟数人雇一汽车行于沙漠道中，两旁骆驼成群。汽车夫系印度人，能操英法语，指示四面高山语吾等曰，是中狮虎及其他猛兽甚多。吾等依其所指处望之，见高峰插云，层峦叠嶂，皆现出沙漠颜色。为状之奇异，虽温带地方夏日之云无以拟其万一。冥目思之，若实有无数野兽，咆哮其中者，真奇观也。归船时，有卖珊瑚、贝类及鸟类羽毛者。珊瑚、贝类无新奇者，唯鸟羽极大，不知为何种鸟类。下午四时，舟又起碇，向红海开去。多年思慕之非洲，仅此一面，复又匆匆别去。山光水色，令人流连不置。六日，舟行于红海中，天气极热。虽仅服单衫，又有电扇，然犹汗涔涔下也。舟行近亚拉伯岸，岛屿现出处，所见生物群极多。简言之：鲸类，成群以攫食；飞鱼，成群以避敌；海鸥，成群以捕鱼。由此生始悟克鲁泡特金氏所得之互助学说之由来也。盖克氏所旅行之地，为西伯利亚等荒芜之区。此等地方极易见生物合群互助之例。生前在国内时，曾取克氏书读过一遍。然以足迹所至，悉为人力开辟之区，生物合萃互助之义，难以目睹，故未能窥其精奥。拟抵英后，再取克氏书读之，以证今日之所见也。七日清晨，至船头，细察海中生物，始悉海牛游泳之法（红海海牛极多，舟人咸称为沙鱼）。此种动物游泳速率极大，吾舟每日行三百海里，而此种动物常与吾舟竞走而追过之。然其前肢极小，行时不见其动作。既思其何以进行如此之速，细察之，始知其作用全在后肢。故其行动时必时侧其身，因其后肢平展也。此种动物之易被舟人误认为鱼者，因其身除有喷水孔及后肢平展外，背部有类似脊鳍之物，且前肢又极似鱼之胸鳍也。唯此类似脊鳍之物为最有趣，盖为保持其缓游时（此时仅用前肢）体之平衡也。又六号晚，生见一种鲸类，头部圆形，犹系儿鲸也。书至此，闻二等船舱中死一人。明日将投之海中以餍鱼腹，甚可怜也。盖海行极苦，身体弱者，常有患病而死之事。此人系在西贡上舟者。其妇哭之哀，生闻其声不复能作书。此缄拟在 Port-said 发，抵马赛、巴黎、伦敦时当另有详函上告。生身体甚好，望勿为念。静候

道安

# 西藏鸟兽谈 *

## 一、牦牛（Bos Grunniens）

余在长沙执教鞭时，同事中之教地理者，常叩余以西藏牦牛之生活情形及其体之特别构造。当时虽举所知以对，未能详也。兹特草此篇，以补前日之不足耳。

**（一）外形**

牦牛外形最显著者为其胴部四肢及尾上所具之长毛。此种长毛之在胴部者，□于下半部，而上半部及头部则为一种短毛。体之颜色，普通为暗褐色，□□常见有纯白或褐者，盖为蓄养之种也。肩高腿短，耳鼻俱小，垂肉缺如，角面光滑，几成圆锥状。老雄自肩量下，有高六尺者，但平均则为五尺五寸。重有至千二百磅者，角沿其弯曲量之，在二十五至三十寸之间。

* 原载于《自然界》1925 年第 1 卷第 6 期，1926 年第 1 卷第 5、7、8 期。标点为编者所加。——编者

### （二）分布

牦牛之产地，为吾国西藏高原。北至昆仑山脉，东至甘肃，西至Ladak以东之地，皆可见之。此等地方皆一片荒凉，而牦牛尤喜居于人迹罕到之处，夏季常在海拔四千尺至一万尺以上之地，因其喜寒而恶热也。

### （三）习性

Kinloch将军曰："牦牛似喜遨游。夏季雌者常数十或百余成群，雄者性孤独，仅三、四为侣。夜间及清晨，皆为其食草之时（主要食料为生于西藏村谷中之一种粗草）。白昼则入于荒山之峭壁上休眠。老雄性尤奇特，喜眠于草本不生之峻岭，嗅觉锐敏，捕获不易。"

Lydekker曰："……有警，老雄及雌，必身向前，护卫其群，置幼者于中心。迨猎者极近时，则全群狂奔，头下向而尾朝空。……"

### （四）蓄养之牦牛

吾国西藏高原之人，蓄养牦牛，为负重致远之需。盖此物体健而富于忍耐性，故能用之横过冰冻之区。吾尝以为万里黄沙，天阻行人，自骆驼之用途发现，险者化夷。千秋雪岭，地限旅客矣，自牦牛之习性考出，难者变易。而此两种动物者，一既名沙漠之舟，一可称冰河之船。此舟、此船之利用，似皆吾民族开其端者也。今将Macintyre将军实际观察此动物负重行于雪中之记载，摘译一段以供参考：

> ……吾等至山巅之距离，虽仅六七英里，然大雪扑面，寒风刺骨，苦持六小时之久而始达。于此奇景之令人注目者，为牦牛负重行经危境之事。其刚毅之气，履险如夷之蹄，无物足与匹。有一头失足而坠于冰雪深处。然旋即上升若无事然。

牦牛虽为负重良兽，然不食谷粒，行远时颇难防止其饥。此其缺点。肉可食。尾作驱蚊箒。

## 二、羚羊（Pantholops Hodgsoni[Abel]）

羚羊（The Chiru）为吾国西藏特产（西人特称为西藏羚羊，Tibetan antelope）。此固人人知之，至此动物见于吾国人之记载，昉于何时，则鄙人身居异国，手无一中文书籍，无从考稽。但以余幼时读唐史所尚留存于脑中之李邺侯答德宗之故事证之，知吾国人知此动物，至迟亦在唐以前。唯国人徒知利用此物（皮与角），而对于其习性分布等作切实之研究尚无有。欧洲各国之博物馆，多有陈列此动物者。我国近日各大学之生物系标本室中反缺如，真可耻也。兹将西人对于此物之研究略述于次。

**（一）西人研究此动物之历史、产地、形状、习性等**

伦敦动物学会书记 P. L. Sclater 与英国博物馆动物部助手 Oldfield Thomas 两氏著《羚羊类》一书（*The Book of Antelopes*）。第三卷上有云，西藏羚羊虽在多年前（大概系 1816 年）借土人之报告为一般人所知之物。然将其作科学之研究，实自 1826 年 Abel 博士得生物大家兼采集家 Hodgson 之报告及标本后始也。吾人现读 1830 年 Hodgson 发表于 Gleaunings in Science 上之论文，知彼在尼泊尔（Nepal）为加太曼达（Catmandu）朝之英国驻扎公使时，大概 1824 或 1825 年有赠彼生活羚羊一头者。彼即将其形状，精细绘出。迨此动物死后，以其皮与彼之记载等，共送与 Abel 博士。博士时正为加尔各达（Calcutta）亚细亚学会书记也。博士于羚羊图下，略加叙述，名为 Antilope hodgsoni，宣读其事于亚细亚学会。吾人现由 1826 年之 Philosophical Magazine 及 1827 年之 Brewster's Journal of Science 有此动物之目录之事推之，知博士当时必已将其宣读之材料登载加尔各达政府公报矣。

然 Hodgson 不知，以为博士（时博士已死）遗失或忽略其事，未将其研究者公之于世，故彼于 1830 年又重提出此动物记载之，唯仍用 Antilope hodgsoni 之名，因博士曾将此命名之事通知彼也。唯此年（指 1830 年）氏之记载曰，此动物仅见一头，未见其他生活或死亡之标本。然由1832年Hodgson发表于The Proceedings of the Zoological Society之信札观之，知彼于二年内，又得三头标本考查矣。最后于1834年2月，氏自尼泊尔遣回哺乳动物及鸟类，中有羚羊雌雄皮各一，即今英国博物馆所藏之物也。氏并有信，提议此动物宜添一新属名（A new subgenus）曰Pantholops。因土人称之为一角兽（Unicorn）也（帜按吾国人之记载，谓此动物有仅生一角者或系因土人之命名也），故近之生物学家以Pantholops hodgsoni名本种。

Sclater曰："自Hodgson为尼泊尔驻扎公使。英国之旅行家及猎人常至喜马拉雅之雪带而得见西藏羚羊之野外生活状况。Sir Joseph Hooker于1849年10月在Sikim之Donkia Past附近之Cholomoo Lakes见羚羊与西藏小羚羊啮食湖畔浅草（此湖在海拔为七千尺之外）。又Hooker氏在《喜马拉雅杂志》上记载此动物附有二图，其一侧面图，令人观之，仿佛似仅有一角者。由此可知西藏人呼一角兽之所以然，及Hodgson命名之意见也。

Kinloch将军于《印度及西藏大猎》一书上，关于羚羊之记载极详。该书系1885年付印。兹摘译数段于次：

> 据吾人所知，西藏羚羊，常在人迹罕到之区。如Chung Chenmo为Pangong lakes北之一荒村。在此村中及Kárá-Koram高山横岭流下之溪涧两旁，则极多。而通Yarkand之道经过高原处，亦可得见……
>
> 西藏羚羊较印度羚羊大，皮厚而毛密，色淡褐，鼻孔呈阔大之观……
>
> 角极伟大，基部相接近，达于三分之二长时，则分开。至角顶则相距三四寸矣。余曾猎获二十五头而未见有角长过二十四寸半者。侧面观时，似为一角……
>
> 西藏羚羊极惧人，常隐其体于岩穴中，而能侦出远地之危险。

关于羚羊在西藏之分布情形，有Dr. Blanford及俄国大生物家Przewalski（或写Prjevalsky）之记载。兹述于次：

Dr. Blanford曰："在葱岭山脉亦可见此动物，更向西北或西方则无有也。"

Przewalski曰："Orongo（蒙古人及通古斯人之称羚羊）余初见之于横过Burkhan Buddha range。过此直至极南之Tang-la山皆为其分布地。"

Mr. Delmar Morgan译Przewalski之旅行记有关于羚羊之习性一段。兹译述如下：

> Orongo常为五、二十、四十等之小群。逃走时雄者殿后，恍若防有失路者。无论缓行速奔，角必直举，状甚美观。运动速，犬与狼不能追及。吾等至西藏，适为此动物交尾期，始于十月末，达一月之久。
>
> 斯时也，成熟之雄，现出一种兴奋状态，食物减少，体貌消瘦。一雄常纳十至二十头雌。严守之无使有一雌为他雄夺去。设有他雄至，此雄必毅然而出，低首发怒声，与之猛角，常至两雄俱死。若一雌偶失其群，雄必追之使回。常有因追此雌而彼雌遁，往返追逐，而全群尽失者。若雄者以肚门向其偶，以蹄击地，曲尾低首，发出轻视其偶之鸣声时，则为欲与之脱离性欲关系之表示。全雌必去而伴他雄矣。
>
> 迨性欲期（The rutting season）过，彼仍复其常态，群雄与群雌连合而觅食。肉味美，血有医药之价值，角用为Charlatanism，即谓可以预知吉凶者。（帜按：上述之血与角系蒙古人及通古斯人对此动物之利用也。）

### （二）吾国对于羚羊宜研究之事

据帜一人之意见，吾国人对于羚羊宜注意下列数事。1. 宜就各书记载此动物者，用科学方法作一考证之文。如吾国人知此动物始于何时，用此动物始于何人等。2. 宜实际观察其生态而证明古书记载此动物奇异之事之所以然。举例言之，如一角之记载，经西人用侧而图证出矣，其他如吾国人相传之“挂角树上”，及此动物性慈爱，二人以刀相向，彼即出而排解，种种奇说之解释，皆吾国生物界人士之责矣。3. 其角与皮，每年售价多少。此可就云南、四川二省施以调查（因此二省为此等物之出口地）。4. 吾国所谓羚羊皮及羚羊角，售于市上者亦有他种动物之皮与角之假品否。5. 吾国人以羚羊角及犀角为极好之寒剂。犀角已经日人分析矣，至羚羊角之成分何如，似我国人不宜全赖他人也。

## 三、西藏小羚羊（Gazella picticaudata，Hodgs）

西藏小羚羊（The Tibetan gazelle）虽在中央亚细亚附近亦可得见，然其主要产地为西藏高原，故亦可称为吾国特产（观西人命名之意可知）。

### （一）西人研究此动物之历史、产地及习性等

Sclater 曰：此动物之入于科学记载，自 Hodgson 为尼泊尔英国驻扎公使时始也。彼于 1846 年记载此动物，登于《彭加尔亚细亚学会杂志》（*Journal of the Asiatic Society of Bengal*），学名为 Procopra picticaudata（后始改今名）。附有极精之图，当时记载有一段曰：

> 此美丽之小动物，藏人呼为 Rágóá，或单呼 Góá。藏人有言，中部及东部之西藏平原，皆为其分布地。吾人须知此等平原，常间以溪流及丘陵。是等处所，即为 Góá 喜居之处。或孤行或双游，间有小结合，绝无成大群者。一年生殖一次，一产常一头。匙有

二头者。嗜香草，不能驯。肉极美无膻气（Caprine odour）。

Sir Joeph Hooker 云（见于《喜马拉雅杂志》）：彼于 1849 年 10 月，见此动物在 Sikim 之 Cholamoo 湖邻近啮食浅草（在海拔万七千尺之高处），又在 Sikim 至西藏之 Donkia Past 两旁见之（与羚羊说明参看）。

关于此动物之习性及生活方法，以 Kinloch 将军之记载为最详。兹摘译两则：

1.Ladak 以东荒芜之野，高度万三千尺至万八千尺，俱为此小动物之居处。常见三五为伴，不甚惧人。然欲猎获亦不易也。

2.1866 年余往 Tsomoriri 湖及 Hanlé。其主要目的为 Góá 也（同行者有友人一）。6 月 2 号扎营于湖之一隅，升高而望，有物啮草。瞩以远镜，知为 Góá。潜行达射击之范围。而彼等已侦知远飓也。……此日射获一雌。次日余决欲得一雄。早出，至高原，远远见此物，行达七十码之距离，始知其尽属雌与幼者。余遂停止射击，静观其异。在未知余前，群向余行，忽由后足上升其体而望。余乃挺身出示。彼即遁矣。……余隐于一溪岸下，射获数头。有一头角甚美。

俄国探险家 Przewalski 曰："蒙古人呼此动物为 Ata-dzeren 或小羚羊（little antelope）。"彼相信甘肃亦产。

氏又曰："此动物似 Orongo，居于高地，交尾期始于 12 月将终，但无 Orongo 争嗣之事。"

**（二）我国西北之三种小羚羊之分布**

产于我国之羚羊，共计五种。除西藏羚羊自为一属外，余四种皆为同属之物。兹已述西藏小羚羊，故更将我国西北方之三种小羚羊连带述之，使国人知吾国物博，起而做切实之研究。唯此数种羚羊者，国人食其肉，衣其皮，不知始于何年。而各大学之生物标本室中似无一焉（北京师范大学余未参观，不知有其标本否）。吾甚为吾国生物界前途惜也。

1.Gazella Przewalsku，Büchn

此种小羚羊英名 Przewalski's gazelle。产于蒙古、青海、甘肃北部及鄂尔多斯（Ordos）。为 1876 年俄国大探险家 Przewalski 氏发现之物。兹将氏关于其习性之记载译述于次：

> 此为好群之动物，在食物丰富之处，其群自数百达数千。但普通所见者，为三十或四十等之小群，避人类，择沙漠中有水、草之处居之，亦似蒙古游牧民族迁徙觅食。夏季为大旱所迫，至蒙古北部草原而进达 Trans-Baikalia 边界。冬季为深雪所窘，走数百英里而入于完全无雪之区域。喜居于平原，常避山地，唯春季在丘陵之起伏处，啮食青草。幼者生下不久，即能追逐其双亲之步履。视觉、听觉、嗅觉俱锐敏，捕获极难。
>
> 夏季末，此动物体极肥硕。蒙古人于此期间，猎之者极众。肉味美，皮作冬衣（指皮袍）。但此游牧民族（指蒙古人）自身鲜有服者，皆售与在库伦（Urga）及恰克图（Kiakhta）之俄国商人。

自 Przewalski 后，西人之继起而考查此动物者为 Mr. St. George Littledale。彼于 1893 年，横过中央亚细亚，在青海 Lake Koko Nor 地方，见此动物，并将其所得此动物之皮及骨骼，送英国博物馆。（此事见《地学杂志》第三卷。）

又 St. Petersburg 之博物馆，有此动物之标本极多。盖系得自青海、甘肃北部及鄂尔多斯等地者也。

2. 蒙古小羚羊（Gazella Gutturosa，Pall）

蒙古小羚羊英名 The Mongolian gazelle。产于我国东北、蒙古及俄国 Trans-baikalia 之南部边界。

Sclater 曰，大旅行家兼大生物家 Piter Sianon Pallas 始用科学方法记载此动物。据 Pallas 之言曰，欧洲人初见此动物者，为天主教会人十，如 Pereira 及 Du Halde 等是。Halde 称此动物曰 Hoang-yang（黄羊）或 Capra flava。

自 Pallas 后，欧洲研究此动物者推 Dr. Gustav Radde。彼于 1855 年受俄国皇家地学会之委任，作东南西伯利亚之旅行，得标本五头。始详细从事此动物之冬夏皮毛异点之考查，并将其骨骼、齿与波斯小羚羊作一比较。

关于此动物之习性。Radde 有一为记载。兹摘译如次：

> 六月中旬为雌者产子之期，一产二头。三日后即能随其母步趋。幼者易驯……通古斯族人之居于山中者善猎此兽，少妇亦能参与此事。
>
> 冬皮保温力强土人呼为 dachas，服时以毛向外。肉味美。老雄至秋季极肥硕。

1867 年 Dr. Lockhart 自北京携回骨骼二头，送之于英国博物馆。Dr. Gray 宣读其事于伦敦学会。

3. 波斯水羚羊（G Subgutturosa，Güld）

此动物英名 The Perian Gazelle，分布自中央亚细亚及高加索以西至土耳其斯坦、Yarkand 及蒙古以东。

Sclater 曰此动物之入于科学记载，自 Anton Güldenstädt（俄人）始。

Sir Oliver St. John 曰："此动物在山谷中产子，喜居盐沙碛附近似野驴，不成大群。行走极速，虽最良之猎犬，亦难及之。"

## 四、西藏犬（Tibet dog）

西人研究西藏犬者，始于何人，详于何书，余未深考。兹仅就Lydekker所著之*The Royal Natural History*及Lee所著之*A History and Description of the Modern Dogs of Great Britain and Ireland*两书上所记，摘译于此：

> Lydekker曰："西藏犬具极大之垂唇（Flews）故常有以之列入猛犬类（Mastiff）者。彼系西藏原产，因欲适应高原之冬季气候，故皮极厚，毛深密。面貌狞猛，目深入，眉上悬，额及颊皮之向下垂作深叠折。尾不甚长，向背部卷曲。耳下垂。喉部及胸部之毛特长，体色全黑或黑褐或黄褐。"
>
> 又曰："此犬效用极大。西藏高原之人，以之守家或牧羊。在西藏东部者又常以之负重。"
>
> Lee曰："外国之大形牧犬，余曾在Goodge St.（伦敦一街名）见一头。蓄者云系得自西藏。此犬之高，为余所仅见。自肩量下，为33.75英寸……1892年，余又在法国巴黎动物园见一西藏犬。"

西藏犬是否即《周书》上之獒，当是一极有趣味之问题。因当时周之势力，本在中国西部，克殷后更与九夷八蛮交通。此犬或由今之藏、甘接壤之当时夷人，获得而贡于周室。甚望国内博物界人士，参稽古籍，将此动物之历史考出。唯科学之记载，以求真为归宿。决不敢凭一己之主见，收集一方面之证据。强彼为此以眩流俗之目。西藏犬如与《周书》之獒为一物，固属趣史，若非一物，则当各还其真。因科学上之西藏犬，决不因作周之贡物而增其价值也。

吾国博物界有一奇书，即近日风行之《植物名实图考》。此书之特点，以余个人之眼光观之，不在插图之美、搜集之多，而在考证吾国数千年植物记载而得其真谛。吾意此书不仅吾辈专门研究生物者所必读，而亦人人必备之良籍也。何者，不读此书，对于古人草木之见解，常为习见者所误也。举例言之，读《离骚》者，当知澧兰沅芷之为何物。自兰科之一种植物曰建兰者（学名 Cymbidium ensifolium，Sw.），莳之于盆，见之于画。而一般人竟为习见所移，将屈子所云之兰（菊科植物，学名 Eupatorium chinense，L）作彼物矣。又如采薇、采蕨之诗。蕨系羊齿植物固矣。自日人译 Osamanda regalis，L var japonica，Milode（羊齿植物）为薇，一般人又为习见所移。而以《诗经》所云之薇（豆科，学名 Vicia hirsuta，Koch）为彼物矣。若能读《植物名实图考》，则无上二种谬误也（请观《植物名实图考》上薇、兰及图之记载）。

然吾国前既有《植物名实图考》一书，考诸千古而不谬，今更有起而作“动物名实图考”，使百世而不惑乎？

## 五、西藏雉（Ophrysia superciliosa）

西藏雉（英名 The pleasaunt-quail），寒季虽在印度西北可得见之，然实吾国西藏原产，善隐藏，故其习性知之者少，喜居于深草中，猎者常使犬往搜获之。飞行极缓，大仅及鹑，为雉中之最小者。然其羽毛构造皆同于血雉（Blood-pheasant）。

据西人之报告，大血雉分布于我国西部及西藏者共三种，雄者之羽毛有草青色为其特点。

西藏雉属于玩鸟类（The game-birds），故余于此略述我国之玩鸟分布情形及其习性、羽毛、颜色等。

玩鸟类现在所知者共计约四百种，今仅述分布于吾国者。

### （一）黑色松鸡（Lyrurus tetrix）

黑色松鸡英名 The black grouse，分布于欧亚两洲，在我国者据 Pére David（法国人，研究吾鸟类极精）言，见于北方，据 Von Middendorff 首见之于东三省。

此鸟最好栖在桦木科植物上，故德文称之为 Birkhahn（即英文 Birckcock），冬季几完全以桦木科植物之嫩条为食，常于霜朝，见其群集。此种茱萸花序树上尽力啄食，以其纯黑之体，衬以白玉之霜，映于太阳光下，仿佛明珠千颗。

严寒之时，常穿入雪中数码以避冰雹打击，迨饥火上炎或冰雹已过始出而他往，此种奇异习性为 Collect 氏在挪威发现。氏又言北美之粗颈松鸡（The ruffed grouse of North America）亦有此同一之习性。

此鸟为多妻主义者，交尾期届，雄者常在一定之地方以待雌至。

**（二）栗色松鸡**（Tetrastes banasia）

栗色松鸡英名 Hazel-hen，分布地甚广，在我国者据 Pére David 言见之于直隶北部。Collect 氏云："此鸟为一夫一妻制，性好群，自孵出以达成长，全家共处。生殖期届，始分离交尾。后雌者孵卵育雏，雄者独处。产卵之数依年龄而异，中年者一产大概十四枚，幼者及老者则自八枚以达十枚。"

Dr. Taczanowski 曰："此鸟之主要食物为榛、杨等植物之花及芽及松柏等植物之果实及种子，夏季亦食各种昆虫。"

**（三）西藏松鸡**（T. severtzowi）

此鸟为我国西藏东北部特产，尾羽黑色而有白色条线为其特点。

**（四）雪鹌**（Lerwa nciviola）

雪鹌英名 The snow partridge，居于喜马拉雅之高地，东向至我国西部，腿之上半部被羽为其特点。雌雄上部羽毛之颜色俱黑，有白、黄细条纹。胸部之颜色深棕，腿为珊瑚红色。雄者有距（Spur），尾羽十四枚，与此种亲缘极近者有二种，皆产于我国西藏之东部及中部高原，尾羽为十八枚。

**（五）喜马拉雅雪鸡（Tetrogallus himalayensis）**

此鸟英名 The Himalayan snow-cock，共六种，此为最大。分布地自喜马拉雅西部至兴都库什山，北向经过阿尔泰山。雄之羽毛灰色而有浅黄色之细斑点及边缘，颈之上半部两旁各有一大栗色斑，胸部白色间以黑色条线。雌者与雄者之区别在体小及无距二者。居于雪带无林处，冬季为大雪逼迫而迁移一二次，夏季多入于吾国西藏育雏。性好合群，常见二三十头同处食草类之芽间搔取其肥根而食之。

**（六）白颏鹌（Caccabis Chukor）**

此鸟英名 The Chukor Partridge，其与希腊鹌（The Greek partridge）区别之特点在其喙之基部为白色。其分布地如次：Grant 曰："自希腊岛及居比路岛（Cyprus）东向至中国，居于海拔六千尺之高地。"

Mr. Severtzoff 曰："分布于天山南北及伊犁河东西。"

Colonel Przevalsky 曰："见之于中国西部，环绕大戈壁沙漠之山中。"

Mr. Swinhoe 云："中国北部南向至扬子江上游北岸之山峡中有之。"

至此鸟之习性，Dresser 氏记载颇详，摘译于次：

> 此鸟极好争斗，春季尤甚。Naumann 云：古之罗马皇帝（Alexander Severus）极爱此鸟，蓄之使决斗。Tournefort 曰：赛阿息及希腊群岛之人所畜蓄之驯白颏鹌放之入田野求食，有若鸡鹜。

**（七）西藏鹌（Perdix hodgsoni）**

西藏鹌英名 Hodgson'g partridge，产于我国西藏南部。

**（八）甘肃鹌（P. sifanica）**

产于我国甘肃与西藏鹌，尾羽皆系十六枚。

**（九）海南鹌（Arboricola ardens）**

产于我国海南（Hainan），胸膛有火红斑为其特点。此属凡二十种，分布自喜马拉雅经印度支那至苏门达拉、爪哇、婆罗洲、台湾及海南等处。

**（十）鹑**（Coturnix Communis）

英名 The common or migratory quail，在我国极普通，其习性为一般人所知，故于此不赘。

**（十一）中国竹鸡**（Bambusicola thoracicus）

为我国特产，即普通一般人所呼为竹鸡（Bamboo partridge）者，习性及体色为一般人所知，叙述从略。

**（十二）非其氏竹鸡**（B. fytchi）

英名 Fytch's partridge，产于印度、缅甸及我国。

**（十三）中国锦鸡**（Lophophorus l'huyuï）

产于我国西部及西藏东北部，极美丽而大，尾羽黑而有蓝青色之光泽，且散布以白色斑点，一见易识。

**（十四）西藏耳雉**（Crossoptilum tibetanum）

英名 Hodgson's eared pheasant，产于我国西部及西藏。

**（十五）满洲耳雉**（C. manchuricum）

英名 The Manchurian eared pheasant，产于我国北部及满洲之高山上。

上二种耳雉颜色俱极美丽，性好群，居松林下，常得见之，因皆属吾国人习知之物，叙述从略，此属共计五种，我国有二。

**（十六）银鸡**（Gennæus nycthemerus）

英名 The silver pheasant，产于我国南部，上部之羽毛白色，而有黑色斑，是其特点。

此鸟与下述之金鸡为吾国玩鸟类之绝美丽者，英法动物园中畜之极多。银鸡在法国者仅标明得自吾国，在英国者皆得自四川。余自遍游伦敦及巴黎之美术馆及动物园后，印入于脑筋中最深者仅两种美丽之物，一即我国乾嘉年间之古瓷（以法国美术馆陈列最多，据吾友曾君瑊益云：世界各国所得吾国古瓷之多未有及法国者。曾君足迹几遍世界，其言当极确也），一即吾国特产之金鸡与银鸡也。

**（十七）长帽雉**

英名 Koklass pheasant，共七种，分布地为喜马拉雅经阿富汗（Afghanistan）至我国西藏及满洲。叙述从略。

**（十八）蒙古雉**（Phasèanus colchicus）

英名 The Mongolian pheasant，颈有白环为其特点，我国蒙古产。

**（十九）伊利俄氏雉**（P. ellioti）

英名 Elliot's pheasant，产于我国东南部之山中。

**（二十）莱扶氏雉**（P. reevesi）

英名 Reevei pheasant，产于我国北部。

**（二十一）金鸡**（Chrysolophus pictus and C. amherstiol）

英名 The golden and Amherst's pheasant，皆产于我国西南部及西藏东部之山中。

**（二十二）鸡**

西人考察鸡为 Red Jangle Fowl 之子孙，吾国之鸡因畜养者众，变异极大，倘国内博物界人士起而搜集，制为标本，陈列一室中，当于进化研究上，有大帮助也。

余述西藏鸟类仅及其玩鸟者以玩鸟之习性及形状为一般人所习知也。吾国研究玩鸟之文字以何篇为最善，余未深考，不敢妄有论列，但据余所知者，如《韩昌黎集》中斗鸡一赋，其观察之精密即为不可多得之作。倘吾国博物界同志在国内者肯将是类材料收集整理以考查吾国前代人士对于鸟类生态之观察何如，当属一极有趣味之事也。西人关于玩鸟研究之书极多，如 Forbush，E. H. 之 *History of Game Birds*；Macpherson，R. H. A. 之 *Partridge Pheasant*；Grouse 及 Tegetmeier，W. B. 之 *Pheasant* 皆参考上必需之书也。

## 六、附《西藏西南部之生物记》[①]

此文系著者于1922年正月二十日在皇家地学会宣读者，登载于是年7月份《地学杂志》上，其中所述与吾国生物界有绝大关系，故特译出。望吾国生物学界人士如未见著者之原文将此译稿阅读一过，改正译者之错误，并望吾武昌师范大学校生物系诸友之在云南教育界服务者，组织西藏生物采集团，实地调查，不让他人独美于前。

生物学进步至今日欲求得一新种以供研究为极难之事，而乌拉斯顿在西藏能发现数新种，由此可见蕴藏于吾国之生物为世界人类所不知者尚多，此皆属新殖民地留为吾国生物界哥伦布之造访者也。吁，吾生物界之哥伦布曷不兴起？

著者原文极美，译者因正在研究时代，时间有限不能从事文辞之修饰，乞阅者谅之。又原文有数段因与生物上无甚关系，已由译者省去，特此申明。

西藏为佛教流行之地，佛教教义，禁止伤生，故居于该地之动物，与人无忌。如在Rongbuk流域，野羊（英名burrhel）至居民家中乞食，乌鸦与岩鸠驯若伦敦之雀。

5月末吾等正经过由锡金（Sikkim）入西藏之地曰Jelep La，海拔（此后凡言高度俱指海拔言）万二千尺之处也山谷开处，樱草科之一种植物曰Primula gammieana作紫色，百合科山慈姑属（Lloydia）之一种植物作黄色，与虎耳草相间，铺地成锦。山坡峻处，石南科植物之大者若Rhododendron thomtsni、R. falconeri及R. aucklandi，花鲜似火；小者若R. campylocarpum颜色万千。由松、槲、胡桃等树构成之林，向下行至一美丽如画之村曰Rinchinggong，盖Chumbi流域处也。屋燕（House martin）

---

① 著者乌拉斯顿（A. F. R. Wollaston）。

栖于檐下。自此沿 Ammo Chu（Chumbi 流域之一河名）上行，经四日，达于其在西藏平原之源流处，由九千尺至万二千尺之地，渲染以粉红、白等色之蔷薇科真珠花属（Spiræas）植物及 Cotoneaster（此为观赏植物，学名 Cotonea Cydonia 者，欧洲花圃中常见之），红色及白色蔷薇，黄色小叶属植物，芳香之白花泽石榴，双瓶梅属植物，及白色半生葛属植物。沿河（指 Ammo Chu）两岸，最常见之鸟类翁水鹋，鹡鸰，及白冠雀（White capped red start）。万二千尺以上则为 Lingmathang 平原。在此处者有一溪流，曲折二三英里经过一可爱之草原。此草原春季为樱草科之一种植物开小粉红花者（P. minutissima）所占据。此溪流似为产鲟鱼（trout）之所，但细查之，鱼类极少，而且系小形者。由万二千尺上升至万三千尺之地，所经过者为松、落叶松、桦木科植物及杜松等混合之林。林下之灌木为石南科及秦皮类。此地杜松类与他处微异，秋季变为深金黄色。秦皮类之果实熟时，颜色雪白，而极显著。于此林中，到处得见血雉，或闻其声，西藏鹿或亦居于此地。

5 月终吾等达于万三千尺以上之地，黄色之樱草科植物遍布地面，较莲香花（Cowelip）为多，空气几为其芳香充满。与之为伴者，为石南科地蜈蚣属（Cassiape）之一种小植物，花成雪白之钟状。到处得见一二株之大形蓝色罂粟花（Meconopris sp.）及一白色之双瓶梅属植物，一茎上着五六花。乔木渐稀，松类亦没，桦木科植物及杜松亦随之不可见矣，仅有小形石南科植物，生于山坡。吾等来至 Phari 地方之宽旷处，于四千尺之地，见普通郭公，息于电线上，发出求雌之鸣声。至此已入西藏本部矣。嗣后吾等经过数百英里之遥，高数英寸之植物亦难得见，唯此地之一种普通植物开小形紫色之花，学名 Inearvillea younghaushandii 者，闻或遇之。伏卧沙上，叶埋入土中。吾等向西行，见一种蓝色之矮小鸢尾科植物。学名 Iris tenuifolia。动物极少，且相距极远，间见西藏野驴（Kiang）之小群。后又见一小羚羊。西藏小羚羊二三为伍，混食于蓄养之羊群中，其状若不知有牧人者，唯吾人若与之接近，则奔去若星火矣。Pikas（Ochotona）者，一种小鼠兔（The small mouse-hare），为此地最习见之哺乳类，成群居于岩石较少之平原，穴地而处。马行其穴上，常致颠蹶。见人至，则逃奔穴中。候之，则见其至穴口，头四向窥探。西藏人称此小动物曰 Phüsi，仿佛吾人之呼猫者。于此有须特别注意者，即余在一 Pikas 上发现三蚤（flea），属于二种。而此二种蚤为现在科学上之新种也。天鹨（大概二三种）、Wheatear 及山莺等为此种童山上仅见之鸟类。小形刺蜥蜴（Phrynocephalus）万七千尺之地极普通，穴居石下。

自喜马拉雅以北之平原升起者，为石灰岩小山构成之山脉，东西分走，高自万八千尺至万九千尺。此种小山之在 Phari 及 Khampa Dzong 间者，为一种大形羊（学名 Ovis hodgsoni）之居住地。吾等间见其小群。山坡上有西藏鹌（Perdix hodgoniæ）。山峡中见山鸦（Alpine Chongh）、岩鸠及高山燕（Crag martin）等。夜间曾闻大猫头鹰呼唤一二次，但未见其物。平原中溪流交错，杂草丛生，西藏之牧人皆驱其牦牛来此就食。唯野生者未之见。吾人初以为牦牛多毛其体必极污秽。实际此动物之毛极清洁，以其常浴于水中也。西藏羚羊（Pantholopi hodgoni）余未之见，但以藏人使用其角推之，知此地必有其物。此动物或即 1845 年法国牧师所记载之一角兽欤。溪流到处泛滥成沼泽，夏秋之候，野禽常至，如 bar-headed goose 及 redthank，即巢于斯。Ruddy shelduck（印度 Brahminy 鸭）及 Garganey teal 成群泳。沙燕（Sand-martin）、褐头鸥（Brown-headed gull）、普通鸥（Common tern）及白尾鹰（Whrite-tailed eagle）盘旋空中。一日余见一红狐（red fox），欲拥一对 bar-neaded geese，为余放枪惊遁。

Tinki Dzong 废堡，占地十二亩许，为鸟类之安乐窝。此堡之围墙上，鸟巢无虑千百，如乌鸦、喜鹊、赤喙鸦（red-billed chough）、雀、戴胜（hoopoe）、redstart、鹡鸰、岩鸠等者皆是。墙外浅池中，Ruddy shelduck 及 bar-headed goose 成群游泳，驯若家禽。此地人告余云，达赖喇嘛（Dalai

Lama）之意，此地之鸟不能伤害。有二喇嘛居此多年，专为保护鸟者。

经过万七千尺之处之路旁斜坂上，饰缀以一种小形开紫、白等色花之瑞香植物 [daphne（stellera）]，据土人言，能毒动物。吾等行经二日之久，至一平原。黄沙堆积各处，形成数英里之沙丘，上生黄色金雀花。雨季此平原汇 Arun 河及 Bhong Chu 之水而成巨泽，吾等于此始见埃弗勒斯峰。

自 Bhong Chu 流域而上，吾等于近 Shekar Dzong 处，横过跨河之石桥，于此见白尾燕成群巢于悬壁。壁下之散石中有 Rubby Shelduck 之巢。面南之斜坡上，覆以极美丽之蓝、白等色花之草（苦参属植物），叶银灰色，当属英国植物园之绝好装饰品也。至 Tingri，吾等已达于一大平原矣（大概二十英里长十二英里宽）。平原之大部分为曹达所饱和，鸟兽不居，横过平原之河流两岸，为羊群之极好牧场。此处之羊，体小而毛多，其肉吾等在西藏时以之为主要食品，有一种羊毛脂（lanoline）气味。主要作物为大麦，居民依之为生。亦产莱菔，嫩叶供食用。铁器自尼泊尔输入，驱两牛耕，牛为一种普通种与牦牛杂交之物。藏人称为 Zoh，力较牦牛大，为负运良兽。万五千尺以上之高地，大麦亦能生长，唯难常成熟耳。Dzakar Chu 流域与 Arun 相汇之附近，小麦生于万三千八百尺处。Arun 流域近 Kharta 处，产豆类，9 月成熟，捶成豆粉，为冬季人兽之食料。

7 月至 Thong La。在万八千尺高处，余始见一极美丽之小形龙胆科植物（Gentiana amæna），非极接近，不易窥出。花类方形蓝色瓷杯，直径为一英寸。矮形蓝色罂粟（M. horridula）现正放花，其美丽为此地诸花之冠。密生成小丛，高自六寸至八寸。一株上生出十六枚之花及芽。花之横径几大二寸，作深蓝色。自 Thong La 往下行。于万六千尺之处，发现大群土拨鼠（Marmot），为喜马拉雅种，较阿尔卑斯种（Alpine marmot）为大，尾长。受惊，向两边急动，鸣声极类其所食之鸟。

沿溪行，平原开处，约一英里，两冀为石灰岩小山围绕。到处见小村庄。村庄邻近野兔极多，村人不以为可憎也。此处余始见芸苔，衬以暗褐土壤，颜色极鲜美，照于太阳光下，清香扑鼻。子榨油，供佛灯燃料。

在 Nyenyam，吾等始知距 Gosainthan（二六二九一尺处）大山不远。于二十英里之遥，见二高峰，似大麦帖罗山（Matterhorn）。向之行数英里，无所得也。最后见急流冲成之水岛上，有一对奇形之鹤（The ibis-bill，即 ibidorhynehun 属之物），有卵或幼鸟。然不能与之接近。此流域最显著之花为小形之 Cistus，花金黄色，大及二先令半之英洋。委陵菜（Potentilla）之中心为红色。此植物生于干燥之山坡。双有玄参科之植物曰 Pedicularis megalantha，有两色花，一为紫色，一为白色。

向埃弗勒斯峰东行至万五千尺之道上，有一亩之地，被以一种白色之樱草科植物曰 P. buryana，花极香。

吾等至 Lapchi 庙，此庙极著名，每年印度及西藏人来此朝拜者络绎不绝。此庙附近之岩石上有一种蓼科植物，Polygonum Vaccinii folium，散布之状似 Cotoneaster。墙啄木（The wall creeper）攀缘庙上或 Lapchi 大石上（他处未见此鸟）。

自 Lapchi 向东南行，横过高径于其近顶处，发现一种世界最美丽之蓝色西藏樱草（P. wollastonii，帜按：此为樱草之一新种，故即以发现者之人名之。余以为系吾西藏特产，吾国人当称之为西藏樱草也），花大及指套，内面为霜白色。

吾等依 Rongshahr 流域而上，此流域有极美之野莓（goose berry）及红蔷薇。达于 Phüsi La 后。再至 Arun 流域之 Kharta。埃弗勒斯峰东二十英里之地也。

Kharta 流域与 Arun 相连处，雨量富，阳光足，故小麦生长极盛，居民富而有礼，且好栽花悦目。有一圃中，种万寿菊、Kosmos、锦葵及大麦等。此地大家之周围，常植白杨（Poplar）及杜松类。离 Kharta 十英里之处，余见一白杨周围近四十英尺。据藏人云，此树寿命已五百年矣。

离 Kharta，吾等经过万五千尺之一径后至一平原，湖沼极多。水色奇异，蝌蚪繁生。鱼类不见。鸢尾科之植物一种（与 Iris sibirica 同属）开紫黄等色之花，遍生成圃。又有一种极显著之桔梗科山小菜属植物，Cyananthus pedunculata，开蓝色花，生于湖沼岸之峻削处。干燥之处，有红色之罂粟科植物。自矮小之石南类中发出极长花序，盖将结子也。每花序上有子荚二十。低湿之地有一高三十英寸之樱草，曰 P. elongata。

过 Chog La（万七千尺之处），吾等始向下行，入喀马河（Kama）流域。在万四千尺之处，采得多数野生大黄，较家种者为优。由此略下行，有大形蓝色之 Scabious（山萝蔔属），高自三尺达四尺，一暗蓝色之附子及多数之黄色高大罂粟。万三千五百尺处，石南类、桦木科植物及杜松类始见。万二千尺处。杜松类已成极著之乔木。有周围二十英尺高百二十尺至百五十尺者，此处吾等见黑色山雀（Parus béavani）。稍下，至银桧针属之一种曰 Abies webbiana 之林中。见大莺（Pyrrhula erythrocephala）。万一千尺之处遇一猴（Semnopithecus entellus），此为吾人在西藏所仅见者。开旷处之树林中有虎耳草科梅棒草属之植物极多，一株青色高大之百合科贝母属植物及一株极香之粉红色兰科鸥兰属植物。吾等更向下行，经过竹林，石南科植物群及玉兰属之一种植物带，而至相当于热带之地 Lungdö。八千尺处即喀马河与 Arun 相汇合之附近，有青松（Blue Pine）。至 Pepti La 后，行于西藏通尼泊尔之正道上。在万二千尺之处，蛭类极多，吾等由是遂转 Kharta。

9 月初，由 Kharta 流域上行赴埃弗勒斯峰。此时豆麦已生，石南类及他科之植物始实，而龙胆属之植物正盛也，尤以 G. ornata 为显著。花之颜色有种种，覆地如毡。吾等住扎地附近万七千尺处，溪流两岸，有极美丽暗蓝色龙胆，G. nubigena 一茎上生六花。与之伴生者为菊科 Aster heterochaeta，开紫、黄等色花之矮植物也。在岩地万九千尺之处，有上述之罂粟科植物 M. horridula 及多数虎耳草科植物，以小形白花虎耳草（S. umbellulata）为最著。在峭岩上，自万六千尺至雪线（大概二万尺），吾等发现菊科之薄雪草属（Leontopodium）三种。最奇者即在此等高地，发现虫茧（Saursaureas），剖之有土蜂（humble bee）飞出。

在万七千尺至万八千尺之处，一植毛莨科植物曰Delphiniam brunomann，具强烈之臭气。藏人干其花，作驱虱剂，特无显著之效果耳。西藏犯罪人死，当碎其尸，弃之山中喂鹰狼，若以此草之臭气染其体，则狼鹰不食矣。此地之高山植物为石竹科山雀草属一种，生于二万尺以上之疏松岩石上。

万七千尺以上，动物极稀。二万尺上，有乌鸦、黑耳鸢、红嘴高山鸦及皂雕。西藏大雪鸟噪于万七千尺及二万尺之处。Pikas（Ochotona）之一新种在处五千尺至雪带之处。离七千尺处小草鼠极普通。与此同高度之地，吾等见一小黑色鼠，居于漂石中。黑褐色鹪鹩类之新种，亦在漂石上，获其一幼鸟而归。在两万尺之处，有数种鼠类入吾等住处窃食。野羊在万八千尺至万九千尺之处，其足迹亦则见于二万尺之处。万八千尺处有狼、狐、兔。而狐、兔之足迹，更见之于Kharta冰河二万一千尺之处。在此处余更见一戴胜飞过冰河，一小形鹰下面完全白色，速飞而过。二万四千七百三十尺处有皂雕及bearded Vuture盘旋。

## 七、生物学家汉斯顿氏西藏高原动物生存情形之演讲

生物学家汉斯顿氏（Major R. W. G. Hingston）1925年正月在Æolian Hall对皇家地学会之会员演讲近来埃弗勒斯峰探险所得之高地动物状况，其言娓娓动听。兹略述于次：

氏之言曰：西藏一地群山绵亘构成海拔万四千尺以上之高原，雨量少，气候燥，弥望沙碛，惊风过时，常成羊角。卷土石而上，被覆广野。植物极稀，于短期间偶见花开，旋即枯萎，故其地绝

无风景之可言，唯动物则大有可注意者。兹分述之（氏所述之动物系在喜马拉雅山树林带以上者，读者须注意）。

（一）万七千尺上之动物

野羊与山兔觅食于万七千尺以上之峻坂，万八千尺以上在植物能生长之范围外有蝗类，巨鹫盘旋二万尺以上之山峰上，蜂、蛾、蝶见之于二万一千尺之处，蜘蛛居于二万二千尺之高处，Chough（鸦之一种）在二万七千尺之处。在喜马拉雅之雪带上出乎植物能生长之范围四千尺之处吾等发现一种小蜘蛛，此为居住世界最高处之动物也。彼等生活在冰雪围绕之碎岩上，四旁无他种生物可见，其系互相吞食以生存者欤。

（二）保护色

在西藏高原到处得见Pikas（一种形似兔之动物），此种小动物坐近土穴时，体色与环境无异。鼬鼠居住于万七千尺之高地，其毛色与此高地之色相称。西藏兔为保护色之适例，彼在碎岩间时，虽有极锐之目不能辨。西藏羚羊尤与高原之色调和。

鸟类之保护色更显著，如各种山莺鸟、西藏天鹨、短趾鹨、Calandra鹨、蒙古沙色呼朝鸟等皆是，盖彼等居于空阔之地，无他物蔽体，不得不尔也。鸟类中有两种具特异标志者，然无碍其隐身之事，一为沙色百舌（desert chat），翼现白斑，然飞时则不见也。一为角鹨颈及胸有黑斑，此盖为避鹰目之用也。西藏沙色松鸡尤为保护色之好例，西藏雪鸟在岩石中食物与岩石之颜色不能分辨。

（三）御寒装置

哺乳动物常被长毛，如蓄羊之山羊毛长而下垂，绕其四肢，似苏格兰高原人所着之短裙。西藏犬毛极厚，近加沙（Gautsa）处，吾等见生长于万二千尺以上之猪，毛深而密，与生长于平原者大异。犁牛之御寒装尤为特别也。

他种动物则觅避寒之地以居，尤以穴地者多，蝶及蛾类则伏其体于地，他种昆虫隐藏于短丛下及石穴内。

（四）求食

常见犁牛成群觅食山坡，虽草类极少，然此动物必尽力求一饱。雪盖地面时，彼等必穿入雪中求食，4月间草类萌发，群羊以前足括去其上之被覆物而啮食之。鸟类有变异之嘴以啄入冰冻之土中取食。

（五）冬眠

吾等系4月抵此高原。当时所见动物极少，盖皆安眠于土中或石下也。吾等曾见马陆捲伏土中，蜘蛛寄宿蜗壳。

## 八、促进吾国生物学之两个方法

自民国六年武昌高师发行博物杂志后，吾国博物界始有一种真正用科学方法专门研究生物之文字，自后北京高师亦相继发行一种博物杂志与武昌高师之博物杂志南北相光耀相提携，惜不久停刊。吾生物学界之好消息，据余所知者一为南京科学社，闻其对于生物之设备颇多；一为科学名词审查会，对于动物、植物等之名词已审定数千。总上种种以观，似吾国生物学较其他各科学之发达为优矣。唯吾人若持此数者与欧美各国较，固相去甚远，即与比邻之日本国较亦望尘莫及。欧美之生物学历史极长，吾人固难一蹴而及，若日本前犹借助吾国之《本草纲目》及《名实图考》等作为研究之础基，后乃借助德国，一跃而占东亚生物界之重要位置，今我反向彼乞求，而似有高山不可仰之慨，斯亦吾国学界之耻也。自汤尔和及秉农山诸先生等关于吾国生物学之振起有种种提议，国人对于此学之兴趣，似较前此稍浓，鄙人不敏，亦思步诸先生之后，以个人之意见提出下二种方法于下。

1. 调查全国物产分区调查交换标本。

鄙人以为吾国地大物博，欲思于较短之期间而收调查上极大之效果，绝非一人之精力及一学会之所能也。吾意唯有国内生物学教授，择地开一物产调查会，将全国划为若干区域，以某域之物产调查之责任归某大学生物系担任。举例言之，如湖北、湖南、江西、安徽可称华中区域，归武昌师大生物系调查，江苏、浙江可称华东区域，归东南大学生物系调查（江、浙之海产调查属之），其他以此类推，如分全国为六区者，则每区域调查时采集之标本以八份或十份为准（稀少之物产例外），自留一份外，余即送与他五区或他国作交换之用。交换之结果知某物为某地特产者，即可指定该区之人做特别研究，将其结果登于杂志，以为其他各区人之考鉴。如是下去，吾想不出数年，吾国物产志即可编出矣。据余所知，武昌师范大学校植物教授张镜澄先生即发愿将吾国中部之植物完全调查者，东南大学校生物系教授秉农山先生即曾发起研究吾国海产动物，吾甚望两先生起而分途络连，为吾不振作之科学界树立风声。

2. 翻译。

就留学生方面言，宜分一部分时间译书，生物学之参考书当为国文的，此理至浅，无待申论。故翻译东西重要书籍，刻不容缓。至在国内各大学之教授及学生进行翻译之方法何如，吾姑从略，现但言留学生。吾留学生之在外国，非为取得学位，目的当在将西洋之知识宝库搬回吾国。举例言之，如吾人欲研究吾国鸟类，则西洋之 Mr. Swinhoe，Père David，Col. Prjevalsky 等氏之书为极主要之参考资料。Père David 及 Col. Prjevalsky 二氏之书在法俄两国尚能买得否余未调查，至 Mr. Swinhoe 之书在英国不能购得。故吾辈来英留学，将 Mr. Swinhoe 著作之主要者译出以告国内实际研究鸟类者分内事也。又如英国之动物学杂志二十年以前者有一篇吾国产蛇类之调查共九十四种，为吾国实际研究蛇类者极好之参考资料。而此种杂志现在决无再版之希望，故将此蛇类目录抄出，以告国人，亦内分事也。吾留学生之在各国之习生物学者，若能分出一部分时间做此种译述事业，不出数年或十余年，西洋之宝库将入于吾华矣。且英、法、德各有四百万卷以上之藏书室，而其大学之教授及学生犹以为未足，必互相交换，往来参考，吾国之藏书室可称赤贫如洗，吾辈青年可不思振作耶？倘有健者从事于此，吾将馨香鼎祝之矣。

# 广西植物采集纪略 *

广西采集计划，在德国时即曾与Prof. Diels商定，因吾国各省植物，世界学术界已均略有所知，唯广西一省，尚付阙如。故兹次采集，在地理分布上，意必有甚大之贡献。

去岁十二月，中山大学曾有一度采集旅行，经梧州、桂平，而转入瑶山，再赴桂林，乃循陆由迁江以至南宁，更由南宁经龙州过安南而转赴海南岛以归。是行因采集未十分得法，且时值严冬，万物凋零，故所得标本之现存学校者，不过百余种，而此百余种又多无花无果，不能谓为完全，兼之制作不得方法，故此番之采集，以吾人观之，实不啻完全失败。

兹行采集，极欲补从前之缺憾。目标所在，一在西江以北，距大湟江口约两日程之瑶山，因瑶山山极大极高，且植物极多，故拟在此作两三星

* 原载于《自然科学》1928年第1卷第1期。据中山大学张宏达记述，辛树帜自1927年留学归国后，于1928—1931年间，多次组织力量到贵州的梵净山、广西龙州、大瑶山、海南岛、粤北瑶山等地开展动植物的调查采集工作。不到四年时间，辛树帜等采集到一万多号动物标本及四万号植物标本，极大地推动了中山大学生物学学科的发展。此文为辛树帜于1927年11月至12月间由广州，经苍梧、桂平、贵县（今贵港市）至南宁的调查记录，此次调查辛树帜等共得标本423种。——编者

期之勾留，尽力将瑶山所产植物，全部搜出。瑶山收毕，则拟转赴广东钦廉道、广西上思州与安南三地会界处著名之十万大山，作一月居停，从事采集。盖十万大山群山绵瓦，占地极大，就中尤有一峰之位在上思州名曰高山者，更为峻削，亦即为吾人此次之最终目的地。同行者计六人，植物方面由仆与植物学系助教黄季庄君负责，动物方面则有任国荣君。任君去岁即曾来桂一行，于前次之所以失败，知之綦详，故此次惩此毖后，多所独到，吾队得益者不少。任黄两君外，尚有同学何君，专采昆虫，劳君助任君采集鸟兽。又有剥制技师唐君，去岁亦曾偕赴桂中者。——此即兹次采集队之大概情形也。

十一月四日由羊城趁广三车赴三水，转舟赴苍梧，五日晨抵梧埠。在梧停留一日，就附近山陵，略事采集，计得标本十余种。至普通植物之经见者，有车前、九头狮子草、杞柳、焯菜、榎草、天名精、一枝黄花等，分布情形，与湖南大概相似，故一见之下，即感桂北植物一方极近湘南，一方极近粤中，所谓岭南，大概当亦与岭北无甚著判。唯臆断是否成理，当俟将湘桂植物作完备之收采后，始能断定也。梧州尚有一种滨枣，以其具刺，居民用作藩篱，颇与湘人之用野蔷薇拘骨为篱者相似。外如湖南极普通之甘草蕨、扛扳归、牡荆，在此间亦极普通，大概此地舍榕树、荔枝、龙眼等与粤中相同外，多数植物与湖南相类。山岗植物多马尾松，山上杂草亦以雄刈萱为最多，情形亦与岭北略似。是夕乘舟转赴江口。

六日下午抵大湟江口，时已近昏暮，登岸略事观察，大概有朴树、瓜木、番石榴、奴柘等。奴柘之产于桂中者极高大，呈小乔木状与湘中之为小树丛者大异。

七日清晨，即出而采集是日所得，计七十六种。普通植物如龙眼、榕、滨枣等，尚不在其列。黄君采得玄参科一种，为蔓本，极为新奇，后此即不复得见。本意欲由此转赴瑶山，次因三江墟有匪，未敢前进，遂以中沮，至为可惜。夜乘船往贵县。

八日抵贵县，在此勾留两日。贵之附近，皆高山，顾濯濯然，仅被有杂草，无甚树林。唯南岸有峭削之石灰岩质山，上有多种植物，惜迫于时间，未得全部搜集，仅于负郭及南岸之良山略事采集，共得标本七十余种。此地地方植物，始显特征。即所产植物，属桑科无花果属者极多，皆颇高大，由此南至灵山，均为此属之分布区域。朴、樟在此皆极高大，可与中国特产之榕树相颉颃。良山附近，采得豆科植物 Bauhinia japonica 种，颇为特别。由此间以迄灵山，此植物之袤延极广，多生于石灰岩上。普通小草，有草野牡丹、地耳菜（金丝桃科）及耳搔草（藻科）等，亦极多。在此始见桂人以黄槐 Cassia glauca 之花为食料。

贵县城中教育局内，得见菩提树一株，颇高大，备极美丽，大概系他处移来。又曾见凤眼果、凤凰木，大概亦非桂中原有，以他处未见也。

此间产有一种 Ficus，高达十余尺，其果实成盎状，后此即未复得见，亦极特别。茄科植物在此间极多，如曼陀罗，如龙葵等，皆极普通。鼠李科之熊柳，果实鲜红，叶亦绚美，生于石灰岩上颇引人注目，由此至灵山，常见有之。

倘由此赴北流以至句山，必可得植物多种，唯以吾人目的在十万大山，故留此为时极暂，未得穷搜，至为遗憾。

贵县北岸藕田中，得泽科植物一种，其叶极大，形极美。在水田中之狸藻，时正着花，亦颇美丽。

十一日舟过伏波滩，仰见伏波庙侧，植物极多，惜未能近睹，不克枚举。唯遥见巨大之木棉，摇曳空中，由贵县以南，山岗上极多此树，以其应用颇广，故甚重视之，其数量与乌桕、龙眼、无患子等相埒。

夜抵南乡，审樵者之薪，舍雄刘萱外，以野牡丹、桃舍孃及俗名岗松者为多，其情状与湘人之以檵花（金缕梅科）、橡（壳斗科）等为薪者相似。

十二日由南乡出发灵山。沿途所见植物极多，以匪患故，未得肆志采集，力之所及，亦得采有七种。山上以马尾松为多，间有广叶杉 Gosmium

属之一种，为蔓本，花色如雪，极为美丽，惜土人未有以为观赏植物者，亦未免辜负天工矣。茶樵与桂林产之罂子桐，沿路栽培者极多。

十三十四日，留在灵山，在负郭采集。距县城不远，有石灰岩质之大山，极多，高峰插云，殊为壮丽。在风景著名之六风山采得新奇羊齿数种。县城附近小丘上，天台乌芽极多。

十五日由灵山赴二十五里外之大塘，为同行劳君里门，吾人即居停劳君之家中，在劳君家凡留一来复，日事采集。合之灵山县城所得计有二百十一种，为此行所获最富之处。灵山附近之高山，多为匪所窟宅，不得采集，否则所获，当更倍蓰矣。此地植物以 Ficus 为最著，每日必得见其一二种，有乔木，有灌木，花之色白，辨认极难。他日重来，必当做精细之研究。至所采他种植物之可记者，有南五味子、八角茴香、昆明山海棠之一种、鸭脚木，野鸭椿之一种、木鳖子等。大概若在此作终岁之停留，所获当更多，以句漏适由此经过，实为采集最佳之地也。

二十二日由劳君家出发赴陆屋，欲由钦州转入十万大山。适陆屋至钦州道中有巨匪，遂不果行。由劳君家至陆屋，地势渐平坦，植物情形，与大塘所见略同，无甚采集之价值。

二十三日在陆屋停留一日，所见植物，皆在大塘采过，未见新奇，遂不复采取。他日欲赴十万大山，当由灵山直转南乡经南宁，赴上思，由此入山，较为有益。

二十四日由陆屋出发赴沙坪，历程八十余里，经过高山极多，唯所见植物，与灵山大塘约略相同，所得标本计有十六种。

二十五日由沙坪趁小舟重赴南乡，沿途山上，南五味子极多。河岸有供药用之菊科植物泽兰一种，极为香烈。

二十六日由南乡附小轮至南宁。二十七晨即至邕城，为平原，山陵极少，有之亦童秃，故无甚可采集之处。在此勾留凡九日，所得植物不过六七十种，无甚新奇。此次赴邕，原拟转赴武鸣附近之大明山，因该山有巨匪两股，盘踞其间，遂未得成行。又以校中寄款未到，不能赴龙州镇南关一带采集。十二月五日，遂附舟返广州。外此任国荣君等，沿途出猎，得鸟类极多，内有六七十种及为从前为未获得者，在灵山及南宁得小形哺乳类多个，内有三种为从前所无有。

广西植物之分布，欲作详尽之调查，北方当至瑶山，南方当至十万大山。至于中部，据称当以大明山为最佳。唯未亲历，不知究竟。他日重来，当在此三山作长久而精密之采集，更北赴五岭一行，则广西植物之大概分布情形，可由此数山以代表之矣。

综计此行所得标本共四百四十三种，已寄一份请柏林大学 Professor Diels 检定名称，俟由柏林寄回，再当公布。至关于广西之风土人情情形，采集之经过及采集植物之科属的比较，任国荣君另有详尽之记载，兹不复赘。

广西不特植物丰富，动物亦极繁多，现正拟由本校再向彼处作采集之旅行，他日得有结果，再当公之于世。

此番采集，动物方面得任君、何君之努力，植物方面得黄君耐苦采集，故所得标本，皆极完全，于此最短期间得如此巨大成绩，实非意料所及。而广西各界人士之助力，俾吾人能便利将事者尤深铭感！

民国十六年十二月二十日

# 瑶山调查 *

## 第一封 ①

孟真我兄：

多日筹备之生物采集旅行，经百难而得实现。弟心中之快乐，兄可推知也。唯二三号之夕，皆因事忙未赴兄寓作一次长谈，极怅极怅。

四号晚，由三水乘轮赴苍梧，夜间极冷，弟因之得感冒，两日来喉鼻似塞，极感不适。采集旅行原非玩览山水者可比，身体故固极苦也。

苍梧一小县，闻从前街市极不洁（现尚存有痕迹）。近因修筑马路，而规模恍似西欧之小都市矣。

昨晚（五号晚），由苍梧乘小轮启行。闻今日下午二时得达江口，拟明日由江口步行赴瑶山（距江口七十余里。瑶山由瑶人居住得名，桂省极

* 此系列为辛树帜就瑶山调查事写给傅斯年的信件，因其内容大部为辛树帜关于瑶山动植物分布及风俗民情的论述，故将其放置于“文论类”部分。——编者

① 原载于《国立中山大学语言历史研究所周刊》1928 年第 2 卷第 16 期。文章收录时，略有删节。——编者

大之山也）。抵瑶山时，初作生物采集外，并拟请任国荣君调查瑶人风俗，作一篇长文，以登兄与颉刚先生所办之周刊。（任君懂瑶人所说之普通话，且与瑶山下之瑶人有一次之接洽。此次吾人更购有小镜及丝线等物以赠瑶人，若能得其欢心，当可探出其生活之种种状况也。）

兄等所办之周刊上，顾先生之《战国人心中之地理观念》一文极有胆量。弟曾未敢全同意，然对顾先生所用演化一法整理古学则佩服万分也。（演化一义，达尔文首用之生物学，此后欧洲各学皆用之。吾国之用此方法读古书者，兄与胡适及颉刚先生是其首唱也。）兄之下次之文，弟极愿一观。如周刊出版，望为弟留存一份。又兄等所办之他种小刊上，弟因无暇卒读，仅观荣先生之《广东巫歌》一文，弟以为此种似雅而实俗之词，似非出于无知之巫人，或系一无赖之文人废一日之时间代为捉笔也。兄以为何如？

弟此次采集旅行，拟搜求瑶山及勾容山等前人未到之区之生物。他日有机会，更拟赴湘桂边地及贵州等处采集，对南方生物界或有极大之补助也。明岁暑假，更欲与费鸿年先生搜求海产。一年半内，或可产出一南方生物展览会。不过时局及其他之种种关系，能我许否，是一大问题也。

弟出外采集，或须极长之时间，所教一二两年级之高等脊椎动物，拟编译一西人研究吾国脊椎动物之文献参考，现正着手进行，已将材料交石君着手翻译矣。他日拟请学校代印三百份，作学生参考之用。

望兄在史地科组织团体，赴两广云贵等地搜求材料，使吾国南方史地开研究之生面。兄以为何如？祝兄健康，并望兄之“《齐物论》作者是谁”一大发问早日作一导言。此告问好。

弟树帜病中草

十六，十一，六日，在赴江口舟中

## 第二封[①]

孟真我兄赐鉴：

第四次关于瑶山之通信，曾将寨山瑶人情形，作简单之报告，谅达左右。兹因平南县署派来护送之军队，明日有返县城者，特因其便，再作一度简略之报告，以供参考。

弟自寨山返后，于十九日再与黄君及罗香团董，赴花篮瑶村采集植物，即因所见，举以奉告如次：

花篮瑶分两处居住，前次附呈之地图，已经注出其距罗香最近之一处，则为罗丹，相距约三十里，故特择此村一往调查。由此达罗丹半途须先经一三千尺之高峰，至白牛村。

由白牛村再行十五里，达罗丹，路虽仅十五里，而蹊径模糊，无从辨别。沿溪上下左右步行，备极艰苦，一达花篮境后，情境即大异。曩所见寨山与此间田事，虽亦工整，但遥不及花篮之精密；且已有利用水牛者，盖仿汉人之法也。

罗丹地高千七百尺，前临溪涧，后倚高山。共约有房屋十余间，唯一间较整齐，余皆编竹木为之，简陋之至。花篮之居是间者，人极和蔼有礼，弟等所寓之处，其主人与随行之瑶村村董有花子，其母为金秀村——即寨山瑶之一村——人，能操普通话，得其告语及黄君譒译之力，所得颇多，略陈如次：

弟询其何以仍作金秀旧装，不易花篮服。彼笑谓："金秀装较美丽；且花篮妇人发髻，年须费猪油十余斤，以为膏泽；而金秀装，则四两一年已可足。"前函曾述及金秀妇人之耳环极巨，此妇亦然。耳二坠且已为重环坠破。此妪嫁花篮已三十余年，从未归宁父母，能操寨山（即其祖居）及

① 原载于《国立中山大学语言历史学研究所周刊》第4集第42期。——编者

花篮语。言最繁复难习。最奇者即弟等初到时，曾见一老叟，以为此妪之夫，故请其同餐，据称彼别有居在下。弟等以为此亦两子折居，一养父，一养母者，遂不深怪。讵翌晨忽见此两老同自一室出，即向房人问讯，始知此叟为一鳏人，而妪已寡居多年——花篮之俗，鳏寡者合意后可以同居，唯生子不得育云。

花篮居此三村，以龙华为最大，他处之七村，则以六巷万头为最大。两地之花篮语言，略有高低轻重之区别。至服饰上，女子两地全同；唯男子之发髻有为在额前者，又有在头后者之不同，与寨山、瑶山三十余村男子之装束皆同一；唯女子则有三种装束（即前第四次函中所述平林、罗蒙、金秀三种）者正相反也。

距罗丹十五里，有村名罗运，亦为长毛瑶（即正瑶）之一村，其地甚高（二千一百尺），且风俗极奇特，特往访之。路虽亦只十五里，然其艰难倍于白牛之至罗丹，弟等披榛莽而前，备极窘困；盖村人不相通，故遂亦无坦途，正老子所谓“乐其俗，安其居，老死不相往来”者。瑶村有俚词云，“金秀好苓，香罗运好姑娘，平林、六竹、桂罗蒙好薯莨”，故特往访察其所以，及抵此则大失所望。盖其女子十九皆（鸠盘荼）不可卒睹，远不及罗香村女子之秀丽——罗香妇女之俊美整齐者，已由黄君摄有影片多张，俟到邕后，购得药品冲洗妥当后，再当奉赠贵系——唯其地方习俗，男女结缡数日后，即各寻所欢者同居；唯以名义关系，所生子女，仍各归其名义上之夫，所谓好姑娘者，不过如是而已也。此地有汉人一家，由滕县迁来，已三十年，举汉人一切不良习惯（烟、赌），尽以贻之当地人，弟等此来，即居其家中。

此外尚有足述者，即弟等在罗丹朝餐时，曾见一山子，其服装甚简单，且无发髻，唯盘辫于顶。山子瑶散处山中，居处无一定，故得随时见之。此后在罗丹、罗运途中，亦曾一见，其装束一与罗丹所见者无异。

弟因在此已久，故特将其五种瑶人数字称呼，调查得其梗概；但以此间人智识浅陋，纯以记忆为主，故所述颇有出入；且一种瑶人，往往有两套，兹只就目前弟及石君分别集得者，以罗马字注出其音如次：

| | | 一 | 二 | 三 | 四 | 五 | 六 | 七 | 八 | 九 | 十 |
|---|---|---|---|---|---|---|---|---|---|---|---|
| 罗香瑶 | A | yit | Ngie | Sam | Say | Ngu | Ngs | Sie | Eet | ozu | Shel |
| | B | yi | Vi | Bo | Bieh | Bra | go | ngi | yet | Nu | Shel |
| 山子 | | Yi | Ei | Bo | Bieh | Bra | go | ngi | yet | Nu | Shel① |
| 板瑶 | | Yd | Vi | Bro | Bieh | Boa | go | si | Yet | No | Shel② |
| 花篮 | A | yit | Lom | Bolom | Bieh | Ba | Djo | Ni | Yale | Do | Shel |
| | B | yi | oh | Ba | Bre | Boi | Zo | Shiam | Yet | Djn | Djo |
| 寨山 | | In | Hau | Sam | Sze | Oan | Lu | Tei | Ban | Dju | Shib |

近来关于瑶歌之征集，略有进展，且得有甲子歌（以干支为兴者，多情歌）全部，刻石君正在设法整理，将来就绪后，即当奉上。至征集情形等，石君另有长缄奉闻。罗香照片，已摄得多种，俟将来冲洗后寄呈；俟入金秀时，当更有增益，以瑶人服装最奇者，莫过金秀也。现影片一项，已由黄君负全责摄制，定必有可观者。至服饰装束之奇特者，亦已由黄君负责购集全套，以备贵系陈列。又此村村长董赵光荣君，人极忠实正直，为全村中学识最高者，粗识汉文，且谙习“山子”“板瑶”言语习惯，如贵系果欲做详尽之研究，弟可以相当条件，颇低代价，为兄设法邀来广州教瑶语瑶俗；以弟管见，欲用此人做瑶语瑶俗之研究，有数点似当注意：

第一，即为用罗马字母（兄前在柏林时，曾语弟谓有一种罗马字母，可拼汉字，此时即可应用）注出其音，先作成各瑶词典。

第二，此人颇敏慧，在粤时可先将头骨测量摄影及印手掌足跖纹诸法，粗粗教知将来彼返村时，贵系派专员同来研究，即以彼作助手，则进行上尤多方便；望兄早示知，便弟为兄进行。

---

① 音较罗香为低而徐长。

② 音较罗香为高而锐。

弟在此已得五种瑶人，对于瑶人风俗习惯等，亦略有把握。山川地理，以望远镜及高度表之助，亦已得其端倪；深觉此间实为贵系急待研究之一大宝藏，惜弟此行太忙碌，同行各助教，事务亦极纷繁，未能多做调查，至觉歉然！将来贵系如有人来此研究，弟意必可得五种瑶人之词典五本，歌谣故事各若干集，地图若干种，头骨掌跖测算统计若干，以供献吾国学术界也。如贵系果不能派人来，则他日弟等再来时，除人类学的统计固无专门人才，不能为力外，其余亦当略尽绵薄。

至湘黔之猡苗，滇之野人，海南之黎，弟意并不若传闻中之可怖，将来亦可渐渐以相当方法，调查其风俗、习性、语言等，则较高坐唐皇作马端临《通考》上之《四夷志考》者，高万万矣！吾兄以为何如？旅中匆匆，即颂教安！

颉刚兄乞代候。

弟树帜谨上

六月二十二日

此缄仍系石君代我笔记，并嘱石君将关于歌谣之征集之情形详告兄矣。又及：附呈现所录正之瑶歌数首，以为适所举各点之实证：

大海水

Dai Kai shueh

大海水，

Kai shueh yiu yiu ko djwan djwen

海水悠悠好荡船。

Djo dal djwen dau din djwen moi

脚踏船头定（？）船尾，

Djwen yiu mu vin dan wom siem

船友[1]呼兄但放心！

天上细星七十只

Dim diwan sai sin sei shiu se

天上细星七十只，

De har kua goi se shiu dje

地下花开七十枝，

Diu din du dje kua goi dzeu

条条都系花开树，

Mon lei ho eh dje ho dje

问你合意系何枝？

日头初出鸟初鸣

Ngieh dau do shis diu do kuen

日头初出鸟初鸣，

Yan diu do kuen lo sin shien

阳鸟初鸣落青山；

Sih shien den go dje sim zei

青山系有百样子，

Ham boi ho yat boa ho dzea

扲[2]知何日企何树？

---

① 船友＝艄妹。"？"此字意义尚未明了。

② 此字为瑶人所写原字，外间未见过，意为"不"。

新春到

Sieu shuen dau

新春到，

Miau diu djiu shuen an har djiu

我丢旧春安[①]下州，

Sien shuen dai dau won won lun

新春来到温温暖，

Djiu shuen gway chea gen diu diu

旧春过去冷飕飕。

## 第三封[②]

孟真我兄惠鉴：

前五次通信及石君函，计达。关于瑶山之调查，近来愈有进步，盖前此所有关于若辈风俗习惯之报告，近几日来，再细加研诘，真相愈益明了；第一次通信所言，几于全为所误；调查一种民族，时期太短，往往所得非所望，此不特极有趣味，盖亦极可注意者也！

关于将瑶山系统之报告，其中社会制度及家族制度，已请任君代为尽力调查；相片服饰及特别器具等，已请黄季庄代为征集；瑶歌及瑶音字典，石君亦正在整理中，分途前进，或当有可观者在后。唯此次调查报告，纯于工作极忙中，抽出些许时间为之，虽云已得真象，究竟尚不能全部明了；五种瑶人之中，其已经明知者，亦不过正瑶寨山花篮之种子；板瑶尤有详细调查研究之必要。

---

① 安，安置于。

② 原载于西北农林科技大学档案馆汇编《故人手泽——辛树帜先生往来书信选》，2010年12月。——编者

弟因此山生物情形甚佳，刻正筹思设立研究所之计划，深望吾兄亦设法计划作瑶山语言历史民俗研究所，与弟同时进行，此种研究所成立后，于瑶人语言、人种上种种问题，当必能得一总解决，其贡献之大，自不待言。

前曾函荐此间村董赵君为贵系备瑶人风俗习惯等之征询；此人经弟长久考查，觉其实为忠实可靠之人，如吾兄果有意聘彼，接此缄后，请速电平南县署，赶速转瑶山，弟自当设法为吾兄将彼送来贵系。

弟树帜谨上

（一九二八年七月）

# 广西前途和瑶山研究 *

诸位：

我们常常听说中国地大物博，这的确是真话，有些人说，“地大而物不博”，其说只要地大，而物自博了。比方瑞典的水电，哪有什么天然的水力，差不多完全用人力造成的；及其效用，所有铁道火车、机器工业，多由这种动力发出。看来广西滩多水急，如伏波滩弩滩等处若发水电，比较瑞典，当然于易发达，广西煤矿蕴藏，虽然不甚丰富，但能整水电，也就可以。只怕我们没有坚强的意志和努力，不能与瑞典比美罢了。兄弟这次同生物考察团到瑶山地方，见有许多处很多自然的森林，如果我们勤于种植，那么，全省都会成为林国。广西山地很多，到处都有岩石，尤其以石灰岩为多，这些石灰岩，都是天然的士敏土原料和铺路面的良好碎石，孙中山先生实业计划，已经常常说到振兴广西交通实业的计划。如果我们能够努力做去，衣、食、住、行各项民生问题，大概都可以解决了。

---

* 原载于《新广西旬报》1928 年第 2 卷第 13 期。此文为民国十七年七月二十八日，辛树帜在柳州各界欢迎会上的讲稿，由永研于八月一日整理。因其内容为“瑶山调查”，为主题集中，特将其放于此处。——编者

我们感觉到广西前途，可以乐观的地方，还有一点，就是广西政府这种建设的精神。兄弟由西伯利亚到海参威，见有不少的山东同胞，在那里拖辫子，扎小脚，当时给予我很大的刺激。后来由北方到湖南，觉得社会上一般青年和做事的人，都没有一番振作和发皇气象。一到了广东，觉得比较上算有些建设。最后到了广西，才觉得气象甚好。比方公路哟，整理财政哟，普及教育哟，一切事件，好像很有步骤，很能作为，比北方各省当然好些，就比广东，进步也快一点，举一个例，好像赌番摊，去年经过各埠都是有的，这回到大湟江口，已经禁绝了，而且街道打扫得很干净。这可见广西社会的进步，和广西政府做事的步骤了。照这种精神做去，持之以恒，广西革命建设，必然成功无疑，普通文化发达，靠两个要素：

1. 身体——要有野蛮人的身体；

2. 精神——要有文明人的精神。

广西在清代的时候，太平天国起义，那时候广西人很出风头。孙总理领导革命，人才多出于广东，而广西首先附和，成为革命策源地之一。现在的建设事业，亦首推广西为猛晋。广西人精神既不错，身体亦见不得柔弱。那么，具备文化发展的两条件，广西前途，当然很有希望呢。

这次到广西来，花了两个多月的时间在瑶山里面。各位须知道这个瑶山地方，乃是学术界的宝藏，生物尤其繁多。这次所采集的，单讲动物，高等哺乳类，就在一百三十个以上，其中以鼠科为最多。至于鸟类，共得了一百一十三种，一千余只之多；原来鸟类到处迁徙分布，此处有者，别处也许会有，但此地多是留鸟，很少外来的，就中最多的是啄木鸟。又得昆虫约两千个，共七百种，多输翅科，这不是昆虫的天国吗？此外爬虫约得六百余个，占中国爬虫种类三分之一强，就中多恶毒的蛇，咬人甚至丧命。

瑶山的植物，地带极为明显，各将其山的高度排列，可以弄成一个简明的表：

1. 亚热带——由山麓 800 尺——1,900 尺，此带多森林，又可名森林带。

2. 竹林带——由 1,900 尺——2,700 尺。

3. 石南科植物带——由 2,700 尺——3,500 尺。

4. 石松带——由 3,500 尺——4,500 尺。

这种明显的分带，在研究上是很便利的。可惜我们这回没有携带帐幕，只到石松带而止。要是有呢，我们必定上到山顶考察考察了。

我现在希望瑶山研究所能够成功，对于新广西的建设，必然有相当的帮助！

民国十七年八月一日于柳州整理讲稿

# 中国历史上的非常时期 *

现在是一个非常的时期，国家、民族，正在一个生死存亡的关头，这不但我们自己感觉如此，就是外人的感觉，也是如此！我们怎样证明现在是一个非常时期呢？这里，我们可以拿历史来作考证：

第一个非常时期，是在自春秋至战国的时代，那时七国分立，局面纷乱，人民异常不安，可是这时却产生了一个第一伟大的人物——秦始皇，他打破了各个的封建势力，树立了分县制度，统一了全国，同时，他击败了匈奴，建造了我国第一道国防“长城”线！

秦始皇因为焚书坑儒，所以过去骂他的人很多，凡是读过历史的人，一定是知道，不过这种历史功过问题，吾人姑且不论，秦始皇为适应古时环境，这样做法，亦非无因。

第二个非常时期，是在西汉，因为在汉高祖的时候，匈奴已第二次统一（第一次统一在秦始皇时代），屡次进犯中国，直到汉武帝的时候，始用武力把匈奴征服了。

汉武帝知道匈奴善用骑兵，因此，他也就非常研究骑兵，故当时他的

---

* 原载于《王曲》1939年第2卷第4期。文章收录时略有删节。——编者

骑兵，曾被称为天马！那个时候，又用了两个伟大的军人，一位是卫青，一位是霍去病，在武帝从事匈奴的战争中，很建了不少的功业，一日武帝欲替霍去病建一所住宅，霍辞曰：“匈奴未灭，何以家为?”由此，也可以想见他们的志趣了。

匈奴本是最强悍的民族，自被武帝击败以后，又辗转地到了欧洲，分建了匈牙利、土耳其两国，中欧时代，武功也是很盛。

在汉武帝时，不但武功极盛，文事也是很好，如苏武之出使匈奴，始终不屈，博得异邦钦敬，自从武帝打败匈奴后，他的声誉，震动了世界，所以中华民族之称为汉族，就是在那个时候创成的！

第三个非常时期，是在唐太宗时代，因为隋朝统一以后，隋炀帝虽有大志，但是能力不够振作，结果局面仍是混乱，及至唐太宗代隋而治，破突厥，东征朝鲜，在他那个时候，不但武功振铄了一世，就是文化，也称全盛，倭寇现在的文化，即在那时从中国摹仿去的，而美国唐人街的名称，亦是发源于唐代。

第四个非常时期，有人说是元朝，其实却是现在。自从总理创造三民主义，现代的中国文化，已成了历史上的结晶。我们这个时代的青年必先从修身做起，然后逐步地做到齐家、治国、平天下。

# 临澧童歌 *

## 一

月亮巴巴①跟我走，走到南山口，喝烧酒。烧酒辣，换菩萨。菩萨远，换香碗②。香碗破，换炉锅③。炉锅尖，冲上天。天又高，打④把刀。刀又快，好切菜。菜又青，买口针。针又突⑤，买个鹿。鹿又走，买个狗。

---

* 原载于《民俗》1928 年第 29、30 期。辛树帜对民俗研究有浓厚的兴趣，20 世纪 20 年代，顾颉刚在中山大学创办民俗学会，致力于搜集各地唱本。辛树帜为表支持，于 1928 年暑假回湖南时，与石声汉一同搜集湖南地区的唱本。唱本多达七八十册。《临澧童歌》即为其中颇具特色的一篇。——编者

临澧，旧称安福。

① 巴巴，即饼之俗称，像月之形也。

② 香炉，临澧俗名香碗。

③ 炉锅，湘中呼釜之俗称。

④ 打，作也。

⑤ 突，不尖也。

狗又咗[1]，买口缸。缸又圆，买只船。船儿落了底，滗[2]死王家妈妈三兄弟。

## 二

麻雀窝，坛坛儿梭[3]。先养我，后养哥。[4]取[5]N娘[6]，我打锣。生哥哥，我煨粥，哥哥十五我十六。

## 三

虫儿虫儿飞，[7]飞到Ga Ga Ti[8]。Ga Ga不赶狗[9]，咬断虫儿手。Ga Ga不杀鹅，虫儿飞过河。Ga Ga不杀鸭，虫儿飞过塌[10]。Ga Ga不杀鸡，虫儿飞过溪。

## 四

鸡母儿小，[11]蛋蛋儿多。三岁Gna儿[12]会唱歌。

---

⑥ 咗，狗吠声也。

② 滗，溺死之义。

③ 坛坛儿梭，谓其肖坛之斜下而成圆底也。

④ 或称先生我，后生哥。湘西称养儿为生产小孩之义。

⑤ 取，训娶。

⑥ N娘，殆即阿娘之转变。

⑦ 此歌为母者抱其赤婴上下振其婴之手以像虫飞。同时歌以悦之之辞。

⑧ Ga Ga，外祖母也。Ti为去之转音。

⑨ 赶狗谓逐犬无使龌人也。

⑩ 塌，低地之义。

⑪ 初教小儿唱歌者也。

⑫ 娃儿也。

# 三山堂记*

中华民国三十五年，国民政府创立大学于兰州，以地名之，将为拓建西北树育人之基也。三陇耆宿及甘肃省政府长官会同共决，划兰西北子城萃英门全区为校址。萃英门本为清代贡院，左文襄公总督陕甘时所兴筑，枕山襟河，缭塘连郭，规模闳肆，花树蔚绮，夙长皋兰景物之胜，地方贤达寄望于国立兰州大学者既殷且切，乃举最以畀，隆谊可知。时大难初定，国帑奇绌，辟雍方启，典籍、仪器、舍宇皆属亟需，缓急相均，未能有所重轻，旧有房屋不适为实验室，必待加构，于是大学敦聘水梓、张维、邓春膏、宋恪、谭声乙、骆力学、王籍田、王孔安、寇永吉、张作谋、孙汝楠、

* 原载于《兰州大学校讯》1947 年第 1 卷第 2 期。国立兰州大学的前身甘肃学院原院址狭小，且多为破旧平房，国立兰州大学成立之后，修建校舍成为辛树帜的重大任务之一。辛树帜先后争取教育部批准 5 亿法币、8 亿元经费用来修建校舍，共建有三座教学楼，命名为天山堂、祁连堂、贺兰堂；五座宿舍楼，以五岳命名；一座图书馆，命名为积石堂；一座大礼堂，命名为中山堂（后为满足师生需要，于 1948 年 9 月动工修建另一大礼堂，命名为昆仑堂）。《三山堂记》和《中山堂记》即为教学楼和大礼堂所撰写的纪念文。另，根据刘宗鹤关于辛树帜创办国立兰州大学事迹记述，《三山堂记》系由石声汉所撰。《兰大校讯》中所刊登的《三山堂记》署名为辛树帜。详述于此，姑且存疑。收录时标点有所改动。——编者

李剑夫、易价、杨著诚、王绍文、康清桂、郭维屏、董爽秋、李镜湖、于光元、段子美、盛彤笙、陈昌豪、吴相湘、刘宗鹤、吴鸿业、王秉钧、钱青选诸先生，组织建筑委员会，由康清桂、钱青选两工程师设计，刘郁文工程师督工，吴鸿业先生庀材，量库支所能给，衡度再三，损之又损，暂就子城东北隅作堂三间，间各重层，长六十三公尺，广十五公尺，先供文理法医诸学院教室、实验室所需，以三十六年六月一日破土，期于九月杪落成，阸于交通，钢骨混凝土等近代材料，未可卒致，栋梁甃甓，悉取给当地，且杂土墼涂泥而并用之，嵯峨璀璨，洵有未遑，质朴坚定则庶几可望，奠基之日，谨以西北三名山之名命此三堂，曰天山，曰祁连，曰贺兰，盖三堂之成，既得地方耆宿贤达众志为山之功，方人杰而地灵，为学如为山，今覆一篑矣，愿处此堂者戒慎乎始也，抑有进焉者，唯质朴足以垂久远，唯坚定足以更变迁，既久且大历劫不坏者莫山若，故颂祷之九如，山居其四，仁者乐山，山亦寿之征。兰州大学在众山间，学者其代法诸山以质朴坚定为楷范，晋求久远焉可，爰镂贞珉，记堂之成，而写铭曰：

立上庠　邦之央　作三堂　育元良　萃彦英

自四方　逮边疆　固金汤　瞩天山　瞻贺兰

抚祁连　追前贤　朴且坚　亿万年

中华民国三十六年七月十六日

国立兰州大学校长辛树帜记

# 中山堂记*

作三山堂且竟，教室、实验室，粗有丽止。更于三堂之西，左公祠东侧，夷废墟，补坎窞，拓广场为竞技之地。于是藏修游息，大致得所。欲营而力未逮者，则图书馆与宿舍，此皆体大费繁，宜待之来年者。大学洎四年，人数必半万，公共集会处理不能无。顾丁此时艰，物力窘迫；仅构一大礼堂，虽剪茨涂泥，费亦数亿，固非度支所许。而明堂辟雍，崇敬所系；简可，陋而失礼则不宜。若建筑未坚，岁岁缮葺，糜为尤甚。赫曦初上，朝操升旗，宜有坫以为纲维。春秋令日，观摩校技，宜有坛以壹号令。哲人宗匠，讲述大学聚聆者，黟啧，国庆校庆诸典礼，陈乐作剧，以侑清欢，皆必有台。凡兹种种，谊不可废，而又力不能胜。于是敬诣总工程师康清桂先生，请设计就作三山堂所余砖木，于广场北端，作一厦，敞其南，临场而向之，以兼此数者。康先生诺，设计既成，按图审之，虚中南向者，可以为台为坫坛，复可以为大教室。左右翼奥室，可以供体育组办公及运动器械之所，可以为演剧时之退藏室，亦可以为典礼中嘉宾小憩之阁。是则成一宇已备群功，会卅辐于一毂，集简敬之大成，尽重远之能事，固非告朔饩羊，徒

* 原载于《兰州大学校讯》1947年第1卷第2期。收录时标点有所改动。——编者

爱其礼者矣。营制朴质，与三山堂称；爽岸则足以领袖三堂。谨名之曰中山，以崇礼国父。

中华民国三十六年八月十日辛树帜记

# 演讲稿、公函

# 编审中小学教科图书的经过*

我国自从兴办学校以来，政府对于中小学教科图书之编辑和审查，已有三十余年的历史。在这三十余年中，因政体的改变，对于教科图书编审之主张与意见，也有不同。现在分“理论”和“实施”两方面，分别加以说明：

## 一、编审的理论

关于教科图书编审的理论，可分为四派：第一派是主张由国家自行编辑，采用“国定制”的，有孙家鼐、张百熙、上海市教育会等，他们以为教科图书，必须政府机关编辑，以杜凌乱和高价的弊端，而收统一和廉价的效果。第二派是主张由国家和民间并行编辑，“模范制”和“审定制”同时采用的，有张之洞、严复、朱家骅等，他们以为坊间所编的教科图书，

* 原载于《广播周报》1935年第38期。1931年，辛树帜任国民政府教育部编审处处长，1932年任国立编译馆馆长。在任期间，延聘童冠贤、陈可忠、石声汉、郭远猷、郑贞文、曾昭伦、蒋复聪、周骏章、姜义安等学者主持审定科学名词，编译《黄河志》和《教育年鉴》，出版《图书评论》，审查中小学教科书。——编者

多不完善，当由国家自行编辑，做个模范，但坊间编辑的，亦得审定发行。第三派是主张由民间自由编辑，而经政府审定，采用“自由审定制”的，有南方报、申报、宋小濂、张世杓等，他们以为官编之本，未能尽宜，势必取自由编撰的一方法，但自由编辑的课本，又不免乖误失体，救济的方法，是由政府加以审定。第四派是主张由民间自由编辑，而由教育会加以审定，采用“教育会审定制”的，有汤寿潜、庄俞等，他们以为学部或教育部属于行政机关，而教育会或另组图书审查会，乃属于学术的或人民的机关，比较为有利益。

至于编纂教科图书教材的选择，亦常随时势为变迁，清季以来，有主张采用“忠君”“尊礼”“尚公”“尚武”“尚实”诸项做教材的，有主张采用“伦理道德”做教材的，有主张采用“孔孟学说”做教材的，有主张采用“世界观念”“军国民教育”“国粹主义”“国耻观念”“劳动教育”“实利主义”“实用主义”诸项做教材的，有主张采用“总理遗训”和“三民主义”做教材的，他们的主张虽然各有不同，但都想适应环境，培植有用的人才。

## 二、编审的实施

清季施行新教育制度以后，各学堂所用教科图书，初由教师自编，不送政府机关审查，后因坊间编辑的很多，就采用审定制。于光绪三十二年由学部颁发初等和高等小学暂用教科图书凡例，以统一学制，厘正宗旨为主。民国以来，还是采用审定制。

关于编辑中小学教科书方面，前清学部虽然编好数种，但多不合于教学的程度，没有风行。民国以后，在袁政府和段执政时代，也想由国家编辑，没有成功。国民政府成立以后，又有两次计划：第一次在民国十八年，草定教科书编辑计划大纲、初等教育股编辑教科用书计划大纲、中等教育股编辑教科用书计划大纲，同时拟定各股应编书目和编法说明，一方收集教材，一方函托各国留学生监督，就近征集各国教科用书，以做编辑参考的资料。又草拟委托中小学校或个人编辑教科用书办法，中小学及民众学校试编教科用书办法，指定优良小学及民众学校试编教科用书办法，和中小学及民众学校志愿试编教科用书调查表，征求教科书批评用表等件，并派人到优良小学参观，登报征集教材。后来因为正式课程标准尚未公布，没有编就。第二次在二十二年，由教育部长朱家骅向行政院提出由政府分期自编中小学教科图书之计划，所编教科书分为三类：

1. 小学各科教科书及教授书全套；

2. 小学必要之参考本及挂图全套；

3. 中学各科教科书全套。

分三期完成：

1. 第一期限二十二年十一月底完成，二十三年四月发行；

2. 第二期限二十三年二月底完成，二十三年七月发行；

3. 第三期限二十三年八月底完成，二十四年十二月底发行。

此项整个计划暨预算编辑经费十四万两千元，虽经行政院第九十八次会议通过，但自二十二年五月起至二十三年七月止，仅由教育部部费支出万余元，计完成初级小学国语教科书初稿八册，社会教科书、教学法、工作本及自然教科书、教学法、工作本等初稿各四册，算术教课书初稿八册、教学法初稿四册，现正在编译馆陆续修改中。高级小学部分，于二十三年三月间，由教育部分别委托各附属小学或实验学校负责编辑，其国语由北平师范大学第二附属小学担任，算术由苏州中学附属小学担任，自然由中央大学实验学校担任，历史由南京中学附属小学担任，地理由南京女子中学附属小学担任，其初稿业已前后送到教育部，由部交编译馆审查。

关于民众教育，短期小学及特种小学课本方面，十九年编成《三民主义千字课》甲、乙、丙三种暂行本各四册，二十年编印注音符号小册一册，二十一年后编成短期小学课本四册，教学法一册。

关于蒙、藏、新疆教育用的课本，自二十二年起，编译汉蒙合璧国语教科书八册，汉蒙合璧短期小学课本三册，汉回短期小学课本一册，汉蒙合璧小学三民主义课本四册，汉蒙合璧小学常识课本八册，已印行的，有汉蒙合璧国语教科书四册，汉蒙合璧短期小学课本、汉回合璧短期小学课本各一册。其国语、公民、常识、历史、地理、自然等科，亦拟陆续进行。

审查方面，于十八年订有审查教科图书共同标准五项二十四条，二十一年又订有审查儿童文学课外读物标准十五条，暨课外读审查暂行办法三条，审查儿童表演用歌剧标准十条。

审查情形。关于中小学教科图书方面，自国民政府成立后，依课程标准公布的先后，约可分为三期：

1. 自十七年大学院成立至十九年各科暂行课程标准公布止，计审定小学教科图书五十二种，中学教科图书三十四种，师范教科图书七种，商科教科图书六种，共九十九种，大多由商务、中华、世界、民智各书坊出版。

2. 自暂行课程标准公布至二十二、二十三年各科正式课程标准公布止，计审定小学教科图书三十一种，中学教科图书六十三种，师范教科图书十三种，商科教科图书七种，共一百十四种，大多由商务、中华、开明、大东等书坊出版。

3. 自正式课程标准公布至二十四年四月底，计审定小学教科图书五十七种，中学教科图书七十四种，共一百三十一种，大多由商务、中华、世界、开明、大东、青光、新亚、正中、神州、大众等书坊出版。

关于职业学校用教科图书方面，除商科外，自大学院成立至二十三年底止，曾审定已失效的书籍，计有三十三种。新近出版的图书，亦有数种尚在审查。

关于地图方面，兴内政、外交、参谋、海军、蒙藏等部会合作，自二十二年六月至二十三年底止，共审毕水陆地图一百六十八种。

关于民众和课外读物方面，二十年审查连环图书九十九种，二千二百九十二册，二十一年就万有文库选出中学校第一辑参考用书四百十二种，二十二年就征到儿童读物二千册中，选出七百十一种。

以上就编审两方的理论和实施情形，略加说明，自从正式课程标准颁布以后，对于编审两种工作，同时加以努力，其工作进行目标，除各级中小学教科图书外，更注意于民众读物和边疆教育应用课本之编辑，此外还有华侨教育用课本之审查和教材之征集。

（民国二十四年五月二十一日讲）

# 西北之最近建设概况与将来 *

## 一、建设西北的动机及西北农林专科学校的创立

“九一八”以后，数千万方里的锦绣山河，倏忽变色。一般忧时志士，以为“失之东隅，收之桑榆”。东北既已沦丧，更亟宜开发西北，来充实国民经济，而固国防。但当时政府在西北势力，还没有十分稳固，一切具体的建设计划，不能措施如意。因此决意创一学校，来研究西北，并培植能适应西北环境的专门人才，作建设西北的先锋。西北的大患，是旱灾。黄河在下游，因自上游黄土层地带携来的泥沙沉淀的结果，常时发生泛滥。

---

* 原载于《国立中央大学日刊》1936年第1790、1791、1793、1797期。本篇是辛树帜在西北农林专科学校农学院讲演时的讲稿，由吴起亚记述。辛树帜将其一生都奉献在西部尤其西北的教育及农业事业上。20世纪30年代初即与于佑任等人筹办西北农林专科学校，成为该校筹备委员会成员之一，1936年担任该校校长。该篇演讲稿系统完整地论述了该校农学院（1934年4月西北农林专科学校改名为西北农学院）学科设置的设想及其与西北农业、林业、园艺、畜牧、兽医、水利等事业发展的关系，论述了开发西北、建设西北的重要战略意义。——编者

治河的途径有治上游和治下游两方面。治下游当然是水利工程的问题，不在今天所讲的范围以内。至于治上游的主要方法，就是造林，来减少由地面水带到河流内的泥沙量。并且森林可以吸收水分，具防止旱灾的功效，实在是“一举两得”。当时已有一黄河造林局，但恐其不能切实履行造林工作，不如设一学校，专司其事，于是遂有国立西北农林专科学校的建立。

## 二、西北农林专科学校的概况及其工作的范畴

### （一）森林系

中国前时造林，引用外国树种，如洋槐等，皆终归失败。故欲另辟蹊径，改用本地树木造林，聘德国造林专家芬斯尔主持其事。陕西地势平坦，尝有延亘数百里的平原，依其高低的差异，可分为头道原、二道原、三道原，最低者为渭河谷。河岸土壤为碱土，不宜造林。头道原距水源远，有达三百或五百米者，且为黄土层，水易渗下而丧失，地内温度又高，故造林亦不相宜。唯椿树尚宜于头道原。咸阳附近周陵（毕原）等地，用椿树造林，近来已有相当成绩。西北农林专校想在秦岭区域，寻出适宜树木来造林。与陕西省政府合作进行。陕西省有五个林场，西北农林专校有三个林场，经数年的经营，已用去五六十万元。秦岭太白山高二千尺以下区域，宜于造林，但其面积，较之陕西全省，究属甚小。且据气象测候所报告和历史上的事实，再加以推测，知陕西在十二年或八年中，有大旱一次，树木必遭摧毁。保护森林的经费，所需甚巨。油桐等经济树木，又不能在秦岭以北栽植。椿树在造纸工业上，虽可作原料，但需时过长。照此看来，造林是只赔本，而无利可图，目前虽能成功，终究恐难有美满的收获。所以中国想大规模地造林，必须设法栽植经济树木，农林专校正想向这方面努力。每年造林经费约六万元。

## （二）农业经济系

这一系比较空洞，但是如果能精密地调查研究西北农业状况，对于建设西北上，一定有很大的帮助。

## （三）园艺系

本系分花卉、果树、蔬菜三组。花卉的栽培，多在三道原水草茂盛的地方，所用的种子是外洋来的。花卉固为高尚的娱乐品，但在经济凋敝的西北，每年花许多钱买花卉种子，实不合算。故亟应改用本地种子。果树的栽培，很有希望。中国南方的广东、福建、广西等省，以产水果著名，荔枝、龙眼、橘、柚等佳果，到处皆是。北方果实，如枣、葡萄、苹果、梨等，皆有大量出产。中国中部如皖、鄂、赣、湘等省，在无风带内，所产果实甚少，比之北方，不啻霄壤。北方气候土壤，宜于果树的栽培。可惜西北本地品种，未曾加以精确调查。近农林专校方面有教授着手调查，但其调查区域尚小，记载亦久完密，所以在改良品种上，也难达到目的。农林专校教授有从法国留学回来的，他们极力主张栽培葡萄。法国人对于葡萄，固极爱好，用它来酿葡萄酒，制葡萄干，榨取葡萄汁，其利用葡萄，可谓“无微不至”。但中国人民对于葡萄，不十分爱好，利用它的程度，不及法人。若想加以宣传，改移人民嗜好，非长期的努力不为功。从历史上的记载，可知中国在汉武帝时已经栽培葡萄，到现在差不多二千多年，还没有大量推广。可知一般国民的习性，很难改移，在中国大规模地栽培葡萄，是没有什么大利益的。蔬菜方面，也很有希望。西北土壤肥沃，所产番茄极大，但老百姓对番茄，总觉得它有不好气味，不甚欢迎。而大椒、葱等的栽培，反到处皆是。所以在推广某种作物或果树蔬菜等以前，需特别注意一般人民的嗜好习惯。

## （四）农艺系

农艺方面：农林专校已与河南大学、中央大学、金陵大学合作试验水稻，汉中亦有稻作试验场。其余为棉、麦。大豆应可在陕西推广，但现时陕西种大豆者甚少，且普通在大豆未成熟时，即割之以饲牲畜。希望中央大学大豆品种试验获得美满成功后，推广到西北去，一定有很大的成效。因陕西土壤气候，宜于大豆的栽培，大豆在陕西，可为主要作物，不像皖、湘等省，仅能以大豆为次要作物。陕西农作物复杂，各种皆有。若加以锐意经营，可为建设西北树一巩固的基础。

**（五）畜牧兽医系**

在学术设备方面：中大畜牧兽医系，在国内算是首屈一指。但西北为最适宜的发展畜牧兽医事业区域，亦众人共知。我想和贵校罗校长、邹院长商洽，使贵校畜牧系和农林专校畜牧系，在学术研究上，取得密切联络。并希望贵校同学毕业后，踊跃地到西北服务，参加开发西北的工作。

邹院长谓我们若个人单独经营农业，必不及农民。因为农民能耐劳苦，力气大。我们如果经营畜牧园艺，一定胜过农民。因为农人在畜牧方面，不晓得关于牲畜卫生的知识和血清治疗等医学上的方法；在园艺方面，不晓得除害虫、接枝等方法。这些事，在我们却可行之裕如。在我看起来，邹院长的话，实是至理名言！

**（六）水利组**

西北的大患，是旱灾。但可仿效美洲西部、非洲北部等地方，掘井取地下水。然所费甚巨，栽培的作物，如果没有大的经济价值，就不合算。渭河水流很急，所以陕西不发生水灾。可惜地面与水面，高低相差甚大，经水利工程专家的努力后，也仅能把水引至二道原。农林专校水利组主任李仪祉先生，曾从事开掘渭惠渠、洛惠渠、泾惠渠，将三道原的水引至二道原。头道原还没有办法。若用电气戽水，因中国电气工业不发达，所费必昂贵。陕西农民在二道原、三道原地方，都掘井取水，用土法掘井，费用便宜。但在头道原掘井，须深五百尺，方可有水。再将水打至五百尺高之地面，费力甚大。所种作物，如为小麦、高粱等，则难期获利。若种牧草，如菊科之刺蓟及荞麦等抗旱、抗寒力强的作物，所需水少，所费成本较轻。这种作物，可以用以饲牲畜。将来畜牧业发达后，皮毛油肉等产量大增，制革制油罐头等工业，必随之发达。如此，则机器不缺乏，可用电力戽水。荒凉的西北，可变成树木葱茏的乐园；游牧生活也可改为固定的农业经营。陕西多梯田，一年收获，可供三年之需。如果将农业区域缩小，改种果树或造林，将来即逢大旱，田间作物，完全没有收成，农民尚可靠果树森林的收入，来维持他们的生活，不致流落无依。

## 三、西北地理概况

西北包括绥远、察哈尔在内。自包头五原以西至宁夏，由宁夏西走到甘肃河西、青海，这个偌大的区域，实为经营畜牧事业的理想区域。秦朝祖宗非子"牧马汧渭之间"，即在这个区域以内。其地雨量丰富，但常发生电雹灾，对于农作物，损害甚大。牲畜则无大影响。所以据有此地的非子，能渐致富强。

土地问题为开发绥远的当前难关，因绥远土地，多系蒙古王公的畜牧区域。经汉人开垦之后，一遇大水，土壤多被冲走，遂成"不毛之地"。所以蒙古王公反对汉人去开垦。目前的办法，在如何可使蒙古人由游牧生活改为固定的农业经营。这个问题解决了，地权问题也就解决大半了。

宁夏西倚贺兰山，东濒黄河，形势险要，土壤肥沃，河渠交错，夏麦秋禾，均极茂盛，所谓"天下黄河，唯富宁夏"。昔西夏建国于此，韩琦、范仲淹等名将，皆无如之何。其形势的雄壮，可想而知。祁连山草场洞开，牛马肥壮，乳酪甚佳，为适宜畜牧业之区域。

河西、敦煌、玉门关，为中国古代通西域要道，宜农宜牧。甘肃东南部，属于渭水流域，其中部及宁夏省东南部属黄河流域，甘州、凉州等处，虽不能利用黄河水来灌溉，但因其在祁连山麓，雪融化为水后，可资灌溉。现时陇海铁道将通至天水，若更南延至四川成都，西北延至皋兰，则西北所产如皮毛等，不必经由天津出口，而可取道陇海路到海州，或更南下至上海。且皋兰在地理上实是中国中心，总理实业计划中以皋兰为全国铁道的汇集点。秦朝的富强，也由于汉中巴蜀。将来交通便利，以东南有余之人力材力，开发西北无限的宝藏；更以西北的物产，供东南的需要。国际战争，一旦爆发，西北就可作我们的原料供给地，在国防意义上，实不容忽视。

## 四、发展西北农林事业的途径

欲发展西北农业，对于作物品种，要经过一番精密调查，以期得一适宜土壤气候，又有经济价值的作物。至于肥料，是没有什么问题，因西北土壤，较东南肥沃，对于肥料，没有迫切的需要。果树方面，也应先着手调查品种，加以改良。对于果园的管理，生产品的加工制造，加以注意研究，再指导农民去实施。畜牧方面，先调查西北牲畜品种、饲料、畜疫和产品的实用价值，再决定推广哪种品种。农业经济方面，应实地调查西北农业情形，如地价、农民负担、农村借贷、农民生活实况，俾作他日建设西北的参考。

## 五、西北的重要性和中国青年在开发西北上所负的责任

西北是中华民族发祥地。汉唐两朝为中华民族强盛时期，皆以关中为根据地。所谓“关中襟山带河，沃野千里，王者之都”，诚然不错。更从反面观察，西北的丧失是覆亡的根源。宋代失去西夏，结果由开封而临安，由临安而泉州，终至君臣投海，以身殉国，在民族史上，留下悲惨的一页。金的灭亡，也由于西夏先亡，失掉屏蔽，于是元人乘其战胜余威，加兵于金，而金室为墟。当成吉思汗死在六盘山的时候，遗嘱后人自汉中攻金后

方，可操胜算。襄阳的丧失，促成南宋的灭亡。司马子长《六国表序》上说“或曰：西方物所始生，东方物之成熟。夫作事者，必于东南；收功实者，常于西北。故禹兴于西羌；汤起于亳；周之王也以丰镐伐殷；秦之帝，用雍州兴，汉之兴，自蜀汉”。由此看来，无论在经济上、国防上，西北都有极大的重要性。为着有四千余年文化的中华民族生命的发扬光大，为着实行总理遗教，我们有尽全力保守西北的必要。日人眼光敏锐，深知中国过去兴衰的关键，想效元人故计，自西北来包抄中国本部，以图实现他的大陆政策的迷梦。他现时对东南各省，还没有武力占领的决心，派军舰来到东南海滨的目的，是威胁，是想分散我们的注意力，好在不知不觉中把西北吞并。所以日本现时军事上的对象是绥远，其余不过是虚张声势。我们要竭全国力量来保守绥远，不要误中敌人诡计。

东南人士，对于西北实况，颇多隔膜。以为西北气候寒冷，不若东南的温和。又因目下西北文化落后，遂生鄙视的念头。殊不知西北气候，并非如一般想象中的恶劣。宁夏中卫、皋兰一带，水草丰美，田畴相望，有“塞北江南”之称。并非莽莽黄尘，杳无长林丰草的胜境。况在长江流域，四五月间，发生霉雨天气，使人极感不适。西北方面，决没有这种恶劣天气。所以西北人士，反视东南为畏途。例如北魏文帝迁都时，君臣反对他们的理由，就是洛阳太热。可见西北气候，有时反较东南为佳。我们应当把西北视作正待开发的乐园，解决中国人口问题的区域。以前把西北当作没有希望的荒瘠地方的错误观念，应该立时屏除。

近来开发西北的呼声，尽管“高唱入云”，可是能真正调查西北的人，实不多觏，坊肆上陈列的什么西北游记，西北刊物，和报纸上关于西北的记载，都是走马看花得来的一些模糊印象。它的内容，也是千篇一律：称道西安碑陵古迹，终南山的雄壮，到过皋兰的人，便盛夸黄河铁桥工程的伟大，和黄河奔流的壮观。这些空谈议论，都无补于实际。要想真正知道西北，必得要把西北的农业、文化、交通、人民生活状况等，逐一加以精密调查，做成数字统计，制成表格，方有裨益。俄对于外蒙、日本对于满蒙实况，都有精密的数字统计，反观满蒙真正主人翁的我国，反没有统计资料，来做建设的指针。近来资源委员会的调查，比较精确，可是还不完密。一般青年，学成后，应该踊跃地到西北，去做调查工作，参加建设西北的大业，完成复兴中华民族的责任！

# 西北之高等教育*

大西北之开拓为当而举国瞩目一大事。教育本培蓄人才管钥：高等教育，则专才所自出，风气所自开，文化所自始。关系弥深且重。兹据管见，就高等学校与学术研究机关两方面建置需要，摅要胪陈，借供探讨。

西北高等学校，迄今已有国立西北农业专科学校、西北师范学校、兰州大学及兽医学院四者。文、理、法、农、医、师范教育各方面均备。虽缘时地及经济诸因素之限制，规模设备，俱未臻上乘；然轮廓既具，长养非难。顾针对当前地方需要。以统观全局，则缺而待补者尚有两学院：一为工学院，一为边疆语文学院。皆以设在兰州为时地两宜。

工业人才之重要，不俟烦陈：西北天然环境特殊，将使应用学理与实际需要融合。自以就地育才，最为适合。院中急需各系一为农村命脉所系之水利，一为一切工业发展所资之电机与机械，一为交通建设所赖之土木。其次化工、纺织、矿冶三者，可于次期筹设。此一学院应独立。一年级学

* 原载于《新甘肃》1947年创刊号。此篇文论系辛树帜来兰就任国立兰州大学校长后关于西北高等教育的总记。辛树帜对西北高等教育的设想与规划均立足于西北开发、西北建设的基础。他以教育反哺地区建设的理念，为西北教育的发展及西北经济事业的发展做出巨大贡献。——编者

生所应习各基本课程，则由兰大负担。庶几节省人力，轻而易举，情形与现在国立兽医学院同。

边疆语文学院，正所以应西北特殊需要者。兰州辖毂内地与西北边陲交通：各民族固有语文，于兹汇集。故此院亦当设在兰州。第一期应有藏文、蒙文、维文各系；而移兰大俄文系并入之。或先皆暂附设于兰大文理学院亦可。次期再设立梵文及现代天竺语两系。研究东方各宗教与其哲学，融会国内各民族文化与感情，了解邻邦情况，以备敦睦，其重要亦无待殚述。

兰州学术研究机关，现有地质调查所，科学教育馆，中央工业试验所等处。以研究过去西陲文化、政治、民俗、史迹为职责之西北史地研究所，与研究改良西北土壤、农业、畜牧之西北农业研究所，亦为当前急务。前者以考古工作为重心，后者以盐土、碱土之改良利用与水土保持为重心。各与大学文、理、工、农、兽医等科，密切联系，由兰而甘全境，再逐渐向宁、青、新推进，则学术不流于空谈，西北文化建设，庶几有豸。

# 骄傲的本能 *

## 一、人类都是骄傲的

主席、诸位先生、诸位同学，今天我承宋院长之约，有机会来到贵院与诸位面谈，觉得荣幸，非常愉快！今天我所讲的题目是《骄傲的本能》( The insinct of pride )。“骄傲”是夸耀、自豪的意思，“本能”是与生俱来、不学而能的行为；骄傲的本能就是说：夸耀自豪是人类的天性。人类都是骄傲的，上智的人是这样，下愚的人也是这样，成人是这样，小孩子也是这样。有钱财的人，骄傲他的钱财；有地位的人，骄傲他的地位；有名誉的人，骄傲他的名誉；有学问的人，骄傲他的学问；甚至于有道德的人，骄傲他的道德。

世界上最伟大的人物，往往是最骄傲的人物。汉高祖削平天下，他问

---

* 甘肃省档案馆档案藏：( 032-001-0508-0002 )，甘肃省保安司令部定期召开全省警务会议之先举行讲习会，特聘辛树帜为讲习会专家。此辛树帜于 1948 年 9 月 1 日上午于兰州市官陛巷 72 号省警察训练所内所做演讲稿。——编者

他的父亲，他创的事业，比他的弟兄们怎么样。曹孟德和刘备煮酒论英雄，瞧不起当代的人物，最后他说："天下英雄，唯使君与操耳。"李太白上《与韩荆州书》，一则曰："愿君侯不以富贵而骄之，贫贱而忽之，则三千之中有毛遂，使白得颖脱而出，即其人焉。"再则曰："白，陇西布衣，流落楚汉。十五好剑术，遍干诸侯，三十成文章，历抵卿相。虽长不满七尺，而心雄万夫。"就是韩荆州要看他的诗文，还必须要接之以高宴，纵之以清淡，他可以日试万言，倚马可待。

不但英雄才士骄傲，就是圣人贤人，也一样的骄傲。孔子说："天生德于予，桓魋其如予何？"匡人围住他，他说："天之将丧斯文也？"在他临死的时候，他还说："泰山其颓乎？梁木其坏乎？哲人其萎乎？"孟子自己说他自己："我善养吾浩然之气。"后来到处游说，到处碰钉子，他并没有因此减少他的骄傲。他慨叹说："夫天未欲平治天下也，如欲平治天下，当今之世，舍我其谁也？"

人生不但要求生存，还要求权力，权力意志，是推动人生的力量，是人类许多活动的来源。骄傲是权力意志的一个基本条件。一个人有可以骄傲别人的地方，就是说他已经取得了物质上或者精神上某一种权力。有了这种权力，他就可以支配别人，超越别人，战胜别人。他就是强者智者，他再不是弱者愚者。世界是一个优胜劣败的世界，只有强者智者，可以光荣地生存，弱者愚者，迟早一定要归于淘汰、征服。假如说一个人没有骄傲，就是说他已经处在一个极危险的地位，他怎样肯甘心呢？

骄傲一方面满足人类生存的意志，一方面又推动人类权力的意志，所以骄傲是人类意志的中心，他与生俱来，与死俱去，不可逃避，不可遏止，也无须乎逃避，无须乎遏止，因为骄傲逃避停止之日，就是生命源泉枯竭之时。假如欧洲思想自从文艺复兴一直到现在，人类渐渐成了宇宙的中心，那么意志就是人类的中心，骄傲就是人类中心的中心。这一个中心一动摇，近代文化的根本也就要动摇。人类尊严提高，这是近代文化精神的特色。

人类的骄傲一失去，人类的尊严，也就损坏无余。

不但一个人不能没有骄傲，整个民族也不能没有骄傲。一个民族骄傲它的血统，不能不奋发有为，骄傲它的文化，不能不努力前进，骄傲它的独立自由，所以在异族侵凌、民族危殆的时候，不能不抗战自卫。假如一个民族，自己觉得没有任何可以骄傲的地方，那么它一定是一个极没有出息的民族。

## 二、骄傲的种类

骄傲的种类甚多，大体可以分为两种：一种是物质上的骄傲，一种是精神上的骄傲。

物质上的骄傲，在近代社会里最普遍的就是钱。钱代表一种伟大的支配权利。有了钱，可以买田地，修房屋，穿讲究的衣服，吃丰富的饮食，安居雇多数的仆人，社交得各式各样的朋友。中国古话说“钱可以通神”，中国俗话说“有钱可使鬼推磨”。中国人死了，替他烧许多纸钱。人病了，也赶快到观音菩萨那里去做同样的工作。可见照一般人的心理，不但人喜欢钱，连鬼都喜欢钱。假如他有了大量的金钱，他怎么不骄傲呢?

世界上固然也有一些人格高尚的人，不羡慕别人有钱，同时自己也不愿意有钱。比如孔子把富贵看作浮云，杨震畏四知而辞金，最厉害的就是王夷甫连口都不说钱。但是这样的人，始终是少数的少数。大多数的人，一提到钱就发生无穷的渴想，渴想到最厉害的时候，冒险，拼命，什么事情都干得出来。苏秦的嫂子，羡慕苏秦位尊而多金。其实位尊倒没有什么，多金在苏秦的嫂子看来，真是一件了不起的事情。中国素来“升官”两个字，照例连上发财。在中国人的眼光里，做官并不是替人民服务，乃是为自己发财。官愈做得大，财愈发得多。做官自然目的是要发财，那么正当的薪俸，当然不够，唯一发大财的办法，就是贪污。中国政治的贪污，就是一个极严重的问题，严刑峻法，不能禁止。清朝做官的薪俸，叫作养廉。然而廉始终不能养。因为做官发财的心理没有打破，做官发财的心理没有打破，就是因为金钱的骄傲没有打破。

有钱的人可以骄傲，无钱的人不可以骄傲。这是一般世俗人的看法。然而另外一批人，看法大有不同。一般的人，骄傲他的金钱，骄傲他的物质。这一批人骄傲他的才智，骄傲他的精神。

才智是精神骄傲最普通的现象。孔子说："如有周公之才之美，使骄且吝，其余不足观也矣。"据孔子看来，周公人格最伟大的地方，就是他有才而不骄，可见有才能而骄傲，是最容易犯的毛病。诸葛亮在没有遇见刘备的时候，躬耕南阳，自比管仲、乐毅；王安石以颜渊、孟轲自居；项羽少时同他的季父项梁，望见秦始皇的车辇，项羽说："彼可取而代也！"

有才智的人，往往不能抑制他的才智，因为他有他精神上的骄傲。中国历史上恃才傲物、笑傲王侯的例子，不知道有多少。假如有金钱的，喜欢表现他的金钱，那么有才智的人，为什么不喜欢表现他的才智呢？固然有些时候，一位有钱的人故意装成穷样子。一位有才智的人，故意装成拙笨样子，这是在某种环境之下，他不这样装假，别人就要向他借钱，或者就要嫉刻他，甚至于杀害他。刘备听见曹孟德说他是英雄，他就假装闻由失箸，因此免了杀身之祸。

有才智的人，伤了他才智的骄傲，是他最伤心的事情。普通话说"太太是别人的好，文章是自己的好"。你说一个人的太太不如别人，他并不见得生气，你说他的文章不如别人，他就不高兴了。同样对着一位研究学问的人，说他学问浅；对着一位办事的人，说他办事不好；遇着政治家，批评他的政策；遇着外交家，批评他的辞令；会见一位交际花，你指出她的交际缺点。他们永远也不会宽恕你、原谅你的。

物质骄傲自然不限于金钱，精神骄傲，也不仅止于才智，不过才智和金钱，已经包含了人类骄傲的大部分。此外，如收藏家骄傲他的古董，女人骄傲她的小孩儿，爱狗的人骄傲他的狗，村庄的农妇骄傲她肥胖的老母猪，留学生骄傲他会说洋话，旅行的人骄傲他曾经过许多风景优美的地方，势利的人骄傲他有一位显贵的亲戚，小孩子骄傲他新奇的玩具，时髦女子骄傲她新式的衣裳。诸如此类的骄傲，就不值得我们一一地分析讨论了。

## 三、提高骄傲的步骤

骄傲是人生不可少的条件，因为它满足推动人类生存意志和权力意志；但是古今中外的哲人，为什么又常常教人免除骄傲呢？难道说骄傲是一种不道德的行为吗？骄傲在本质上是和道德冲突的吗？设如不免除骄傲，到底有什么坏处呢？

骄傲根本是一个人类不能免除、不必免除的本能，古今中外的哲人虽然口里教人免除骄傲，其实他们的真正意思，并不是教人免除骄傲，乃是教人提高骄傲。

提高骄傲的第一步，就是要从虚伪到真实。没有钱的人，装出有钱人的样子；没有学问的人，装出有学问的人的样子；愚笨的人，装成聪明人的样子；懦弱的人，装成勇敢的样子；借以欺世盗名，满足骄傲；但是一旦假面具为人揭穿，生活立刻就要陷于痛苦之境，就是能够把别人蒙蔽着，然而自己心里也不免有惭愧的。

一个人最不容易认识自己，因为自己有自己的骄傲蒙蔽着他，社会上有意作假的人，固然很多，但是还有许多人，特别是精神方面，常常把自己看得很高。他们的内心是诚实的，他们的骄傲却是虚伪的。赵奢是赵国有名的大将，他的儿子赵括读了父亲的兵书，也自己认为自己有将才。后来带兵和秦国打了一个大败仗。马谡相信自己的才略，不听孔明的命令，结果把街亭失掉，孔明流着眼泪把他杀了。特别是学者文人，最容易欺骗自己，有许多教授，总相信自己所见的是真理，别人所见的，没有学术的价值，咬牙争辩，喋喋不休。还有许多文人，文章本来不好，他却把自己当作天才，头发不梳，脸脏不洗，衣服破烂，说话神经，他以为这样天才的作风，可以吸引别人的注意。然而假本事得不着真名誉。于是他就牢骚不平，怒气冲天，今天骂人太愚笨，明天骂人不识货。这种人本来是虚骄，他却自以为是实骄。迷惑太深，至死不悟，真是可怜极了。

真正有修养的人，一定能够养成客观的态度。客观的态度，在于认清事实，比较别人。一个人只要能够把握事实，他就可以知道他自己所骄傲的，到底是否是事实。自己真正可以骄傲的时候再骄傲；不应当骄傲的时候，就不要骄傲。这样的骄傲才是有根据的，不是夸大的。是真正的，不是虚伪的，用不着沽名钓誉，自然实至名归。

提高骄傲的第二步，就是要从物质到精神。人之所以异于禽兽，就是除去简单的物质生活以外，还有丰富的精神生活；物质所以谋低级的生存，精神乃以求伟大的权利。因为物质是外在的，精神是内在的，精神可以支配物质，利用物质，征服物质，创造物质，物质对于精神却没有同样的力量。教育对人类最大的意义，就是它有提高人类骄傲的功效，一个人品格的高下，全看他的骄傲能否提高一个时代，精神骄傲的人多就是盛世；一个时代，物质骄傲的人多，就是末世。一个民族的盛衰兴亡，也可以从它国民骄傲的对象，看出其中的消息。

颜回一箪食，一瓢饮，在陋巷，人不堪其忧，回也不改其乐。这是贤者摆脱物质骄傲，制成精神骄傲的表现。子路穿一件烂袍子，和一位穿狐皮袍子的人，站在一块儿，一点不感觉羞耻，因为他的骄傲，早已经提高了。

提高骄傲的第三步，就是要从才智到道德。才智骄傲是精神骄傲的普遍的现象；道德骄傲，才是精神骄傲最高级的发展。一个有才智的人，固然难得，一个有才智而又有道德的人更难得。一个有才智的人，只能够骄傲他的才智，一个有才智而又有道德的人，往往能够超出他自己的才智，去骄傲他道德的行为。这样的人，就是十全十美的人，也就是古圣先贤理想的人物。这就是为什么孔子那样称赞周公，因为他不但有才，而且有德。

再者，才智骄傲不提高到道德骄傲，这一个人一定是一个不善于待人接物的人，因此也就不能担任大事，做政治上的领袖。领袖要有领袖的风度，最要紧的就是要能够尊重容纳，利用别人的才智。假如他骄傲自己的才智，无形中他的声音颜色，就拒人千里之外，他这个领袖，怎么能做得成功呢？所以地位愈高，事业愈大，责任愈重的人，愈需要提高他才智的骄傲，到道德的骄傲。

中国历史上多少开国的皇帝，讲文讲武，都不及他的部下，然而他的领袖地位，并不因此动摇，因为他有超出才智的道德。汉高祖运筹帷幄赶不上张良，用兵作战赶不上韩信，供运粮饷赶不上萧何，但是他能够豁达大度、知人善任，有领袖的道德，所以能够统一天下。他的敌手项羽，虽然力能扛鼎、才气过人，但是他嫉妒贤能，怀疑范增，所以才归失败。道德的光辉，远过于天才的光辉。因为道德这样重要，所以中外的伟人，都非常看重道德，其次才看重才智。

## 四、处世的原则

从虚伪到真实，从物质到精神，从才智到道德，都是在提高骄傲，而不是在免除骄傲。骄傲是不可以免除的，也是不能免除的。骄傲是人类意志的中心，生命的元素，凡是没有骄傲的人，就是意志薄弱生命力量微小的人。人类社会最重要的问题，就是保持骄傲而又提高骄傲的问题。

人类既然都有骄傲，同时骄傲又不够个个提高。所以人与人相处，需要无限的人生智慧。

处世第一个原则，就是不要损伤别人的骄傲。骄傲是人类生存不可缺少的条件，损伤了一个人的骄傲，就等于损伤了他的生命，有时甚至比损伤了他的生命还要厉害。西洋话说“名誉为第二生命”，中国话说“士可杀，而不可辱”。这都证明，人类的骄傲，是不可随意损伤的。有许多尖酸刻薄的人，最喜欢指责别人的短处，揭发别人的隐私，自鸣得意。其实这种行为是最不聪明的行为，因为你损伤别人的骄傲，别人就会立刻报复你，损伤你的骄傲。假如他不能达到目的，他一定会怨恨你、陷害你。社会上常常有人因为一句话不小心，就遭了杀身之祸。

世界上越是有本事有人格的人，越是骄傲。所以历来的君相，都要礼贤下士。周公听见贤者来了，吃着饭立刻把饭吐出来，洗着头立刻把头发握起来，出去迎接。一连三次，他都不生气。汉高祖见了韩信，把衣服脱下来替他穿上，亲自推饮食来款待他，后来有人劝韩信反，韩信不反，因为汉高祖能够不损伤他的骄傲。

如果在上位的人，不能够损伤别人的骄傲，那么在下位的人，更不能够损伤别人的骄傲。周亚夫对汉景帝不恭敬，汉景帝说他不像少主的臣子，不久就把他置于死命。魏征屡次触犯唐太宗，唐太宗气急了，说他恨不得杀此骄傲翁！到底唐太宗是一位英明的君主，要不然魏征早已经没有命了。

政治是危险的，因为一不小心，损伤了在上在下的人的骄傲，往往就丢掉自己的性命。就是父子、夫妇之间，关系固然密切，感情固然真挚，然而彼此的骄傲，也不能任意损伤。通常儿子成名，父亲应当高兴，但是在父亲也想成名的时候，就不是那么简单。相传科举时代，有一次父亲同儿子，一起下场。放榜的那一天，儿子去看榜，发现自己考取了，惊喜回家，报告父亲；父亲骂他一顿，说这也值得高兴？儿子再回去细看，原来父亲也考取了，而且比他还在前，他又回去报告。父亲正在抽大烟，听见了，高兴得了不得，一挣身起来，把烟盘子也打翻了。

夫妇之间，在古代还好一点，在近代妇女解放以后，她们内心，一个个都充满了骄傲，因此增加了做丈夫的困难。有时一句话不小心，就伤害了太太的尊严，引起天大的风波。太太无论替他做一件什么事情，都要连声道谢。太太下一个命令，丈夫像狗一般地顺从。因为要不这样，他就不是近代社会理想的丈夫。假如他不愿意得老顽固、封建思想、压迫女性的骂名，他必须谨慎小心，不能损伤太太的骄傲。

其实太太对丈夫，也不可以因为时代的风气，得意忘形，尽情伤害丈夫的骄傲。因为顾全面子，是人之常情；物极必反，势所必至。有许多的太太，最喜欢当着客人笑骂丈夫，甚或饱以老拳，等到骄傲损伤无余之时，也就是男权开始伸张之日。毒蛇在手，壮士断腕，爱情一掷，局面全非。或出走他方，或另寻所爱，或当场恶斗，或对质诉法庭。骨肉分离，百感伤心。到这种时候，悔之晚矣。

处世第二个原则，就是不要放纵自己的骄傲。这一个原则，同上一个原则，常常是互相关联的。有时候别人骄傲的损伤，就是因为自己骄傲的放纵。别人没有钱，你偏偏要对别人骄傲你有钱，一定要引起许多的仇恨嫉妒。朱门酒肉臭，路有饿死骨。这自然要激起不平的呼声。况且金钱只能骄傲庸俗的人，稍微有点精神修养的人，你绝不能够拿金钱来骄傲他。至于才智的骄傲，也同样不可以放纵。处处夸耀自己才智的人，往往不能够承认别人的才智，研究学问成见太深，不能寻求真理。立身处世，盛气凌人，到处遭人嫉妒，谁也不愿意同他往来。

金钱才智的骄傲，固然不应当放纵，道德的骄傲，如果放纵，也是不健康的现象。中国历史上许多高人隐士骄傲他们的清高，作诗饮酒，目空一切，对于从事政治社会、济世救民的人，随便谩骂。这不但有伤忠厚，而且毫无心肝。此外如廉洁的人，夸耀他的廉洁；公平的人，宣传他的公平；替朋友做了一件事情，唯恐别人不知道；为公益事情捐了一笔款子，要登在报纸上宣扬。这些都是自己人格肤浅的表现。他的行为，在一方面，固然实践了道德，在另一方面，却又损伤了道德。而且在别人心理上，对于这一种道德骄傲的放纵，时常发生反感。

处世第三个原则，就是不要放弃自己的骄傲。骄傲可以不必表现，但是骄傲不能根本铲除。一个人没有骄傲，他的学问、事业、人格，就不能进步，他没有志气，随流逐波，他可以过鬼混的日子；他没有自尊心，他可以做卑鄙无耻的事情，这样的人绝不能引起别人的尊重。

总而言之，不损伤别人的骄傲，是交际成功的秘诀；不放纵自己的骄傲，是人格修养的工作；不放弃自己的骄傲，是鼓励意志的行动。遵守这三个原则，一个人处世的态度，就是正常的、健康的。他能够为己，也能够为人。这样的份子众多，社会国家就能够发展进步。中国圣贤所讲格物致知、诚意正心、修身齐家治国平天下，也只能在怎样处理人类的骄傲本能中得到；换一句话说，就是要推动人生的权力意志，同时又要使他们能够互相尊重、互相帮助、共同合作、共同努力，以达到人类进化最后之目的。

# 纪念徐光启 *

4月24日是我国杰出的科学家徐光启的四百周年诞辰。

众所周知，这一位明代的科学家，不仅是我国政治、军事、天文、历数、水利等方面的专家，也是伟大的农学家。他的巨著《农政全书》约百万字，是一部值得研究的农书。

这部农书规模极其宏大，内容极其丰富。他的门人张溥，在这部书所作序文中说："采明农之众篇，勒一代的大典。上探井田，下殚荒政，凫茈可食，螽螟不忧，率天下而丰衣食，绝饥寒……"这种评价一点也不夸大。这部书确实总结了17世纪以前我国劳动人民多方面的农业宝贵经验，也记载了徐氏本身对农业的实践与卓见。在今天伟大的党所领导的社会主

* 原载于1962年4月19日《光明日报》第二版。后收录于《一代宗师——辛树帜先生百年诞辰纪念文集》(杨凌：西北农业大学，1997年3月)。此文为辛树帜于1962年3月23日—4月8日在中国人民政治协商会议第三次全国委员会第三次会议上的发言。辛树帜从1952年便已投入我国农学遗产的整理和挖掘工作中。徐光启的《农政全书》是他重视的农书古籍之一。在他的主持下，康成一完成《〈农政全书〉征引文献探源》，他与王作宾整理出《农政全书》校注工作。详见刘宗鹤《整理祖国农学遗产建设具有中国特色的农学》《一代宗师——辛树帜百年诞辰纪念文集》。——编者

义建设的高潮下，需要把徐氏这一书整理好和发扬光大起来，更好为农业生产战线服务。

这一部农书是徐氏的初稿，虽说经过当代文豪陈子龙的删润，和子龙的友人，当时称为博雅多识的谢延桢、张密等做了许多旁搜复校工作，但因该书征引文献太多（达二百五十余种），其中援引，很有些颠倒错误，据农业出版社印出的《〈农政全书〉征引文献探源》的初步统计，竟达三百余处。我们似应及时整理该书，要求得出较完善的更方便于参考利用的标准版本。西北农学院已作出整理计划。将逐篇、逐条、逐句，尽可能与最早来源校对过，以进一步了解《农政全书》的全部材料；将根据现有各种刻本及一些较通行的排印本，缜密的校勘一次；将加入必要的注释，并重新标点。

徐氏逝世后三百多年来，中外有些天主教人士，震于徐氏的学问功业，"文名盖当世，功业留简编"（南沙李杕教士语），多从徐氏生平与其著作方面，选择某些可作为教士模范和与推广教义有关的材料，尽力渲染（如三次编刊的徐氏集和李杕所编译万余字的《徐文定公行实》都是如此）。而徐氏对农业、水利、历法、天文、数学等科学方面的伟大成就与贡献，反少发扬，这是多么可惜的事！最近华南农学院正在纂辑的《新编徐光启集》，作为纪念徐氏四百周年诞辰的礼物，是值得我们注意的事。这部《新编徐光启集》，一反旧集的种种缺陷，徐氏一生重要著作能罗致者全部辑入。特别是一些实践性的或理论性的科学技术论文，一些序言或题词，一些有关当时军事、政治的奏议，一些论学论事或涉及家常生活的书信等等，过去大部分没有收录，此次大部分编入新集。全集并重新安排了次序。必有这样一部《新编徐光启集》出版，才能使我国科学工作者对徐氏在科学上的成就与贡献，有真实的较全面的认识。

二十五史中的《明史》，一般人对徐光启的评价，还不算低。但其中的《徐光启传》是不能令人满意的。以徐光启那样伟大的科学家，把他与在章疏上误“何况”为人名而闹笑话的郑以伟（虽然他们在廉洁方面有点相似）以及仅以“谨愿诚恪”著称的林釬（虽然他们在反对魏党方面有点相似）同传，可谓拟之非伦。这个传，对徐氏反抗异族侵略的种种规划，不敢多写，在当时统治淫威之下是不可免的。但对徐氏少年英俊的气概和重视实际科学、理论结合实践的精神，任意略去，这是不可原恕的。幸好被清廷列为禁书查继佐氏的明代信史《罪惟录》尚得保存，又得张菊生的支持印行，才使我们对这一杰出的科学家的生平，有进一步的认识。我现从《明史·徐光启传》《罪惟录》《徐文定公行实》摘出二三点谈谈。

《明史·徐光启传》说：“徐光启，字子先，上海人，万历二十五年，举乡试第一。……”这是如何的简略!《徐文定公行实》也仅有“嘉靖壬戌三月二十一日，文定公生，岐嶷挺秀，质迈凡童……”我们看《罪惟录》：“徐光启，字子先，号玄扈，南直上海人也。先世从宋南渡，……光启幼娇挚，饶英分，尝雪中蹑城雉，疾驰，纵远跳。读书龙华寺，飞陟塔顶，趺顶盘中，与鹤争处，俯而嘻。……”这里可以看出我们的科学家在幼年时期，是个何等可爱的矫健活泼的少年。

《徐文定公行实》说：“其为文，钩深抉奇，意无不畅。……”这是一般谈古文的笼统的滥调，对任何人都可以用得上的。而《罪惟录》说：“其为文层折，于理于情，进凡思五六指，乃视笔；故读之者，不辞凡思五六指，猝未易识，而实可试诸行。”这是徐氏为文的特点。举《农政全书》为例，徐氏所作的评点，陈子龙说“恐有深意，不敢臆易”，刘献廷说“令人拍案叫绝”，即体会了这一点。

《罪惟录》又称他“与同官魏南乐（阉党魏广微）不协，移病归，田于津门。盖欲身试屯田法，因就间经理数万亩，后草《农政全书》十二卷（按：‘卷’字为‘目’字之误）以闻，本此。……”这种大规模的大田试验是历史上值得重视的实事求是的科学试验。关于这一点《徐文定公行实》仅有“田于津门”一句，《明史·徐光启传》则完全空白。

我们纪念徐光启氏，不但对他各种科学方面的著作，应重新整理研究，即他的传记、行实等，也应广搜中外材料，用科学的方法，做一番分析、整理和补充，以供科学工作者特别是青年科学家学习科学史参考之用。

解放前，纪念徐光启氏逝世三百周年时，竺可桢先生等作了一些文章，如《纪念先哲徐文定》《近代先驱徐光启》《徐文定公与中国科学》《徐文定公科学观》《徐光启对中国近代教育之贡献》《明末维新运动中之徐光启》《徐光启著述考略》等等。这些虽有不少贡献，但对纪念这一位杰出科学家，还是远远不够的。今天在我们伟大的党和伟大的英明的领袖毛主席，领导人民建设伟大的社会主义社会的美好时代，适逢这一大科学家整整四百年诞辰，似应由各学术团体，群策群力，集思广益，整理他的原著，批判接受其在学术上的精华，发扬他对祖国科学的贡献。务必使我国历史上的伟大科学家，几百年来为中外敬仰的徐光启氏的为学和做研究的精神，永为科学界的典范，这对我们科学工作者也是一次教育与学习。

# （一）辛校長樹幟上教育部簽呈

## ——主辦蘭州大學計劃大綱——

西北諸省，為我國古文化發祥之地，亦今後新國運發揚之所，承先啟後，繼往開來，國防價值，於今尤重；復興文物，開發資源，實目前數年最重要之工作。中樞此時，特設蘭州大學，意義蓋極深遠。樹幟奉命出長斯校，懍責任之重大，爰特約專家，審度時勢需要，擬訂辦理蘭州大學計劃大綱如次：

謹按鈞部命令，蘭大係就現在蘭州之國立甘肅學院，（內分法律系，政治系，經濟系，銀行會計系等。）國立西北醫學院分院，國立西北師範學院，合併編成。惟樹幟與西北師範學院院長黎錦熙，及各方專家研究，僉以復興西北文化，其要尤在充實與提高其中小學校之程度 而大量優良師資之培養，則為達成此目的之第一條件；故西北師範學院，實以保持現有獨立規模為宜。樹幟昨已將此意面陳，業蒙允准西北師範學院，仍獨立設置；故蘭大今日規模，擬即就甘肅學院改併之法學院，與西北醫學分院改併之醫學院，並按大學規程調整增設之文學院理學院，與特設之獸醫學院等五院而成。其各院系別，擬訂如次：

法學院：政治系，經濟系，銀會系，法律系共四系。

醫學院：不分系。

文學院：哲學系，中國文學系，外國文學系。歷史系、地理系、共五系

理學院：數學系，物理系，化學系，植物學系，動物學系，附設水利工程系，共六系。

獸醫學院：解剖學系，生物化學系，生理學系，藥理學系，細菌學系，病理學系，寄生蟲學系，內科學系，外科學系，（包括產科）衛生學系，畜牧學系，共十一系。

樹幟以為蘭大各院系，除求一般平均發展外，為適應當地環境，擬特重於獸醫學院之發展。防治家畜疾病，及進而改良其品種，以期有裨助於西北經濟國防。至甘院原有附屬中學，擬擴為蘭大附中。

基於上述，樹幟擬按下列各要點實施之：

一、蘭州交通不便，各種近代產品缺之；在今後數年內，所有教學用品，圖書紙張，均須自京滬平津購辦，此一巨大運輸費用數字，當為其他各地大學所無者，且，當地甚少平行發展之科學研究機構，各種大小設備，勢必自辦；故本校開辦費，及每年經臨費，擬請按通例增加數成，俾應事機。至獸醫學院為國內首創，其規模擬力求宏遠，開辦費臨時費，並懇特撥專款。

二、校舍擬暫以甘肅學院房舍為中心，新增各院房舍之建築，擬求宏偉樸實，所有建築詳細計劃，俟後另文呈核。

三、擬懇就聯總撥濟我國之圖書儀器及鋪設器材，各撥發一整套，以充實本校軍備

四、擬請轉函行總及軍政部，就聯總及美療及接收日軍物資器材中之獸醫材料、撥發多套，以便本校獸醫學院，能迅速奠立基礎，並懇利用國際文化合作辦法，源源自外國取得新式器材圖書，務使獸醫學院，能成為全國甚至東亞獸醫學院之重鎮。

五、為便於延攬人才，安定教職員生活，擬懇按教育復員會議決議之獎勵邊地各級學校教員服務辦法實行，又最近改訂公教人員待遇，京滬平津區與蘭州區，相差過遠，並懇設法，酌予提高。

以上所陳，均本年度工作之初步計劃大要，至辦理蘭大分年度詳細計劃，如農工學院之籌設等項，俟後另文呈核，辛樹幟。

三十五年六月二十六日於南京



辛校长树帜上教育部签呈——主办兰州大学计划大纲

# 主办兰州大学计划大纲*

西北诸省，为我国古文化发祥之地，亦今后新国运发扬之所。承先启后，继往开来，国防价值于今尤重。复兴文物、开发资源，实目前数年最重要之工作。中枢此时，特设兰州大学，意义盖极深远。树帜奉命出长斯校，懔责任的重大，爰特约专家，审度时势需要，拟定办理兰州大学计划大纲，如次：

谨按钧部命令，兰大系就现在兰州之国立甘肃学院（内分法律系、政治系、经济系、政经系、银行会记系等）、国立西北医学院分院、国立西北师范学院合并编成。唯树帜与西北师范学院院长黎锦熙，及各方专家研究，佥以复兴西北文化。其要尤在充实与提高其中小学校之程度，而大量优良师资之培养，则为达成此目的之第一条件；故西北师范学院，实以保持现有独立规模为宜。帜昨已将此意面陈，业蒙允准西北师范学院，仍独

* 原载于《兰州大学校讯》1947 年第 1 卷第 1 期。辛树帜在担任国立兰州大学校长之后，积极地征求地方专家、教育界及相关学校的意见，结合西北自然环境、社会经济、民族文化等特点及其对人才的需求，向教育部呈报《主办兰州大学计划大纲》。大纲体现了辛校长建设兰州大学的整体思想。在辛校长掌校期间，兰州大学成为一所包括文、理、法、医、兽医五大学院的综合性大学。——编者

立设置；故兰大今日规模，拟即就甘肃学院改并之法学院，与西北医学院分改并之医学院，并按《大学规程》调整增设之文学院、理学院，与特设之兽医学院等五院而成。其各院系别，拟定如次：

法学院：政治系、经济系、银会系、法律系，共四系。

医学院：不分系。

文学院：哲学系、中国文学系、外国文学系、历史系、地理系，共五系。

理学院：数学系、物理系、化学系、植物学系、动物学系，附设水利工程系，共六系。

兽医学院：解剖学系、生物化学系、生理学系、药理学系、细菌学系、病理学系、寄生虫学系、内科学系、外科学系（包括产科）、卫生学系、畜牧学系，共十一系。

树帜以为兰大各院系，除求一般平均发展外，为适应当地环境，拟特重于兽医学院之发展。防治家畜疾病，及进而改良其品种，以期有裨助于西北经济国防。至甘院原有附属中学，拟扩为兰大附中。

基于上述，树帜拟按下列各要点实施之：

1. 兰州交通不便，各种近代产品缺乏；在今后数年内，所有教学用品、图书纸张，均需自京沪平津购办，此一巨大运输费用数字，当为其他各地大学所无者。且，当地甚少平行发展之科学研究机构，各种大小设备，势必自办；故本校开办费，及每年经临费，拟请按通例增加数成，俾应事机。至兽医学院为国内首创，其规模拟力求宏远，开办费、临时费并恳特拨专款。

2. 校舍拟暂以甘肃学院房舍为中心，新增各院房舍之建筑，拟求宏伟朴实，所有建筑详细计划，俟后另文呈核。

3. 拟恳就联总拨济我国之图书仪器及医设器材，各拨发一整套，以充实本校军备。

4. 拟请转函行总及军政部，就联总及美疗及接收日军物资器材中之兽医材料拨发多套，以便本校兽医学院，能迅速奠立基础，并恳利用国际文化合作办法，源源自外国取得新式器材、图书，务使兽医学院，能成为全国甚至东亚兽医学院之重镇。

5. 为便于延揽人才，安定教职员生活，拟恳按教育复员会议决议之奖励边地各级学校教员服务办法实行，又最近改定公教人员待遇，京沪平津区与兰州区，相差过远，并恳设法，酌予提高。

以上所陈，均本年度工作之初步计划大要，至办理兰大分年度详细计划，如农工学院之筹设等项，俟后令文呈核。

辛树帜

三十五年六月二十六日于南京

附：

教育部代电

高字第八三六〇号

民国三十五年七月十五日

国立兰州大学辛校长：

本年六月二十六日签呈悉，兹核示如次：

1. 该校准设文理法医三学院。

文理学院先设中国文学、历史、数学、物理、化学动物、植物、地理等八系。

法学院仅设法律系。原甘肃学院之政治、经济、银行会计等三系，及西北医学院医学专修科，均自三十五年度起停招新生。就现有各年级，办至毕业时为止。

甘院附中，仍准照旧办理。

至兽医学院，俟奉准设置后，再划归该校办理。

2. 该校经费，已先垫发伍亿元，仍候呈请行政院核定。校舍建筑，须力求坚固朴实，应拟定计划报核。

3. 善后救济总署拨助之图书仪器，仅限于收复区专科以上学校，该校所需教学设备，俟分派国外捐赠之图书时，再从优办理。

4. 优待边教人员办法，俟奉准实行后，当可照办。至待遇调整，应由行政院，统筹办理，以上四项，统仰知照。

又西北师范学院，仍继续独立设置，不再并入该校。并饬知照，教育部印。

# 辛校长上朱部长书 *

骝仙部长我兄鉴：

弟上月二十四日，乘中航机来兰。兹已一周，谨将兰大开办情形，及来兰后见闻，简述于次，以释我兄盘念。

1. 师院独立设置，西北人士对之极有好感。

2. 兰大设置兽医学院，谷主席对之极喜。彼之见解如次：

（1）吾国经营西北，自汉唐以来，近二千年，而仍不能解决此一大问题者，以吾为农业民族，而不惯过畜牧生活；东北之经营，不及五十年，而有大成功者，因东北亦为农业区也。

（2）以左宗棠之魄力，经营西北，而无法使吾民族与畜牧生活相适，

---

* 原载于《兰州大学校讯》1947 年第 1 卷第 1 期。《辛校长上朱部长书》反映了国立兰州大学筹建初期之情形，对我们了解兰州大学建校历史颇具价值。朱家骅（1893—1963），字骝仙、湘麟。早年留学德国柏林大学。1913 年、1944 年两度担任国民政府教育部部长。和辛树帜友谊深厚。1926 年至 1931 年间，朱家骅主政中山大学、中央大学时，辛树帜留学归国后任教于二校。朱家骅第一次任国民政府教育部部长时，聘请辛树帜筹建西北农学院；第二次出任教育部部长时，又聘请辛树帜为兰州大学校长。—— 编者

亦不能解决西北问题。

（3）今若以近代之兽医学为主，能解决西北马牛羊骆驼之疾病，得蒙回番信仰；同时进行皮毛工业，又将湘茶尽量供给彼等。彼等在生活上与吾息息相关，西北自无问题矣。此种合逻辑之见解，深堪钦佩！此次因吾兄不顾一切，先在兰大办兽医学院，彼喜极欲狂；以为数十年之心愿达矣，故弟来此，彼帮助不遗余力。

谷主席又称邝荣禄君（美国留学生，昔年兄主持中山大学时之农院生），已将西北牛瘟治疗问题（即用英人在印度发明之山牛血注射）求得初步解决；中央研究院之邓叔群君，将西北森林问题，详尽分析；及袁翰青君，对陕西商人之假冒湘茶之化学鉴定，皆有功西北者。

3. 甘院及西北医院人选，经第一周之观察考虑，已得初步解决；甘院改兰大法学院后，由法学界老前辈李镜湖先生任院长；医学院由于光元教授任院长。此二院其他人事，无大变动。

4. 校址选定萃英门内，有地二百数十亩，昔年左宗棠所选为考场者，山环水绕，形势甚佳。现有平房不少，为数十机关占有，已开会一次，请其迁出，以甘省政府及地方人士之帮助，大概无多问题。弟拟在铁路未到兰州前，即将此平房修理，作文理法二学院之用。今年新生，全在此地上课；附属中学，亦在内。现可容学生千余人。并拟设建校委员会，从事规划：他年即将此平房一部分，逐年拆去，换以新式建筑，当不难容纳三千人。西北图书馆，亦拟与以一角地，使萃英门内，变为西北学术区。俟他日图案制定后奉上。

5. 医学院现在地址极简陋，设备全无，图书无几，一切不成规模。已请于院长从速规划，并请其觅定适当地址，预备他年建筑。

6. 兽医学院地址，谷主席极关心；彼谓为吾国首先建立之新学院，且为解决边疆问题之唯一武器，规模不宜过隘。俟盛彤笙先生来后，详细规划。（今年新生在大学本部听讲）谷主席言久慕盛彤笙先生之名，且曾屡邀请其来兰，而不可得者也。

再者兰州学术机构，虽有数处，大半皆成立于战时，一切简陋不堪，以图书论，每一机关，不到两万册，又皆不成系统者；新式科学仪器，几无一具，专门学者，亦寥若辰星。本校在吾兄长教时代成立，弟从前所立之预算，祈兄帮助向政院说明批准。又设备费务望兄多给与。地理研究所，亦望早移来配合。此后国家问题，完全在西北与东北，尤以西北范围较大，空虚尤甚。吾人不早为准备，他年必遗误国家于无穷也。弟此次承兄之命令来西北，本抱有极大决心，又年已过五十，饱经忧患，此次出任艰巨，本昔年之经验，知中国事最难处者，为人事问题。故此次做事，一切求在人事上的协调。来兰后即与各方面联络，使阻力不生，互信互助，务必使大学之基础，早日奠定，以慰西北人士之望，所以报国家者此也。敢布区区，祈兄察之，即此敬叩

公安！

弟辛树帜叩八月三日

附：

## 朱部长复辛校长函

树帜吾兄大鉴，接展九月三日。

惠书敬悉一一，兰大为西北各省仅有之大学，对今后边省高等教育之发展，关系重大。吾兄正积极致力于校舍设备之充实，至佩贤劳，部中目前经费异常困难，兰大请拨之款已嘱司先垫五千万矣，专此布复顺颂教祺。

弟朱家骅拜启十月九日

## 教育部代电

国立兰州大学辛校长：

本年七月签呈三件，暨经算概算均悉，兹核示如次：（1）该校经费，员工名额，已估列本年七至十二月份经常费七千万元，开办费一十亿元，教职员二二〇人，工役一五〇名，呈请行政院核定，俟奉令后饬知。（2）前项估列之经费，如奉核准，本年度即不再援照通案追加。本部已垫发之开办费五亿元，并予扣还。员工名额，会计人员包括在内，至兽医院学院经费，及员工名额，俟该院奉准设置后，再行核定。（3）该校图书，俟英美捐赠图书运到后，再行优予分配，所需仪器，应就开办费内筹款购用。（4）医学院病床设备，另令核示。（5）教育复员会议通过后方学校籍隶收复区教职员优待办法，行政院未予核准。该校新聘教员旅费，仍应准照本部规定办理。

以上五项，统仰知照，原件存销，教育部印。

## 教育部训令

高字第二〇四九〇

民国三十五年九月十九日

查该校校址基地，文理法医三学院，至少须一千亩以上，兽医学院及该院附属家畜医院，必须与该大学同在一处，所需院址基地，更宜广阔，尚须另筹。此外，国立西北图书馆，亦须设置大学附近，且有在市区以内之必要。至西北农业专科学校，亦不宜离该校过远，因该校将来不再增设农学院，故筹勘该校校址，应将其他院校馆址，一并统为规划，在市区内选择适当地址，造成一文化区，俾能相得益彰，以利教育。除咨请甘肃省政府协助指拨基址，并分令国立西北农业专科学校知照外，合行令仰知照，并迳行恰办具报此令。

部长朱家骅

## 甘肃省政府公函

教秘（三五）未五七六〇

民国三十五年八月二十二日

查兰州市萃英门内，所有地基房屋，前于三十二年一月间，经本府委员会一〇一六次会议决议通过，指定为筹设之国立甘肃大学校址校舍，纪录在卷，当即分别涵咨各占用机关查照，嗣并于三十四年九月八日以教一高（三四）申字第五四六〇号呈咨请行政院及教育部核备各在案。现贵校业于本年八月正式成立，所有上项地基房屋，自应按照成案，移拨应用，以利进行；并经本府教育厅宋厅长会同贵校长，召集萃英门内各占用机关学校，商定迁移办法，协助发展，而符培养西北建设人才之目的。除省立高级助产职业学校，暨高级工业职业学校，正由本府选择适宜校长校舍后，令其迁移外，其余省参议会、卫生处、西北盐务局等机关八单位，已分别代电请饬从速迁移，俾资整理布置，相应涵达，即希查照，与各占用机关洽商收用为荷！此致

国立兰州大学

主席　谷正伦

教育厅长　宋恪

# 医教中心之一部令设在兰州 *

卅六年三月四日发

京办字 34 号

窃属校医学院，原为国立西北医学院分院编并而成，该分院创立于战时因陋就简，毫无设备可言，改并以还，虽力图建设，只以购买外汇，外洋订货迟缓，种种困难，迄未能按原定划完成初步设备，欲求救济物资辅助，又因限于联总协定而不可得。即均部前令指拨之病床药品，亦欲行而

---

* 《兰州大学校讯》1947 年第 1 卷第 2 期。辛树帜积极发展西北医学教育。据刘宗鹤记述，1946 年冬美国医药助华会副总干事 Stevens 女士在考察西北医疗卫生情况的基础上，提出在中国内地成立 6 个医事中心，并将其中之一设立在兰州。在辛树帜屡次向教育部催促下，1947 年 4 月兰州医事中心正式成立。兰州中央医院、兰大医学院及兽医院等 7 个单位参加兰州医事中心。兰大医学院获得美国医药助华会捐款 2.4 万美元，全部作为医学院购置仪器药品及图书等的费用。由医学院院长于光远开列详单，美国医药助华会代为订购。后又获得美国医药助华会驻沪办事处捐赠新旧杂志及药品。一定程度上解决了医学院教学与实验所急需的仪器设备。详见刘宗鹤《辛树帜先生创办国立兰州大学事迹》，《一代宗师——辛树帜先生百年诞辰纪念文集》，西北农业大学，1997 年 3 月。——编者

止，全院员生及西北各省人士，因此大感失望，环请转恳钧部设法及早日补救，借使此千万里内唯一新式医学教育机构，得早树其基础。

顷闻美国医药助华会，有就全国各重要大学中设立医学教育中心六处之议，为此敬恳钧部体念今后国防形势，与夫盟邦及西北人士渴望新式医学教育传布之热诚，明令将医学教育中心之一定在兰州大学并特拨巨款充实设备，国族幸甚。

谨呈

教育部长　朱

国立兰州大学校长辛树帜

附：

教育部指令

发文　高字 20523 号

三十六年四月十六日发出

三十六年三月四日京办字第三十四号呈一件——为请明令指定兰州为医学教育中心，并特拨款充实医学院设备由。

呈悉，所请准予转函美国医药助华会核办，至请特拨经费一节，除应于本年度内部核定拨发该校建筑及扩充改良费八亿元，特予注意医学院分配额，以配合国外之援助外，兹并另予加拨国币二亿元，专作充实医学院设备之需，再该校教学医院予加强，与西北医院谋取合作，妥商具体办法呈部备核，仰即遵照为要，此令。

部长　朱家骅

# 教育部训令

发文　医25598号

卅六年五月十八日发

查该校前请指定该校医学院为医教中心一案，经本部转函美国医药助华会核□去后，兹准该会负责人刘瑞恒先生本年四月十七日阅，略以（一）该会本年度可运用之资金，较预期之数为少，预算当经核减，惟仍将核给该校医学院多名奖学金名额，及可供购置教学设备之费用约美金三万元，至于该会捐助之设备，其申兰间运费，须由本部负担。

（二）须即与该校医学院院长迳洽，商讨该院拟购设备清单，及申请奖学金计划，并将于短期内赴兰一行，等由准此。（抄附原函一件）合行令仰知照，并仰转饬该校医学院院长即与该会取得联系，迳洽办理，并将洽办情形报部备核为要，此令。

部长　朱家骅

# 就德国波德楼德文书籍事致同济大学董洗凡校长函*

贵校本年十一月七日济字第618号大函敬悉。查汉口德国波德楼德文书籍书目，本校□正加紧整理中，俟整理就绪当先奉寄阅。如有贵校所需要者，□上准函前由相应函复至，希亮誉为荷。此致

国立同济大学董校长

校长辛树帜

* 兰州大学档案馆藏（1- 国立兰州大学 -170）。原档案名为《国立兰州大学关于德国波德楼书籍正在整理中待整理完别后定先奉寄阅致国立同济大学董校长公函》。辛树帜来兰就任国立兰州大学校长之前已经开始图书搜购的工作，向汉口德国波德楼购得德文书籍共两千余册，书籍以德文及边疆研究之书为多。辛树帜于就任时携带来兰。——编者

附：

## 关于本校奉令接收汉口德国波德楼德文书籍闻由贵校长携往兰大请将文哲部分拨交本校或请检查示知数目就本校所需开列请照发还致国立兰州大学公函

经启者案查本校前奉教育部令接收汉口德国博得欧德文书籍一案，经托本校校友汉口红十字会医院周菁伯院长代为接收时，贵校长尚在教育部驻汉特派员任内，曾经函达查照，请予移交后接周院长复函，以特派员办公处及辅导委员会均已结束无人负责。近向汉口各方深悉，该项书籍已由贵校长赴兰大就职时一并携往，并悉其中以哲学及中国边疆之书为多。本校授课向以德文本为参考书。本年新设文哲等系应用图书片帙未备，除关于边疆书籍外，其余拟请拨交本校应用或请赐将该项德文书目见示俾。本校就文哲系所需要者酌量开列。再请贵校照拨相应。函达即希查照示复无任盼荷。此致

国立兰州大学辛校长

校长：董洗凡

## 教育部关于要求查明德国波德楼德文书籍所在并电复教育部致国立兰州大学辛校长代电

国立兰州大学辛校长树帜：

案□国立同济大学十月一日济字第385号呈称："案查前奉钧部社字号第08789号代电，以汉口德国波德楼德文书籍，前经令拨本校接收，饬即□派专人赴汉或委托专人向武汉区特派员办公处恰接"一案，当因一时无相当人员可派。经函托，本校校友汉口红十字会医院院长周菁伯就近代

为接收。俟校船东下过汉时再行运带来沪。并经□七月二十五日以济字第0073号文呈复在案。兹□周菁伯院长函称“承嘱代表接收汉口波德楼德文书籍一车，□方框，一再向武汉区教育部特派员办公处及辅导委员会原□洽询，均因□会早□解散，无人负责答复，嗣□向教育厅及一二前辅导委员询悉，确有德文书籍共约二千册，其中以哲学及中国边疆之书为多。唯和人经手处理以及现存何处，则□向教部及前任辛特派员查询”等语。□□传闻，该项书籍经辛特派员□赴兰州大学校长任时一并携往。说当非事实。本校将捡本年度成立文科各系，对捡前项书籍，需用颇切，兹□前情理合备文呈报，乞钧部鉴核俯饬。辛前特派员树帜查复该书现存处所，并即□令，移交本校接收等情。□此合□电仰迅。将该员在武汉区特派员任内所接收之德国波德楼德文书籍情形查明具复为要。

教育部酉　印

# 就搜求藏文典籍事致黄正清、黄明信函*

## 致黄子才司令函

**第一封**①

子才司令吾兄勋鉴：

本校自设置边疆语文以来，即从事搜集边文图书。今夏已将青海塔尔

* 自筹办国立兰州大学始，辛树帜便非常重视图书仪器设备的充实。据刘宗鹤记述，1946年6月底，辛树帜就在南京请各学科专家开列图书名单，准备订购。在7月15日物价飞涨之前，顺利采购到价值伍亿元法币的图书仪器。1947年边语系成立之后，分别致函拉卜楞、塔尔寺、德格、迪化等地，北京的雍和宫、崇祝寺，以及设有边语系的高等院校，征集有关边疆语言文字的图书。此二函与《致黄明信函》即为辛树帜为搜集拉卜楞寺藏文典籍写给拉卜楞寺保安司令黄正清与藏学专家黄明信的信函。——编者

① 兰州大学档案馆藏（1- 国立兰州大学 -4）。黄正清（1903—1997），又名罗桑泽旺。1920年随其弟第五世嘉木样活佛迁至拉卜楞。后参加“藏民文化促进会”“少年同志会”，组建“甘青藏民大同盟”。后历任拉卜楞番兵司令部、保安司令部司令，“制宪国民大会”“国民大会代表”。新中国成立后，任政府高级官员，授少将军衔。在其任拉卜楞保安司令期间，给予国立兰州大学藏文典籍的搜集和复印工作极大支持。—— 编者

寺等处所出藏文经籍搜集齐全素稔。贵处拉卜楞寺为藏区文化中心，出版经籍至为丰富。兹派魏生生辉君捎带纸张印费前来交印，除为函黄明信先生协助印制外，务恳吾兄惠予协助，调派印工饬其细心印制裱褙，俾能迅速完成至所感祷，附赠徽仪茶两盒点心两匣，尚祈哂收，勿却为幸，专此奉托顺颂。

弟辛树帜敬启

**第二封**[①]

子才司令吾兄勋鉴：

魏生辉君返校询悉。

勋保安胜，公私吉畅，至以为慰。此次本校在贵寺印请经籍诸承。鼎力关照，破例赶印，俾获法宝，极深纫感，今后本校员生如能于边疆文教有所研究皆吾兄之赐也，专函申谢，敬请

勋安

弟辛树帜敬启

十一月十日发

① 兰州大学档案馆藏（1- 国立兰州大学 -10）。——编者

## 致黄明信函[①]

明信先生惠鉴：

魏生辉君返校询悉。

予兄安善，至以为慰，此次敝校在拉寺请印藏文经籍诸承。

关拂协助俾获法宝私心感纫，匪可言喻。今后本校边疆语文系如有发展皆台端之赐也，专函申谢，敬请

撰安

弟　辛树帜敬启

---

① 兰州大学档案馆藏（1- 国立兰州大学 -10）。黄明信（1917—2017），藏学家。早年就读于清华大学历史系，1938 年毕业后至青海国立湟州中学任教。1940 年赴拉卜楞专门学校学习藏文。1945 年在第五世嘉木样活佛的推荐下，任拉卜楞青年喇嘛学校教导主任。1948 年回到北京。新中国成立后先后任职于中央民委、民族出版社、北京图书馆。他拟定的“藏文古籍著录条例”将藏文古籍著录工作引上现代文献目录学之路。20 世纪 40 年代，他在拉卜楞期间给与国立兰州大学藏文典籍的搜集、复印工作以很大的帮助。——编者

# 致陈立夫 *

教育部陈部长钧鉴：

电悉前奉筹各农院电，即屡电约曾、周两委员来陕开会。

后得复电，周委员正去川，筱及并奉钧部及曾，周两委员电，命帜赴渝开会。旋又奉钧部敬电，改令赴蓉。俱因西安无机飞川，不可成行，乃改乘汽车，又连日大雨，停止行驶。现正在宝鸡候车赴蓉。

接收事，俟开会后，当遵令赶办。

辛树帜

（一九三八年六月）

* 原载于西北农林科技大学档案馆汇编《故人手泽——辛树帜先生往来书信选》，2010年12月。据《故人手泽》研究，此函为辛树帜就国立西北农学院合并交接情况向时任教育部部长陈立夫所写的电文底稿。电文中的曾、周两委员为国民政府教育部农业教育委员会曾济宽、原国立西北联合大学农学院院长周建侯。他们与辛树帜皆为西北农学院筹备委员会成员。陈立夫（1900—2001），名祖燕，字立夫，曾任国民党中央党部秘书长、教育部部长。——编者

# 致政协会刊 *

负责同志：

贵社十月二十号来信读悉，甚慰，兹谨答如次。《农政全书》应明年复印以纪念杰出的科学家，我院整理工作方法见另纸，望指教。欲争取明年（1962 年）八九月交稿，望放在明年第二期出版计划内何如？除原书整理附录可能有以下几件：1.《徐光启年谱》偏重在农书部分，已与梁家勉君商好。与此地植物专家数人商计过，有《植物学名表》，可使《救荒本草》科学化。上三者字数皆不多，有两万字的打算即够，估计在 1962 年能够完成。我院所积材料可能在明年下期整理出书者，有陈旉《农书》及《农桑辑要》二书，如此二书他处有人整理，我们即放弃。如尚无人整理，您社欲列入出版计划，望与我院陈吾愚书记及王振华副院长及科研室商，兹将二书情形略告。其中，陈旉《农书》，石声汉教授曾做过初步分析，只

---

* 原载于西北农林科技大学档案馆汇编《故人手泽——辛树帜先生往来书信选》，2010 年 12 月。辛树帜于重返西北农学院后，非常重视农学古籍的整理及水土保持的研究，积极促成农学古籍及专著的出版。作为九三学社的主要领导人之一，他通过政协工作推动古农史文化遗产的挖掘整理工作。通过此信即可窥见辛树帜此项努力之一斑。——编者

要重加工并将原书标点，从他的整个年谱中摘取。2.整理全书所用的参考书籍拟用文献探原，后面部分是否如是临时再定。《〈禹贡〉制作时代的推测》，1954年本院科学报上发表。《〈易传〉的分析》见本院学报。3.《我国水土保持的历史研究》，科学院科学历史研究室学报出版。4.《禹贡新解》，本院重印。5.《农田果树历史的研究》。6.如何在古为今用的原则下整理祖国农业遗产，政协会刊、科学院欲选作整理文化遗产范本。7.《唐宋八大家古文解选读本》，后序未定稿。

以上极重要，但在发言中提出似太长。希望兄当作论文时，提出加以详细叙述，兄以为何如？要在发言稿中提出，即望兄代作一小段。新编《徐光启集》已确实了，非兄早日进行此为创时代之工作，为我们农学界在党领导下之光荣事业，特向兄预贺。

即此，敬礼

着安

弟树帜

一九六一年八月十五日

# 信件、纪念文

# 致顾颉刚 *

颉刚先生：

一月三十日手教，读后喜而不寐，不但书法光芒四射，而行文豪气纵横，有似三四十岁壮年。弟意见可做二十年工作计划，弟亦当作同样长的计划以伴吾兄。

仲勤处已去信，嘱其晋谒。他是您的小学生，望您多加教训。

徐蒙童诸学者俱去世，不知徐蒙二人遗著，有人代为整理否，甚念。

近南京农业遗产研究室工作亦将恢复。兄所提出古史上农业各种问题，弟拟交全国农业遗产研究讨论会上，请其列为主题，分工研究。此会如在北京开，希望兄去指导。（弟近去信南北的搞农业遗产者开一个会，讨论在“文化大革命”中如何提高工作。）

---

* 原载于西北农林科技大学档案馆汇编《故人手泽——辛树帜先生往来书信选》，2010年12月。顾颉刚（1893—1980），著名历史学家、历史地理学家，创建古史辨学说，著述颇丰。1927年，辛树帜与顾颉刚在广州中山大学相识，建立起终身不渝的友情。据张克非统计《顾颉刚日记》中，有上千处提到辛树帜，其中仅记载给他写书信事就有200余处。足见两位先生交往甚密。辛老从事农业遗产整理工作，受到顾老的支持。——编者

声汉同志的小书，利用文字学和古农书方面有其特长，希望兄多提意见。

敬问近好

嫂夫人希代问好

弟　辛树帜

（一九七六年）二月十二日

# 致台湾教育界、科学文化界老朋友*

台湾的老朋友们：

我们分别已经23年了。解放前，在旧教育界，科学文化界工作时间比较久的人，对我大概是比较熟悉的。我在旧中国的科教文化界工作时间是相当长的。做过大学的系主任、院长。做过国立编译馆馆长。是国民党的国大代表，也担任过考试院考选委员。

有人可能会想：这样一个人，为什么会解放时没“跑”而留下来呢？说句老实话，我当时对共产党也是没有什么认识的。可是，我想我是一个中国人，就应当热爱祖国，应当把自己的一分力量交给中国人民。中国的知识分子绝大多数是爱国的，而促使我留下来的这些思想，正是绝大多数知识分子所共有的爱国主义思想。

解放不久，我就担任了西北农学院院长。这个学校原是我参加经手筹办的。1936年开始招生开学，而后时隔三年，1939年在国民党内部派系

---

* 原载于《一代宗师——辛树帜先生百年诞辰纪念文集》，杨凌：西北农业大学，1997年3月。此为写给台湾同胞的公开信，呼吁维护祖国统一。1972年12月25日被中央人民广播电台、中国人民解放军福建前线广播台采用，对台湾同胞公开广播。——编者

斗争掀起的学潮中把我逼走了。解放后，再次回到这里，我的心情极为激动，决心在共产党领导下，把这个学校办好。

这是政府对我的委托，也是我多年的心愿。

毛主席、共产党和人民政府对我是信任的。解放后我被邀请为全国人民政治协商会议委员，被推选为陕西省人民代表大会代表。我曾出席过毛主席亲自主持的最高国务会议。我也参加了全国性科学活动，曾担任过科联、科普组织的领导人。像我这样一个从旧社会过来、受旧社会影响极深的老知识分子，能够受到这样的信任和待遇，证明了中国共产党对那些从旧社会过来的知识分子是采取了向前看的态度。广大的知识分子，只要是真正爱国的，愿意为人民服务的，在新中国就会受到尊重和重用。

我今年已近八十。根据我的健康状况和个人的爱好与专长，近年来，我的主要精力已转向古农学的研究工作。

我国的农业有几千年的历史，前人又给我们留下了许多成文的记载——古代农书，这是极为可贵的农业历史遗产。如何对这些历史遗产进行科学的总结，达到“古为今用”的目的，是党和政府向农业科学工作者提出的重要课题之一。解放以来，古农学、古代医学、历史学、考古学等整理研究工作，都受到人民政府的鼓励与支持，都有专门的研究机构。西北农学院早在 1954 年即已设立了古农学研究室，经过我们整理出版的古农书和科研报告已有多种。许多过去不易读懂的古代农书，如《齐民要术》《氾胜之书》《四民月令》等，我们都陆续整理出版。我个人亦有研究报告数种，如《禹贡新解》《我国果树历史的研究》《我国水土保持历史的研究》等已经出版。目前，我正致力于陕西农业发展史的研究工作。

总之，在新中国每个人的专长都有充分发挥的机会，都可以为社会主义建设做出贡献。另外，学有专长的科学家、大学教授、学者等在工作和生活上都受到了各方面的照顾和关怀。年老体弱不能担任原来工作时，根据个人的志愿可以专门从事科学研究或力所能及的其他工作。对于完全失去工作能力的，仍然让他们终享天年，原来的待遇不变动。像我这样年龄的人，按照人民政府的规定，本来是够条件在家休息不必工作的了。但当我看到伟大祖国日新月异的发展，全国上下意气风发，我岂能“安享清福”“告老退休”？依我所知，像顾颉刚老先生等人，都依然在工作。“老有所养”“壮有所用”，这是古人的理想，今日这一理想，在新中国才真正得到实现。

我的子女很多，他们有的在科学研究机关工作，有的在工厂担任技术工作。我自乐在其中。

朋友们，我 23 年的基本情况大致是这样。历史在发展，社会在前进，新兴的社会主义祖国，正以无限的生命力，永葆其美妙之青春。这就是我的亲身体会和结论。

辛树帜

一九七二年十二月二十五日

# 致董爽秋 *

爽秋兄：

九日来信读过，太感兄与嫂嫂对弟觅老伴的关心。罗女士六十觅爱人，且又体健。嫂嫂初次见她所谈，自然要选年龄相近或相差不远的人。

弟是 1894 年生，下月即进入“八十”大关，真有“老夫老耄矣”之叹，何敢谈男女恋爱之事。罗女士不知听了谁人之言，以为弟有真才实学。曾欲以师生名义相处，殊不敢当。

弟以为兄不但是我们生物界巨子且为文字学专家，故介绍她（那时以为是“他”）前来向你学习。

据嫂嫂的调查，似还有另外目的。如果属实，她这种错爱，我是感激的。祈代我致谢。若用朋友名义，她的玉照即存弟处。

前数月，此地组织宣传为弟，也照了一些相。兹寄上一张，请你们看

* 原载于西北农林科技大学档案馆汇编《故人手泽——辛树帜先生往来书信选》，2010 年 12 月。董爽秋（1896—1980），著名植物分类学家。早年留学于德国柏林大学。回国后任教于安徽大学、中山大学、兰州大学、湖南大学、湖南师范学院。先生留学德国时与辛树帜相识，成为至交。从此信内容可以推测，董爽秋及夫人非常关心康成一逝世后辛树帜的晚年生活，为其“物色佳偶”。——编者

看我“老态龙钟”已达如何地步！

敬颂贤伉俪纳福

并祝罗女士康健

弟　辛树帜<br>（一九七四年）七月二十一日

# 辛树帜致康成一函*

## 第一封

成一：

今日为星期日，您是否多休息？此后星期日希望您都停下来。

望您在我的办公室后背柜中取日记本一寄来，因带来的日记本将用完了，如您懒去我办公室取，请您装订一本寄来亦可（即用残纸装订约数十页即可以）。三个儿子要他们各写一信与我，他们要什么东西，自己写上。字要整齐，不要潦草，长短随他们的意。

养病情况甚好，望勿念。气功已有进步，特告。

您写信多写点琐事何如？大白鸡您应该吃去，羊肉也该吃去，可以保

---

* 原载于西北农林科技大学档案馆汇编《故人手泽——辛树帜先生往来书信选》，2010年12月。该系列往来信函为辛树帜与妻子康成一的家信，信件内容互有照应。据《故人手泽》推测，通信时间多应在20世纪60年代后期。康成一，又名康成懿，辛树帜夫人，从事古农学研究。她的代表作《〈农政全书〉征引文献探源》在国内外古农学界产生较大影响。——编者

养身体。三个儿子斗争情况何如？这是一种锻炼，不要生气。慎初先生好否，他有小孙儿玩弄，精神当好多了。

关于气功书（小册子）武功如可买得，应多买不同本子参看。论文应慢慢进行，一日全多写一二百字。我的一气写千余字的办法应让少年去行，老年写书应如王氏父子及严复在阿片烟床上进行，或如石声汉先生在夜间饮茶休息睡觉中进行，老年日夜不休养的进行写论文，易出偏差的。

敬礼

树帜

六日上午

## 第二封

成一：

您得放回家，我得到减罪，真使我们安了心。深感谢党，此后我当更努力并希望写稿无报酬。我们一切得到照顾，儿子得到教育，人生乐事，还有过于新社会乎？养病无医药费，一切一切俱为人生梦想之佳境，伟大的党万岁，毛主席万岁。我养病情形很好，望告张成功主任，向党感谢。

这几天医生每来检查，听说我病情甚好，高血压总在百四十、三十之间。久已入了正常，且对根治这病之方法已完全掌握，加以身体各部健康，善于睡眠，医生对我睡眠佳极称赞，还掌握了气功口诀以长年益寿了。大概下月初即可出院，已一周未服降压药，您可多领半月粮票，寄否，我再有信告您，寄可用保险信封，我每日读书写日记时间不多，并看小说以消遣，饮食甚好望勿念，拟星期二去珍珠泉洗澡。

八十四《红楼梦》已参照脂本看毕了，收益甚大，《红楼梦》八十回是神龙见首不见尾，高续四十四回虽有佳处（如写林黛玉一段颇可），但与八十回比逊色多了。历史上叙事之文，余唯钦佩司马迁、曹雪芹及吴敬梓（《儒林外史》作者），三人真是化工之笔。八十回中（脂本）惜有多处极佳，字句或小段为高续时删去，这次得观原书真是幸事也。

《果树史》希望农业社多找人审查此文作成，您出力不少。因我们同时代之人若陈、胡兄辈等可能为我们提些修改意见也。

《中国树木学史》为一极艰难工作，他日我欲试试但必有新疆、云南等省之实际考察始可着笔也。

俞先生、石先生等身体好否？您的病应该好好留心，不让有其他副作用，望多饮牛乳，每日只要饮一磅，长期下去，身体决可增健也。

并问近好

树帜

二十七日上午

## 第三封

成一：

托黄得中君带面包四块（或彼吃一块只三块），已付款；托买糖食一斤只付粮票。你可由俞先生处将款付清，并有致你信一纸。

抵院后看护等以前相识，且有刘君荫武爱人，关系亲切异常。赴北京事，刘君爱人说因有过高血压，事实决不宜从事学习，因学习太紧张必造成不良后果，以此次不去学习。以后在党的照顾下，年龄已高，已无学习机会了。他日出院后必尽力保养。

三儿皆有特性，已成为社会主义服务好干部。望不要着急，注意保护（多锻炼）彼等身体，少年时仅受以相当知识可也。

我住在黄雁村干部医院四楼 408 号，与全国政协委员杨子廉老先生在一块，颇不寂寞，一间房，一张床，一架睡儿；《红楼梦》佳本二部，《老子》

一本,《拉丁文法》一本，请您猜猜也何如？惜未与老友慎初共也。

下午服药了。中心络通片、利血平共七八片。这些一包一次服下，日服三次，真是综合性疗法，决可断根。

树帜

二十日下午

## 第四封

成一：

昨日起又吃药，中西医结合为综合方法（并做气功等在内），据中西医说余病是将有好苗头。妙在睡眠好，各方面无病，治疗当易。

现定一月疗程，我只带十二斤粮票。你可问总务处或姜师处将下月粮票取出，嘱总务处由办事处送来。或自己来玩带来。在买饼干铺过街（你知道饼干铺是在大华饭店一面），转到西街或转到南边到西街过街，第一个汽车站待车（过钟楼走到西街不远的路，就是黄雁村汽车站起点）。

上车后一毛五分钱到黄雁村站下车，后行几步，即入医院。医院无招牌，在车上问人或下车问人。无人不知道的。因你不知道东西南北，可以说详细点，多多问人自然就不错了。

下午三时后会客。我住在四楼 408 号。

近日血压总是稳定在低九十度，高百五十度上间或百四十度。

树帜

十月二十三日

## 第五封

成一：

接读十日来信及仲勤信，甚慰甚慰。中医生说我的脉已不弦，并现得健康，以此知此病或不在我身了。高血压病，我个人已寻到了规律，不怕它了。

1. 此次得党之关怀给我检查而知注意，我应特别感谢图报。

2. 我自己阅书颇多且主张中西医汇治，得益亦不少。归后做气功即可保持不发展且可延年望勿念。

你星期日来很好，我不缺什么，我或不参加他们集体做气功。我仍住408号。我不怕冷，不要带衣服。

血压有自发性的及部分疾病引起的，自发性的从前以为极难治，部分疾病引起的易治也。但在今日有气功疗法，自发性初期也无问题。即就是二期、三期亦可治愈。所以，慎初先生之病，只要在医院经过综合疗法即无问题，望转告。并望告彼每日做气功。

据医院说，从今日下午八时起，不引水食干物质一日，以便检查余之小便。彼等对我之高血压原因还不太明了，欲从身体各方面做检查也。

据我个人体会，是高度抑制或高度用脑之结果。我感情一激动即可上升，平静就可下降，是操在我也。我现又得了气功之秘诀，若肾脏无病则我的高血压决不是病了，如肾脏有病专医肾脏即可治愈。

树帜

十三日上午

## 第六封

成一：

西安两次来信想已览。十日晨乘铁道局所备专车与董及唐二君赴宝鸡。四时上午一觉醒来已到武功，在宝鸡休息并赴街上一游，店中物件甚多。十时餐后车即上秦岭。铁道工程及桥梁结构皆有特点。在万山中绕行，新中国工程师之技术真堪惊人。

至凤州换快车，今日晨七时车已抵成都。新街市规模极大，旧日所称繁荣之区比较已小得不可言了。上午参观少城公园（现称人民公园）、武侯祠及薛涛井。在薛涛井饮茶，味特佳。董、唐二君皆购土产，余仅为你购点有用物品（招待所已特给购物票一张）。

我于十六日晚乘直达北京车（四川仅有此一次特快客车，抵武功时当知道时间大概十七日即达学校也。明日我赴都江堰并参观有名的红光人民公社。后日（十三日）上午看四川大学，下午看工业。十四日上午赴雅安看农学院（唐铖君同行）。十六日返来，十六日上午看省图书馆，下午看旧书店，晚十一时上车。

据招待所安排，我们在成都乘34次去北京，问武功车站即可以知道抵武功时间也。望以此告王科长或张成功同志或段鹏斌同志皆可。

在学校还有数日时间，当可为你将《种树书》修改好，带去北京。

即此

并问好

树帜

十一日

## 第七封

成一贤妻：

此地有羊乳，极便小儿饮。气候好，便吾妻养身体。吾妻接此信复后，可时与冯女士通信。万先生自京返武功后当有信约妻同行也。余身体甚好，望勿念。

现唯盼吾妻早日来陕。如吾妻身体长途不适，即可缓行，候余由京五月赴京开会，再接吾妻。万不能勉强，长途旅行，护小儿极苦也，一切望与商定。

行李寄武昌宾阳门[①]车站，若能在汉口转寄更好。自衡山站搭粤汉通车（二等），第二日下午可抵宾阳门车站即武昌站，再一站即徐家棚。应在宾阳门车站下车，约万君夫妇在车站接，可住斗级营于客栈一夜，此后一切万君可代办。汉口车清晨八时郑州转陇海西行，车在夜半可由汉口购西安道（二等）车票，行李有车票可寄西安，路上只应物品如小儿小被、水壶、痰盂（可供小儿大小便）及食物，一手可提者。由汉口至西安，万君夫妇自能助你们也。

仲毅若能送你们至武昌也好，可与仲毅商议，仲毅有办事才能。彼请假四天，即够矣。二姐若肯送你们亦可。

此二页为前信未寄出者，寄来供你参考。

辛树帜

十二日

---

① 在《故人手泽》收录的此信中出现有“宝阳门”“賓阳门”两个地名。根据上下文，二地均位于武昌，疑其均指武昌站。武昌站于1936年迁至宾阳门，又称“宾阳门车站”。——编者

## 第八封

成一贤妻：

四月八日来信读悉。一切以镇静态度处之，不必着急，并劝各亲眷亦不必着急，不久一切事即可得到合理解决办法矣。昨日寄来致公安局件。今日寄上路证，随带身边，此证行路当极方便也。

二姐同来亦可用也。万君处余已去信，嘱其在北京开会毕抵武汉后，即有信约你同行。彼夫妇两人皆强健，且小孩已八岁，路上可完全照顾你们。

余甚悔前次返里，未将你们先接去北京同来武功，如你即刻欲来此，可与二姐商议，是否可与你同来西北，同住此处。他日或可为彼觅得工作也。

如二姐愿来，对你当极有帮助，望你们商定。二姐之女如在读书，暑假时再随仲毅等来西北亦可。岳母大人劝其不必焦急，到必要时余必为设法。

即此

并问近好

树帜

四月十四日

## 第九封

成一：

今日晨曾上信，想已达览。上午赴天安门观礼，队伍整齐，每人皆持花，成一花卉世界了。据言，以今年五一之队伍及布置为最精彩。下午赴老友朱务善处。晚餐食湖南菜及菊桃酒。话四十年前旧事亦一乐也。转赴陶孟和先生处漫谈一夜。

今晚未有烟花，余亦未参加联欢会，归来收拾行李。忽在你的信中发现轩儿一信，写得极有趣味。他的字势极似你，望告以写毛笔方法，使其手腕开展。

兹告你一趣事，即下次政协开会，六十以上人皆受特别招待。凡周总理在六十以上人之茶话会上说的，规定可带爱人。假定无老伴，同行亦应带其女随时扶持。此为周总理之言，据说毛主席有此意。我此后若身体弱，亦希望你同来，你以为何如？

今日见天安门群众游行。最特别者，即人手持花而布在天安门广场，四面群众又持花布成花坛，大似昔年在青海所见草原，成锦气象，深可爱也。

打油一首，请您指教：

昔年深羡青海滨，草原花发压上林。[①]

而今群众代造化，红紫开遍（斗芳）天安门。

告轩儿等，已替他们买了糖果。

即此

并问近好

树帜

五月一日晚

① 古有上林花似锦之录。

## 第十封

成一：

昨信谅达览。

这次在西安添置颇多，草席一也，昨日又添香皂一块，上等牙膏一盒。价均不贱，哪知表带又坏，今晚欲去添置。石先生三十一日定来西安开会。你如不来，可请石先生为我带二十元来备用。

夜间热，我住走廊上睡颇适。每日开会三次，上下午、夜间至十时止，因睡食均不差，精神颇好，望勿念。夜间睡醒后，起来研究《易传》。

九月一、二日两天，在科联开会（石先生同开会）。这次我共参加四种会。一是人大会，二是人大小组审查会，三是九三会，四是科联会。晨八时半起，至晚上十时为止，为会议时间。每日尚有三四小时读书时间。啤酒、冰淇淋均未尝过，节约应如是也。

你如愿来玩二三日，亦可托石先生带之，何如？

即此

并问近好

树帜

八月二十八日

## 第十一封

成一：

我欲四日离开广州，由上海归来，中间赴浙农院及科学院、复旦等处了解遗传学问题，十二日抵西安，相见伊迩一切。

面逢辛元、兰桢，均好。唯大姐似老，但精神还佳。你俩若在一块似母女，非姐妹了。

你好吗？

树帜

二日

## 第十二封

成一：

今日上午致您一信及王院长一信，想达览中。午接到您二信，中有姜义安君一信，读之甚慰。

申请书送去甚好，一切听党安排。他年下放成否，亦听党安排，自然安排的好，望勿念。

张君是将面包吃去，但他将一斤粮票来还您，可由俞太太去问，如无则亦止。

小白鸡被咬去，在剥削时代本无关重要，但站在无产阶级立场上说是人民财富，谨慎处下次应小心好了。今日下午我们有鸡吃，惜您无小白鸡吃真是可惜。

农业出版社是党委制，正修个人调动无何关系，望不考虑。

三本著作何时出版，也不必考虑。即暂不出版也无碍，他日总可出版的。

我已看了一些高血压材料，对我十分有益：

1. 巴夫洛甫，兴奋抑制过度大脑皮层失去平衡。一种基本原因在大脑皮层。

2. 德人 Goldlle 肾脏缺血为高血压之基本原因，此系从肾脏病人及动物试验得知的，我个人也相信这一学说 . 因高血压发生过在四、五、六、七十人身上正是肾脏缺血或不调和之时。

3. 治病方法。①乐观情绪（近来药物治疗是综合的，这是协和大学的专家总结。送慎初一阅，彼记著作到了。他到了百岁不难的）。②工作性质及环境之改善。③适当运动。④充分休息与睡眠。⑤镇静剂、扩张剂（扩大血管）、降压剂亦可作辅助。此病本是人生衰老病之一种现象，不治则发生失眠、神经衰弱、头晕、头痛、心悸等现象，任何老年人皆然无足怪也。

我现对上列现象还无一条合，从此注意则可延年，望您好好保重身体。饭票十月如不带来，望寄来。跑西安太苦，您可不必来，如出院期定，再告您是否来。

树帜

二十八日下午

## 第十三封

成一：

昨日信谅达览，虽只一周时间觉有数月心境并也。

医生教我坚持治疗，今日告我低压已一次降下（九十的大关）在八十以上了，这真出我意料之外，若真能固定八十以上，即三年前之血压标准了。高血压亦在百三十以上出现打破了四十大关，也可喜。但八十以上四十以下不能固定，若固定则正常了。此后可用气功等疗法以巩固之，如是则不上升到二期及三期，则延年之道也。

今日全日食流质，明日拍胆的照片之准备。可见检查之精细。一切感谢党的照顾，不然我的身体可能坏下去了。有了这次小波折知道注意了。

祸兮福所伏，不其然哉。食物最忌盐浓，今后回家应注意少食盐是我所期望，现政协还有无盐席专招待高血压者。高血压最怕后期有合并症，所以应早期注意，必使其不入身体，八十九十百岁可期。后期若慎初先生之早防预是我师也。烟为大忌，尤其对血管硬化有关，酒饮少量无妨。

黄油不应吃，望告慎初如有分配以素冰及小儿吃为宜。您身体弱应多吃，唯不应抽烟，今日又检查眼瞳孔放大，不便写信看书太苦了。

今日天气佳，房中有菊一盆，颜色颇佳，只有对之作遐想了。食流质即是食蛋汤与软饼，医院生活真是丰富多彩，宇宙间之乐地也。若有一二好友对卧，纵谈古今大事那更圆满了。

我出院必将秘诀传愈先生。

祝您健康

慎初即此问好未另

树帜

十月二十七日

## 第十四封

成一：

别后即与江虞同赴慎初处，谈十数分钟。归后与崔有文（植物专家）、原芜洲（园艺专家）谈中国果树分布及历史约两小时。他日写论文时欲将二君之见解附入。此次在西安开会得与两君谈话收获不少（互有启发也）。

夜看电影有商洛地方剧《一文钱》，揭发了旧社会之丑恶颇深刻。今日上下午皆听报告，钟已送亨大利修理。大会议程十二日闭幕，我十三日返院。在开会中际，学习文件外专看《毛选》文稿。

款寄到，希望全部送公社发展工业，可请孙杜及张支持我们。应尽全力为社会多服务，所得稿费应全部用之发展公社事业。儿童应好好教彼等以重共产主义品德。

《毛选》你尚有未全读者应补习。明本《农桑辑要》校毕。这次作《我国果树历史之初步探讨》，可能有四五万字，费时恐需要一月余。他日希望你多帮助，用我们与崔、原二人名义何如？脱稿及助你完成《农政全书》。

如有信件请你摘要告我。

您的病原查出来了，很好。这种慢性肺炎，在盘尼西林未发明是极危险的病。但是，虽有圣药可制好，休养是关键。1. 应继续请假医治即打针，看还有什么药可服食。2. 食物应好点，不生蛋的母鸡你应吃下以便身体增强。3. 决不应出门免再伤风病复发。4. 每日应去医务所看病请文大夫医治至要至要。

烟有百害而无一利，观世界趋势，应戒绝不抽。你有气管炎更应戒绝，不知你意下何如？我在此每日为你买一包烟，费时极多。有一位专管同志，需导兄去购买，至午时尚未见来。此种有毒之物，不应在照顾之列，但我必为你完成任务。

如与二姐来，有人送你们至汉口买通车票至西安，在郑州转车。有二人当极便，到西安住西京招待所。

即此并问近好。

树帜

五月七日

## 附：妻康成一来函（六封）

### 第一封

帜哥：

今早寄上一信，钱已收到。

姜先生来信特转寄你一阅。农业出版社已改组，王修先生已调去昆明，此后出版（社）计划恐将改变，故他亦不必急于从事此一工作了。我的申请书已交高主任，此次当可把我下放回家，做非急须之务。实与发扬延安作风不符。

第三段资料正在收集拟做一短之分析。您昨寄来的农业八字宪法，亦三原地方之作，与扬屾之著作所反映的耕作技术仍有大同小异之处。可见劳动人民的优秀传统始终得到保存，不过在这个时代更发扬光大的。

近来夜梦殊多，统是惊险之梦。昨日大风大雨，闻是寒流过此，鸡犬不宁。小白鸡又被黄鼠狼咬去无影。古人所谓退财折灾，可气可叹。因昨晚回来去图书馆，小弟闻鸡叫声，不敢作声，真是没用。

从目前情况看，知识分子劳动化为当前重大改造任务。我下来之后，只要生活无问题，也不想再上岗了。望你好好养息，早获高血压巩固平定。

今晚回了姜先生一信，已感疲乏。

即此

祝您健康、愉快

妹　成一

十月二十四日

## 第二封

帜兄：

昨晚写一书，今早寄出。

我今天上午去检查血，仍是白血球增多。但较之以前减轻了，文大夫说是肺炎。

无怪我这次这样感到疲乏无力、身重、背痛。我这星期就不来看您了，免得好点又反复，请原谅。同时也没有什么带给您吃，等待再下周吧，我不能来也叫孩子来看您。

今天在门后见党委金先生，转达您在院情况并向党政致谢之忱。

我也恳切争取退我下放回家，大概不久可以批准。

加意休息，请勿念。

敬祝您健康

妹　成一

十一月十八日

## 第三封

树帜兄：

昨天是您七十整寿，你在旅途中度过了。我和俞老夫妇都在谈起，祝福你一路平安到了北京吧！

仲轩、仲勤兄弟都来了信。仲勤调动胜利令人心喜，我忖度仲勤可能在十五号左右回家的。北京热得怎样？你可受得住？甚念，希望你每天多吃冰冻西瓜等，以解暑气。

常昨天由广州来了一封信，她七个月来都有几分微烧，怀疑是肾结核。

当一个我亲手抚摩过的妇女长是害病，真想看看她。而且我们相约暑假到粤。她是践约了的。我想二十三日与吴立宣同行，你老不会再不放心了吧。我身体不像过往，您大可不必不放心。

昨晚不知为什么睡不着，想到娘家亲人、慈亲之墓等。十四年仅回去一次，再去一次，此生无恨。您的看法怎样？以后日趋老迈，要走动也不可能了。

朗明先生来了一信，杨师母对女儿的分配远去思想还不通，请托恐做不到，我已回信给杨师母了。

小毛的榜期又说是十五号，听说张家岗小学取录人数不少，他也许有点希望。

祝旅次珍重。

妹　成一

八月十一日

## 第四封

帜哥：

这几天未收您信，非常怀念，不知健康情况有无变动。这星期日未要轩儿来，因你信是星期六接到，未及准备物品，或使您盼望，心殊难安。保险信是否收到？念念。

我这两天好些了，能吃下饭，早一向口苦不知味，原因是呕了不少痰涎，倒痛快了些，已未再打针服药，即每天多睡，使不再受风凉。

姜先生昨天已回校（要他等工作完毕返校）。带来顾先生一函特转寄。他说您的《禹贡》已排了印，《种树书》排了印。《果树史》他们自己提不出意见，照您说的分别请人查核去了。姜先生瘦了不少，大概在北京生活不尽其然。昨天上午整为轩儿扪绳衣，好不怕人，没有一千也有八百。这样不理事直到满身红点，自己才发觉，所谓多不痒。朱妈来了，煮煮蒸蒸，为他搞了一天。

今后下放回家后，真应振作精神，搞好家务。孩子们自然不听话，做娘的也就太少管了。这一星期六，我身体不生变化，定来看您，否则一定要轩儿来。记上次感冒未痊，从车站走上来多么吃力，结果拖了许久的感冒加深了。心是天天在挂念着您，无奈这副残躯何？

昨天买一个兔子，约五斤（三元），准备腊了。

有还买一点，以便冬天吃。

祝您健康愉快

妹　成一

十一月二十三日

## 第五封

帜哥：

二十一日手书奉悉，甚然。

今昨两日抖寒。幸知医院已有暖气，否则您棉裤、棉鞋未带，够是冷也。

我的病并不重，不想告诉了您，劳您记念，罪过罪过。我仅畏冷发烧一次，只是白血球增加，痰涎很多，但呕吐了以后，轻松许多。这两天能吃，渐次平复了，望勿为念（今天检查白血球仍略高，文大夫开的水剂，盘尼西林再打点针吃点药就会好了，请放心）。

这星期天决定叫轩儿送棉裤、棉鞋来，也带点钱来。

祝您健康。

妹　成一

十一月二十四日

## 第六封

帜哥：

前书信均达览。昨下午讨论听报告后，个人表示态度和单价应该留多少人，晚上出大字报。我已表示态度，又一次地争取下放回家了。

陈书记等党员领导干部带头减薪，我已代您写了一封信：“个人对社会主义建设事业贡献是很微小的，但所得工资很高，非常惭愧！现衷心拥护党的号召，勤俭节约，发扬延安作风的号召，申请降低我的工资。”你的工资减少的标准是百分之十二，从十月份起（十一月份扣十月的）。

我的申请想本月内可批准，身体状况也实在拖不下去了。

仲勤来函，特转寄您。又政协寄来《文史资料》八集及学习文件等，即暂不转寄。我的工作，草稿明天可结束，以后把书归架，我想你我至少有几个月不会用它，又说线装书将搬回图书馆。这样也是大好事情。

我决于星期天来看您，这儿天很冷，你是否要带什么？盼告。

敬祝

还安

成一

十一月十日

# 致姻兄康辛元*

辛元姻兄：

二十八日来信得悉，岳母大人去世，不胜悲伤。唯老年无疾而终，死生为人常，希兄节哀。

成一处拟慢慢让彼知道，因她近来工作忙，身体未复原，恐一旦知道受影响太大也。

衣棺等费用，当嘱成一寄来一部分。一可以安我们对老人一生慈爱之心，又可以分兄之负担，使我们安心。半月内即可汇来也。

我院师生下放一年，弟此后欲派去各处参加调查，可能仅半年在院中，老人高寿而终，葬别有天公墓场，适得其所。

他日当往祭奠，以报答老人对我们的慈爱。

即此并望节哀，保重身体，为共产主义社会早日实现而奋斗。

弟树帜

十一月六日

---

* 原载于西北农林科技大学档案馆汇编《故人手泽——辛树帜先生往来书信选》，2010年12月。康辛元（1901—1972），号冕华。1920年赴美留学，先后在美国伊利诺斯大学、纽约森林大学和密西根大学学习。1926年回国后任教于中山大学、湖南省工业专科学校、陕西西北工学院、湖南大学、华南工学院。——编者

# 父亲辛树帜童年及青少年时期生活片断 *

辛毓南　辛仲毅

父亲辛树帜于清光绪廿年即甲午年（1894 年）农历 7 月 3 日，出生于安福县（今湖南临澧县）东乡担粮山（相传担粮山乃吴三桂反抗清朝时，用兵者拉农民担粮集于此山下，故名）藕池垱辛家嘴的一贫农家中。辛家嘴为辛姓老屋，曾祖父辈多年生活于此。藕池垱为黄陵与担粮两山山谷之水汇聚处，坪内有水田数百亩，土地颇肥美。

祖父崇钰字德美，忠厚老诚。祖母刘双英。父亲有一兄名先滨，姐两人，大姐早嫁，二姐仅大父亲二岁，姐弟友爱，为父亲儿时游伴。三岁时祖父迁居距辛家嘴约里许之姜家湾，因仅有薄田三斗（约合二亩），不能养活全家人口，故租种严姓地主家水田廿亩，向东迁住入严姓地主庄屋（供佃户居住之处）。该屋位于黄陵山下井井旁（因有一井，井水冬暖夏凉，清冽味美，为远近人所赞称，故名），在此居住达三十年，此庄屋凝聚了

* 原载于《一代宗师——辛树帜先生百年诞辰纪念文集》，杨凌：西北农业大学，1997 年 3 月。——编者

父亲童年及青少年时期的欢乐与苦难（父兄皆在此逝世，并有一儿二女夭折于此，后长子仲勤在此屋出生。仲勤国立湖南大学毕业，中国人民大学革命史研究室研究生，人民大学教授，1994 年去世，一生著述甚丰）。邻居李姓，为一自耕农，李老儿身材矮小，娶一贵州大脚女人为妻，这在当时极为少见。

## 送租谷

严姓地主家距井井旁数十里，每年送租谷的一天，祖父、伯父约请乡中强壮农夫，天未亮即出发，夜半始归。此日祖母与伯母备餐极忙，家中所存之腊肉与鱼，食之一空。一年乡中大旱，祖母向邻居借米度过青黄不接一段（即新谷尚未登场，而陈粮已尽），时父亲仅五岁左右，已深惧饥饿来临。

## 放牛儿

六岁时，父亲开始伴二姑放牛。二姑在家里及田中操作甚苦，极小时与一严姓盲儿有婚约，费了许多周折始得解除。二姑性柔和，而伯父常以恶劣态度对待，故姐弟二人相依为命。邻家有女五儿，与二姑年龄相若，其弟幺儿与父亲年龄相若，亦放牛，四人过从甚密。两家皆饲养黄牛（北方牛种，别于南方水牛名称），牛性驯服，鲜角斗。距家门不远的黄陵山，开遍各色野花及父亲最喜爱的映山红，水草丰美，两牛喜在山麓吃草，二姑与五儿坐在树荫下做针线，父亲则与幺儿捕昆虫，斗花草，摘野果为食，极为欢乐。又喜与五儿挖取侧柏树苗，两人常为搜寻树苗而斗心智，父亲每得胜，五儿不乐。放牛儿年父亲搜集侧柏树苗三四十余株，植于宅前沟水两侧，因选地好，栽种得法，十余年后已成大树。父亲得出凡苗壮者长势必佳此一植树经验，而躬自操作为人类获得知识之源。至父亲七十高龄，仍对儿时植柏之乐不去于怀。

七岁时，二姑留在家中纺纱，祖母令父亲独往放牛，初接任务心中不乐，遂逃避田野独自游玩。归来犹以为不会被责，自此可不负放牛任务矣。见祖母赴园中摘菜亦随往，出园时祖母采小竹一枝，放下慈颜，痛笞父亲数十。父亲为家中最小的孩子，儿时极伶俐，深得祖母钟爱，被笞时颇恨祖母，此事久印脑中，后始改悔为良好牧童。放牧时，父亲与地主家所雇沈姓牧童及一盲儿同游（盲儿周姓名树儿，后成为乡中有名的算命先生，抗日战争中父亲回临澧，树儿来访，两人见面，极为亲切，父亲牵扶他去厕所，就餐时为他添饭挟菜，几次携他同去亲友家介绍此一儿时游伴）。每日将牛放在墓场中食细草，墓场边有一塘水，甚清且浅，三人游泳其中，暑热顿消，感到水中有无限乐趣，如登仙境。每当父亲牵牛晚出望见塘水，则博跃心中，怦然动荡，必跃入水中感情始得平静。又喜用小网在小溪中捞取鱼虾助餐，祖母常以此夸于人前。南方大雨滂沱时，八表均昏，父亲与沈姓牧童犹在山中放牧，彼骑上水牛，父亲亦骑上黄牛（黄牛本不能骑，因家中从小训练可骑），两牛往返食草之乐，父亲老年犹能忆及。

儿年放牛，父亲采摘花草，挖树苗，捞鱼虾得认多种植物、昆虫及鱼类之名，养牛、游泳身体受到锻练，能耐劳苦，为他以后在大学学习博物及野外采集打下基础。

## 过　年

父亲七岁时第一次离家去二十华里之新洲，助伯父路上拉鸡公车（一种独轮小车）为过年打年货（农民年前将粮食推往市上换钱购年货），途经老人坡、长里岗等地，无一不觉其新奇。在石堆岭望新洲市有砖房多间，又望见澧水、嘉山、孟姜女庙，大惊其开阔雄奇，到市上以穿着少颇寒冷，加以腹空，无心观看市容，此景父亲老年忆及犹怕。

父亲喜看《红楼梦》，对荣、宁两府除夕及夜宴觉有趣，但认为自己一生中，唯有在乡中过年十余次最有兴趣不能忘。平时家中日食蔬菜，米粉辣椒（为辣椒与米粉混合腌制而成），间有父亲捞取的小鱼虾即为肉食，牛羊肉在八九岁时才尝过。而除夕年夜饭极丰盛，祖母煮肉放萝卜，有鲤鱼一条，鸡两只，猪头一个，猪头肉切碎制为肉丸，海菜有海带。饭后赴老屋为祖坟送灯，归家有夜宵，以肉与竹笋南粉等煮食，饮酒一杯。农家以牛为宝，初一出行，饮牛以水，为牛上豆饼、干草、谷糟（做酒剩下的渣子）等精饲料。下午赴老屋拜年，亲友见面甚欢，有红糖茶、炒米花等作食。或小赌打牌，或看《说唐》等小说，小儿则喜放鞭炮。初三即赴外祖父家，住二三日始返。父亲又开始了放牛生活。春水满矣，种稻甚忙，彼时花卉亦放，红紫遍山陵，池塘生青草，鸟语虫声，童年时的父亲，甚觉自然界之伟大，人生之欢乐。

## 外祖父家中的长条凳

父亲的外祖父刘竹溪先生（岁进士），博雅善文，授徒甚多，在乡中有盛名。我的祖母为竹溪先生之次女，不识字然性慧，听竹溪先生读《说唐》等书，对书中秦叔宝、薛仁贵故事，记忆深切。儿时我与仲勤都爱听祖母讲《说唐》和《封神榜》中的故事。竹溪先生家为当时书生家庭典型，堂屋（接待宾客之所）中满挂对联匾额，有长大条凳（抚琴用，每条可坐七八人）四条，分放在上下堂（湘人堂屋中间用天井隔开成上下房，天井还有采光作用）。父亲对这几条长凳极为惊奇，有意让邻居小朋友么儿见此伟物。一次祖母回娘家两日未归，父亲即约么儿同往接祖母，行至半路，人告知祖母已从小路返归，父亲未能让么儿见到大条凳极为不乐。

祖母有妹，父亲称为三姨，身长玉立，嫁与薛姓地主家，因贫富相异，姐妹间感情不甚融洽，少来往。父亲九岁时至外祖父家拜年，见薛家姨表弟衣着华丽，且已读书两年，相形之下，深受刺激。返家后闷闷不乐，自动要求祖父将他送入蒙学（私塾）。祖父亦于是年去世。

## 读蒙学

族中授徒者，有辛敬之，父亲呼为叔父，为乡中第一善文之人。作文极缓慢，惟颇工，文笔近欧阳修，有阴柔之美。然所授为经学（较大学生读书处），敬之以后对父亲写的文章很佩服。于是父亲从辛江庭（地主劣绅）读，初见其禾场中有谷垛多堆，即惊其富有，因祖父、伯父终年治严姓地主地，仅有谷两小垛。辛江庭亦为族中长辈，父亲呼为伯父，体健善说，鼻钩而有凶气。蒙学中诵五经四书，习字，考字及填字。江庭小女教父亲写字握笔，经年不能做到拳中空（善书法者之握笔法）。读五经四书，父亲深恨书经，将其中难读者多页撕去，而江庭不能查出。二三年中背诵了五经四书中某些部分，《左传》半部及《礼记》四十余篇。对《诗经》有兴趣，读之朗朗上口，仅四个月皆读完，并能完全背诵，表兄伊仁先生（刘宗鹤之父）在湖南高等学堂（位于岳麓山，为湖南大学前身，当时周鲠生等都在该校就读）学习，见之大惊，后父亲一生为学得其启发不少，自是入安福县高等小学，西路师范，武昌高师及赴英、德留学皆得到伊仁先生之鼓励与帮助。

同学共十余人，有邻家之幺儿、信儿等，彼等天资平常，唯父亲天分高，诵读快，记忆力强，崭露头角，有饱学之称，乡中人皆谓父亲为继其祖父竹溪先生之善书者（当时对知识分子之称赞语）。但父亲当时却觉念书苦，因辛江庭不善教，不知字义。后来有一次江庭讲颜子一章约数语，即觉有兴趣。

辛江庭曾带彼等赴其他蒙学参观，隔一小山有一堂蒙学，先生刘某讲话作怪声，将舌一卷，极可笑。每当辛江庭外出，长时伏案疲乏时，父亲则学刘某踱着方步，摇头晃脑、卷舌怪声朗诵诗文，惹得哄堂大笑，为父亲读蒙学时之趣事。

十二岁从族兄云甫学，甫为一饱学秀才，文笔颇健，相貌堂堂，走路带跳跃。有居乡经验，常为乡人调解纠纷。云甫为父亲讲《礼记》，不甚懂，最喜读《左传》，但苦云甫讲解太琐碎，又教对对子，父亲有兴趣。三十年代在南京国立编译馆，父亲阅对联极多，又好书法，父亲一生不置产业，却不惜以数千元购买碑帖，对历代书法独喜颜鲁公。我与仲勤常在书房中见母亲裁纸、磨墨，父亲用大笔在长桌前书写对联。写得最多的为："开张天岸马，奇逸人中龙""海为龙世界，天是鹤家乡"等数联，认为皆雄伟之作，待墨迹干后，即挂在墙上欣赏，故父亲书房四壁悬满了对联。

父亲几年读蒙学得背诵四书、《诗经》及《左传》一部分，为后习古典文学打下基础，不久父亲有幸到县城读书，而他的同学无一离开农村，多务农或做裁缝。

## 报考安福县高等小学

父亲在云甫处学习约半年，一日族侄茂林（大于父亲十岁，性颇豪爽）。自高等小学归，述小学风潮事有声有色，因开除及退学学生甚多，现招新生，闻父亲聪明好学，欲父亲前去报考。请云甫送往，而云甫知父亲未学作文，徒有善读书背诵之声名，恐不能应试，故不愿去。父亲闻之遂赴黄陵山求助茂林之父亭浩（族兄，曾读书未成而务农亦不成，家境贫寒，人极爽直），亭浩欣然应允。返家途中父亲捕得黑鱼一条，请祖母烹调后供两人食，祖母又代向邻居么儿家借衣一袭，始能成行。并告父亲有一族伯，在小学当厨师，可往彼处就餐。到县城后，父亲见卖烤白薯，价廉味美，仅花铜元数枚即可饱餐，遂不去族伯处，但数日后即感胃中不适。考前自读新知识书，即能通其义，十余日已能练句。考作文时，茂林想予帮助，写成一文欲传递给父亲，因座位不当，无法接受。见时间不允，父亲焦急万分，勉强写成一二百字，自读去还觉通顺。出场后以为决不会录取，夜间睡卧不安，哭泣至流鼻血。放榜后录取八人而父亲列在前数名，自是骄傲万分，以为是不世之人才。因家贫父亲小时很少穿新衣，考后返家，穿着学校发的新校服，有衣锦还乡之感，每谈到此事，父亲觉得极为可笑。

父亲入小学前，放牛读蒙学情况，至今犹在乡中流传，亲友中常以父亲为榜样，教育子侄发奋学习，解放前后仍有不少青年学生受到影响。父亲老年认为十三岁前，在乡中放牛读书甚苦，但精神愉快，且为农家子多年有乡居之经验，对农人心理有深入体会。

## 安福县高等小学

光绪末年，欧美列强入侵，于是废科举兴学校。安福县合文庙，考棚（清代考秀才之所）两处，建立安福县高等小学，位于奎星楼下（亦称八方楼，建筑雄美，解放后拆除，林伯渠同志认为极可惜）。学生课余喜登楼远眺。楼前有一荷塘，荷塘前即文庙，红墙黄瓦引人注意。荷塘西南为城隍庙，父亲初见庙内所塑鬼神像，颇生惧心，而对庙中戏台上悬挂的对联“顶冠束带俨然君臣父子，停锣住鼓谁是儿女夫妻”，认为颇可爱。

父亲儿时常忧贫无所得食，十三岁入小学，免费供给伙食，每餐有鱼有肉，身体增健，还供给衣服、纸笔，至此衣食问题全解决。在高等小学，父亲不再觉读书苦。各科中最喜语文，爱读《古文析义》《东莱博议》等书，尤喜王船山《读通鉴论》，及梁任公的《中国魂》，常说：“读船山《读通鉴论》始知民族大义，读《中国魂》始知注意国家大事。”每日诵读，几如中魔。

初入学，喜向同学问业，遍求年长之同学讲解《古文观止》中各篇，结合每个人的经验自己阅读古文多篇，由于专心于古文，又喜深思，每周练习作文一篇，学业大进，最喜作史论。同学李伯祥（祖父为一老秀才）善写文章，下笔千言立就，父亲亦不甘示弱，作《分析诸葛武侯屯田渭滨》一文，得当时校中有名学者李碧堂老师之特别称许。李之评文，眼界极高，通顺之文从不着圈，而父亲此文全篇密圈，评语为“高谈雄辩惊四筵”（引用唐诗），在全校作文得第一，当时父亲颇有狂态，自此注意桐城派笔调。

李碧堂老师教学甚佳，父亲学古文得其启发不少。善改学生作文，要求学生写文章以简洁为主，文从字顺，说话要有证据，为父亲一生写文章打下基础。父亲在校以善属文名，当时仅想成为古典文学者，对科学不关心，数学各科亦少努力。

父亲入高等小学初期，一般人不喜洋学校，见在洋学校学习之人皆作鄙视新奇之态。校中有一留日学生李某对父亲极欣赏，呼父亲为小国民（当时在留学生眼中是极光荣的称号），同学中之年长者大不以为然。父亲以成绩优有骄气，亦不知自抑骄狂，为人所忌。读书晚睡，某生等几人，诬以偷其墨盒，因犯偷窃罪即可开除学籍。当时父亲甚苦恼，彼等搜父亲床拟放赃，以父亲在旁监视严未得逞，后知是有意加害。父亲认为子女中唯仲勤有豪气，希望他不要学自己少年时之狂妄。教仲毅处世必有忍乃有济，任劳任怨，舍己为人，有则改之，无则加勉，并举禹闻善言则拜为例。

由于父亲与李伯祥发起，从各班中觅得同学八人，皆县中少年中之翘楚结金兰谱。八兄弟从此互相帮助鼓励，对学习及事业有极大影响。兄弟间喜高谈阔论，欲以国事为己任。后父亲留学欧洲时亦喜与陈寅恪、傅斯年、俞大维等人高谈阔论，主要以如何打倒日本帝国主义。八兄弟中有三人早卒，两人留学英、德、日本，李伯祥与邓中夏为好友，俞劲先生五四运动时在北京师范大学学习，参加了火烧赵家楼的斗争，担任过明德中学副校长，解放后任西北农学院教授。父亲认为这一段时间，在他一生中最可纪念。父亲感到奇怪的是：当时与他同时期在高等小学学生百数余人，仅彼等八兄弟中几人略有建树，余俱散居乡中，鱼肉人民。

父亲曾向往戊戌变法，日诵船山之《读通鉴论》，有强烈的民族思想，曾个人剪去辫发。闻知数国（指英、法、德、意、日等国）欲吞并中国，甚感忧虑，思报国之道无过于当兵，因此欲入长沙陆军小学。十五岁时与辛先庚（族兄）、胡求仙（后参加共产党）同伴赴长沙。经常德见人力车座上的时髦女孩，甚觉新奇。坐洋船过洞庭湖，经南嘴第一次见到红色土壤，在沅江遇风，水势甚大，感到惊慌。坐在上层（价廉）忆为冬季衣服单薄，感到寒冷。有小商贩饮酒，食皮蛋（松花蛋），劝他们饮一杯，觉饮一口已御寒，又劝食彼之皮蛋，三人不敢领受，自此知除咸蛋外尚有皮蛋。抵长沙后，知陆军小学一事为人所诓。但得观赏岳麓山风景，且食皮蛋及冬菜，觉味美无比，父亲发愿再考陆军小学如得中，则每周食皮蛋以满足欲望。

第二次赴长沙报考，以目疾失败，父亲当时甚感遗憾，不得已在安福县高等小学毕业，考入常德西路师范。后来父亲曾说：实际证明，不入陆军小学未尝非塞翁失马，如考上或与唐生智等同班，在军阀混战中，不知为人民造多少罪。

## 西路师范

父亲十六岁考入常德（当时称武陵）的西路师范，当时湖南有三所师范，西路师范初称幼级师范，颇有名，辛亥革命后改为第二师范，一般秀才多在其中学习，故学生中多有能文者。入学时初见校舍，以为美丽绝伦。共餐时见同学食菜时文质彬彬，令父亲佩服。

在第二师范读五年，习数理化等初级课程，以教员水平低，父亲受益甚少，喜语文、历史两科。读古文小品八大家之文，认为苏洵、苏辙、曾巩之文特色不多，而韩、柳、大苏、欧阳修及王安石之文，确有特别笔调，为父亲所喜好。还阅读《史记》及顾亭林的《日知录》、许氏《说文解字》等书。对王船山、李时珍、徐光启、黄梨洲等人著作，认为气魄伟大，极为佩服。小说喜看《红楼梦》《水浒》前半部及《西游记》中多回。

在二师作第一篇作文题为《汉高祖下诏求贤臣》，父亲写数万字之翻案文章，以为汉高祖杀韩信忌萧何，此次下诏盖为掩饰自己之过，以为子孙万世帝王之计。当时老师为湘西名士，对此文评语是："写出枭雄心事，可敬可怕，文人笔墨何狡狯乃尔。"这一篇文章传堂（当时打百分之文挂出任人观看）。二师以国文定优劣，自此父亲在二师以能文享有盛名，父亲亦喜以文字过人为乐，当时二师三十余县青年中，唯同班马喜鸾与父亲齐名，马优秀奇特、喜读《汉书》，造句颇工，文字简洁，但父亲认为不渊博，文少变化，父亲文则豪放。

二师五年中，有三次远足。一次赴桃源桃花源洞，见桃源山峰秀美，山下产桃源石，桃花源洞则为人工造成，地颇幽静，师生坐船往返遇小风气候颇凉。一游河伏，离常德不远，参观寺庙，父亲在山中拾得奇异石头甚多。记忆最深者为游德山，父亲已开始学诗，归后作五言诗一首。父亲在高等小学所写《分析诸葛武侯屯田渭滨》及《汉高祖下诏求贤臣》两文皆未保存下来，常觉惋惜，唯此诗老年犹能忆出（父亲诞辰九十周年论文集传记中曾引用）。游德山诗颇为许子长老师称许，认为父亲五言诗已达相当高水平，用"偏有是君有仙骨"为评，自此对父亲另眼看待。后父亲改写成词如下：

鼎城东南，沅江之滨，德山高峙。天冶春三月，几个好友，相约买舟，始得莅止。梵宫峥嵘，野花开遍，常见幽鸟惊人起。更堪赏，是龙潭塞泉，竹林兰芷。仰视，孤峰独起，登高望，江山列眼底。

六合暗风烟，西方碧眼，东瀛倭奴，窥我边鄙。千古遗恨，九世国仇，未雪男儿也耻。天暮矣，乃共同击楫，归来如驶。

此后父亲在二师又以善写五言诗著名。十八九岁从许子长老师学诗时，喜六朝诗（五言）多首，对唐代李、杜诗认为气魄伟大极佩服，尤好李白诗。词喜苏、辛，然对词曲未作深研。

父亲一生博览群书，50年代，我等在西北农学院，父亲曾列出从头到尾阅读一过之古籍。及近代章太炎、王国维、左宗棠等人文集，还有《大藏经》《道藏经》等约三十余部。又将其中最爱的《史记》《左传》《汉书》等几部史书，及五子（孟子、庄子、韩非子、荀子、老子），四诗（陶诗、李白诗、杜甫诗、昌黎诗），五种文集（昌黎文、柳文、欧文、东坡文、王安石文），还有《诗经》《楚辞》《文选》等列出，拟日后有暇时阅读。父亲爱书，在国立编译馆因工作关系，与出版及发行界人士王云五、舒新城等成为朋友，常去商务印书馆、中华书局浏览。解放后每去北京参加会议之暇时爱去北京图书馆及琉璃厂。办学则以购置图书仪器为首要任务。

进入二师次年，父亲注意力逐渐转向英语，苦无人教授，仅靠自修翻字典学习，因此读音全错，在四年苦学中阅读了《鲁宾逊漂流记》《金银岛》《块肉余生记》《英雄劫略》及《莎氏乐府本事》等英文小说，还喜林琴南的翻译作品。晚年，父亲在翻译小说中则喜看俄国托尔斯泰的《战争与和平》，认为是描写拿破仑时代的最伟大作品，而托尔斯泰挚爱民众，还与仲轩、仲强等探讨书中的人物和情节。父亲常慨叹如当时有好的外语教师指导，他的外文学习定可达高峰。在二师几年刻苦自学，为后来考大学打下基础。

父亲在高等小学时，已有排满思想，辛亥革命时，西路师范学生无不以革命排满为最高宗旨。父亲亦有献身革命之志，拟赴荆州（湖北）从军，但不久南北议和，父亲乃回常德读书，时学校已改为第二师范。由于仰慕孙中山先生的革命精神，及对中山先生的三民主义有极高信仰，父亲参加了国民党。在英国留学时中山先生去世的消息传到伦敦，留学界人士皆为震惊，在伦敦（使馆）追悼会上父亲听中山之师流涕演说，深为感动。父亲曾说，辛亥革命时在西路师范，北伐时在德国，无条件参加革命见到中山先生，而十八岁参加国民党后即无勇气进一步参加新党。在柏林时曾以年轻时参加国民党，晚年应参加共产党，向他结义的兄弟龚明德（后在铁路部门工作）进行宣传，后想起当时真是书生气十足。

父亲 17 岁与庞淑民（16 岁）结婚，母亲长兄庞新民善绘图，在中山大学时参加大瑶山采集，著有瑶山杂记二文①，曾为日本人著作所引用。母亲贤淑善良，克勤克俭，善持家务，她奉侍祖母、教育子女，不容许有骄奢之习和纨绔之风。她支持父亲的学业和事业，使无后顾之忧，父亲的朋友都亲切地以三姐称之（姐妹中行三）。1944 年抗日战争中，不幸后来从耒阳赴沅陵途中逝世。1945 年父亲与我们另一位母亲康成懿结婚，她是父亲在中山大学时的好友康辛元（解放后曾任华南工学院副院长）之妹，几年中仲轩、仲复、仲强几弟相继出生，母亲能处理好家庭关系，对父亲生活关怀照顾，使父亲安享晚年，她不仅是一位良妻贤母，而且是一位造诣颇深的古农学家，她的学术论文《〈农政全书〉征引文献探源》，得到国内外古农学界的好评，她整理的古籍《种树书》在作者生平和成书年代上的创见，曾引起日本京都大学同行极大注意。1967 年她五十余岁就不幸逝世，这使我们全家极为悲痛。

## 教私塾

父亲在常德读书时有盛名，但毕业即失业，不能获得一小学教师的位置。后幸得徐澄侯（乡中有名中医）之帮助，在唐姓地主家教私塾。唐家

---

① 庞新民《广东北江瑶山杂记》，刊于《中央研究院历史语言研究所集刊》，后与在广西金秀的调查资料整理集合为一，以《两广瑶山调查》为名由中华书局于 1935 年出版。——编者

居处丰古山下，当时这里有一个美丽的传说：黄陵与担粮两山之水，流经花溪，烟云港注入道水，花溪上有桥，全用青石筑成，宽二丈、长三四丈，古朴平坦，登丰古山，可望见洞庭湖，山势商峻，林木丛生，风景颇美，乡中秀才喜山中幽静，常结伴居庙中念书。闻有徐姓生名树者，娶妻花溪桥下叶氏女，颇有才华。初婚，树正在丰古山读书，为同学戏拘久不归，叶氏题句“丰古山前云锁树，花溪桥下叶含烟”遣之，颇传诵一时。唐家三个学生，一长于父亲，另两人与父亲年龄相等。唐家伙食甚佳，鱼肉蔬菜烹调得法，味美，就餐时饮酒一杯。但父亲郁郁不乐，授课之余则温习旧课，诵读诗文消遣。一日赴安福县访友，得知武昌高等师范招收历史、博物两科学生，即辞去唐家职务。

## 武昌高等师范

父亲以在唐家教书三个月所得三十元，与龚明德、辛先齐（族兄）结伴赴武昌，报考武昌高师历史科。初试发榜，父亲名列第一颇自喜。这与父亲所写的论文有关，论文试题是《学而后知不足，教而后知困》。父亲在文中大谈学困之实，并举出为学之道：文理、考据、词章缺一不可，所以发生不足之困难。待博物、历史两科榜发，先齐、明德俱因英语不及格而失败。因学校当权者为陈老师，彼习博物，而将父亲列入博物科，父亲不乐，一人孤寓武昌，颇多感慨。

武昌高等师范即武汉大学前身，位于蛇山抱冰堂旁，抱冰堂前多植梅花，香艳可爱。在武昌，父亲初食武昌鱼，因烹调不得法，觉味不佳。在黄鹤楼上饮茶，见武汉三镇市容，觉伟大。见长江中行驶的皆为英国“太古”“怡和”及日本“正金”等公司轮船，市内马路平坦，草地清洁，但不许华人行走，由是极恨英国、日本等国洋人。参观大冶铁矿开采及汉阳兵工厂，极佩服张之洞。

武高博物科陈老师，对矿物、地质有指导，成立一矿物岩石室。张镜澄老师之教法颇适于初学者，在张老师教导下，父亲开始采集植物标本，认识多种植物，唯惜张老师对植物未作科学之描写。薛良叔老师教动物，颇有创造精神，彼首创办《武昌高师博物学杂志》[①]，同学受益匪浅。父亲认为武高老师，教授得法，惜无一人入研究范围。竺可桢老师，在校教新班地理，父亲未受其教，然敬其人。毕业实习时，曾由竺老师带队赴日本参观。在这些老师教导下，父亲感到博物有真趣，较习历史强。

父亲在武高学习时，认为值得回忆的：一为在薛良叔老师指导下，写成《中国产蝶类报告》论文。当时父亲利用课余时间，采集蝶类标本，定名、检查及收集资料几达两载，同学崔堂绘图，由薛良叔老师参考日文记载写成，发表于《博物学会杂志》。父亲放牛时即喜捉昆虫、捕鱼虾，至此对动物学有兴趣，老年犹爱观看各类动物、鸟类及爬虫，来北京时，常让我等伴他与孙辈同游动物园。

父亲大学二年级，开始采集植物标本，但认为在张镜澄老师带领下，赴庐山采集最有价值。儿时放牛，父亲即以登山为乐，那次采集，第一天登山游览仙人洞等处，兴趣盎然地欣赏庐山风光。在五老峰上望赣江一岛似船，父亲惊叹造物者别出心裁。几天采集中，还得睹烟雨庐山之美景。在白鹿洞、黄龙洞等处，父亲首先采得两种食肉植物及紫花耳搔草，为张镜澄老师和同学所推崇，此次采集，父亲所获列全班成绩第一。

自是父亲在武高学习，偏重于动、植物地理分布及分类。认识到外语作为学习工具的重要性，更认真研读英语。并立志终身做教师和生物学者，父亲庆幸陈老师将他转入博物科，从此知达尔文学说的伟大，开始通读达尔文集。而以后采集大瑶山，又得饱餐原始山林之美景。五四运动中，父

---

① 文中《武昌高师博物学杂志》与《博物学会杂志》均指《国立武昌高等师范学校博物学会杂志》。——编者

亲接受新文学之影响，在《新空气期刊》写了一篇短文，逐渐萌发科学救国之思想。

父亲在武高学习，因用功过度，一次晕倒。时武高多日本高师毕业学生，喜运动。第二年父亲开始参加学校的运动会，压倒当时称为长跑名将的王某，声名始起。武汉各校举行越野赛跑至卓刀泉，赛前王某来同父亲握手，一再为父亲加油，欲父亲能战胜武汉区运动健将方某，结果父亲果胜方某，获得冠军，得到老师同学们称许，谓父亲为第一善跑者，父亲亦颇自得，认为是莫大光荣。此后参加一英里、二英里、三英里、五英里、十英里赛跑均获第一，为武汉区八大善跑学生之冠，誉为武汉区运动健将。父亲赛跑，讲究策略：每当参加越野赛至卓刀泉、青山等地，上坡时参赛者速度降低，而父亲却尽全力鼓劲上冲，下坡时，虽彼等速度加快，但父亲却能轻松自如地超过他们，获得胜利。父亲认为他当时成绩平平，因他身材矮体力不够，且未作科学之训练，决难达到高峰。又认为激烈运动有损身体，且一心学习科学知识，亦不愿抽出多余时间参加训练。除长距离赛跑，父亲未参加其他运动项目，唯喜观看足球，研究足球竞赛的战术。父亲常说：在武高三年中得尝竞赛之甘苦，为以后做事之敏捷打下基础。在我等参加工作后，教育我们说："敏捷、忍耐为做事之要诀。"父亲在大瑶山采集以及办学，都贯彻了这一原则。

武高毕业前，由竺可桢老师领队赴日本参观实习，停上海一天，饮浙江清茶，实为龙井中质量之劣者，从此父亲嗜饮龙井，数十年后犹能忆起其风味。在日本游箱根遇雨，见溪水中红色鲤鱼游泳活泼可爱，见西京红叶觉极美，而箱根温泉之浴，为平生第一次尝试。在某湖边岛上，与一日本导游赛跑取胜，感到十分痛快，认为也是一雪"东亚病夫之耻"。

父亲自安福县高等小学到大学毕业，皆在免伙食费并供给衣服等条件下完成，尤以在高小及二师时，伯父亦去世，侄辈年幼，家中缺乏劳力，幸得祖母与母亲的支持，始能完成学业。而武高毕业，本可留校为助教，以同辈失业者认为不宜留湖南人，于是返湘赴长沙明德中学任教。为追求科学救国的真理，父亲四年中曾在三所学校兼课，节衣缩食，于 1924 年负笈欧洲。

父亲童年及青少年时期的生活片断，系昔日我们从祖母及父母亲叙家常中得知，有些则见于父亲的日记，今记于上，以为父亲诞生一百周年之纪念。

# 后记

从初接任务的惊喜到无从搜求原稿的盲目无助，到校稿过程中的忐忑不安，已经过去了大半年的时间。看着文集即将付梓出版，我心中的喜悦无以言表。

2012 年我从兰州大学历史文化学院毕业，留校在图书馆工作。进入工作岗位后，我阅读的第一篇论文就是庄虹老师的《筚路蓝缕以启山林》，辛老的形象就刻在了我的脑海。2013 年，我接受新的岗位安排，在兼有校史馆功能的兰大文库负责讲解工作。为此，我通读了兰州大学诸多名家学者的个人传记及相关资料。辛老是兰州大学历史上具有奠基地位的一位校长，也是我讲解兰州大学历史时不能绕开的一个人物。他为提高师资力量，争取办学经费，改善办学条件，购置图书仪器殚精竭虑，在兰州大学流传着很多感人的故事。

此次文集的编选工作，让我有机会更加深入地了解辛老。他的求学经历，创办两所高等院校的艰辛工作以及农史研究成就，就像散布在沙漠上的一颗颗金子，闪闪发光，点缀着他的人生。我敬佩辛老“咬定青山不放松，任他东西南北风”的坚毅精神，感念辛老为兰大人留下的“立足西北，服务国家”的奉献精神和塑造的“独树一帜”的学术品格。

本文集能够顺利完成，得到了诸多前辈的帮助。感谢庄虹老师、刘铁程老师、李正元老师、张鹏同学。他们总是在我怀疑自己、无所适从的时候给予我鼓励。感谢兰大档案馆陈艳副馆长和焦燕妮老师为我查找相关档案提供了诸多帮助。感谢商务印书馆工作人员，他们的专业精神和敬业态度让人钦佩。感谢西北农林科技大学庄世宏先生积极为我联系辛老后人。感谢辛老之孙辛小桂先生。先生的宽广胸怀秉承辛老遗风。在我还未拜访表示谢意前，便寄来出版授权书，并几经辗转，为文集搜集辛老的珍贵照片，感动至深。

关楠楠

2019年10月17日于兰大积石堂